# 3ds max 2018 中文版 基础与实例教程

金、银、玉材质

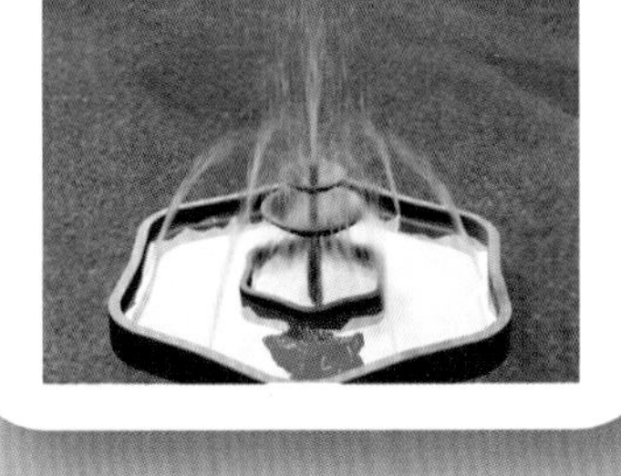

动感十足的喷泉效果

飞舞的蝴蝶效果1

飞舞的蝴蝶效果2

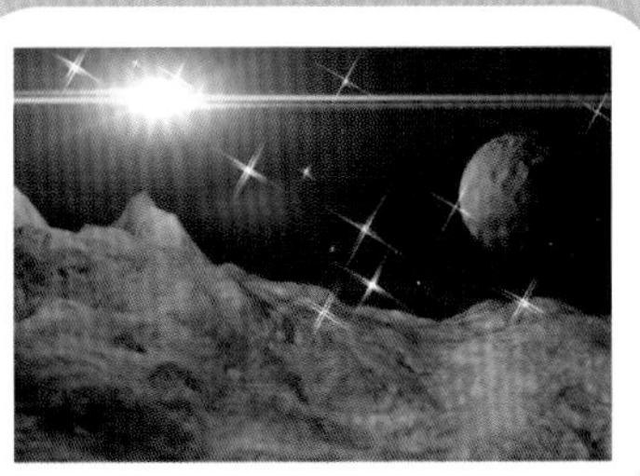

宇宙场景

飞旋的飞机效果1

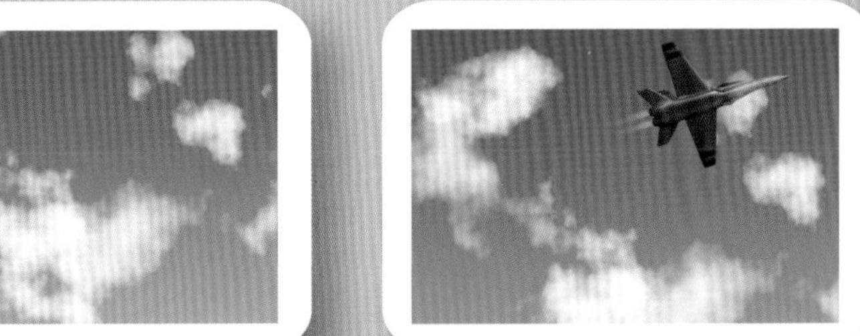

飞旋的飞机效果2

飞旋的飞机效果3

制作旋转着倒下的硬币效果1

制作旋转着倒下的硬币效果2

制作旋转着倒下的硬币效果3

晨曦下的房间贴图前

晨曦下的房间贴图后

桌椅组合

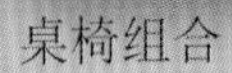

地雷爆炸效果1

地雷爆炸效果2

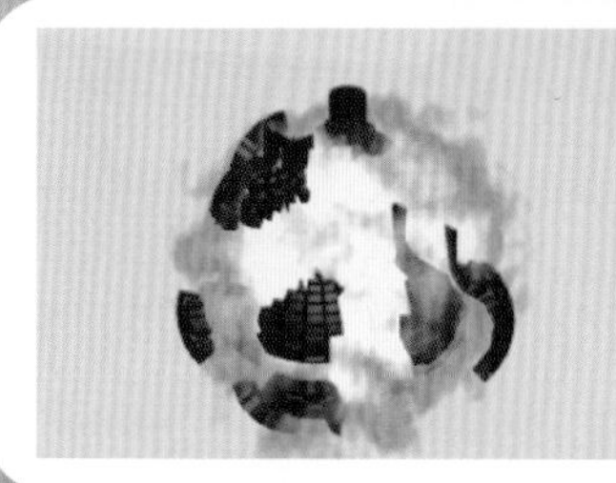
地雷爆炸效果3

燃烧的蜡烛材质

饮料瓶

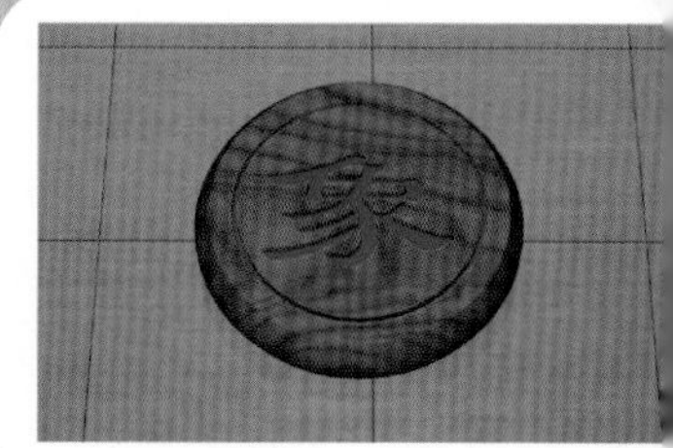

象棋

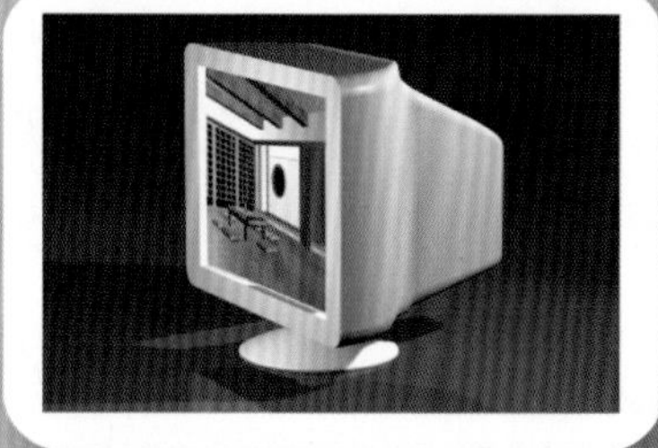
显示器

制作排球

鼓

足球

地球光晕效果

欧式沙发

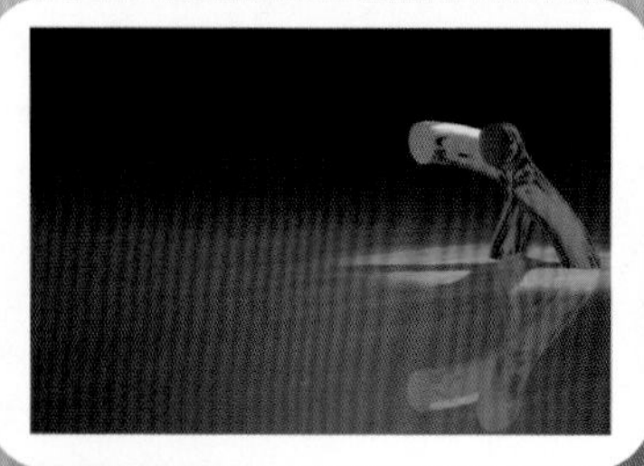
翻跟头效果1

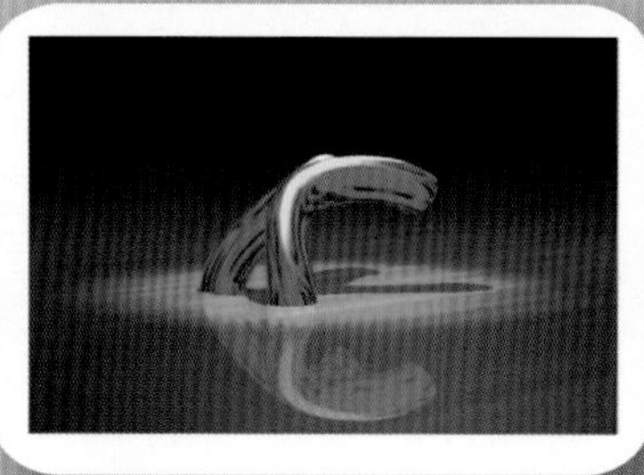
翻跟头效果2

翻跟头效果3

金属镜面反射材质

雪山材质

榔头

坦克运动中瞄准目标动画1

坦克运动中瞄准目标动画2

坦克运动中瞄准目标动画3

彩色花瓶

玻璃球和金属球效果

椅子效果

放大镜效果1

放大镜效果2

星光效果

窗帘效果

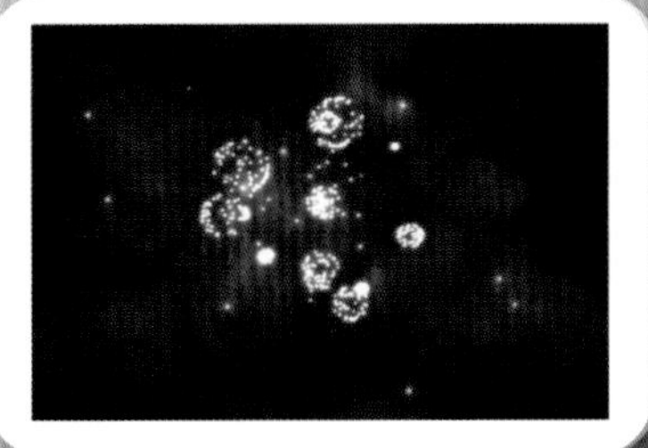
礼花绽放

藤本植物

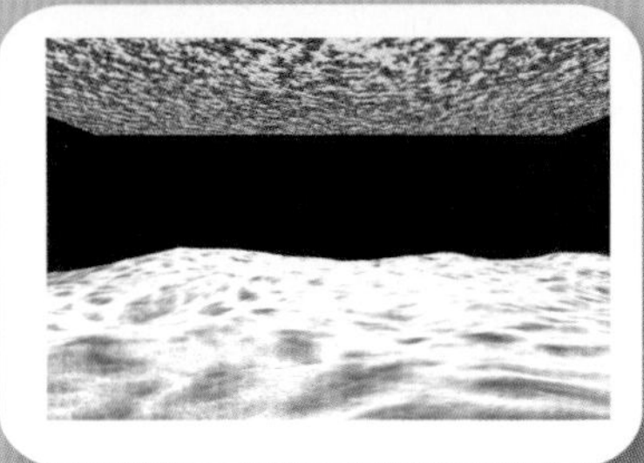
海底效果贴图前

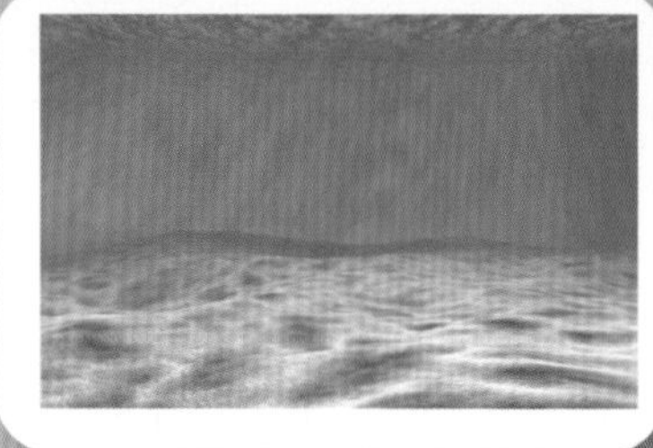
海底效果贴图后

叉子效果

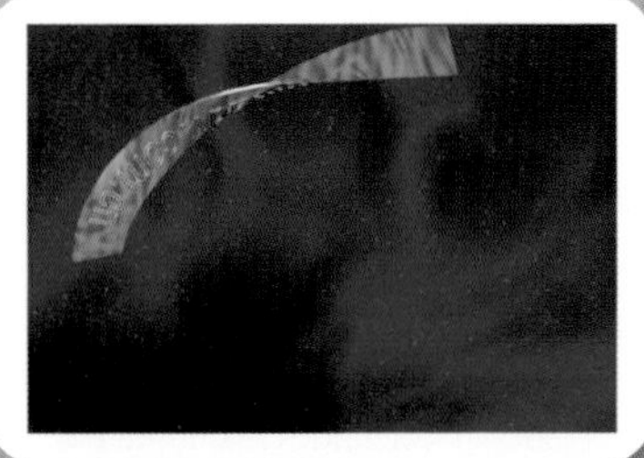
路径变形动画1

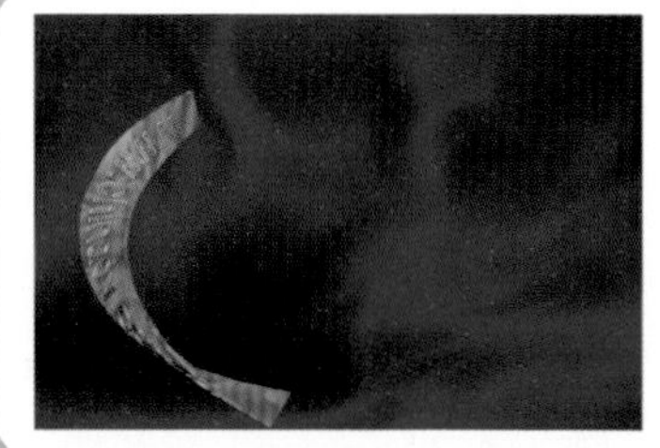
路径变形动画2

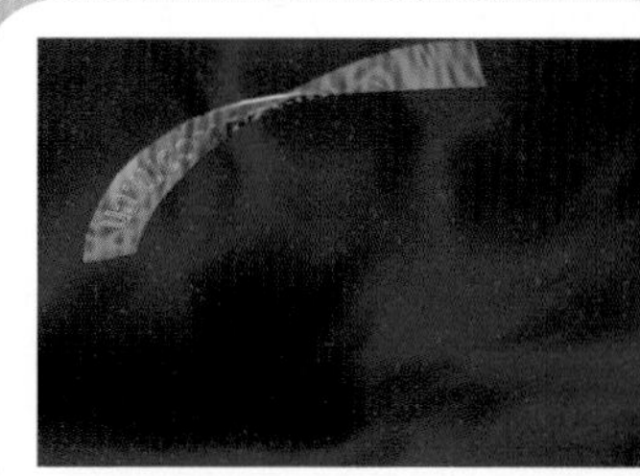
路径变形动画3

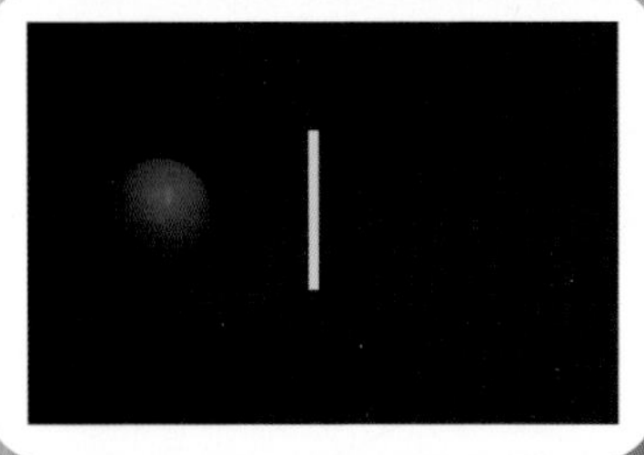
小球穿过木板后爆炸效果1

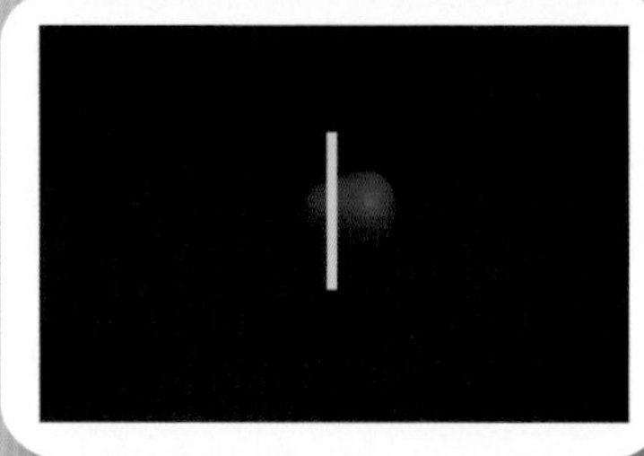
小球穿过木板后爆炸效果2

小球穿过木板后爆炸效果3

棉布和丝绸贴图前

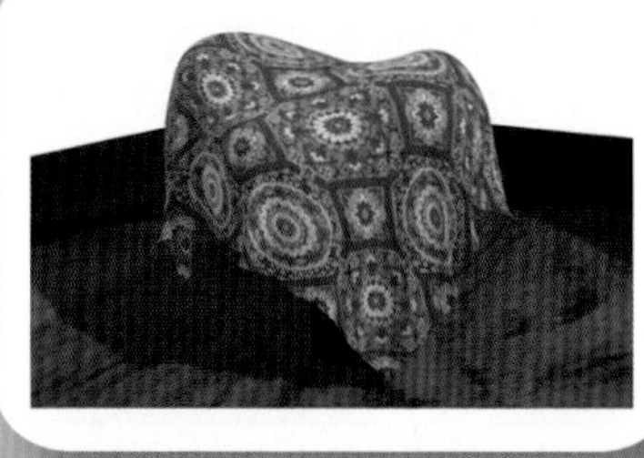
棉布材质

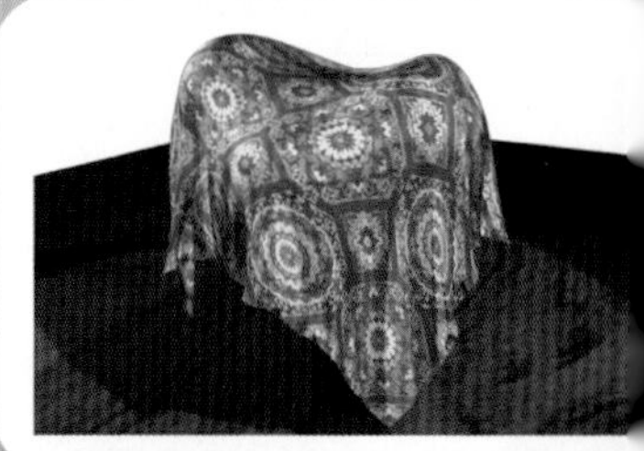
丝绸材质

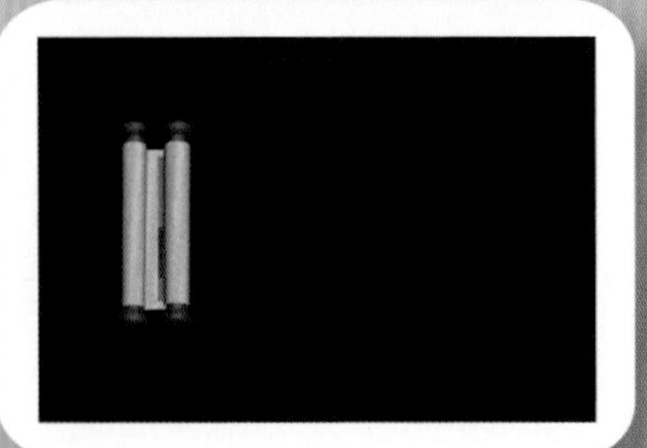
展开的画卷效果1

展开的画卷效果2

展开的画卷效果3

北京高等教育精品教材
电脑艺术设计系列教材

# 3ds max 2018 中文版基础与实例教程

## 第6版

张凡　等编著
设计软件教师协会　审

机械工业出版社

本书属于实例教程类图书。全书分为 3 部分，共 11 章。第 1 部分为基础入门，主要介绍了 3ds max 2018 的主要应用领域和基础知识；第 2 部分为基础实例演练，主要介绍了基础建模与修改器、复合建模和高级建模、材质与贴图、环境与效果、轨迹视图、空间扭曲与粒子系统、动画控制器，以及视频特效；第 3 部分为综合实例演练，主要是综合运用前 10 章的知识制作实例。

本书实例从应用角度出发，由易到难，重点突出，针对性强，通过这些实例帮助读者快速掌握 3ds max 2018 的使用方法和技巧。

本书通过网盘（获取方式请见封底）提供教材中用到的全部贴图、实例文件和电子课件。

本书既可作为大专院校相关专业师生或培训班的教材，也可作为三维设计爱好者的自学用书。

**图书在版编目（CIP）数据**

3ds max 2018 中文版基础与实例教程 / 张凡等编著．—6 版．— 北京：机械工业出版社，2019.12（2022.7 重印）

电脑艺术设计系列教材

ISBN 978-7-111-64036-3

Ⅰ．① 3…　Ⅱ．①张 …　Ⅲ．①三维动画软件－教材　Ⅳ．① TP391.414

中国版本图书馆 CIP 数据核字 (2019) 第 230668 号

机械工业出版社（北京市百万庄大街 22 号　邮政编码 100037）

策划编辑：郝建伟　　责任编辑：郝建伟

责任校对：张艳霞　　责任印制：刘　媛

涿州市般润文化传播有限公司印刷

2022 年 7 月第 6 版 · 第 4 次印刷

184mm×260mm · 18.25 印张 · 2 插页 · 456 千字

标准书号：ISBN 978-7-111-64036-3

定价：59.00 元

# 电脑艺术设计系列教材
# 编审委员会

# 前 言

3ds max 2018 是由 Autodesk 公司开发的三维制作软件，已经在建筑效果图制作、电脑游戏制作、影视片头和广告动画制作等领域得到了广泛应用，备受影视公司、游戏开发商及三维爱好者的青睐。

本书是由设计软件教师协会组织编写的。全书通过大量精彩实例，将艺术灵感和电脑技术结合在一起，全面阐述了 3ds max 2018 的使用方法和技巧。

本书与上一版相比，添加了多个实用性更强、视觉效果更好的实例，如欧式沙发、金属镜面反射材质、雪山材质、宇宙场景、制作飞舞的蝴蝶效果等。同时，为了便于相关院校专业教师的教学，本书还提供了与内容完全对应的电子课件。

本书属于实例教程类图书，旨在帮助读者用较短的时间掌握这个软件。全书分为 3 部分，共 11 章。每章前面均有“本章重点”，对该章进行介绍；每章节最后都有课后练习，供读者练习操作；每个实例都包括制作要点和操作步骤两部分，便于读者掌握操作技能。

为了便于读者学习，本书通过网盘提供大量的多媒体影像文件，具体获取方式请见封底。

本书内容丰富，结构清晰，实例典型，讲解详尽，富于启发性，是各高校教师（中央美术学院、北京师范大学、清华大学美术学院、北京电影学院、中国传媒大学、天津美术学院、天津师范大学艺术学院、首都师范大学、山东理工大学艺术学院、河北艺术职业学院等）从教学和实际工作中总结出来的，可作为大专院校相关专业师生或培训班的教材，也可作为三维设计人员的入门读物。

参与本书编写工作的有张凡、龚声勤、杨洪雷、杨艳丽、曹子其。

由于编者水平有限，书中不妥之处在所难免，敬请读者批评指正。

编 者

# 目　　录

## 第2部分 基础实例演练

## 第 3 部分 综合实例演练

# 第 1 部分　基础入门

# 第 1 章　3ds max 2018 概述

## 本章重点：

学习本章，读者应了解 3ds max 的主要应用领域，并熟悉 3ds max 2018 的用户操作界面，掌握工具栏中常用工具的使用方法。

## 1.1　3ds max 2018 介绍

三维动画制作技术作为近年来新兴的电脑艺术，发展势头非常迅猛，已经在许多行业得到了广泛的应用。本节将对 3ds max 2018 这个目前十分普及的三维制作软件做简要介绍。

### 1.1.1　认识 3ds max 2018

3ds max 是一款非常成功的三维动画制作软件。随着版本的不断升级，3ds max 的功能越来越强大，应用的范围也越来越广泛，在诸多领域更是有着重要的地位，而且现在越来越多的外部插件使得 3ds max 如虎添翼，在画面表现和动画制作方面丝毫不逊于 Maya、Softimge 等专业软件，而且相对而言 3ds max 比较容易掌握。

3ds max 2018 有着简单明了的用户操作界面、丰富简便的造型功能、简捷的材质贴图功能和更加便利的动画控制功能，更加贴近初级和中级用户。正是基于这些原因，3ds max 的用户越来越多，应用也越来越广泛，而且，如果把 3ds max 和其他相关软件结合使用，即使是电影特技这种复杂的应用都可以完成。通过本书的学习，没有接触过 3ds max 的用户可以了解 3ds max，初、中级用户能够得到一些提高，为以后更加深入地学习、掌握这一强大的工具打下良好的基础。

### 1.1.2　3ds max 2018 的主要应用领域

3ds max 2018 为各行业（建筑表现、场景漫游、影视动画、动漫角色、游戏角色、机械仿真等）提供了一个专业、易掌握和全面的解决方法。以下是 3ds max 2018 的主要应用领域。

#### 1. 动漫行业

随着动漫产业的兴起，三维电脑动漫正逐步取代二维传统手绘动画片。而 3ds max 更是制作三维电脑动漫的一个首选软件。图 1-1 为使用 3ds max 制作的动漫角色和场景（此图片出自动画片《超人家族》和《酒吧服务生》）。

#### 2. 游戏行业

当前，许多电脑游戏中加入了大量的三维动画应用。细腻的画面、宏伟的场景和逼真的造型，使游戏的欣赏性和真实性大大增加，使得 3D 游戏的玩家越来越多，3D 游戏的市场不断扩大。图 1-2 为使用 3ds max 制作的游戏场景和角色（此图片出自游戏三国无双和 CS）。

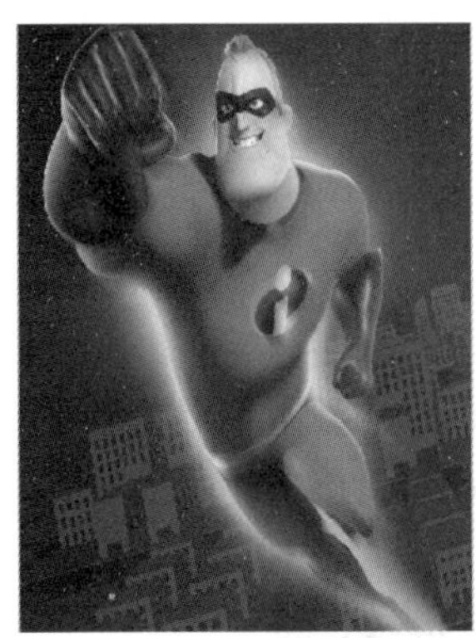

图 1-1　3ds max 制作的动漫角色和场景

图 1-2　3ds max 制作的游戏场景和角色

### 3. 电影制作

现在制作的大部分电影都大量使用了 3D 技术，而由 3D 技术所带来的震撼效果在各种电影中更是层出不穷。图 1-3 为使用 3ds max 制作的电影中的特效和场景（摘自电影《怪物史莱克 2》）。

图 1-3　3ds max 制作的电影中的特效与场景

### 4. 工业制造行业

由于工业制造变得越来越复杂，其设计和改造也离不开 3D 模型的帮助。例如，在汽车行业，3D 的应用更为显著。图 1-4 为使用 3ds max 制作的汽车模型。

图 1-4　3ds max 制作的汽车模型

### 5. 电视广告

3D 动画的介入使得电视广告变得五彩缤纷，更加活泼动人。3D 动画制作不仅使广告制作成本比真实拍摄有明显下降,还显著提高了电视广告的收视率。图1-5为使用3ds max制作的电视广告。

图 1-5　3ds max 制作的电视广告

### 6. 科技教育

将 3D 动画引入课堂教学，可以显著提高学生的学习兴趣，教师们可以从烦琐的实物模型中解脱出来，增加与学生的互动。

### 7. 科学研究

科学研究是计算机动画应用的一大领域。利用计算机可以模拟出物质的微观状态，模拟分子、原子的高速运动，并且可以使它们的旋转速度减小或者停下来。

### 8. 军事技术

3ds max 被广泛应用于军事技术，比如最初导弹飞行的动态研究，以及爆炸后的轨迹研究。图 1-6 为使用 3ds max 制作的军事装备模型。

### 9. 建筑行业

3ds max 在建筑行业的应用有很长的历史，利用它可以制作出逼真的室内外效果图。图 1-7 为使用 3ds max 制作的建筑效果图。

图 1-6　3ds max 制作的军事装备模型

图 1-7　3ds max 制作的建筑效果图

## 1.2　3ds max 2018 的用户操作界面

单击开始按钮，在弹出的菜单中选择“所有程序 | Autodesk | Autodesk 3ds Max 2018|3ds Max 2018- Simplified Chinese”命令，即可进入 3ds max 2018 启动界面，如图 1-8 所示。当 3ds max 2018 启动完毕后即可进入欢迎界面，如图 1-9 所示。

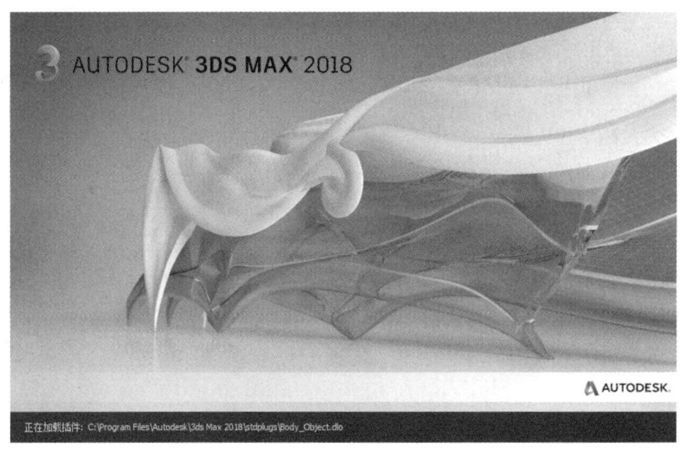


图 1-8　3ds max 2018 的启动界面

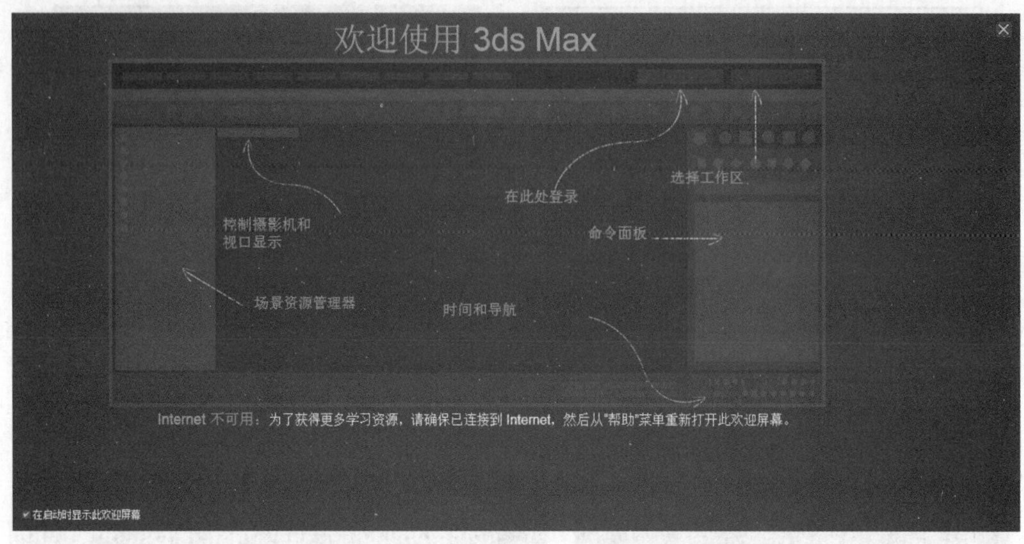


图 1-9　3ds max 2018 启动后的欢迎界面

单击欢迎界面右上角的✕按钮，即可关闭 3ds max 2018 欢迎界面，进入 3ds max 2018 的用户操作界面。3ds max 2018 的用户操作界面可分为：菜单栏、主工具栏、场景资源管理器、视图区、命令面板、视口布局选项卡、动画控制区和视图控制区 8 部分，如图 1-10 所示。

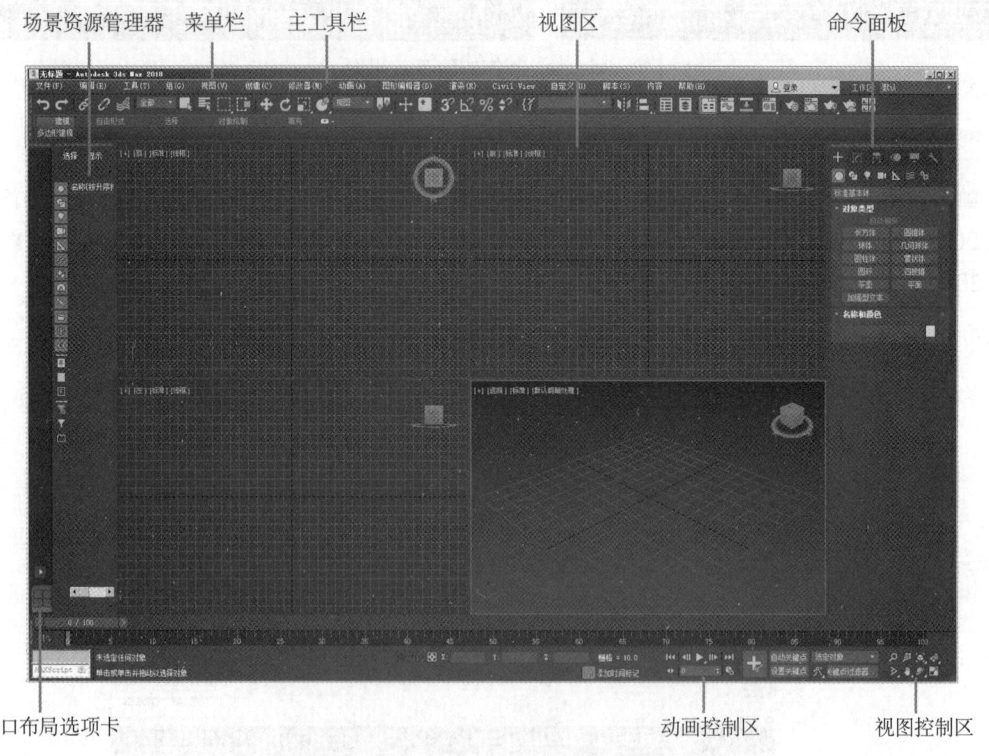


图 1-10　3ds max 2018 的用户操作界面

## 1.2.1　菜单栏

菜单栏位于用户界面的最上方，它包括“文件”“编辑”“工具”“组”“视图”“创建”“修改器”“动画”“图形编辑器”“渲染”“Civil View”“自定义”“脚本”“内容”“帮助”共 15 个菜单。

## 1.2.2　主工具栏

主工具栏位于菜单栏的下方，由多个图标和按钮组成，它将命令以图标的方式显示在主工具栏中。此工具栏包含了用户经常使用的工具。表 1-1 所示是这些工具的图标和名称。

**表 1–1　主工具栏中工具的图标及名称**

| 图标 | 名称 | 图标 | 名称 |
|---|---|---|---|
| | 撤销 | | 使用轴点中心 |
| | 重做 | | 使用选择中心 |
| | 选择并链接 | | 使用变换坐标中心 |
| | 断开当前选择链接 | | 三维捕捉开关 |
| | 绑定到空间扭曲 | | 2.5 维捕捉开关 |
| | 选择对象 | | 二维捕捉开关 |
| | 按名称选择 | | 角度捕捉切换 |
| | 矩形选择区域 | | 百分比捕捉切换 |
| | 圆形选择区域 | | 微调器捕捉切换 |
| | 围栏选择区域 | | 编辑命名选择集 |
| | 套索选择区域 | | 镜像 |
| | 绘制选择区域 | 全部 | 选择过滤器 |
| | 交叉选择 | | 对齐 |
| | 窗口选择 | | 快速对齐 |
| | 法线对齐 | | 放置高光 |
| | 对齐摄影机 | | 对齐到视图 |
| | 切换层资源管理器 | | 曲线编辑器（打开） |
| | 图解视图 （打开） | | slate 材质编辑器 |
| | 材质编辑器 | | 选择并移动 |
| | 选择并旋转 | | 选择并匀称缩放 |
| | 选择并非匀称缩放 | | 选择并挤压 |

(续)

| 图标 | 名称 | 图标 | 名称 |
|---|---|---|---|
| | 切换场景资源管理器 | | 切换层资源管理器 |
| | 切换功能区 | | 渲染产品 |
| | 渲染迭代 | | ActiveShade |
| | 在云中渲染 | | 渲染设置 |
| | 选择并操纵 | | 渲染帧窗口 |
| | 键盘快捷键覆盖切换 | | 打开 Autodesk A360 库 |
| | 选择并放置 | 局部 | 参考坐标系 |

## 1.2.3　视口布局选项卡

视口布局选项卡位于用户操作界面的左下角，如图 1-11 所示，用于设置视图区的布局。单击▶按钮，从弹出的快捷窗口中选择要添加的视图区的布局，如图 1-12 所示。然后单击鼠标，即可将其添加到视口布局选项卡，如图 1-13 所示。此后用户就可以通过单击视口布局选项卡中的相应视口布局缩略图，将视图区切换到相应的视口布局。

## 1.2.4　场景资源管理器

场景资源管理器位于视口布局选项卡右侧，如图 1-14 所示。使用场景资源管理器可以选择和链接对象，以及更改对象属性（如名称和显示特征），场景资源管理器提供了无模式对话框。可以通过拖放方法操纵层次关系，还可使用各种搜索方法（包括强大的“布尔”编辑器）微调选择。

图 1-11　视口布局选项卡

图 1-12　选择一种视口

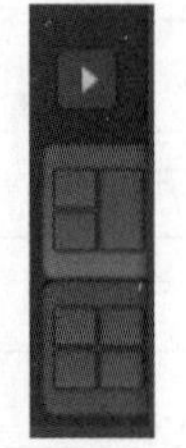
图 1-13　添加视口布局

图 1-14　场景资源管理器

### 1.2.5　视图区

视图区占据了 3ds max 工作界面的大部分空间，它是用户进行创作的主要工作区域。建模、指定材质、设置灯光和摄像机等操作都在视图区进行。

视图区默认设置为顶视图、前视图、左视图和透视图 4 个窗口，如图 1-15 所示。

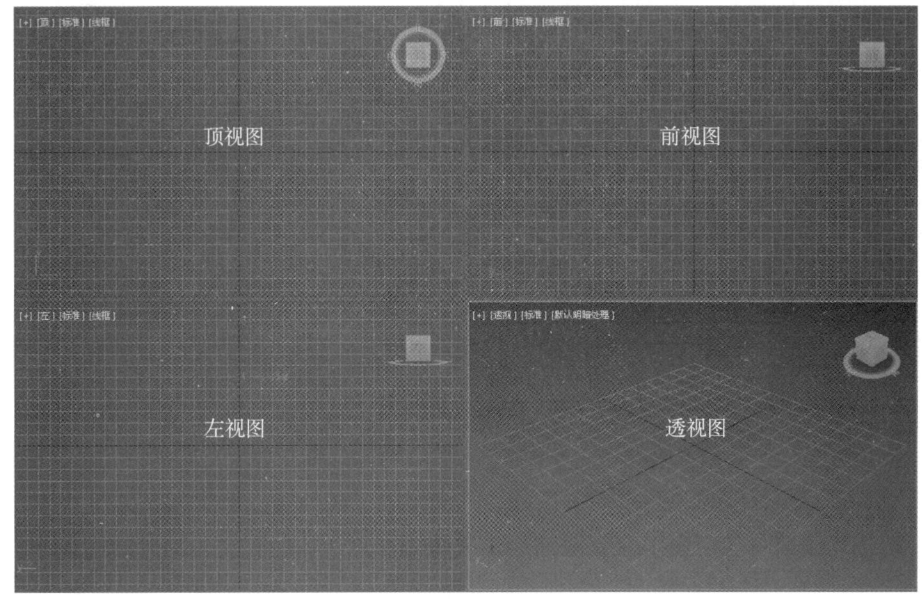


图 1-15　视图区

默认情况下，3ds max 2018 在各个视图的右上角都会有一个旋转图标，单击它可以在各个视图间进行切换。如果要隐藏旋转图标，取消勾选菜单中的“视图 |ViewCube| 显示 ViewCube”选项，即可将各个视图中右上角的旋转图标进行隐藏，如图 1-16 所示。

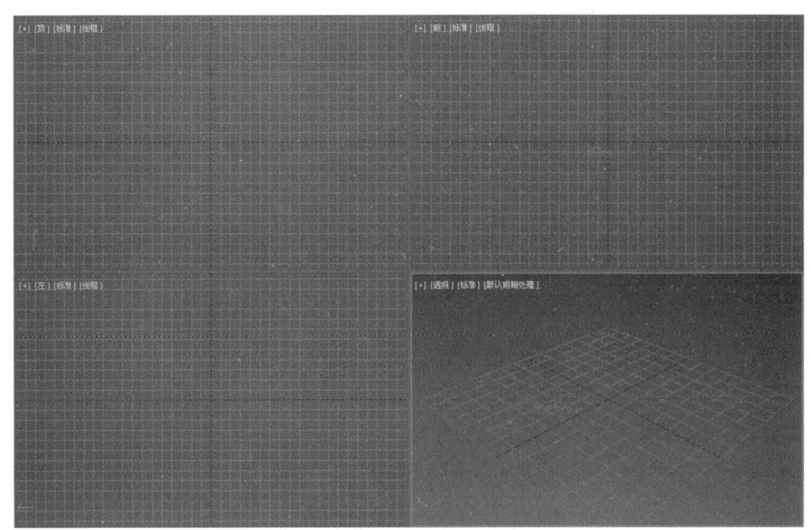

图 1-16　隐藏旋转图标后的视图

## 1.2.6 命令面板

默认状态下，命令面板位于用户界面的右侧，它是 3ds max 的核心工作区域，输入和调整参数都需在命令面板中进行，如图 1-17 所示。

## 1.2.7 动画控制区

动画控制区位于用户界面的右下方，如图 1-18 所示。它主要用于录制和播放动画以及设置动画时间。

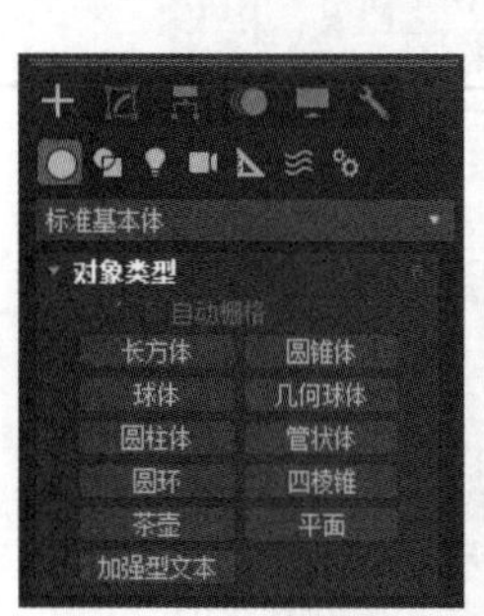


图 1-17 命令面板

图 1-18 动画控制区

动画控制区中主要按钮的功能如下。

：按下此按钮可以在当前位置添加一个关键点。这一功能对角色动画的制作非常有用，可以用少量的关键点实现角色从一种姿势向另一种姿势的变化。它的快捷键是〈K〉。

自动关键点：该按钮用于打开或关闭自动设置关键点的模式。当打开时，该按钮将变成红色，当前活动视图的边框也会变成红色，此时任何改变都会被记录成动画。再次单击该按钮，将关闭动画录制。

设置关键点：按下该按钮，将打开关键点设置模式。关键点设置模式允许同时对所选对象的多个独立轨迹进行调整。关键点设置模式赋予了用户任何时候对任何对象进行关键点设置的全部权利。

设置关键点的默认入 / 出切线（自动切线）：用于设置关键点的默认类型。按住该按钮，从弹出的下拉列表中有 设置关键点的默认入 / 出切线（自动切线）、 设置关键点的默认入 / 出切线（步长）、 设置关键点的默认入 / 出切线（慢）、 设置关键点的默认入 / 出切线（快）、 设置关键点的默认入 / 出切线（平滑）、 设置关键点的默认入 / 出切线（样条线）和 设置关键点的默认入 / 出切线（线性）7 种关键点默认类型可供选择。

关键点过滤器...：按下该按钮可以在弹出的面板中设置“全部”“位置”“旋转”“缩放”“IK 参数”“对象参数”“自定义属性”“修改器”“材质”“其他”关键点过滤选项。

转至开头：单击该按钮，可以使动画记录回到第 0 帧。

上一帧：单击该按钮，可以使动画记录回到前一帧。

播放动画：单击该按钮，开始播放动画。

下一帧：单击该按钮，可以使动画记录进到后一帧。

转至结尾：单击该按钮，可以使动画记录跳到最后一帧。

时间配置：单击该按钮，可以设定动画的模式和总帧数。

### 1.2.8　视图控制区

视图控制区位于整个面板的右下角，如图 1-19 所示。

图 1-19　视图控制区

视图控制区中的工具可以在视图中直接使用，通过拖动鼠标就可以对视图进行放大、缩小或旋转等操作。注意，如果不是特殊需要，建议不要在顶视图、前视图和左视图中使用旋转视图工具。视图控制区中的工具图标及名称如表 1-2 所示。

表 1–2　视图控制区中的工具图标及名称

| 图标 | 名称 | 图标 | 名称 |
|---|---|---|---|
| | 缩放 | | 放大所有视图 |
| | 最大化显示选定对象 | | 最大化显示 |
| | 所有视图最大化显示选定对象 | | 所有视图最大化显示 |
| | 视野 | | 缩放区域 |
| | 平移视图 | | 2D 平移缩放模式 |
| | 穿行 | | 环绕子对象 |
| | 选定的环绕 | | 环绕 |
| | 动态观察关注点 | | 最大化视口切换 |

## 1.3　课后练习

### 1. 填空题

（1）3ds max 2018 用户操作界面可分为_______、_______、_______、_______、_______、_______、_______和_______8 部分。

（2）3ds max 2018 视图区默认有 4 个视图，它们分别是_______、_______、_______和_______。

### 2. 选择题

（1）激活自动关键点的快捷键是（　）。

A. A　　B. N　　C. M　　D. D

（2）下列哪个工具按钮可以在所有视图最大化显示选定对象。（　）

A.　　B.　　C.　　D.

### 3. 问答题 / 上机练习

（1）简述 3ds max 2018 的主要应用领域。

（2）简述 3ds max 2018 的用户操作界面构成。

# 第 2 章　3ds max 2018 基础知识

## 本章重点：

学习本章，读者应掌握 3ds max 2018 的建模、材质、灯光、摄影机及视频特效等方面的相关知识。

## 2.1　基础建模

在 3ds max 2018 中包括多种基础的二维和三维模型，通过它们可以快速创建基本的二维和三维模型。

### 2.1.1　简单二维物体的创建

二维物体由一条或几条曲线组成，它们大部分都是平面二维图形，因此可以称为二维物体。一条曲线是由很多顶点和线段组成的，调整顶点与线段的参数，可以产生复杂的二维物体，利用这些二维物体可以生成更为复杂的三维物体。因此，二维物体的创建是 3ds max 2018 中的一个重要部分。

#### 1. 二维物体的工具面板

在命令面板中单击 + （创建）按钮，可显示出创建面板，然后单击（图形）按钮，就可以打开“样条线”命令面板，其中包括 12 种二维物体造型工具，如图 2-1 所示。

3ds max 2018 的二维物体造型工具按钮的功能介绍如下。

线：绘制二维线条。

矩形：绘制矩形、圆角矩形或正方形。

圆：绘制正圆。

椭圆：绘制椭圆。

弧：绘制开放或封闭的二维弧。

圆环：绘制同心圆。

多边形：绘制任意多边形。

星形：绘制不同顶点数的星形。

文本：建立文字。

螺旋线：建立二维螺旋形的线条。

卵形：绘制卵形图形。

截面：用来截取三维物体的剖面。

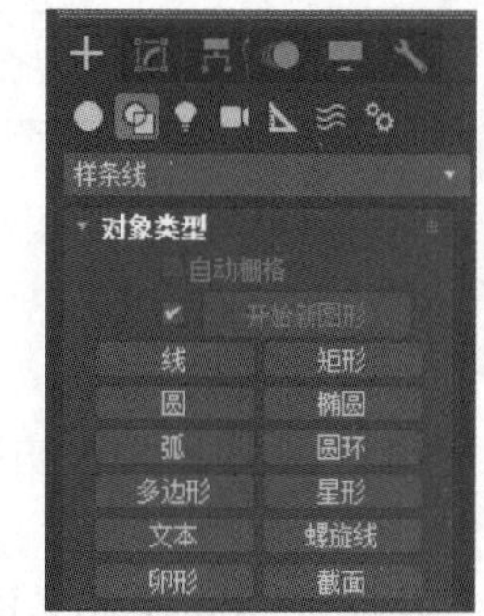

图 2-1　“样条线”面板

#### 2. 线

“线”工具可用来建立从起点到终点的二维线条。创建二维线条的操作步骤如下。

1）绘制一条开放的二维线条。方法：首先单击 + （创建）命令面板中的（图形）面板上的 线 按钮，然后在顶视图上单击鼠标，绘制线条的起始点。然后松开并移动鼠标，在另一处单击鼠标，从而绘制第二个点，此时所绘制的两点之间出现一条直线段。再移动鼠标，在光标上仍然连着一条线段，如果继续单击鼠标，则确定第三个点，如果右击鼠标，则取消了线的继续操作，这样就绘制了一条开放的二维线条。如果在绘制线条时按住鼠标左键不动，然后拖动鼠标，就会绘制出一条曲线。

2）绘制一条封闭的二维线条。方法：首先应绘制出一条开放的二维线条，然后不要取消线的操作，拖动鼠标到起始点位置单击，此时会弹出“样条线”对话框，提示是否绘制闭合曲线，如图 2-2 所示。单击“是”按钮，即可形成封闭的二维线条，如图 2-3 所示。

图 2-2　“样条线”对话框

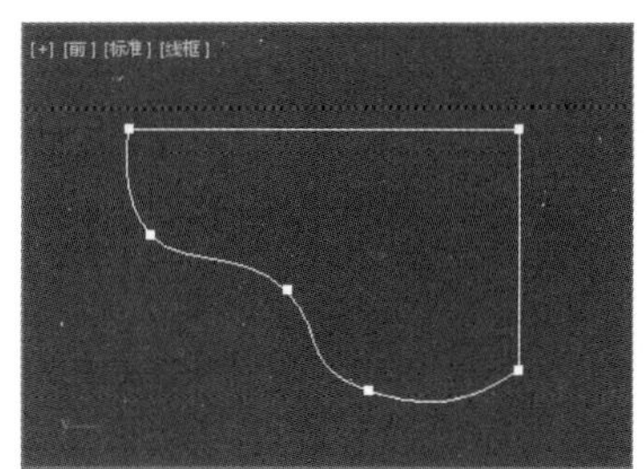

图 2-3　封闭的二维线条

### 3. 圆、椭圆和弧

1）“圆”工具。创建方法很简单，只需单击 +（创建）命令面板中的（图形）面板上的 圆 按钮，然后在工作视图中单击并拖动鼠标，就可以绘制出一个圆。圆只有“半径”这一个基本参数，如图 2-4a 所示。

2）“椭圆”工具。方法与创建圆形的方法一样，它有两个基本参数，一个是“长度”，另一个是“宽度”，如图 2-4b 所示。

3）“弧”工具是用来绘制二维开放或封闭式的弧线，创建方法要比圆与椭圆复杂一些，需要 3 个点才能确定一个圆弧，它的参数面板如图 2-4c 所示。创建弧有以下两种方法。

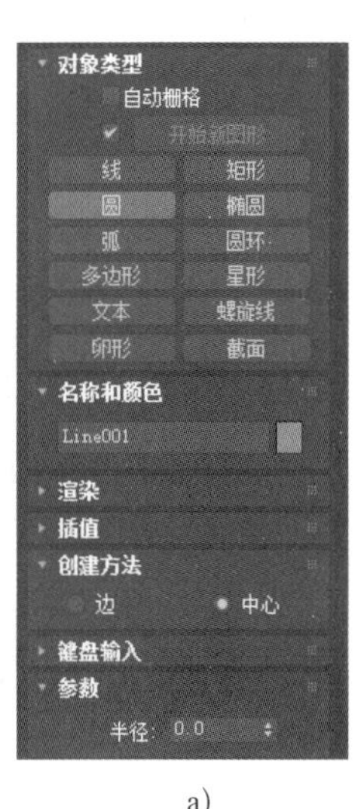


a)

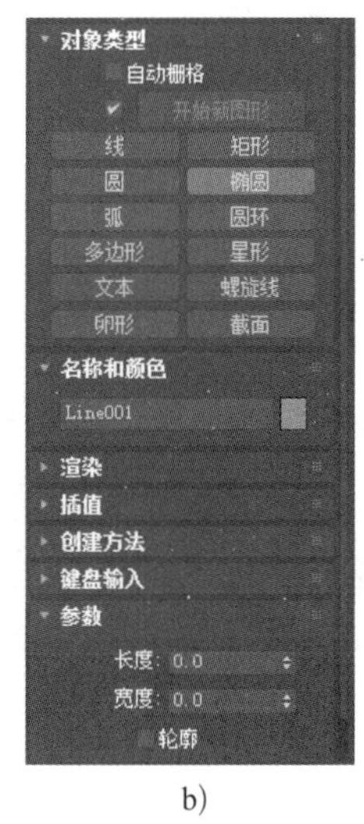


b)

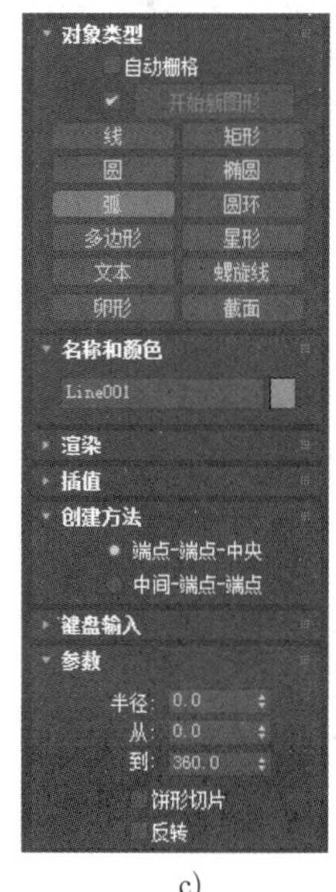


c)

图 2-4　“圆”“椭圆”和“弧”面板

a）“圆”面板　b）“椭圆”面板　c）“弧”面板

方法一：端点-端点-中央。选中参数面板中的这个单选框，拖动鼠标可首先定义圆弧的起始点，然后建立圆弧的结束点，最后单击确定圆弧的曲度。

方法二：中间-端点-端点。这种方式首先确定圆弧的中心点位置，然后决定圆弧的半径值，最后根据这个半径值来确定弧线的长度。

### 4. 矩形、多边形和星形

1)“矩形”工具用来绘制矩形或正方形，绘制方法是单击（创建）命令面板中的（图形）面板上的矩形按钮，在工作视图上单击，然后拖动鼠标即可绘制一个矩形。矩形的基本参数只有 3 个：长度、宽度和角半径，如图 2-5a 所示。

2)“多边形”工具用来绘制多边形，绘制方法与创建矩形的方法一样，它的基本参数有：半径、内接、外接、边数和角半径，如图 2-5b 所示。

3)“星形”工具用来绘制不同顶点数的星形，首先单击（创建）命令面板中的（图形）面板上的星形按钮，然后在工作视图上单击并拖动，绘制星形的第 1 个半径控制的星内形，接着移动鼠标形成第 2 个半径控制的是星角形状，最后在适当的位置单击即可完成星形的绘制。星形的基本参数有：半径 1、半径 2、点、扭曲、圆角半径 1 和圆角半径 2，如图 2-5c 所示。

提示：“半径 1”和“半径 2”为星形的两个半径，两者的数值差越大，星形的形状越尖锐；“扭曲”数值大于 0 时，向逆时针方向扭曲，小于 0 时，则向顺时针方向扭曲。

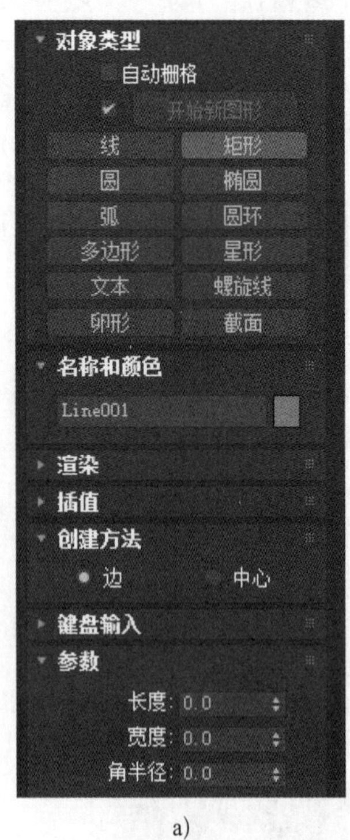


a)

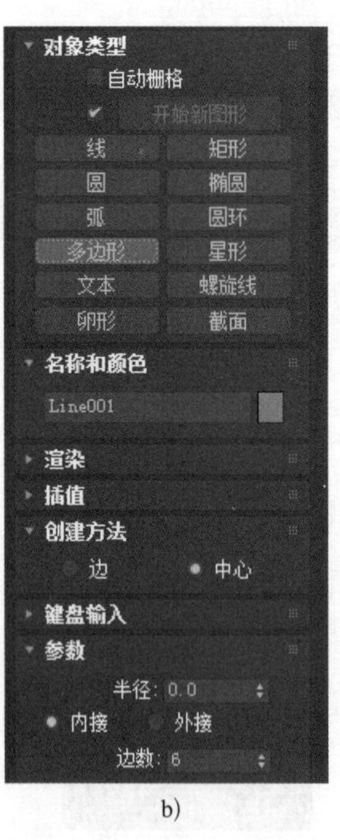


b)

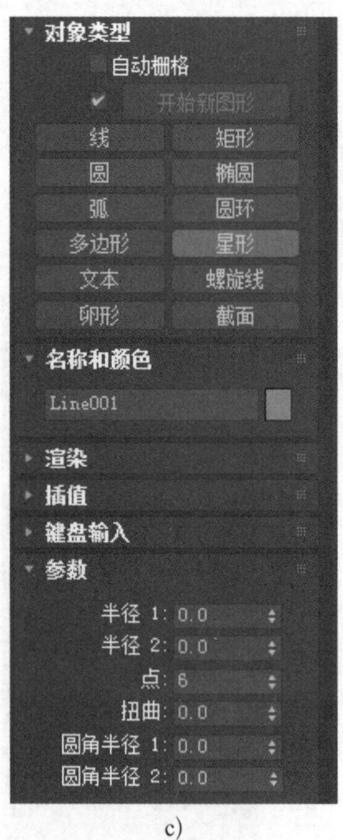


c)

图 2-5 “矩形”“多边形”和“星形”面板

a)“矩形”面板 b)“多边形”面板 c)“星形”面板

### 5. 圆环和螺旋线

1)“圆环”工具可以绘制同一个圆心的双圆造型。单击（创建）命令面板中的（图形）面板上的 圆环 按钮，在工作视图上单击，拖动鼠标即可绘制第 1 个圆形，然后移动鼠标形成第 2 个圆形，最后在适当位置单击，就可完成同心圆形的绘制。圆环的基本参数有两个：半径 1 是第 1 个圆形的半径，半径 2 是第 2 个圆形的半径，如图 2-6a 所示。

2)“螺旋线”工具用来绘制螺旋形的线条，用它画出的螺旋线可以用来生成三维物体。绘制方法是：单击（创建）命令面板中的（图形）面板上的 螺旋线 按钮，然后在工作视图中按住鼠标左键拖动，绘制出一个圆形，再向上移动并在适当位置单击确定高度，最后移动鼠标，在结束位置单击确定第 2 个圆形的半径，即可绘制出一条螺旋线。螺旋线的基本参数有：半径 1、半径 2、高度、圈数、偏移、顺时针和逆时针，如图 2-6b 所示。

提示：“偏移”是螺旋线的压缩倾斜度，用来控制螺旋线向端面压缩的情况。其最大值为 1，最小值为 −1。

### 6. 文本

“文本”工具用来建立文字造型。在 3ds max 2018 中，文字实际上是由许多条二维曲线组成的，所以文字被定义为二维图形。绘制文字的方法很简单，首先单击（创建）命令面板中的（图形）面板上的 文本 按钮，弹出“文本”面板。然后在参数面板的文本框中输入文字，如图 2-7 所示。接着在工作视图上单击即可建立文字造型，如图 2-8 所示。

在“文本”面板的下拉列表框中可以选择需要的字体，默认为 Arial 字体。在字体下拉列表框下面的前两个按钮用于控制字型，I 按钮可以产生斜体字体，U 按钮可以产生下画线，其余按钮为排版格式，分别为左对齐、居中对齐、右对齐和强制对齐。图 2-9 为激活 I 和 U 按钮后创建的文字造型。

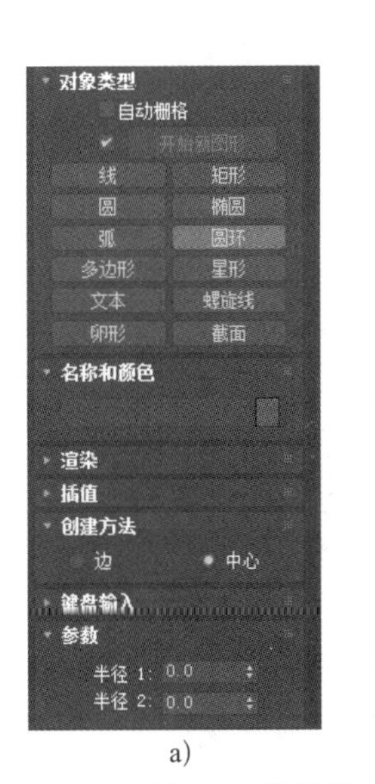


a)

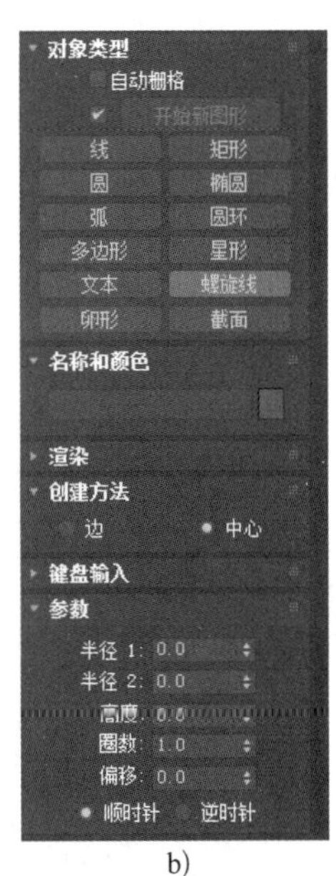


b)

图 2-6 “圆环”和“螺旋线”面板
a)“圆环”面板　b)“螺旋线”面板

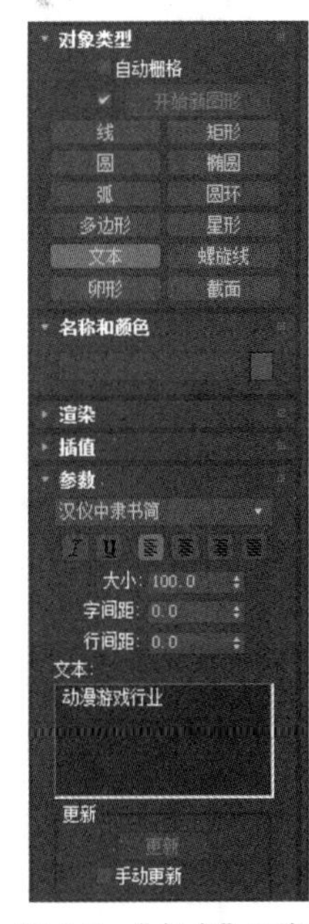


图 2-7 “文本”面板

图 2-8　创建文字

图 2-9　参数设置所产生的文字效果

### 7. 卵形

“卵形”工具用来建立卵形图形。绘制卵形的方法很简单，首先单击（创建）命令面板中的（图形）面板上的 卵形 按钮，弹出“卵形”面板，如图 2-10 所示。然后在视图中，垂直拖动鼠标从而设定卵形的初始尺寸，再水平拖动鼠标以更改卵形的方向（其角度）。接着释放鼠标后再拖动鼠标以更改卵形的轮廓，最后单击鼠标确认操作，结果如图 2-11 所示。

提示：如果在开始创建卵形之前未勾选“轮廓”复选框，那么在创建了卵形初始尺寸和方向后即完成了卵形图形的创建，结果如图 2-12 所示。

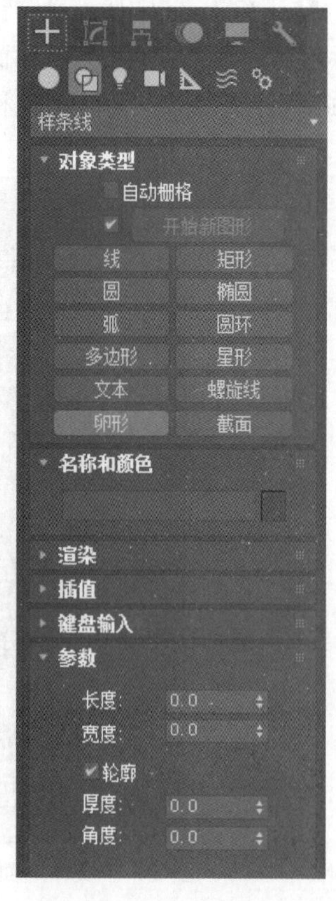


图 2-10　“卵形”面板

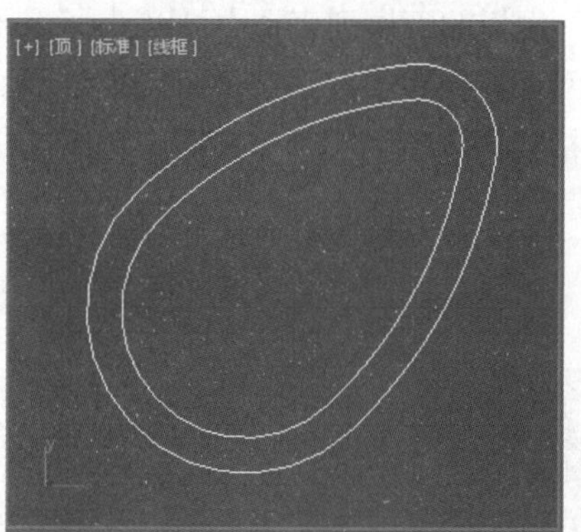

图 2-11　勾选“轮廓”复选框创建的卵形图形

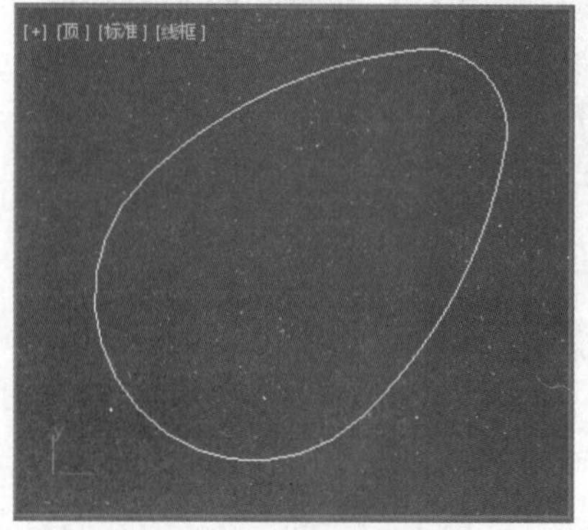

图 2-12　未勾选“轮廓”复选框创建的卵形图形

## 8. 截面

“截面”工具用来截取三维物体的剖面。截面对于三维物体相当重要，尤其是在制作复杂的效果图时是不可缺少的。

下面通过一个小实例来介绍截面工具的使用。

1）单击 + （创建）命令面板中的 ◎ （几何体）面板上的 长方体 按钮，在顶视图中建立一个长方体。它的高度数值可以设定得大一些。然后仍然在顶视图中建立一个小长方体，将它的一半放在大长方体内部，另一半留在大长方体的外面，它们的当前位置如图 2-13 所示。

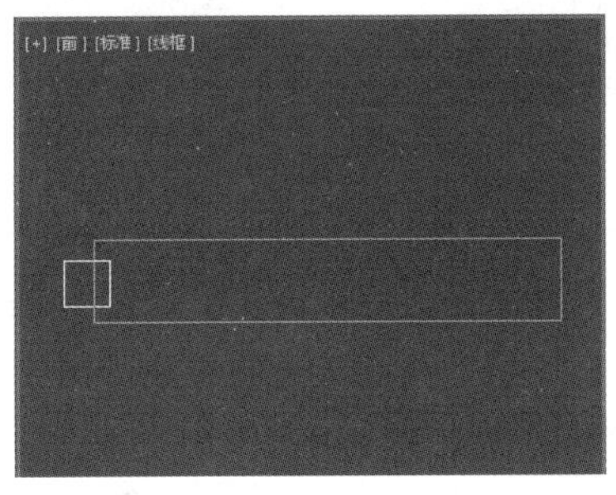


图 2-13　创建一大一小两个长方体

2）选中小长方体，按住〈Shift〉键向左移动，在弹出的“克隆选项”对话框中选择“复制”单选按钮，在“副本数”文本框中输入 3，如图 2-14 所示，这样就向左方又复制出了 3 个小长方体。然后将它们全部选中，移动到大长方体的中间，结果如图 2-15 所示。

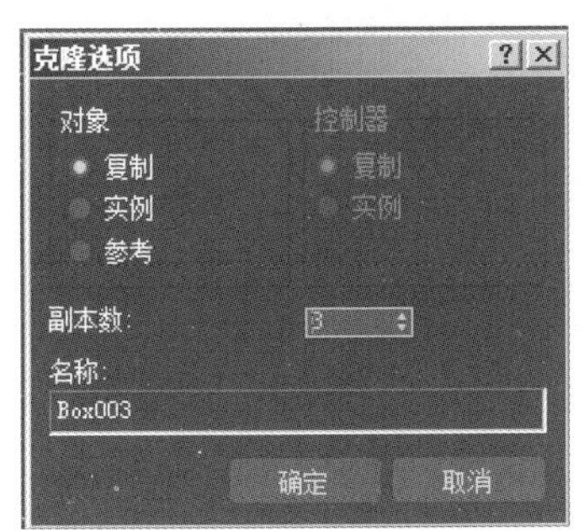


图 2-14　“克隆选项”对话框

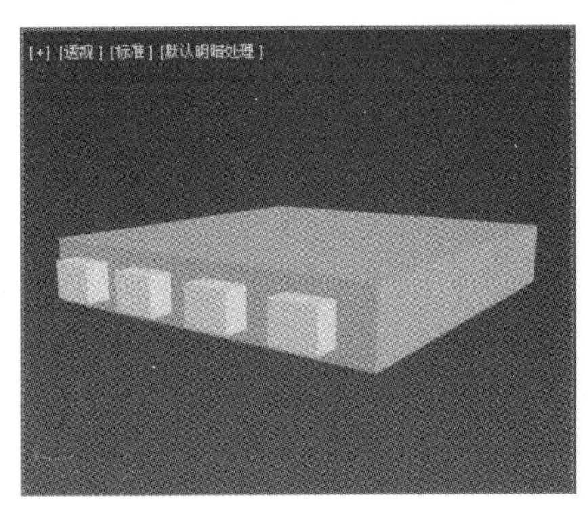


图 2-15　复制并移动位置

3）将这 4 个小长方体全部选中，同样按住〈Shift〉键复制，移动到大长方体的另一端。然后在剩下的两边也放置同样的 4 个小长方体。可以复制后旋转 90°，结果如图 2-16 所示。

4）选中其中任意一个小长方体，单击 （修改）按钮，在下拉列表中选择“编辑网格”选项，然后在参数面板上单击 附加 按钮，依次单击剩下的所有小长方体，将它们组成一个整体。接着关掉 附加 按钮并单击 + （创建）按钮，回到三维物体面板。

5）选中大长方体，在下拉列表中选择“复合对象”选项，然后单击 布尔 按钮后再在“运算对象参数”选项组中选择 差集 （差集）按钮，接着单击 添加运算对象 按钮，再将光标放在任意一个小长方体上单击，则小长方体及其与大长方体相交的部分被剪切掉，结果如图 2-17 所示。

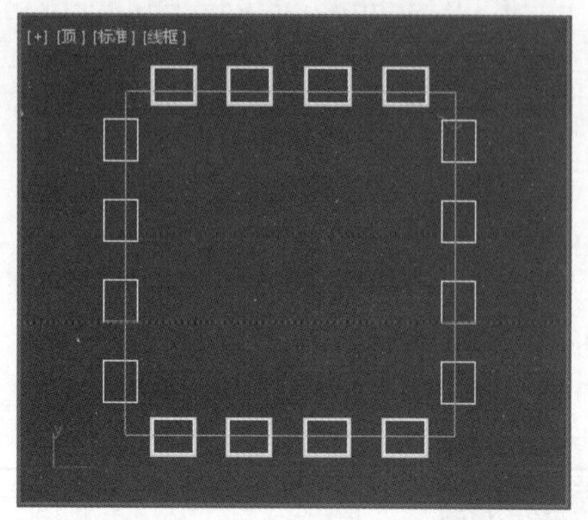

图 2-16　复制出其余的小长方体

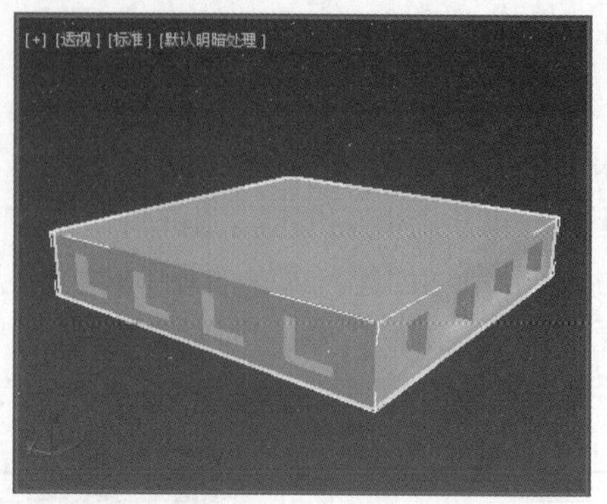

图 2-17　从大长方体中剪去小长方体及其与大长方体相交的部分

6）截取大长方体的截面。方法：单击（创建）命令面板中的（图形）面板上的 截面 按钮。此时“创建图形”按钮不可用，需要在左视图中的大长方体的左上角顶点上单击并拖出一个方形区域，这样， 创建图形 按钮就可用了。然后单击 创建图形 按钮，在弹出的“命名截面图形”对话框中的“名称”文本框中输入截面名字，如图 2-18 所示，单击“确定”按钮。

7）回到透视图，将大长方体移动到其他位置，可以看到原来的位置上留下了大长方体的横截面，如图 2-19 所示。这样就可以对截面进行新的操作，如“挤出”命令。

图 2-18　“命名截面图形”对话框

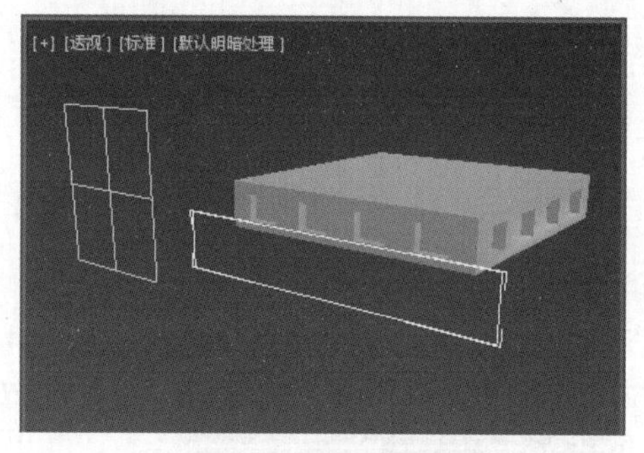

图 2-19　查看截面

## 2.1.2　简单三维物体的创建

在 3ds max 2018 中创建基本三维物体可以利用（创建）命令面板中的（几何体）按钮，打开“标准基本体”面板，其中包括 11 种三维物体造型工具，如图 2-20 所示。

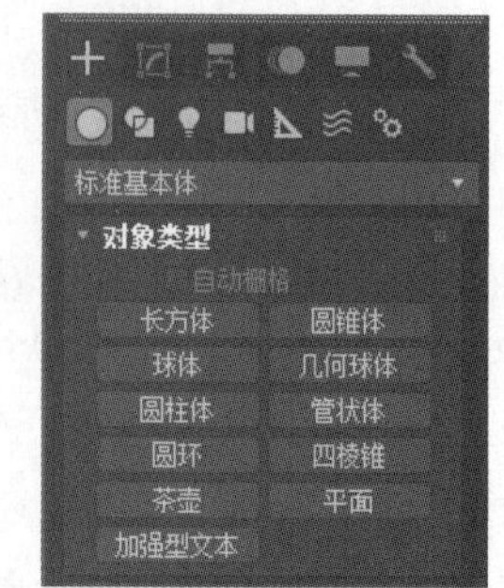

图 2-20　“标准基本体”面板

### 1. 创建长方体

创建长方体的方法有两种。

方法一：手动创建长方体。

1）单击命令面板中的 长方体 按钮，使其变成黄色的激活状态，此时“长方体”面板如图 2-21 所示。

2）在顶视图中单击鼠标并拖动，拉出一个矩形后松开左键，完成长方体底面的创建，然后在上下方向移动鼠标，到适当位置单击鼠标，此时场景中就创建了一个长方体。

3）此时命令面板参数变成创建的长方体的相应数值。用鼠标单击“长度”文本框，此时“长度”文本框中的数值被蓝色覆盖，然后输入 100，同样将“宽度”和“高度”参数设为 100，如图 2-22 所示。这样长方体就变成为了正方体，结果如图 2-23 所示。

提示：当创建了一个对象后，一旦取消了对该对象的选取，（创建）命令面板中的参数就不可修改。此时如果要修改对象参数，可以通过（修改）命令面板来实现。

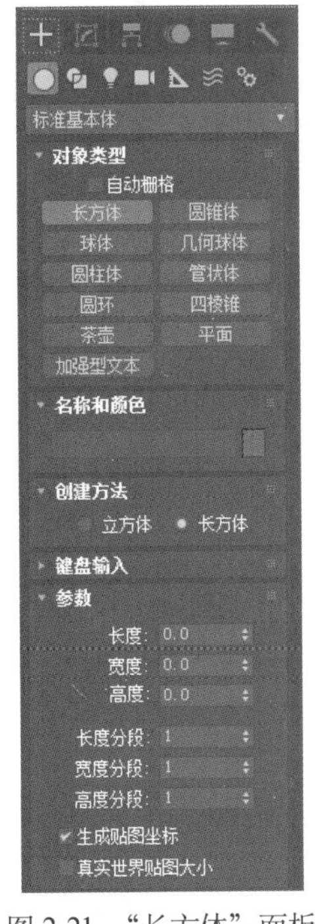


图 2-21 “长方体”面板

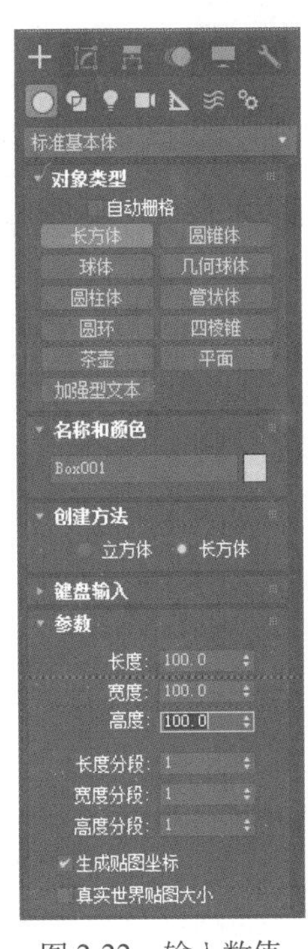

图 2-22 输入数值

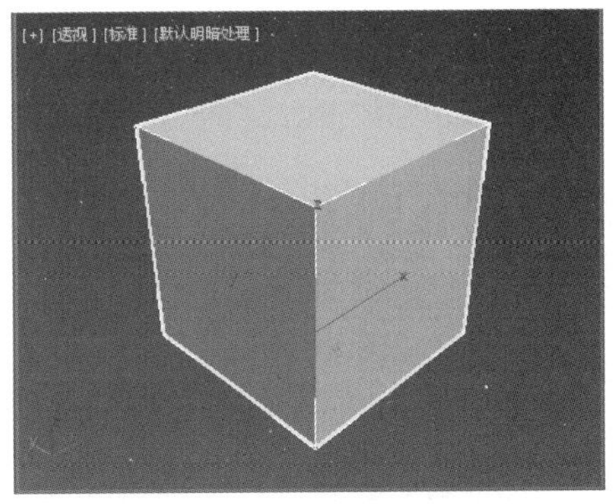


图 2-23 创建正方体

此时可以在名称框中将 Box 001 命名为“正方体”，以便于以后用（按名称选择）工具选取。然后单击颜色框，如图 2-24 所示，弹出如图 2-25 所示的“对象颜色”对话框。从中选择一种颜色，如果不满意可以单击 添加自定义颜色... 按钮，在出现的“颜色选择器：添加颜色”对话框中设定颜色，然后单击 添加颜色 按钮，如图 2-26 所示。

图 2-24 单击颜色块

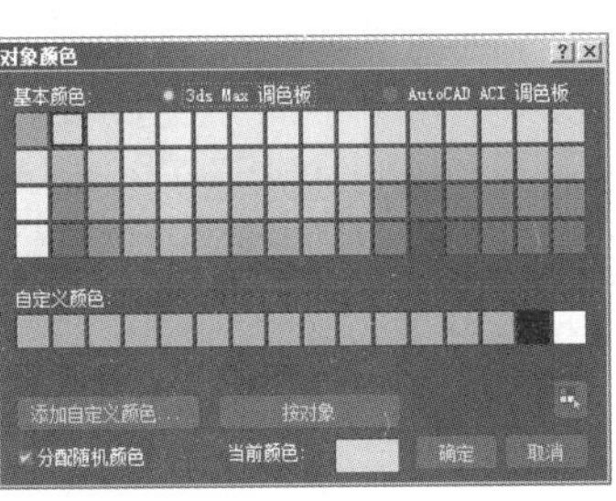


图 2-25 “对象颜色”对话框

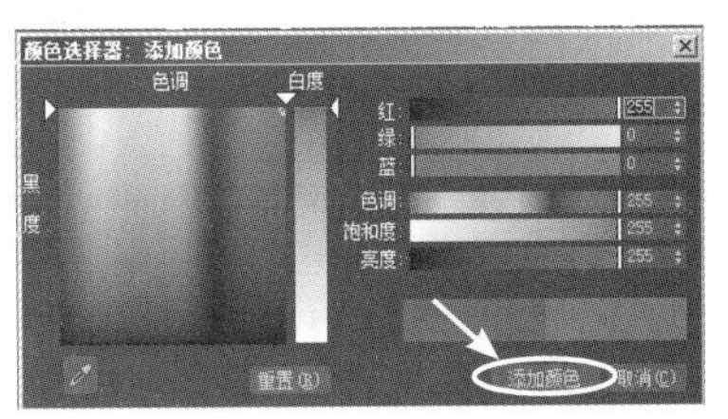


图 2-26 “颜色选择器：添加颜色”对话框

此时，场景中的盒子颜色就变成了刚才调制出的颜色，如图 2-27 所示。

方法二：用键盘输入法创建长方体（这种方法在创建其他类型的三维物体时也同样适用）。

1）单击命令面板中的 长方体 按钮，使其变成黄色的激活状态。

2）展开“键盘输入”卷展栏，参数设置如图 2-28 所示。单击 创建 按钮，则生成了一个正方体，如图 2-29 所示。

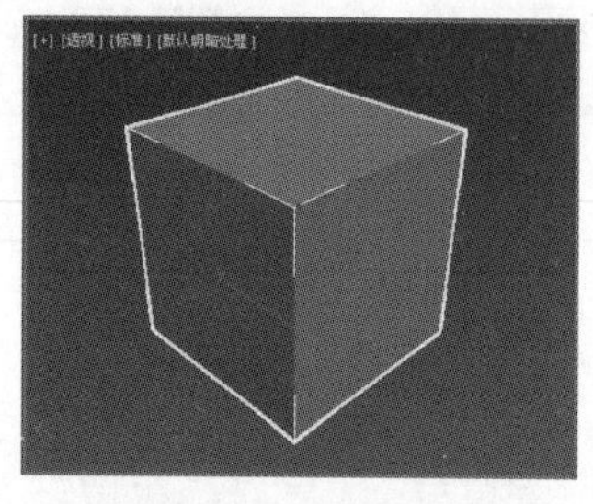

图 2-27　更改颜色后的效果

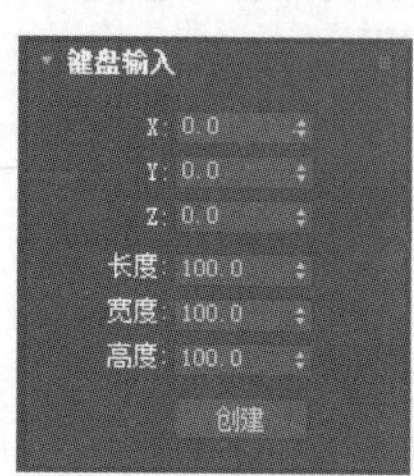


图 2-28　输入数值

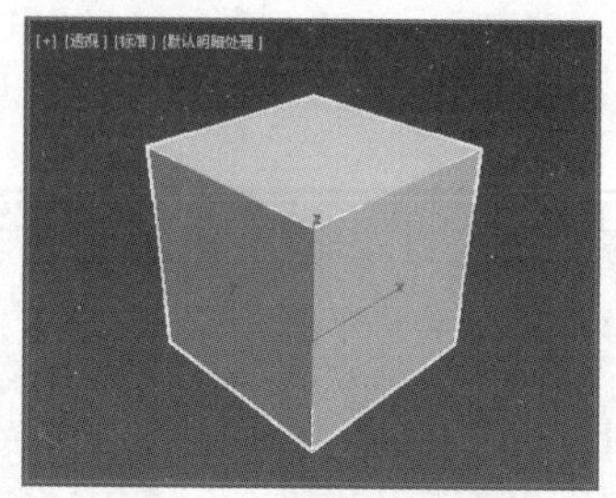

图 2-29　创建正方体

## 2. 创建球体

创建球体的操作步骤如下。

1）单击命令面板中的 球体 按钮，打开“球体”面板，如图 2-30 所示。

2）在顶视图中按住鼠标左键，拖动鼠标到适当的位置后松开鼠标，视图中生成一个球体，如图 2-31 所示。

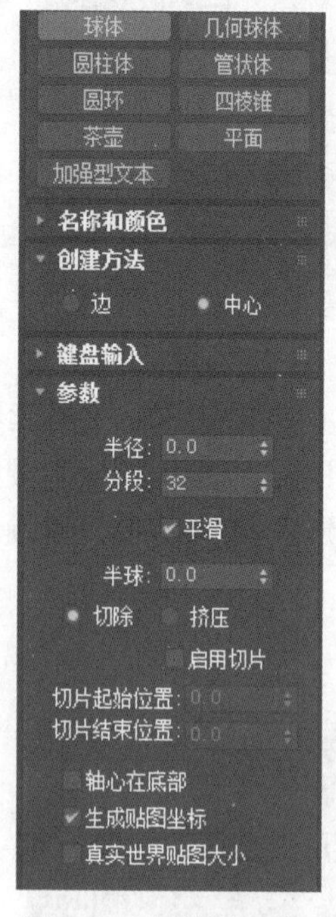


图 2-30　“球体”面板

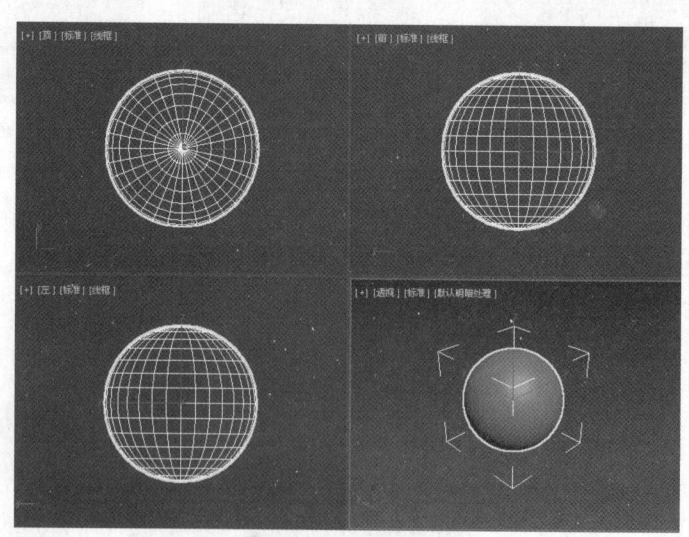

图 2-31　创建球体

3）选中“轴心在底部”复选框，可将小球轴心点移至底端，如图 2-32 所示。选中“启用切片”复选框，并设置“切片结束位置”为 90，如图 2-33 所示，则切片启用后的效果如图 2-34 所示。

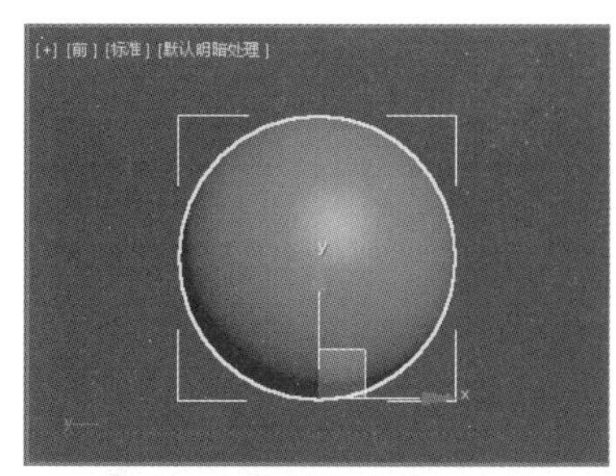

图 2-32　将轴心点移至底端

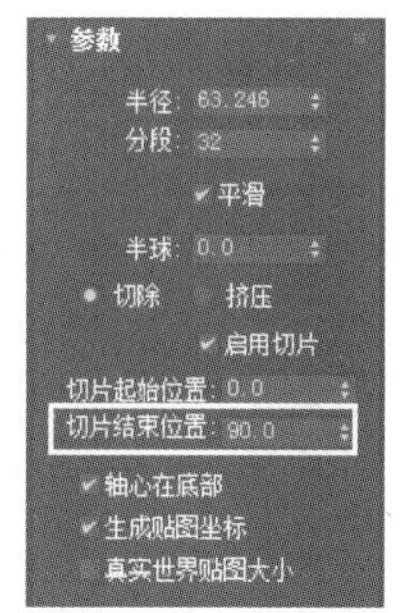

图 2-33　设置切片参数

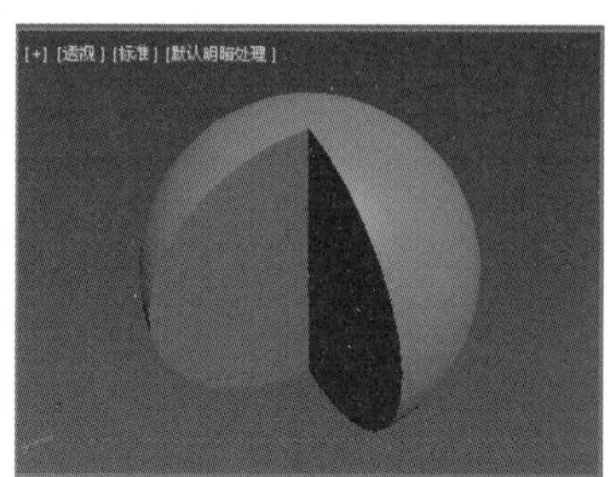

图 2-34　切片启用后的效果

将“半球”的参数设为 0.5，球体变成半球，如图 2-35 所示。选择“切除”和“挤压”单选按钮，球体网格会发生变化（此选项只在“半球”参数不为 0 时起作用）。

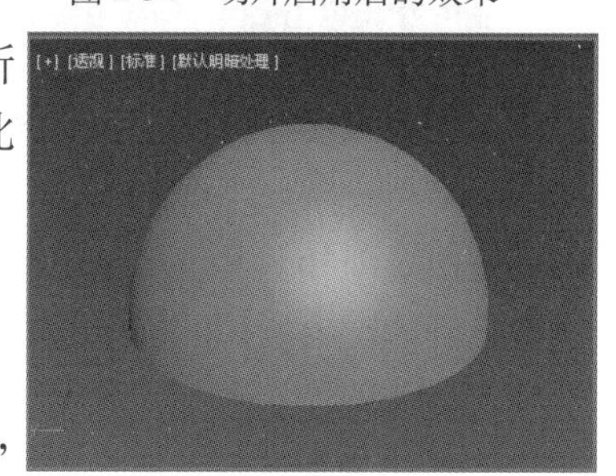

图 2-35　半球效果

### 3. 创建圆柱体

创建圆柱体的操作步骤如下。

1）单击命令面板中的 圆柱体 按钮，打开“圆柱体”面板，如图 2-36 所示。

2）在顶视图中单击鼠标，拖动鼠标到适当的位置后松开鼠标，首先生成圆柱体的底面，上下方向移动鼠标形成圆柱体的高度，此时形成的圆柱体如图 2-37 所示。

“切片起始位置”和“切片结束位置”选项分别控制切片的起始角度和终止角度。选中“启用切片”复选框，设置“切片起始位置”为 0，“切片结束位置”为 90，结果如图 2-38 所示。

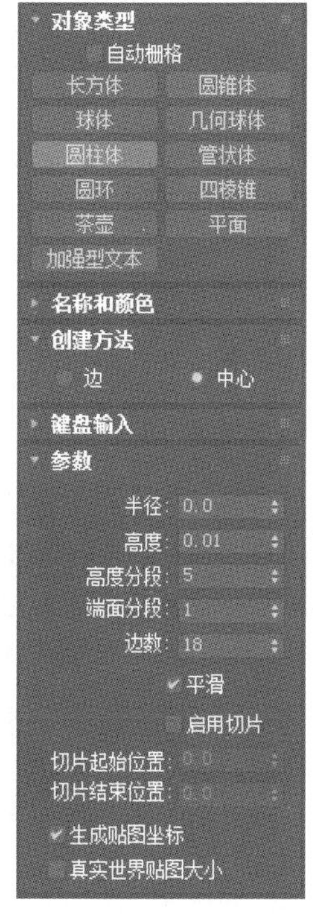

图 2-36　“圆柱体”面板

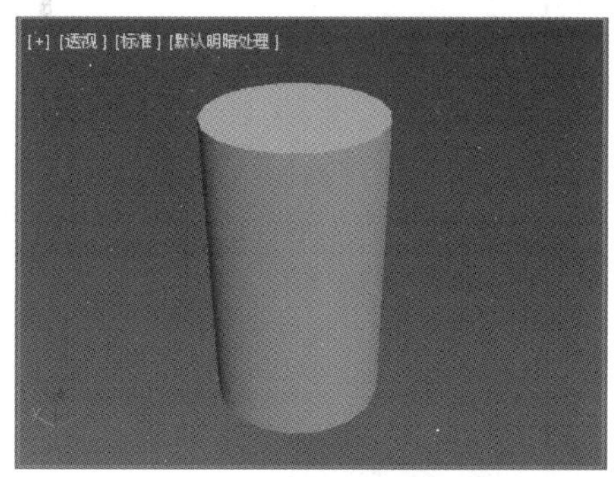

图 2-37　创建圆柱体

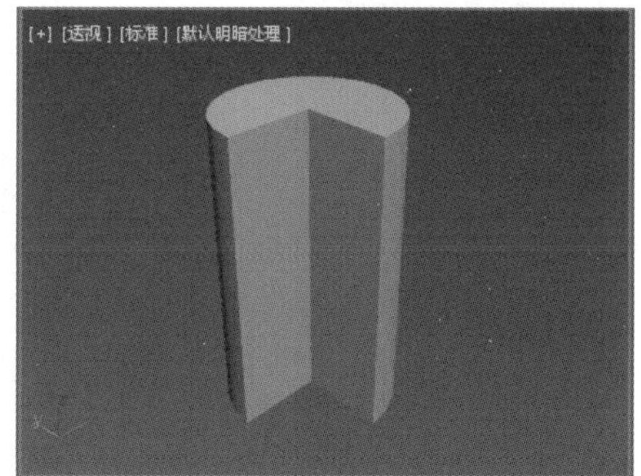

图 2-38　启用切片后的效果

“平滑”复选框可控制圆柱体是否光滑，图 2-39 和图 2-40 分别为选中和未选中该复选框时的效果图。

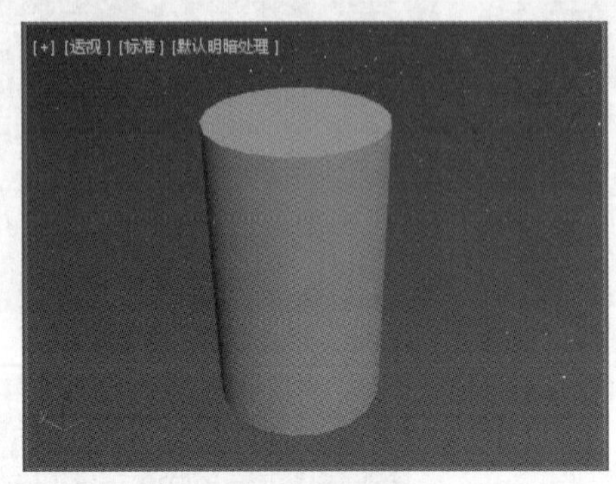


图 2-39　选中“平滑”复选框的效果

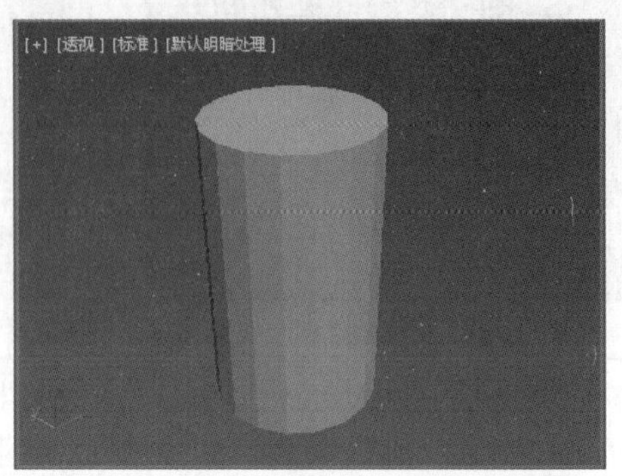


图 2-40　未选中“平滑”复选框的效果

## 4. 创建圆环

创建圆环的操作步骤如下。

1）单击命令面板中的 圆环 按钮，打开“圆环”面板，如图 2-41 所示。

2）在顶视图中单击鼠标，拖动鼠标到适当位置后松开鼠标，此时完成圆环的一个半径，再次移动鼠标到另一位置单击鼠标，圆环就形成了，如图 2-42 所示。

选中“启用切片”复选框，并设置“切片起始位置”为 0，“切片结束位置”为 90，结果如图 2-43 所示。

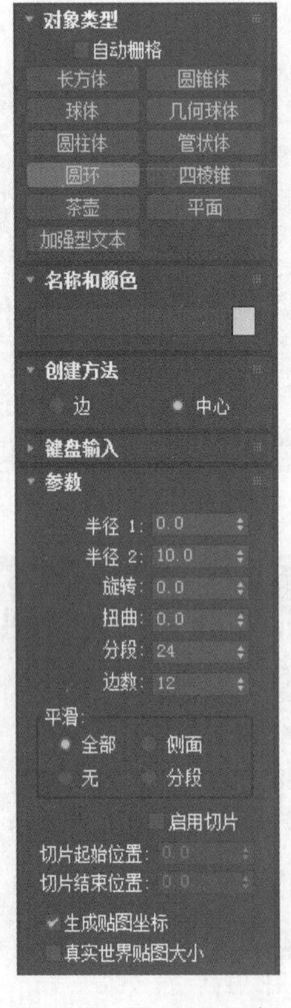


图 2-41　“圆环”面板

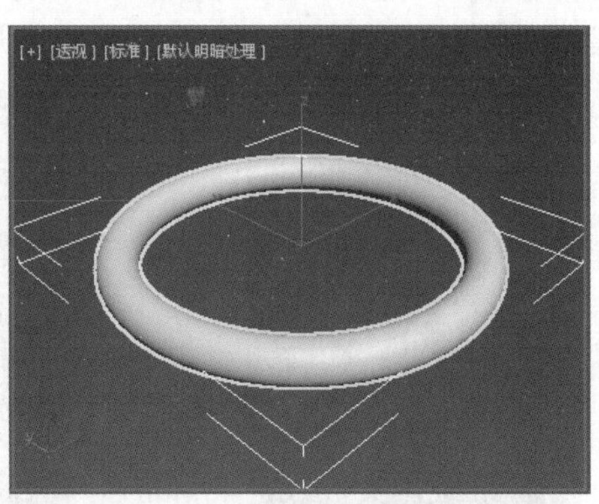


图 2-42　创建圆环

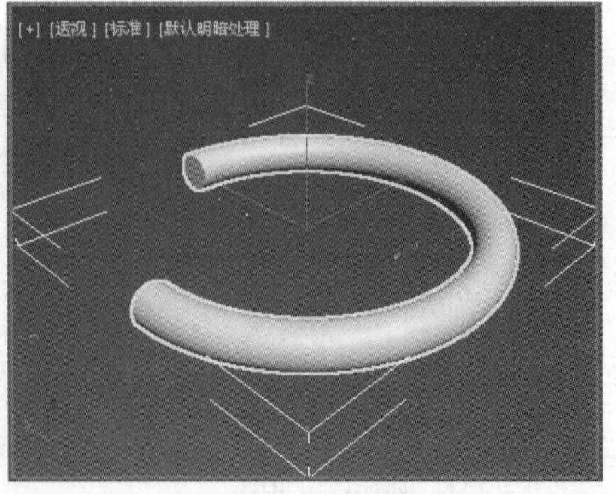


图 2-43　启用切片的效果

### 5. 创建茶壶

3ds max 2018 的基本三维物体中之所以存在茶壶体，是因为茶壶体是 3ds max 中最早创建的不规则几何体，所以将其放入基本几何体中作为纪念。

创建茶壶的操作步骤如下。

1）单击命令面板中的 茶壶 按钮，打开“茶壶”面板，如图 2-44 所示。

2）在顶视图中单击鼠标，并拖动鼠标到适当位置后松开鼠标，茶壶就形成了，如图 2-45 所示。

如果在“参数”卷展栏中取消选中“壶体”复选框，结果如图 2-46 所示。

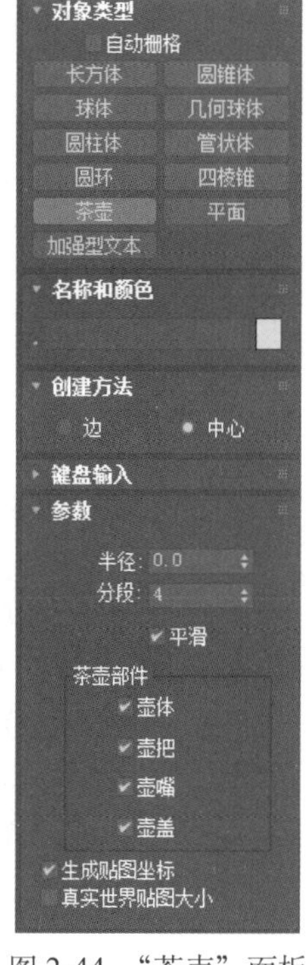


图 2-44 “茶壶”面板

图 2-45 创建茶壶

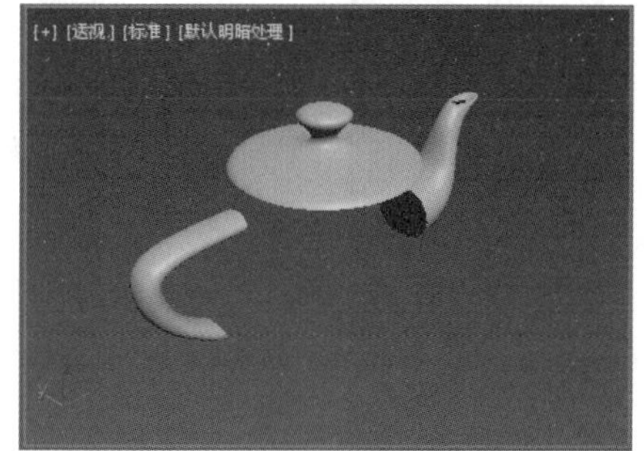


图 2-46 取消选中“壶体”复选框的效果

图 2-47、图 2-48 和图 2-49 分别为取消选中“壶把”“壶嘴”和“壶盖”复选框的效果图。

图 2-47 取消选中“壶把”复选框的效果

图 2-48 取消选中“壶嘴”复选框的效果

图 2-49 取消选中“壶盖”复选框的效果

### 6. 创建圆锥体

创建圆锥体的操作步骤如下。

1）单击命令面板中的 圆锥体 按钮，打开“圆锥体”面板，如图 2-50 所示。

2）在顶视图中单击鼠标，拖动鼠标到适当位置后松开鼠标，得到圆锥体的底面，向上移动鼠标确定圆锥体的高度，再移动鼠标确定圆锥体的顶面，这样圆锥体就形成了，如图 2-51 所示。

如果选中“启用切片”复选框，然后设置“切片起始位置”和“切片结束位置”选项，可得到带缺口的圆锥体，如图 2-52 所示。

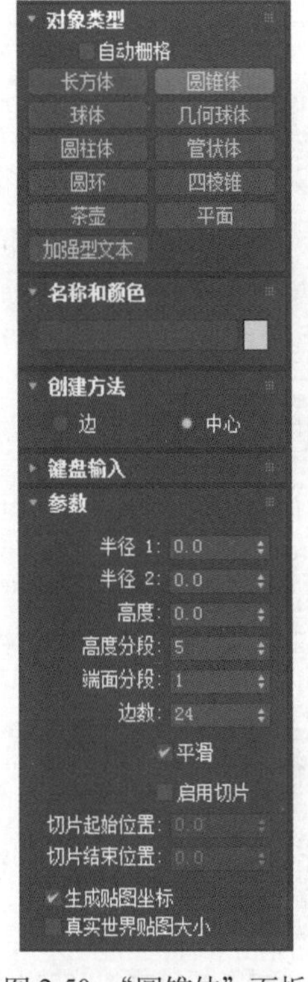


图 2-50 “圆锥体”面板

图 2-51 创建圆锥体

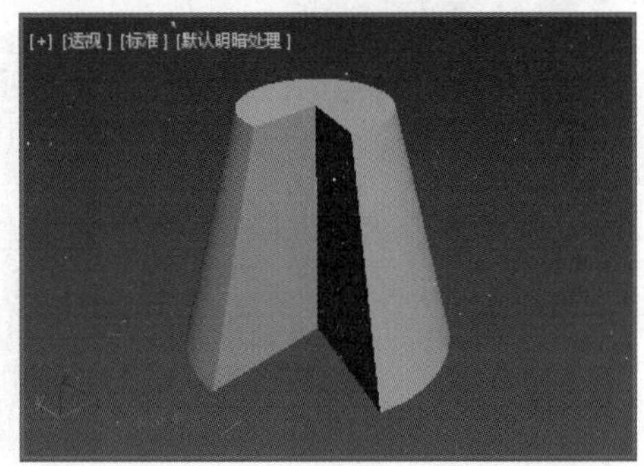


图 2-52 启用切片后的效果

### 7. 创建几何球体

创建几何球体的操作步骤如下。

1）单击命令面板中的 几何球体 按钮，打开“几何球体”面板，如图 2-53 所示。

2）在顶视图中单击鼠标，拖动鼠标到适当位置后松开鼠标，一个三角形面圆球就形成了，如图 2-54 所示。

选中“平滑”复选框，可使球体平滑显示；选中“半球”复选框，可产生半球；选中“轴心在底部”复选框，可使球体轴心点移至底端。

另外，“基本面类型”选项组下有“四面体”“八面体”和“二十面体”3 个选项，用来控制球体的显示状态。

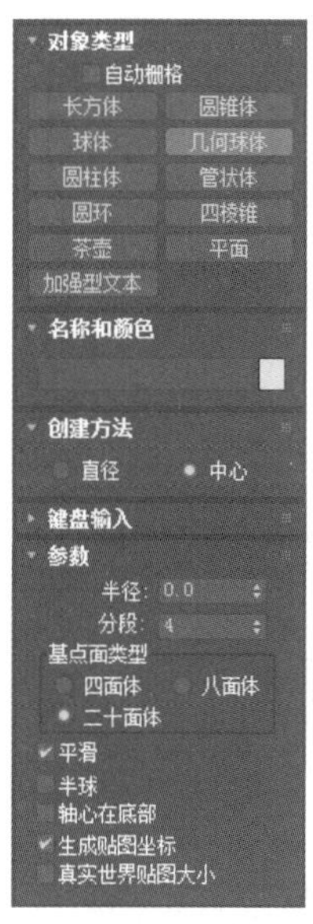


图 2-53　“几何球体”面板

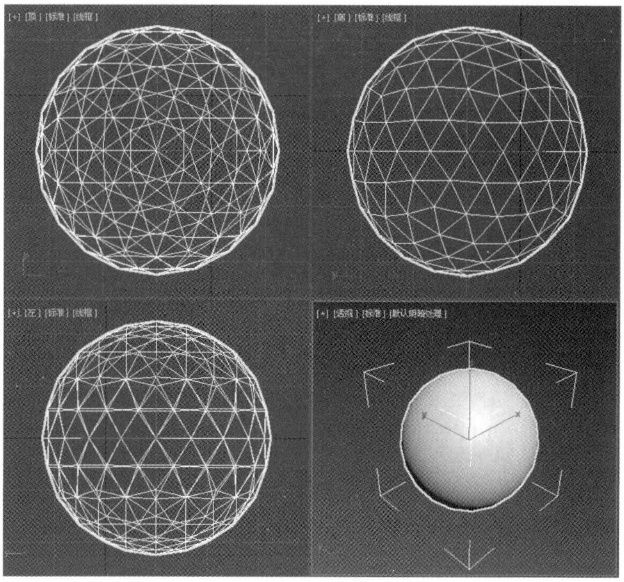

图 2-54　创建几何球体

## 8. 创建管状体

创建管状体的操作步骤如下。

1）单击命令面板中的 管状体 按钮，打开“管状体”面板，如图 2-55 所示。

2）在顶视图中单击鼠标，拖动鼠标到适当位置后得到圆管底面的第 1 个半径，拖动鼠标产生第 2 个半径，上下拖动鼠标完成管状体的创建，结果如图 2-56 所示。

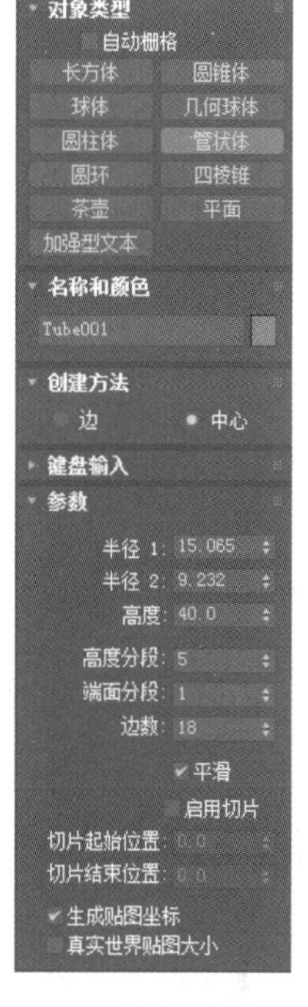


图 2-55　“管状体”面板

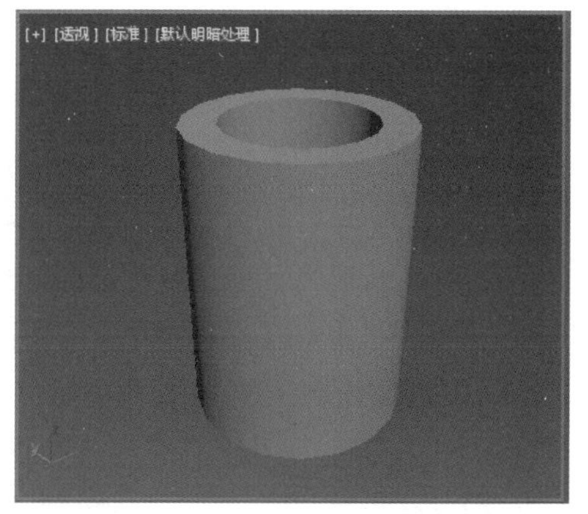


图 2-56　创建管状体

## 9. 创建四棱锥

创建四棱锥的操作步骤如下。

1）单击命令面板中的 四棱锥 按钮，打开“四棱锥”面板，如图 2-57 所示。

2）在顶视图中单击鼠标，拖动鼠标到适当位置后松开鼠标，产生四棱锥的底面，向上拖动鼠标形成四棱锥的高度，这样四棱锥就形成了，如图 2-58 所示。

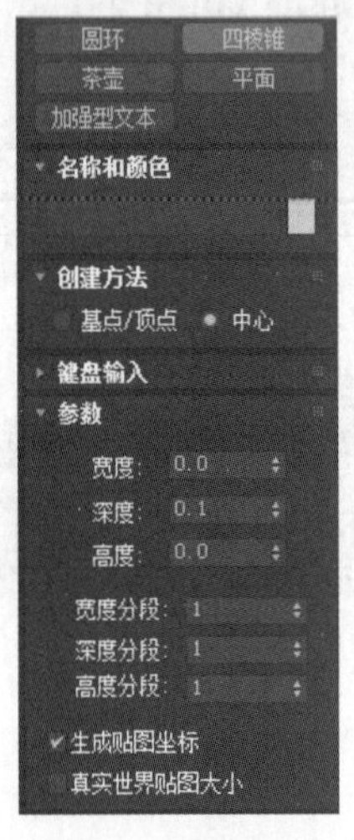


图 2-57 “四棱锥”面板

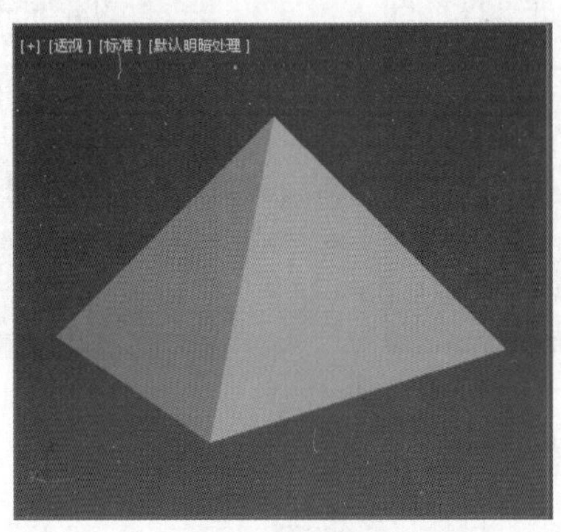


图 2-58 创建四棱锥

“创建方法”卷展栏下有“基点 / 顶点”和“中心”两个单选按钮。选择“基点 / 顶点”是从端点开始绘制四棱锥，选择“中心”是从中心点开始绘制四棱锥。

## 10. 创建平面

创建平面的操作步骤如下。

1）单击命令面板中的 平面 按钮，打开“平面”面板，如图 2-59 所示。

2）在顶视图中单击鼠标，拖动鼠标到适当位置后松开鼠标，平面就形成了，如图 2-60 所示。这种图形常用于制作地面。

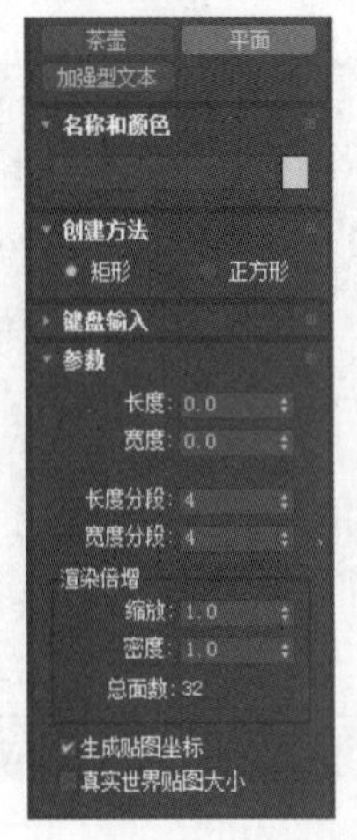


图 2-59 “平面”面板

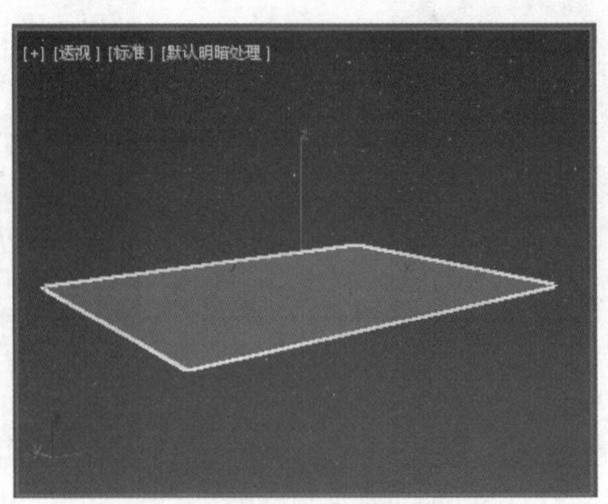


图 2-60 创建平面

### 11. 加强型文本

前面使用 文本 按钮创建的文字为二维图形。而使用 加强型文本 按钮创建的加强型文本为三维对象。创建加强型文本的操作步骤如下。

1）单击命令面板中的 加强型文本 按钮，打开“加强型文本”面板，如图 2-61 所示。

2）在顶视图中单击鼠标，即可创建加强型文本，如图 2-62 所示。

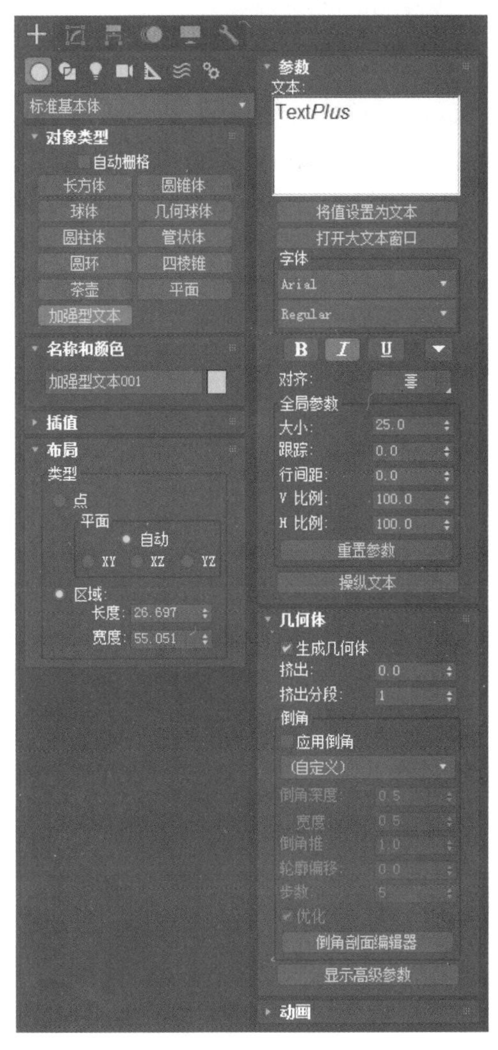


图 2-61　“加强型文本”面板

图 2-62　创建默认的加强型文本

## 2.1.3　简单扩展基本体的创建

在命令面板中单击“标准基本体”右侧的下拉箭头，在弹出的下拉列表框中选择“扩展基本体”，如图 2-63 所示，此时的“扩展基本体”面板如图 2-64 所示。

如图 2-65a～m 所示为扩展基本体中的各种图形。

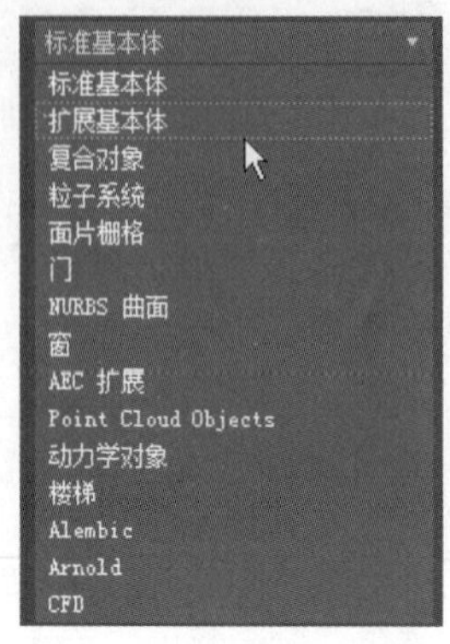


图 2-63　选择“扩展基本体”

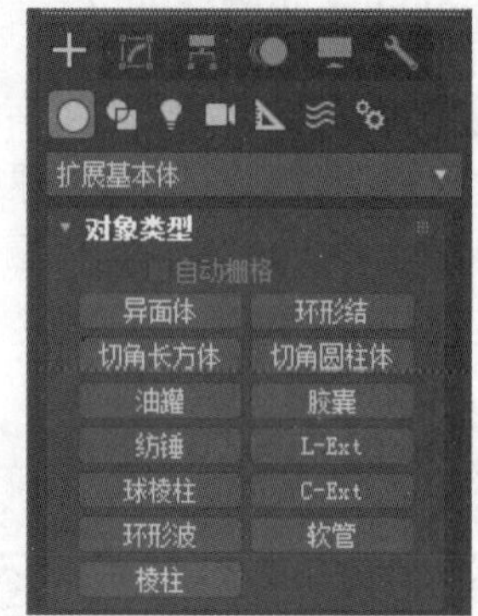


图 2-64　“扩展基本体”面板

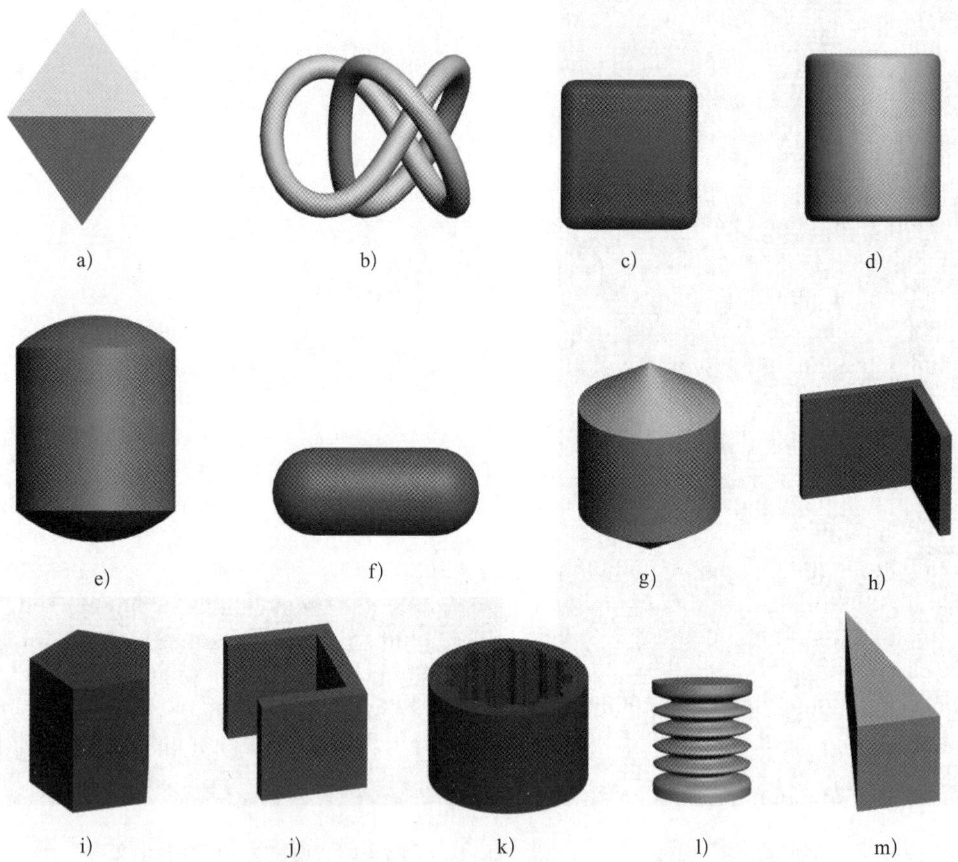


图 2-65　扩展基本体

a）异面体　b）环形结　c）切角长方体　d）切角圆柱体　e）油罐　f）胶囊
g）纺锤　h）L-Ext　i）球棱柱　j）C-Ext　k）环形波　l）软管　m）棱柱

这里主要介绍一下软管工具的使用。

1）在左视图中创建一个半径为 10、高度为 30 的圆柱体。

2）在前视图中利用（镜像）工具镜像出另一个圆柱体，参数设置如图 2-66 所示，单击“确定”按钮，结果如图 2-67 所示。

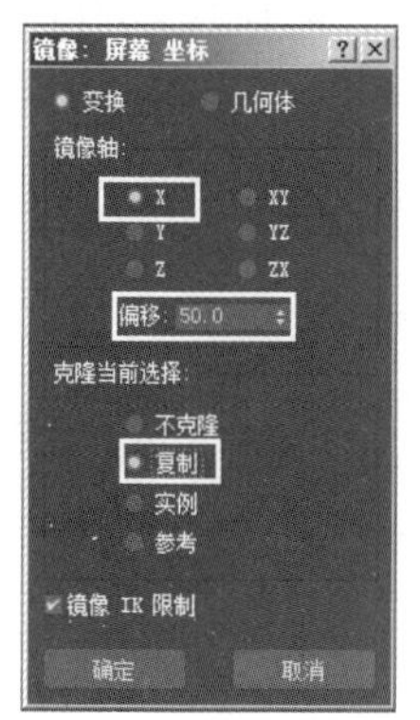


图 2-66　设置“镜像”参数

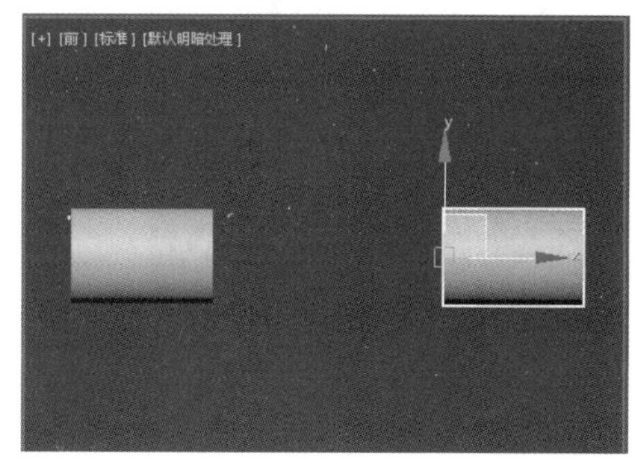


图 2-67　镜像后的效果

3）选择“扩展基本体”中的“软管”，然后在左视图中绘制软管。

4）在“软管参数”卷展栏中选择“绑定到对象轴”单选按钮，如图 2-68 所示。在“绑定对象”选项组中再单击 拾取顶部对象 按钮后，在视图中拾取一个圆柱，看到圆柱白框闪烁一下，表示绑定成功。

5）同理，单击 拾取顶部对象 按钮后，在视图中拾取另一个圆柱，结果如图 2-69 所示。

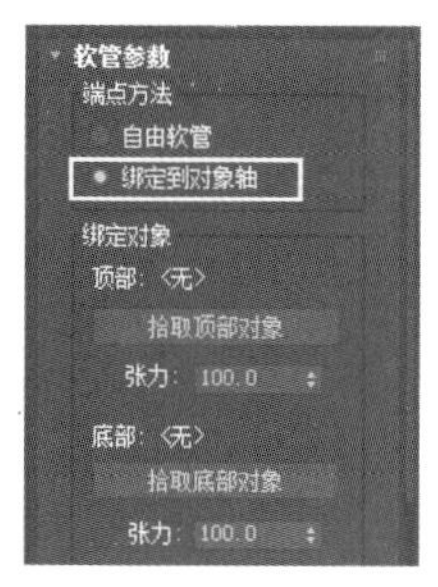


图 2-68　选择“绑定到对象轴”单选按钮

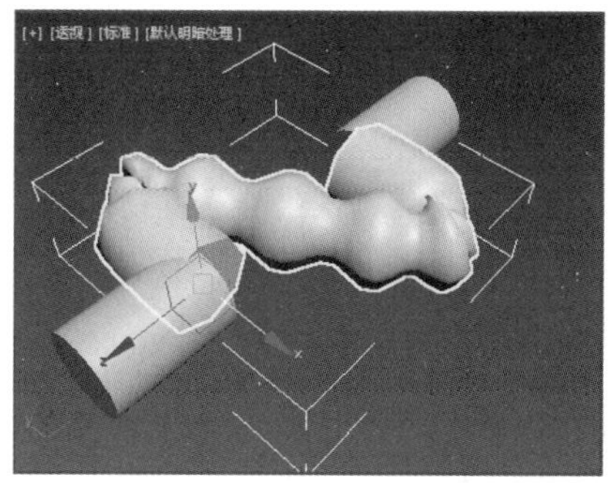


图 2-69　创建软管

6）将“绑定对象”选项组下的两个“张力”文本框的值均设为 0（见图 2-70），结果如图 2-71 所示。

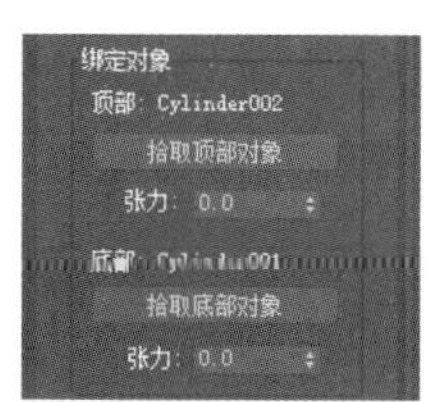


图 2-70　设置两个“张力”文本框的值

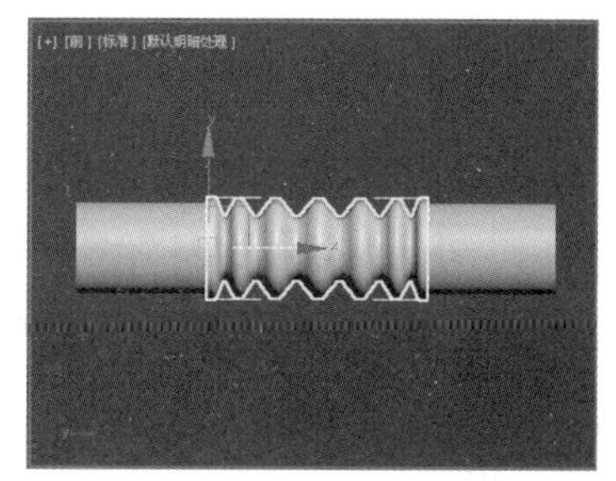


图 2-71　设置“张力”数值后的效果

7）开始录制动画。在第 0 帧打开 自动关键点 按钮，移动其中一个圆柱体到图 2-72 所示的位置；然后在第 100 帧移动圆柱到图 2-73 所示的位置，此时可以发现软管随圆柱体的位置变化而进行伸缩。

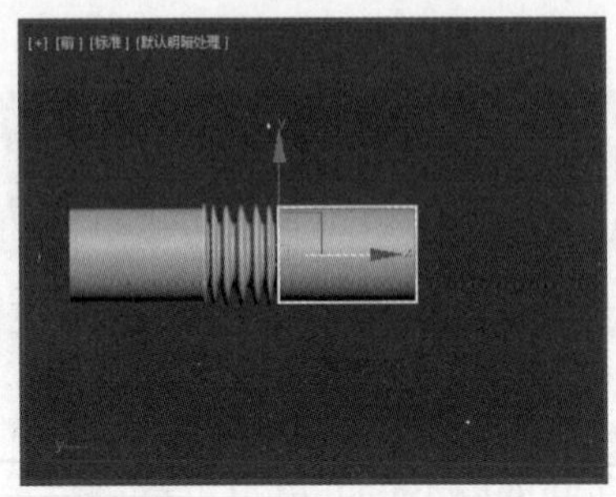
图 2-72　在第 0 帧调整位置

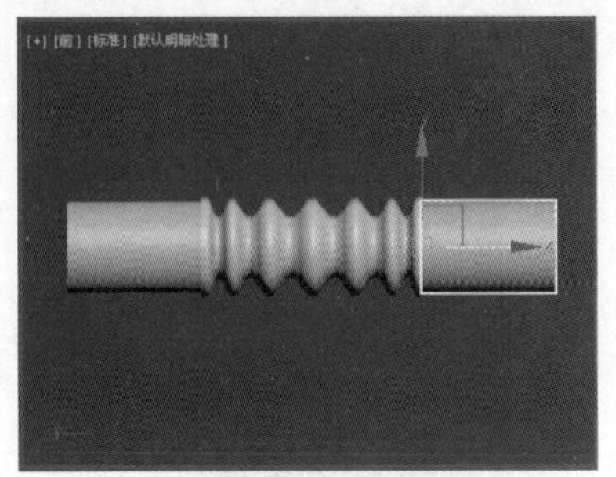
图 2-73　在第 100 帧调整位置

### 2.1.4　课后练习

#### 1. 填空题

（1）3ds max 2018 提供了 12 种二维物体造型工具，它们是______、______、______、______、______、______、______、______、______、______、______和______。

（2）3ds max 2018 中有 11 种简单的三维物体，它们是______、______、______、______、______、______、______、______、______、______和______。

#### 2. 选择题

（1）在 3ds max 中茶壶是由哪几部分构成的？（　）

A. 壶体　　B. 壶把　　C. 壶嘴　　D. 壶盖

（2）下面哪个工具可以获取三维物体的二维截面图形？（　）

A. 截面　　B. 多边形　　C. 星形　　D. 文本

#### 3. 问答题

（1）简要说明二维物体造型工具的使用方法。

（2）简要说明简单的三维物体的使用方法。

## 2.2　常用修改器

3ds max 模型的编辑修改功能十分强大，其内设的数十个修改器主要用于修改场景中的几何体。每个编辑修改器都有自己的参数集合和功能。本节就来介绍与常用的编辑修改器相关的知识。

一个编辑修改器可以应用于场景中的一个或者多个对象，它们根据参数的设置来修改对象。同一个对象也可以被应用于多个编辑修改器。后一个编辑修改器可以接收前一个编辑修改器传递过来的参数，所以编辑修改器的次序对最后的结果影响很大。

### 2.2.1　“编辑样条线”修改器

对于用户来说，虽然可以利用二维图形创建工具来产生很多的二维造型，但是这些造型变化不大，并不能满足用户的需要。而二维复合造型又有很多限制，所以需要将二维物体通过“编辑样条线”修改器进行编辑和变换，以达到改变二维物体的形状和属性的目的。本节将通过一些实例来介绍“编辑样条线”修改器的具体应用。

### 1. 初识“编辑样条线”修改器

如果要对一个二维物体使用“编辑样条线”修改器，必须先选中一个二维物体，然后单击命令面板中的（修改）按钮，显示修改命令面板。在下拉列表中找到“编辑样条线”，如图 2-74 所示。在黄色选择区域上单击即可进入“编辑样条线”修改器，如图 2-75 所示。

“编辑样条线”修改器可以让用户对物体进行 3 种级别的修改：（顶点）、（分段）和（样条线）。顶点是二维造型的最低级别，线段为中间级别，样条曲线是最高级别。

要对 3 种修改对象中的一种进行修改，就要用鼠标单击灰色区域中“编辑样条线”字样前的加号，即可列出顶点、线段和样条曲线的列表，可在其中任意选择。

在顶点、线段和样条线的参数面板上，有如下 3 个工具按钮是共有的。

1) 创建线：单击该按钮后，可以在当前绘图的工作视图上画线，而且所画的任何新线都是所选取的二维图形的一部分，而不是一个独立的对象。

2) 附加：单击该按钮，可以给选中的二维图形加上另一个二维图形，也就是把两个二维图形合并为一个二维图形。

3) 附加多个：与附加按钮的功能类似，这个按钮可以将多个二维图形附加到选中的对象上。单击此按钮，弹出“附加多个”对话框，如图 2-76 所示。

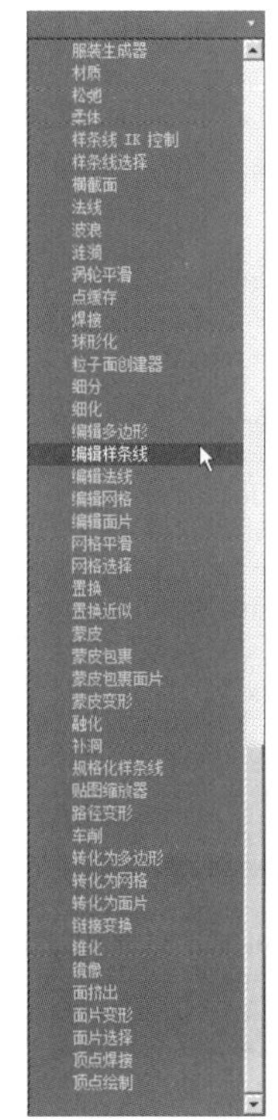

图 2-74　选择“编辑样条线”

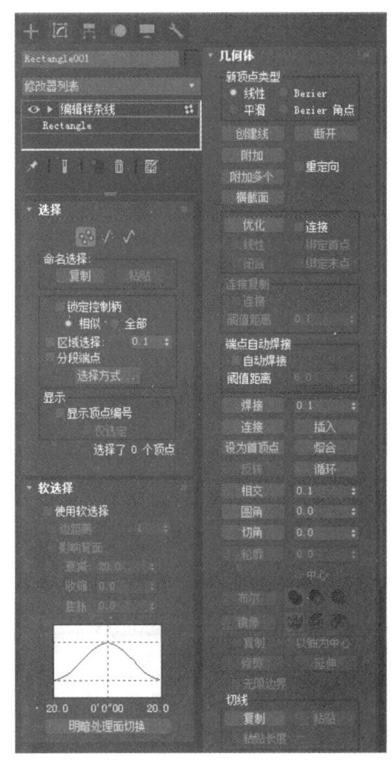

图 2-75　“编辑样条线”修改器

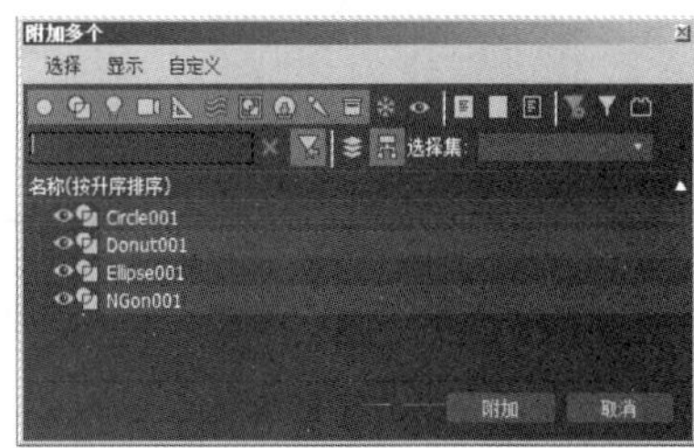


图 2-76　“附加多个”对话框

在其中选择需要被附加的二维物体的图形名称，然后单击附加按钮即可。另外，在附加与附加多个按钮后面有一个“重定向”复选框。选中后再单击附加按钮，会发现待选中的二维图形将对齐在选中的二维图形的中心点位置。

## 2. 编辑顶点

利用“编辑样条线”修改器对二维图形进行编辑时，顶点的控制是很重要的，因为顶点的变化会影响整条线段的形状与弯曲程度。对顶点进行控制编辑的操作方法如下。

在工作视图上绘制一个简单的二维图形（如圆形），将它保持在选中状态，然后单击（修改）命令面板“编辑样条线”中的（顶点）按钮，接着选中视图中相应的顶点，如图 2-77 所示。

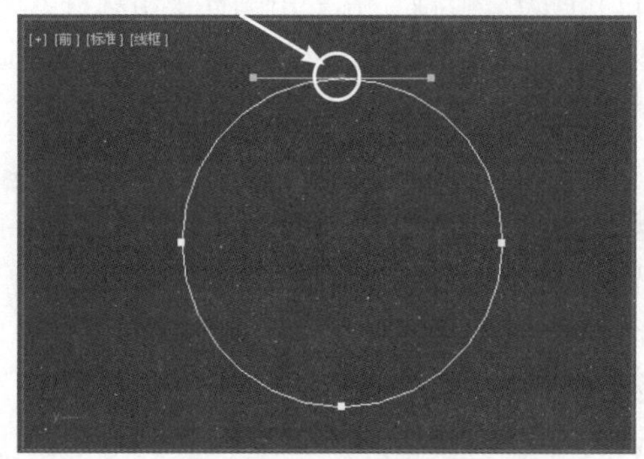


图 2-77　选中相应的顶点

此时的参数面板如图 2-78 所示，将鼠标指针放在面板上的空白处片刻，会变成一个小手形状，这时拖动面板可以显示隐藏部分。

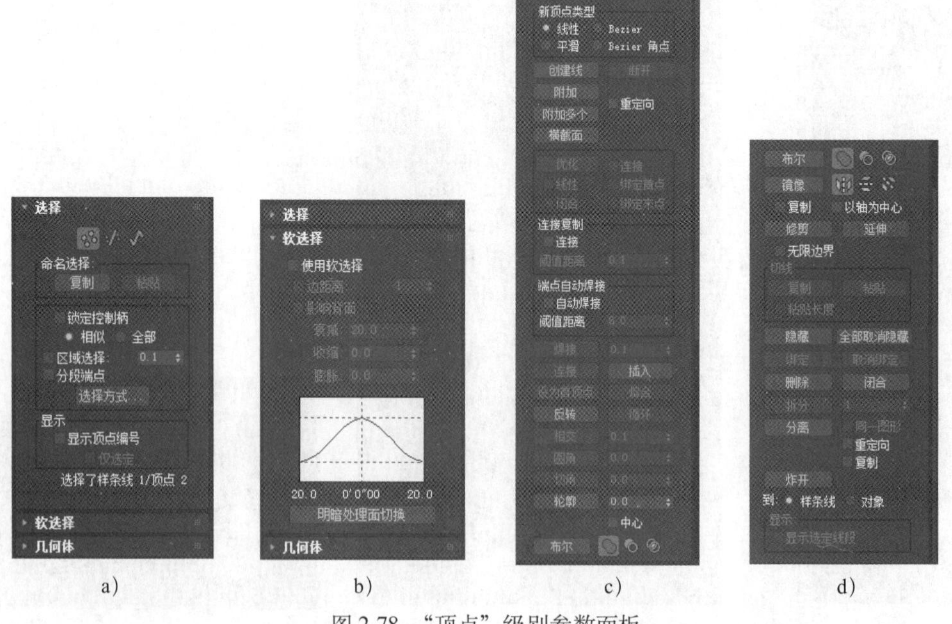


图 2-78　“顶点”级别参数面板

a)“选择”卷展栏　b)“软选择”卷展栏　c)“几何体”卷展栏 1　d)“几何体”卷展栏 2

其中的参数及其说明如下。

1)“锁定控制柄”复选框：在选取两个以上的控制顶点后，如果希望同时调整这些顶点的控制杆，则将它选中。

2) 断开：单击此按钮后，把已选择的控制起始点变为控制结束点，并将它所连接的两条线段分开。

3) 优化：允许在不改变二维物体形状的情况下同时添加节点。单击此按钮后，在视图中的二维物体上单击增加节点的位置，即可添加节点。

4) 焊接：用于连接两个控制顶点。后面文本框中的数值为焊接的最大距离，当两点之间的距离小于此距离时，就可以焊接在一起。

5) 熔合：与焊接按钮功能一样，但不需要间距，可熔合任意两点。

6) 连接：用来连接被附加后，但两点之间仍存在间距的二维线段。使用时将一个顶点拖到另一个顶点上即可连接。

7) 插入：可对二维图形增加控制点，并且如果在插入点的同时移动鼠标，这个点也会被移动，也就改变了物体的形状。使用时单击此按钮，直接在二维物体上单击即可增加点。

8) 设为首顶点：用于确定二维物体的哪个顶点作为起始点，使用时单击新起始点的位置，然后单击此按钮即可。设为首顶点的顶点在视图中会以黄色显示，如图 2-79 所示。

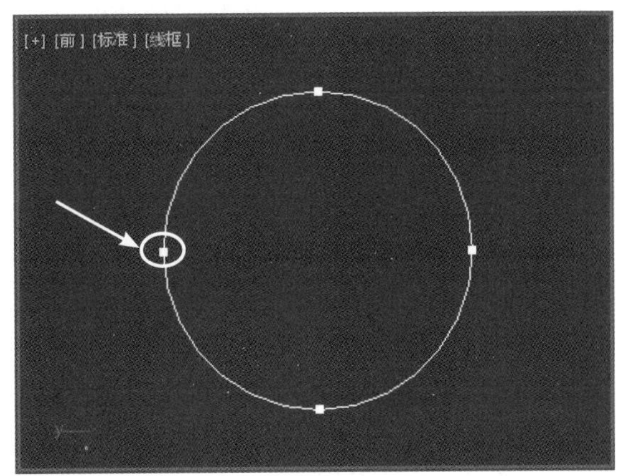


图 2-79 设为首顶点的顶点在视图中以黄色显示

9) 循环：首先选中二维物体上的一个控制起始点，然后单击此按钮则按逆时针方向将下一个顶点变为起始点，再次单击依次循环。

10) 删除：单击此按钮后，删除选中的控制顶点，相当于按〈Delete〉键。

11) 隐藏：单击此按钮后，隐藏选中的顶点与该顶点两边连接的线段。

12) 全部取消隐藏：单击此按钮后，将已被隐藏的顶点全部恢复显示。

### 3. 编辑分段

分段指的是两点之间的线，分为曲线和直线，如图 2-80 所示。

“编辑分段”面板如图 2-81 所示，其参数及其说明如下。

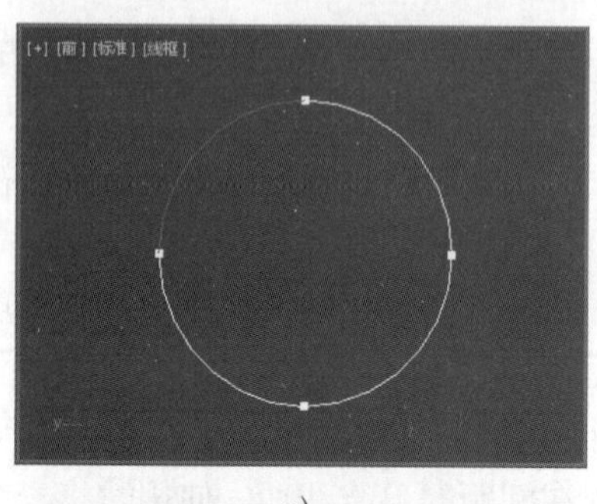


a）

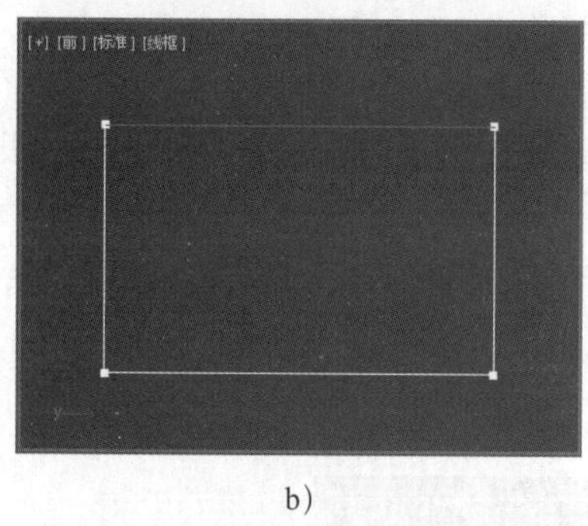


b）

图 2-80　分段类型

a）曲线　b）直线

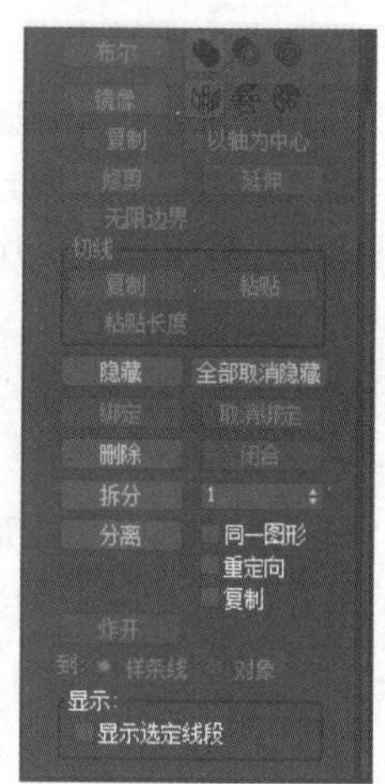


图 2-81 “编辑分段”面板

1）断开：可以将线段分为两段或多段。单击该按钮后，在被选中二维图形的线段或顶点上单击，可以使此单击点或顶点与所相连的线段分开。

2）优化：可以使二维物体在不改变形状的同时增加节点。单击此按钮后，在被选中二维物体的线段上单击可以添加节点，从而增加了可以编辑的线段数目。

3）隐藏：在二维物体上选中一段线段，再单击此按钮可以将此线段隐藏。

4）全部取消隐藏：单击后将隐藏的全部线段恢复显示。

5）拆分：可以将被选中的二维物体的线段等分增加节点，后面文本框的数值为等分增加节点的数目。

6）分离：可以将被选中的线段分离为新的线段。按钮后有 3 个选项：选中“同一图形”复选框后，单击分离按钮，被选中的线段将分离在原处；选中“重定向”复选框再单击该按钮，所分离的线段将在该二维图形的中心轴点对齐；选中“复制”复选框再单击此按钮，则选取的线段将在原处复制；同时选中“重定向”和“复制”复选框再单击此按钮，则选取的线段将保留在原处，而复制分离的线段会对齐在该二维图形的中心轴点。

### 4. 编辑样条线

“编辑样条线”修改器的最后一个修改层次是对“样条线”的编辑。

单击 （修改）命令面板“编辑样条线”中的 （样条线）按钮，会显示如图 2-82 所示的面板。

由于有一部分的工具按钮在前面已经介绍过，在这里不再重复。只着重介绍一下“样条线”所特有的工具按钮。

1) 轮廓 ：在“编辑样条线”修改器里单击 （样条线）按钮后，再单击此按钮，将光标放在已被选中的二维图形上，按住鼠标左键移动，会在二维图形的现有形状的外部或内部复制出等比缩放的新轮廓线形。

2) 布尔 ：单击此按钮后，两个封闭的二维图形将按照交集、并集或差集的连接方式结合为新的单一图形。

（并集）：两个二维物体合并在一起成为一个新的物体，并且重叠的部分相互结合。

（差集）：两个二维物体通过布尔运算，只剩下相交的一部分。

（相交）：一个二维物体减去另一个二维物体所剩下的那一部分。

3) 镜像 ：单击此按钮后，二维图形将按照以下 3 种方式进行翻转。

水平镜像：按照水平方向翻转二维图形。

垂直镜像：按照垂直方向翻转二维图形。

双向镜像：按照对角方向翻转二维图形。

如果选中“复制”复选框，就会产生水平方向复制、垂直方向复制和对角方向复制的二维图形镜像效果。

图 2-82 “编辑样条线”面板

## 2.2.2 “挤出”“车削”“倒角”“倒角剖面”修改器

创建二维物体不是最终目的，将二维物体转换为更加复杂的三维物体才是建模的基本要求。将二维物体转换为三维物体的修改器有挤出、车削、倒角和倒角剖面 4 种。

### 1. “挤出”修改器

“挤出”修改器主要用于将二维造型挤压为三维造型。

方法：选中二维物体后，进入 （修改）命令面板，在“修改器列表”下拉列表框中选择“挤出”选项，即可进入“挤出”修改器的参数设置，其参数面板如图 2-83 所示。

1) 数量：设置挤压的厚度。

2) 分段：设置在挤压方向上的片段划分数。

3)“封口”选项组。

封口始端：设置是否封闭挤压物体的开始端。

封口末端：设置是否封闭挤压物体的末端。

变形：保证点面数恒定不变，主要用于变形动画的制作。

栅格：对边界线进行重排列处理，以最精简的点面数来获取优秀的造型。

4）“输出”选项组。

面片：将挤压物体输出为面片模型。

网格：将挤压物体输出为网格模型。

NURBS：将挤压物体输出为 NURBS 模型。

5）生成贴图坐标：对挤压对象的侧面指定贴图坐标。

6）真实世界贴图大小：控制应用于该对象的纹理贴图材质所使用的缩放方法。缩放值由位于应用材质的“坐标”卷展栏中的“使用真实世界比例”设置控制，默认设置为启用。

7) 生成材质 ID：将不同的材质 ID 指定给挤出对象的侧面与封口。

8) 使用图形 ID：将材质 ID 指定给挤出时产生的样条线中的线段，或指定给在 NURBS 挤出时产生的曲线子对象。

9) 平滑：对挤出物体表面进行光滑处理。

挤出前后比较效果如图 2-84 所示。

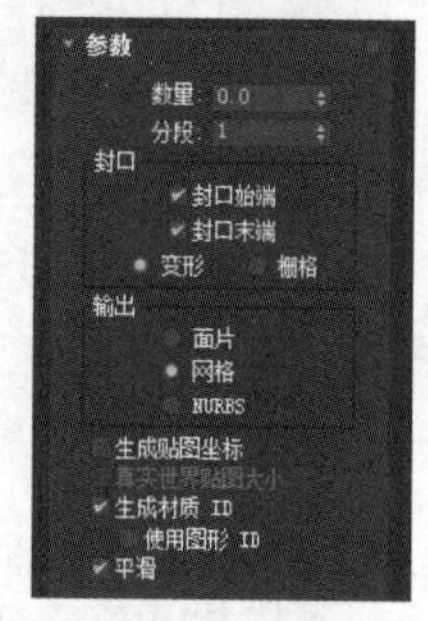


图 2-83 “挤出”参数面板

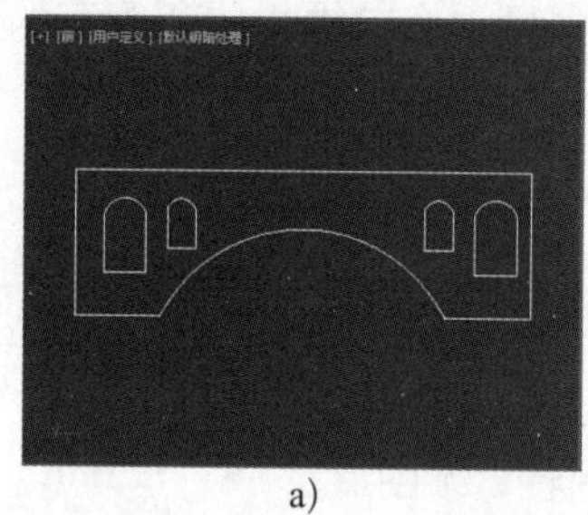

a)

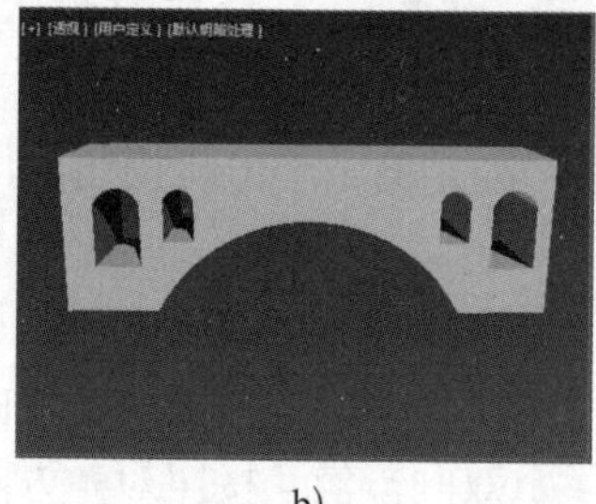

b)

图 2-84 挤出前后比较效果

a）挤出前 b）挤出后

## 2. “车削”修改器

“车削”修改器主要用于将二维造型沿指定的轴旋转，从而得到三维造型。

方法：先在视图中创建一个二维造型，然后进入（修改）命令面板，在“修改器列表”下拉列表框中选择“车削”选项，即可进入“车削”修改器的参数设置，其参数面板如图 2-85 所示。

1）度数：设置旋转的角度。360°为一个完整的环形，小于 360°得到一个不完整的扇形。

2）焊接内核：将中心轴向上重合的点进行焊接精简，以得到结构相对简单的造型，也可避免渲染时的错误。

3）翻转法线：将造型表面上的法线进行 180°反转。

4）分段：设置旋转圆周上的片段划分数，值越高，造型越光滑。

5）“封口”选项组。“封口始端”为车削的起点，“封口末端”为车削的终点，并形成闭合图形。

变形：按照创建变形目标所需的可预见且可重复的模式排列封口面。即渐进封口可以产生细长的面，而不像栅格封口需要渲染或变形。如果要车削出多个渐进目标，主要使用渐进封口的方法。

栅格：在图形边界上的方形修剪栅格中安排封口面。此方法产生尺寸均匀的曲面，可使用其他修改器将这些曲面变形。

6）方向：设置旋转中心轴上的方向，X、Y、Z 分别设置不同的轴向。

7）对齐：设置图形与中心轴的对齐方式，有 最小 （将曲线内边界与中心轴对齐）、中心 （将曲线中心与中心轴对齐）和 最大 （将曲线外边界与中心轴对齐）3 种方式。

8）生成贴图坐标：将贴图坐标应用到车削对象中。当“度数”的值小于 360 且选中“生成贴图坐标”复选框时，可将另外的贴图坐标应用到末端封口中，并在每一封口上放置一个 1×1 的平铺图案。

车削前后比较效果如图 2-86 所示。

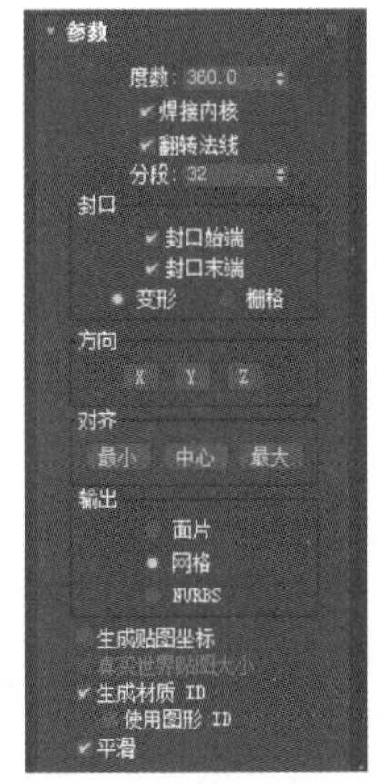


图 2-85 “车削”参数面板

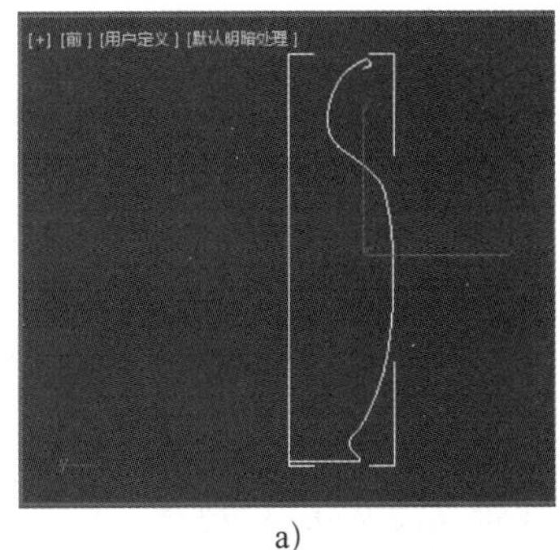


a)　　b)

图 2-86　车削前后比较效果
a) 车削前　b) 车削后

### 3. “倒角”修改器

“倒角”与“挤出”修改器一样，也是挤压成型，但“倒角”在挤压的同时，可以在边界上加入直形或圆形的倒角，从而得到光滑的表面。它主要用于将二维文字造型进行倒角，从而得到三维造型。

方法：先在视图中创建一个二维造型，然后进入（修改）命令面板，在“修改器列表”下拉列表框中选择“倒角”选项，即可进入“倒角”修改器的参数设置。其参数面板如图 2-87 所示。

1）“封口”选项组：该选项组用于控制倒角后两端截面是否封闭。

始端：将开始截面封顶加盖。

末端：将结束界面封顶加盖。

变形和栅格的介绍见“车削”修改器。

2）“曲面”选项组：该选项组用于控制侧面的曲率、光滑度及指定贴图坐标。

线性侧面：设置倒角内部片段划分为直线方式，得到线性倒角。

曲线侧面：设置倒角内部片段划分为弧形方式，得到光滑的弧形倒角。

分段：设置倒角内部的片段划分数。片段越多，弧形倒角越光滑。

级间平滑：对倒角进行光滑处理，但总保持顶盖不被光滑。

3）“相交”选项组，其各参数说明如下。

避免线相交：在倒角制作时，有些尖锐的折角会产生凸出变形。选中该复选框可有效防止尖锐折角产生凸出变形。

分离：设置两个边界线之间保持的间隔距离，以防止越界交叉。

4）“倒角值”卷展栏，其各参数说明如下。

起始轮廓：设置原始图形的外轮廓大小，当该值为 0 时，将以原图形为基准，进行倒角操作。

级别 1 、级别 2 、级别 3：分别设置 3 个级别的“高度”和“轮廓”大小。

倒角前后比较效果如图 2-88 所示。

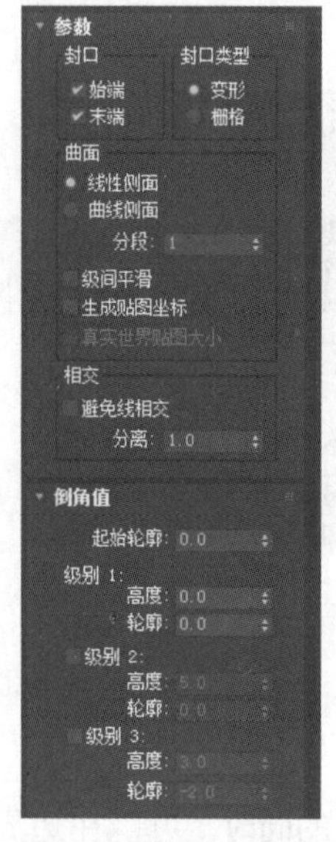


图 2-87 “倒角”参数面板

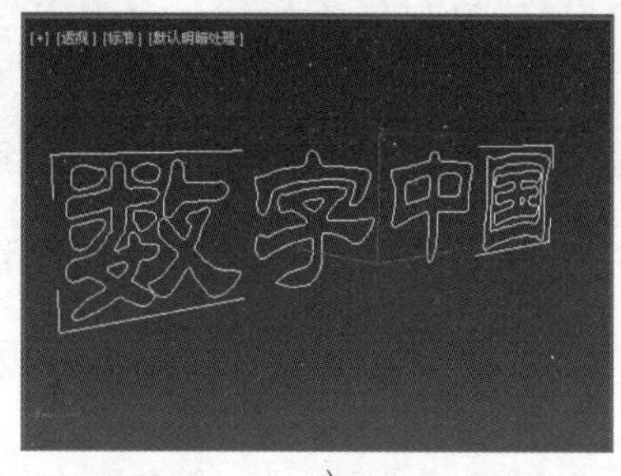


a)　　b)

图 2-88　倒角前后比较效果

a）倒角前　b）倒角后

### 4. “倒角剖面”修改器

与“倒角”相比，“倒角剖面”更先进。它可以通过剖面轮廓来控制倒角的形状，该轮廓既可以是开放曲线，也可以是闭合曲线。需要注意的是，在制作完成后，这条轮廓线不能被删除，而且当编辑倒角轮廓时，倒角模型也会发生相应的改变。

方法：先在视图中创建一个二维造型，然后进入（修改）命令面板，在“修改器列表”下拉列表框中选择“倒角剖面”选项，即可进入“倒角剖面”修改器的参数设置。其参数面板如图 2-89 所示。

其参数设置与“倒角”相同，这里就不说明了。其操作过程如图 2-90 所示。

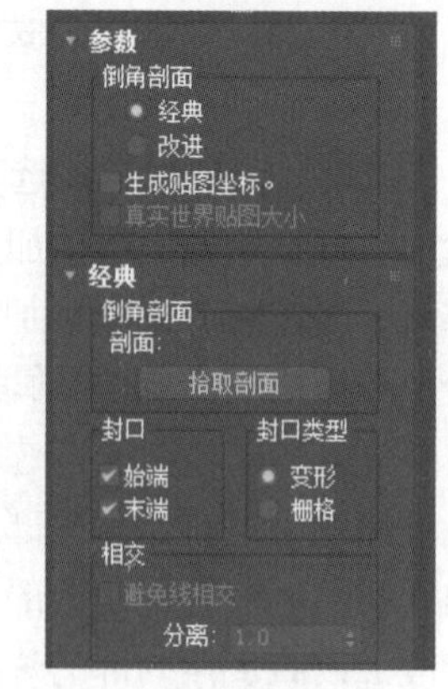


图 2-89 “倒角剖面”参数面板

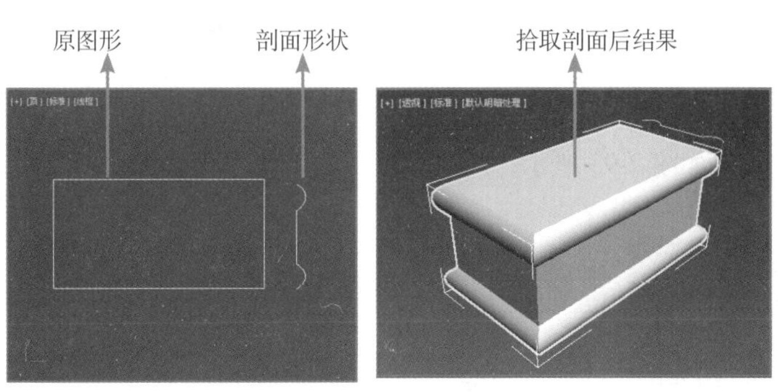


图 2-90 “倒角剖面”效果

## 2.2.3 “编辑网格”修改器

“编辑网格”修改器是编辑三维物体最基本的修改器。它包括 5 个级别，分别为（顶点）、（边）、（面）、（多边形）和（元素）。图 2-91 为选择（多边形）级别时的参数面板。

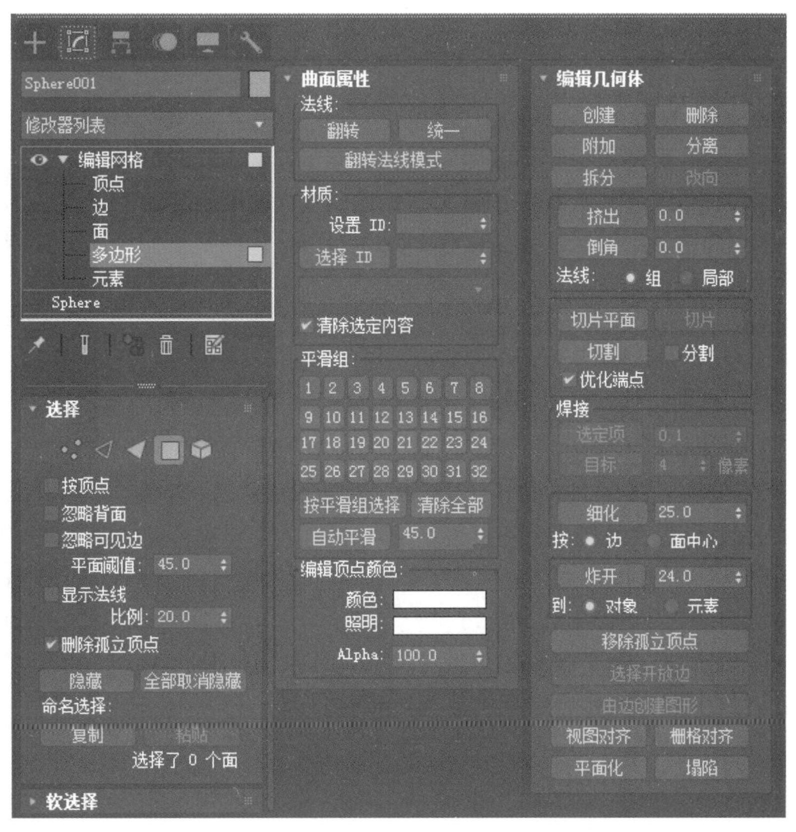


图 2-91 “编辑网格”修改器中“多边形”参数面板

## 2.2.4 “弯曲”修改器

“弯曲”修改器用于对物体进行弯曲处理，可以调节弯曲的角度和方向，以及弯曲依据的坐标轴向，还可以限制弯曲在一定的坐标区域之内，其参数面板如图 2-92 所示。

弯曲前后比较效果如图 2-93 所示。

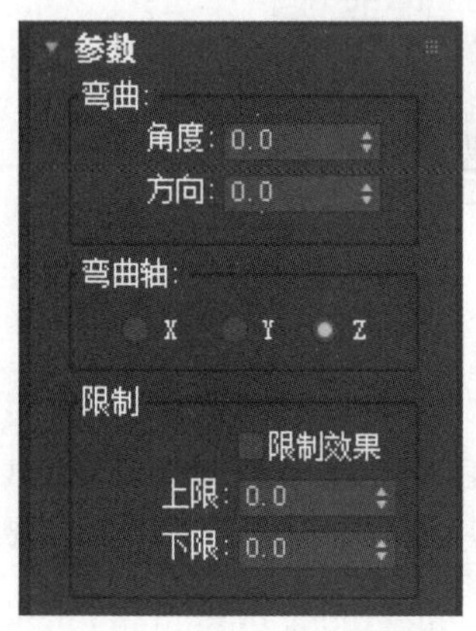


图 2-92 “弯曲”参数面板

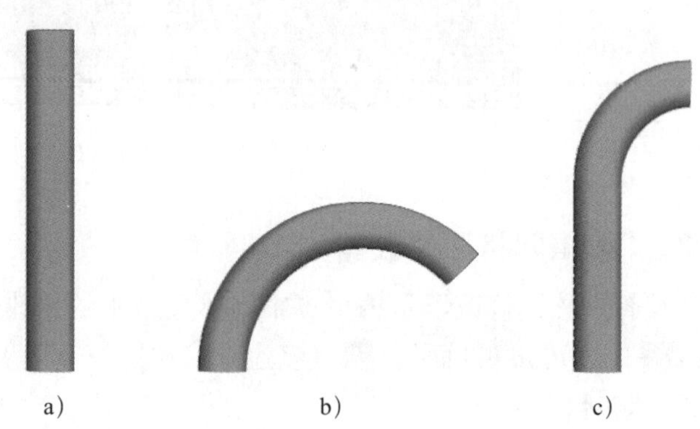


图 2-93 弯曲过程

a）弯曲前 b）整体弯曲 c）在一定区域内弯曲

## 2.2.5 “锥化”修改器

“锥化”修改器是通过缩放物体的两端而产生锥形轮廓，同时可在中间加入光滑的曲线变形。允许控制锥形边的倾斜度、曲线轮廓的曲度，还可以限制局部锥形效果，参数面板如图 2-94 所示。

1）“锥化”选项组。

数量：设置锥化的程度。

曲线：设置倒边曲线的弯曲程度。

2）“锥化轴”选项组：设置锥化依据的坐标。

主轴：设置锥化的基本轴向。

效果：设置影响效果的轴向，若想产生匀称锥化，一般选择 XY、YZ 或 ZX。若只想在单轴上形变扩张，则可选择 X、Y 或 Z 单向轴。

对称：设置一个对称的影响效果。

3）“限制”选项组：与“弯曲”中的“限制”选项组一致，通过控制“上限”和“下限”来约束锥化范围，锥化仅发生在上下限之间的区域。

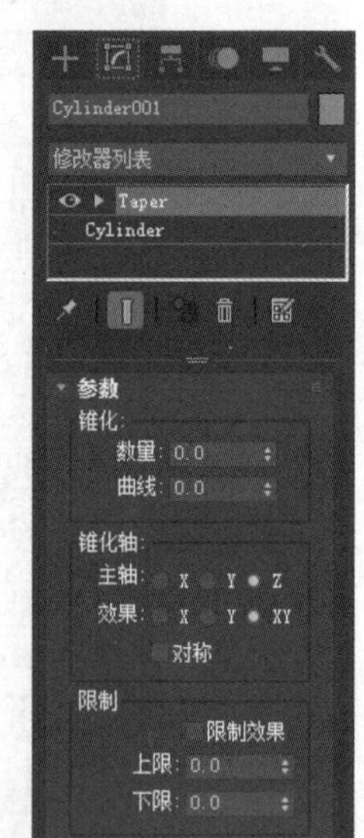


图 2-94 “锥化”参数面板

锥化前后比较效果如图 2-95 所示。

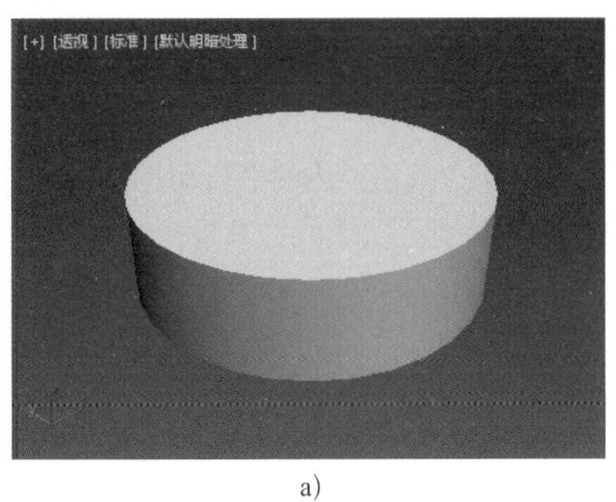


a)

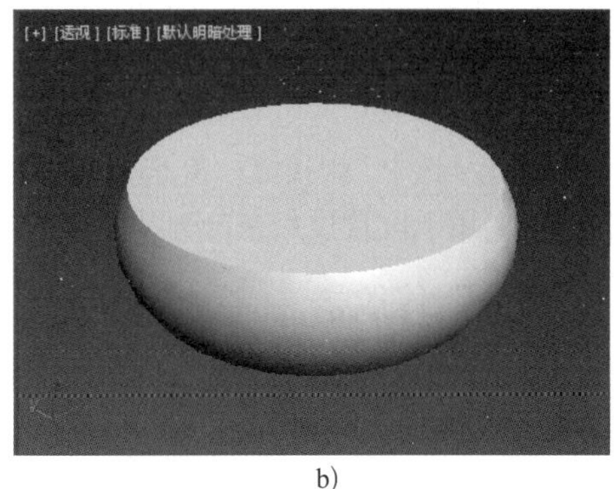


b)

图 2-95　锥化前后比较效果
a）锥化前　b）锥化后

## 2.2.6 “对称”修改器

“对称”修改器用于镜像物体，它的参数面板如图 2-96 所示。

“对称”修改器面板的参数解释如下。

X、Y、Z：用于指定执行对称所围绕的轴，可以在选中轴的同时在视口中观察效果。如图 2-97 所示为使用不同镜像轴的对称效果。

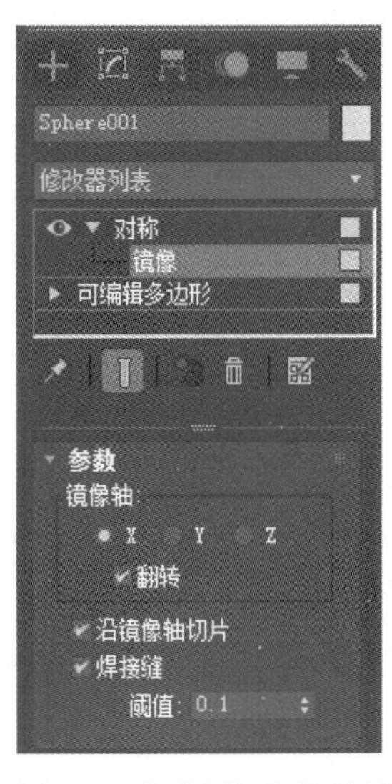


图 2-96 “对称”参数面板

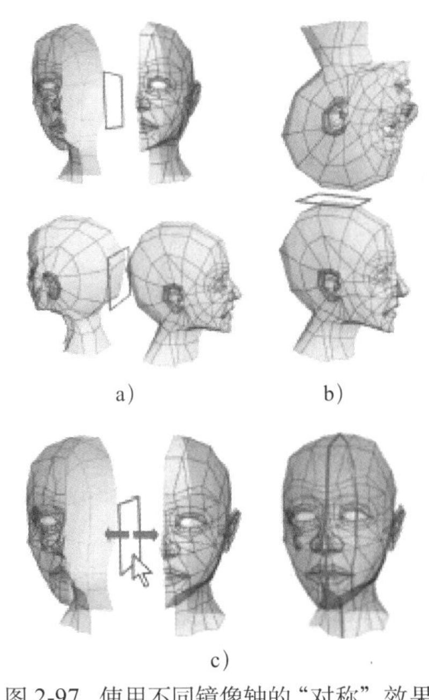


图 2-97　使用不同镜像轴的“对称”效果
a）X　b）Y　c）Z

1）翻转：如果想要翻转对称效果的方向可启用“翻转”复选框，默认设置为禁用状态。

2）沿镜像轴切片：选中“沿镜像轴切片”复选框，可以使镜像 Gizmo 在定位于网格边界

内部时作为一个切片平面。当 Gizmo 位于网格边界外部时，对称反射仍然作为原始网格的一部分来处理。如果取消选中“沿镜像轴切片”复选框，对称反射会作为原始网格的单独元素来进行处理。

3）焊接缝：选中“焊接缝”复选框确保镜像轴的顶点在阈值以内时会自动焊接。

4）阈值：用于设置顶点在自动焊接起来之前的接近程度，默认值为 0.1。

## 2.2.7 “扭曲”修改器

“扭曲”修改器是通过沿指定轴向扭曲物体表面的节点，从而产生扭曲的表面效果。“扭曲”修改器参数面板如图 2-98 所示。

1）“扭曲”选项组。

角度：设置扭曲角度大小。

偏移：设置扭曲大小向上或向下的偏向度。

2）“扭曲轴”选项组：设置扭曲依据的坐标轴方向。

3）“限制”选项组：选中“限制效果”复选框后，可在“上限”和“下限”框中设置限制的区域。

扭曲过程如图 2-99 所示。

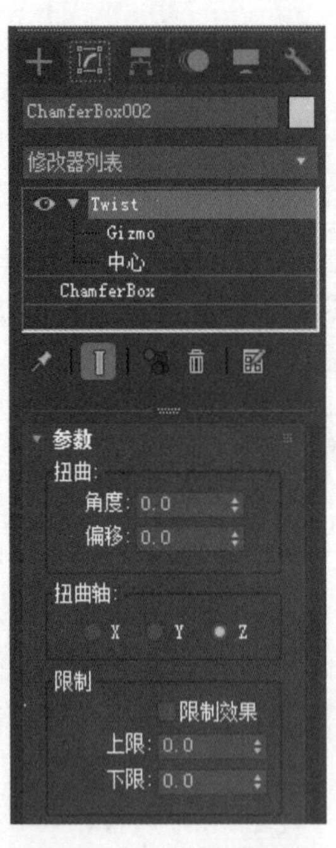


图 2-98 “扭曲”参数面板

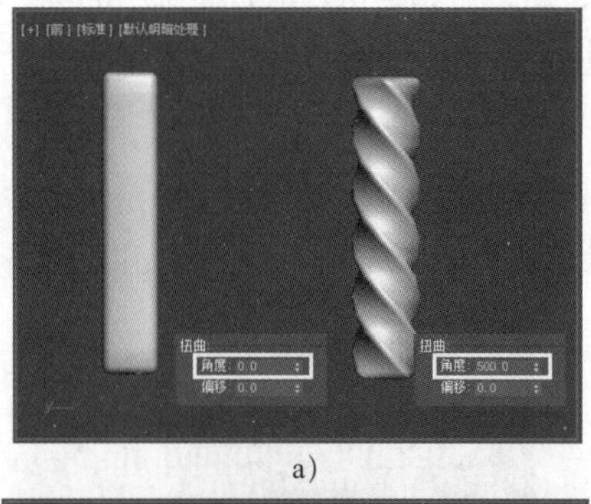


a）

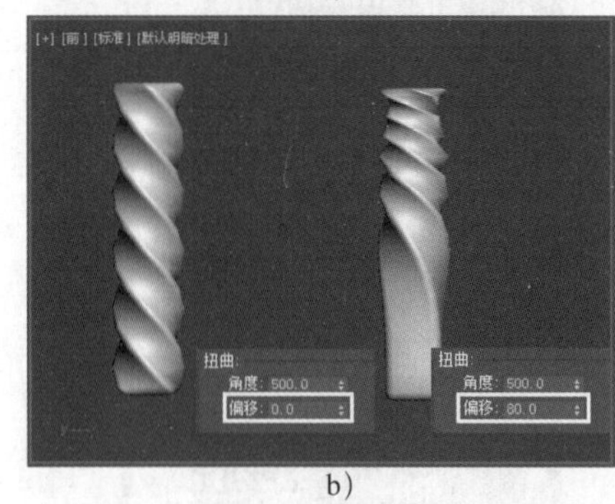


b）

图 2-99 扭曲过程

a）不同“角度”值比较 b）不同“偏移”值比较

## 2.2.8 “噪波”修改器

“噪波”修改器是对物体表面的节点进行随机变动，使表面变得起伏而不规则，常用于复杂的地面、水面，以获取凹凸不平的表面。“噪波”修改器参数面板如图 2-100 所示。

1)“噪波”选项组。

种子：设置噪波随机效果，相同设置下不同的种子数会产生不同的效果。

比例：设置噪波影响的大小。值越大，产生的影响越平缓；值越小，影响越尖锐。

分形：专用于产生数字分形地形，选中此设置，噪波会变得无序而复杂，很适合制作地形之用。

粗糙度：设置表面起伏的程度。值越大，起伏越剧烈，表面越粗糙。

迭代次数：设置分形函数的迭代次数。低的数值使地形平缓，起伏少，高的数值使地形更细，起伏更多。

2)“强度”选项组：分别控制在 X、Y、Z 3 个轴向上对物体噪波的强度影响，值越大，噪波越剧烈。

3)“动画”选项组：制作动画使用。

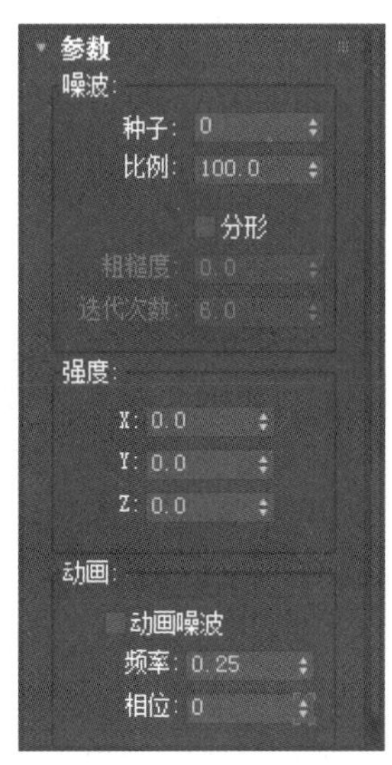


图 2-100 “噪波”参数面板

如图 2-101 所示的场景中的山脉为“噪波”修改器制作的效果。

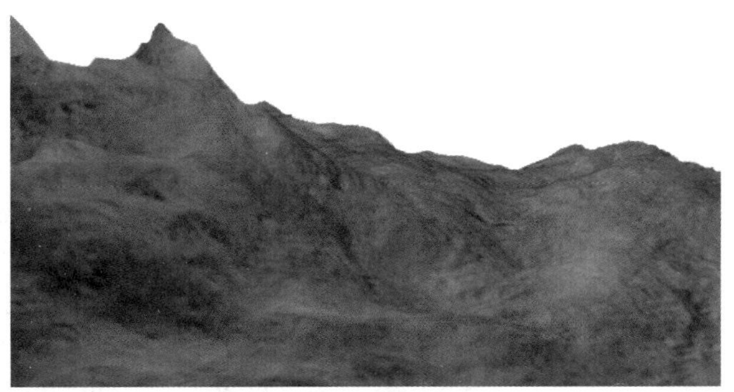

图 2-101　噪波效果

## 2.2.9 “拉伸”修改器

“拉伸”修改器是在保持体积不变的前提下，沿指定轴向拉伸或挤压物体，可以用于调节模型的形态。“拉伸”修改器参数面板如图 2-102 所示。

1)“拉伸”选项组。

拉伸：设置拉伸的强度大小。

放大：设置拉伸中部扩大变形的程度。

2)“拉伸轴”选项组：设置拉伸依据的坐标轴向。

3)“限制”选项组：选中“限制效果”复选框，可设置拉伸影响的“上限”和“下限”区域。

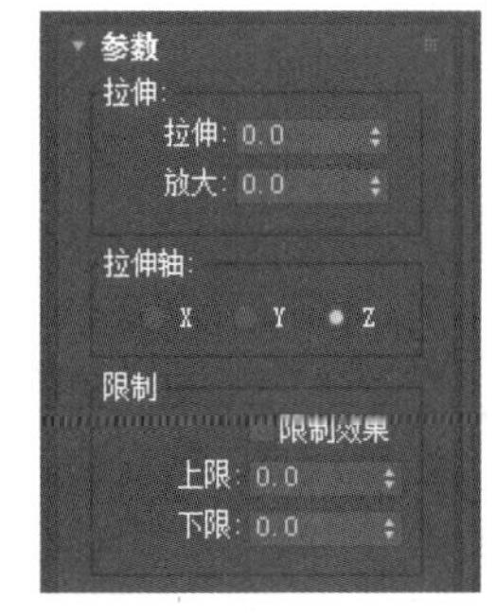


图 2-102 “拉伸”参数面板

不同“拉伸”选项组参数设置后的拉伸效果如图 2-103 所示。

图 2-103　不同“拉伸”值和“放大”值的拉伸效果比较

## 2.2.10　FFD 修改器

FFD 修改器是 Free Deformation 的简称，它是通过少量的控制点的移动来改变物体的形态，产生平滑一致的柔和的变形效果。

根据控制点的多少和结构线框的形状，FFD（自由变形）共包含 5 个工具：FFD 2×2×2、FFD 3×3×3、FFD 4×4×4、FFD（长方体）和 FFD（圆柱体）。FFD 2×2×2 指每边上有两个控制点，FFD 3×3×3 指每边上有 3 个控制点，FFD 的各个工具的参数及使用方法基本一致。下面以 FFD 3×3×3 为例进行讲解。

FFD 3×3×3 的参数面板如图 2-104 所示，图 2-105 为应用 FFD 3×3×3 修改器制作的效果。

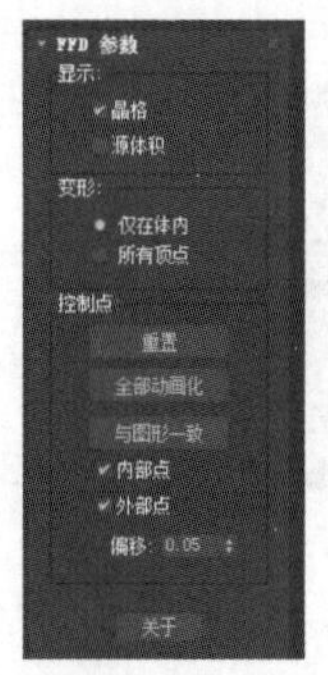

图 2-104　FFD 3×3×3 参数面板

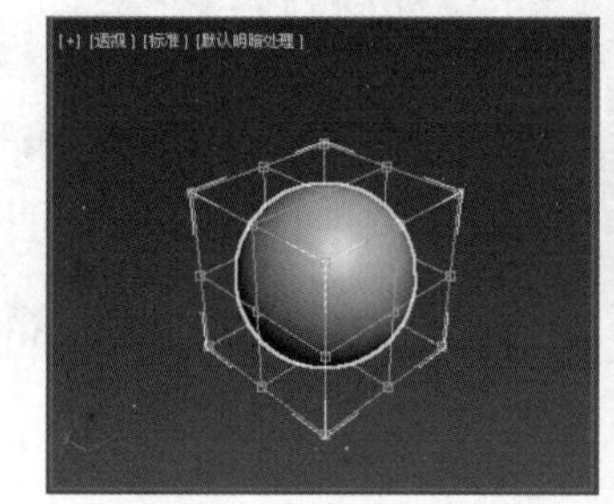

图 2-105　FFD 3×3×3 效果

1）“显示”选项组。

晶格：是否显示结构线框。

源体积：是否显示初始线框体积。

2）“变形”选项组。

仅在体内：设置物体在结构线框内部的部分受到变形影响。

所有顶点：设置物体和全部节点都受到变形影响，无论它们是否在结构线框内部。

3）“控制点”选项组。

重置：恢复全部控制点到初始位置。

全部动画化：设置动画时使用。

与图形一致：自由移动变形晶体的控制点向模型的表面靠近，使 FFD 的晶格线框更接近模型的形态，如图 2-106 所示。

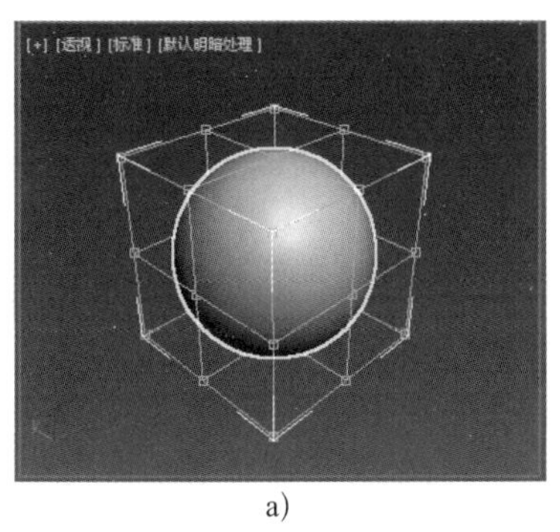


a)

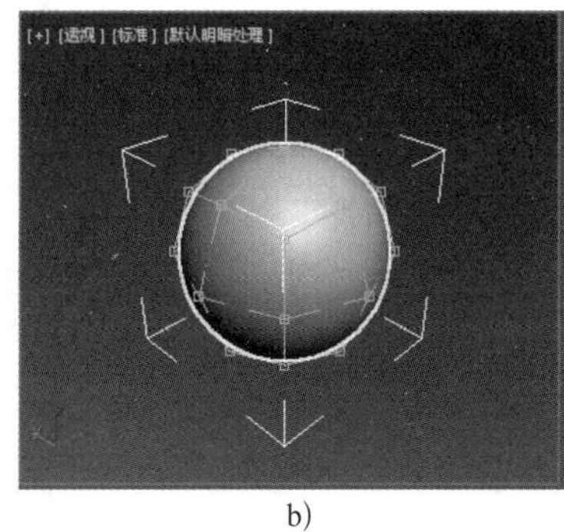


b)

图 2-106　单击“与图形一致”按钮前后比较
a) 选中前　b) 选中后

内部点：选中时，将只对位于物体内的控制点执行包裹任务。

外部点：选中时，将只对位于物体外面的控制点执行包裹任务。

偏移：设置控制点包裹到物体的距离。

## 2.2.11 “置换”修改器

“置换”修改器是利用图像的灰度变化来改变对象表面的结构，它要求对象具有足够的片段数，否则不能得到所需的细腻的变化效果，其参数面板如图 2-107 所示。

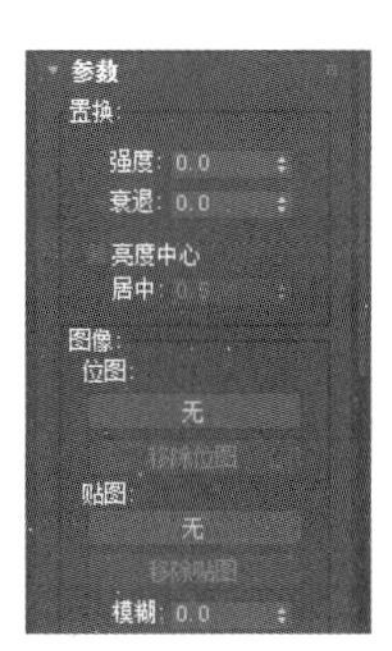


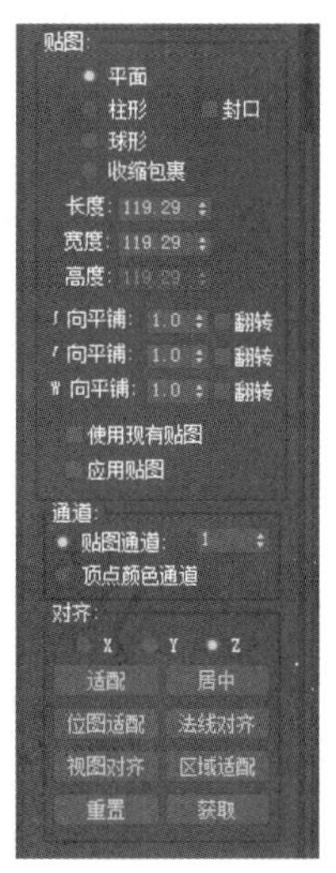


图 2-107 “置换”参数面板

置换所使用的贴图可以是一张位图图片，也可以是 3ds max 提供的任何贴图，如“噪波”贴图、“烟雾”贴图等。单击“图像”选项组中“位图”下的 无 按钮，可以直接打开文件选择框，从中选择一张位图文件；如果单击“贴图”下的 无 按钮，则可以打开“材质 / 贴图导航器”窗口，从中选择 3ds max 提供的各类贴图，其中也包括“位图”。图 2-108 为在“位图”下指定贴图及其效果。

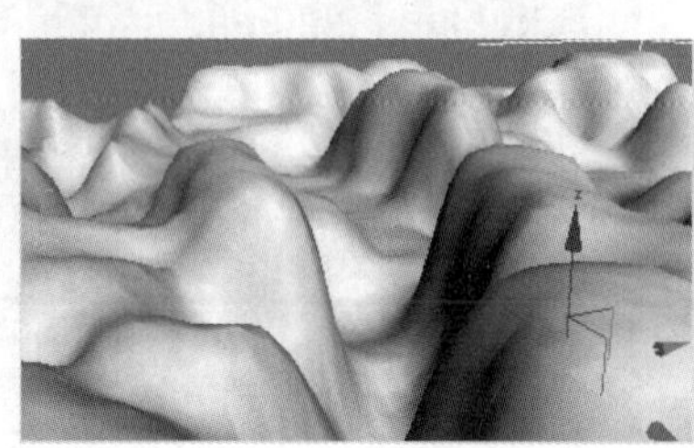

图 2-108　在“位图”下指定贴图及其效果

## 2.2.12　课后练习

### 1. 填空题

（1）对二维物体进行基本参数修改的修改器是_______。

（2）“编辑网格”修改器包括_______、_______、_______、_______和_______5 个级别。

### 2. 选择题

（1）“编辑样条线”修改器包括几个级别？（　）

A.1　　B.2　　C.3　　D.4

（1）下面哪些修改器可以生成起伏的地形效果？（　）

A. 扭曲　　B. 拉伸　　C. 置换　　D. 噪波

（3）下列哪些修改器包括“限制效果”选项？（　）

A. 扭曲　　B. 噪波　　C. 弯曲　　D. 倒角

### 3. 问答题

（1）简要说明哪些修改器可以将二维物体转换为复杂的三维物体。

（2）简要说明二维布尔运算的使用方法。

# 2.3　复合建模

复合建模是一类比较特殊的建模方法，是将两个或者多个对象结合起来形成模型的方法。目前，3ds max 2018 中有 10 种复合建模的方法，如图 2-109 所示。下面就来具体介绍常用的“放样”和“布尔”两种复合建模的方法。

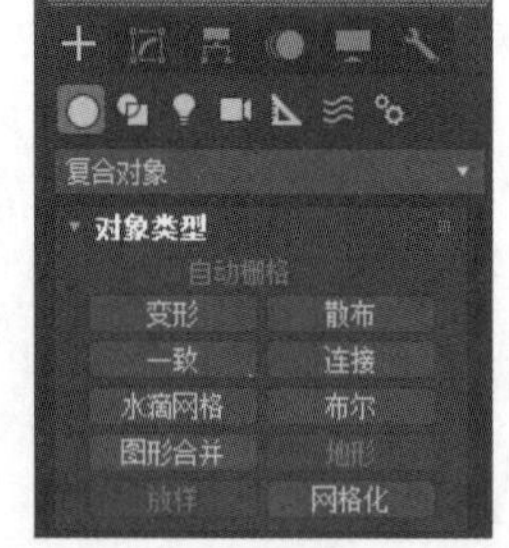


图 2-109　“复合对象”面板

## 2.3.1　“放样”复合对象

一个放样建模是由两个或更多的图形放样结合而成的。在上一节中已经介绍了“挤出”命令，让二维造型沿着垂直路径向上延伸而产生厚度。也可采用“车削”命令，将一个二维造型沿着一条圆形路径以旋转的方法来产生物体。试想一下，如果在制作三维物体模型时，路径不再被限制为直线或封闭的圆形，而可以是任意不同形状的曲线，那么结果会怎样呢？这就是更高一级的建模方法。可以在造型物体的路径中放置超过一个以上的剖面图形，3ds max 会在各剖面间以自动插补的方式创造出完整的三维物体。以其中一个造型作为物体的核心，其他造型用来定义物体外围的形状，这就是“放样”。

放样建模需要两个图形，一个是路径，一个是横截面，如图 2-110 所示。

### 1. 改变横截面在路径上的位置

有“百分比”“距离”和“路径步数”3 种方法可以指定截面图形在路径上的位置。指定横截面图形位置时使用的是“路径参数”卷展栏，如图 2-111 所示。

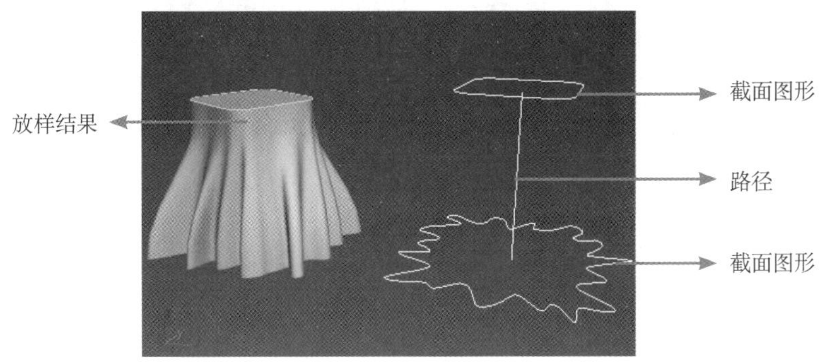

图 2-110　放样所需元素

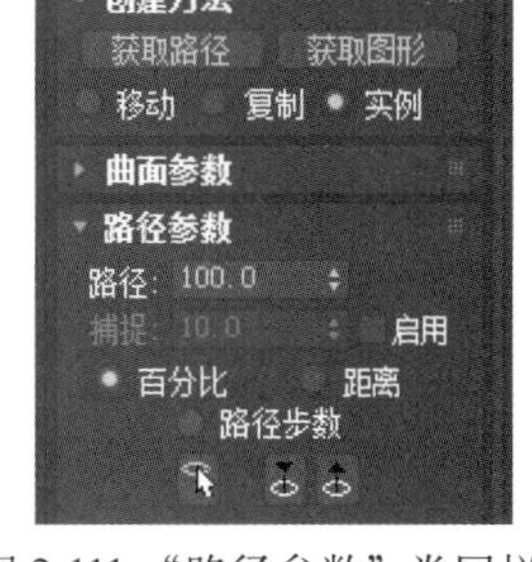

图 2-111 “路径参数”卷展栏

百分比：用路径百分比来指定横截面的位置。

距离：用从路径开始的绝对距离来指定横截面的位置。

路径的步数：用表示路径样条线的节点和步数来指定横截面的位置。

### 2. 设置蒙皮参数

如图 2-112 所示，可以通过针对“蒙皮参数”卷展栏设置蒙皮参数来调整放样的如下几个方面。

1)“封口”选项组：用于指定放样对象的顶和底是否封闭，图 2-113 为选中“封口始端”复选框前后的对比。

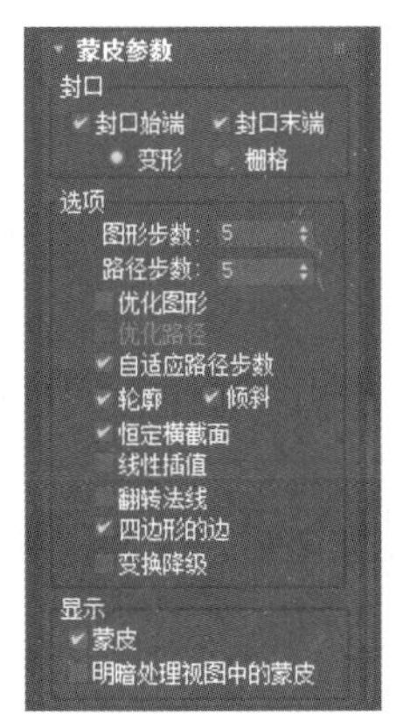

图 2-112 “蒙皮参数”卷展栏

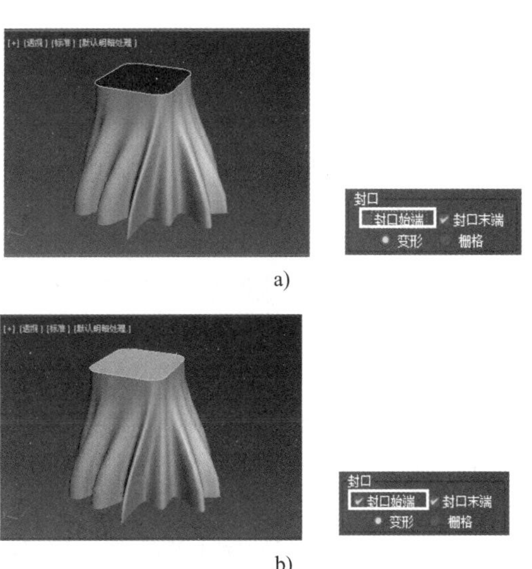

图 2-113　选中“封口始端”复选框前后的对比

a）选中前　b）选中后

2）“选项”选项组。

“图形步数”：用于设置放样对象截面图形节点之间的网格密度，图 2-114 为不同“图形步数”数值的效果比较。

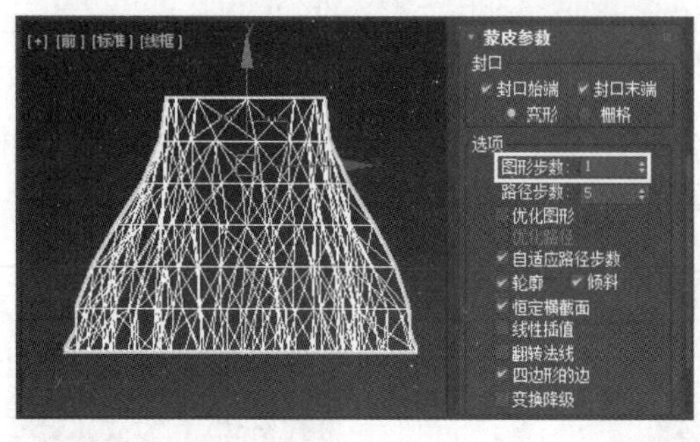


a）

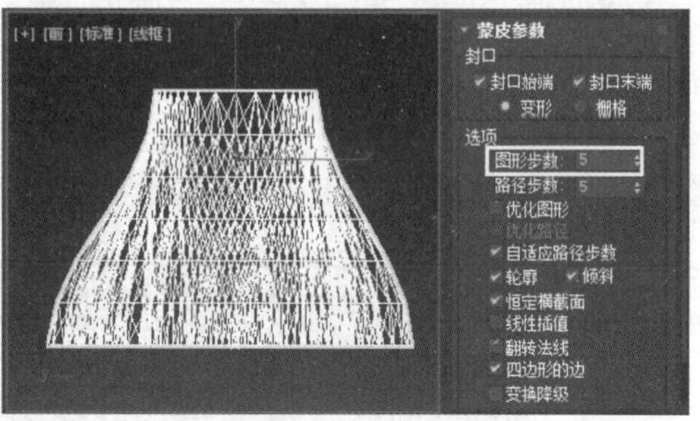


b）

图 2-114　不同“图形步数”数值的效果比较

a）图形步数为 1　b）图形步数为 5

“路径步数”：用于设置放样对象沿着路径方向截面图形之间的网格密度，如图 2-115 所示。

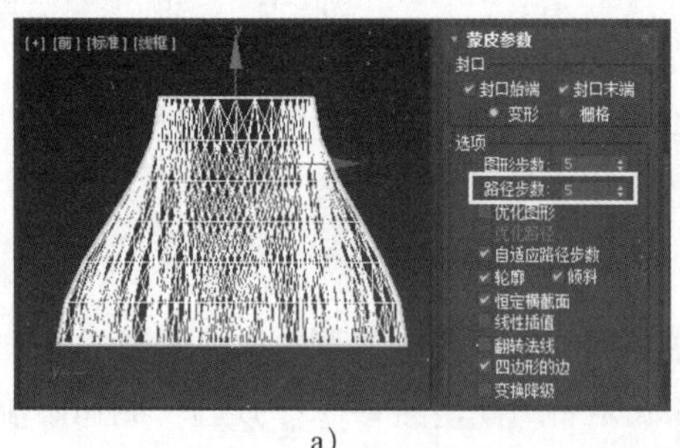


a）

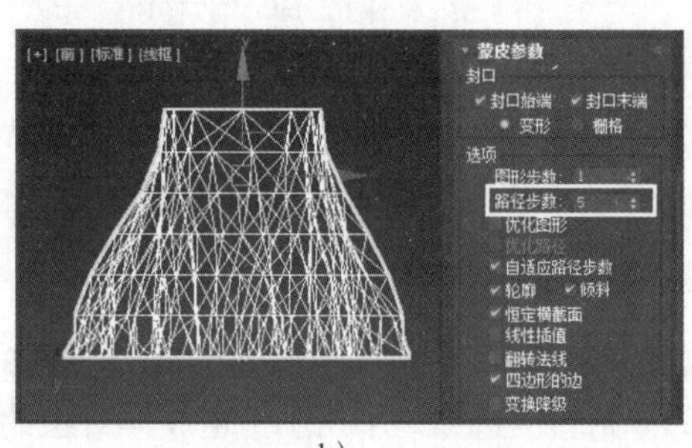


b）

图 2-115　不同“路径步数”数值的效果比较

a）路径步数为 5　b）路径步数为 1

3）“显示”选项组中的“蒙皮”复选框可控制放样对象是以实体显示还是以路径和截面显示。

### 3. 编辑放样对象

编辑放样对象的具体操作步骤如下。

1）选中放样对象，进入（修改）命令面板。“放样”显示在编辑修改器堆栈显示区域的最顶层，如图 2-116 所示。

2）激活“放样”下的“图形”级别，然后在视图中选择要编辑的截面图形，就可以编辑它了。可以改变截面图形在路径上的位置，或者访问截面图形的创建参数。

3）激活“放样”下的“路径”级别，可以用来复制或者关联复制路径，从而得到一个新的二维图形。

4）单击“图形”级别下的 比较 按钮，可以弹出“比较”对话框，如图 2-117 所示。

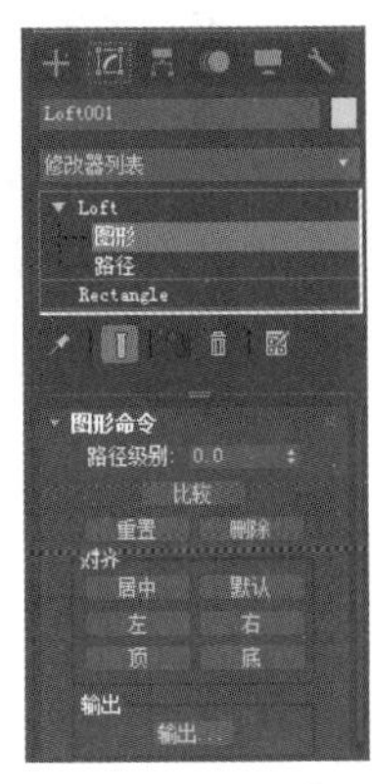


图 2-116 “放样”显示在最顶层

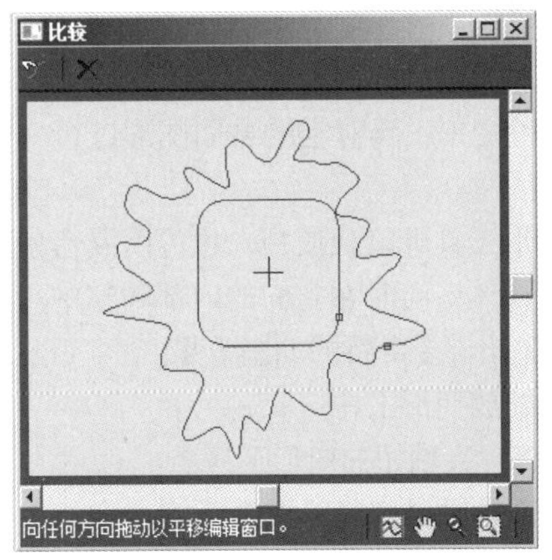


图 2-117 “比较”对话框

这个对话框用来比较放样对象不同截面图形的起点和位置。如果截面图形的起点（也就是第一点）没有对齐，放样对象的表面将是扭曲的。可以单击“比较”对话框中的（拾取图形）按钮选择视图中的截面图形，然后比较不同图形的起点。如果在视图中旋转截面，“比较”对话框中的图形也会自动更新，如图 2-118 所示。

在“图形”级别下的“对齐”选项组中可设定放样图形的 6 种对齐方式，如图 2-119 所示。图 2-120 为放样图形左对齐和右对齐的效果比较。

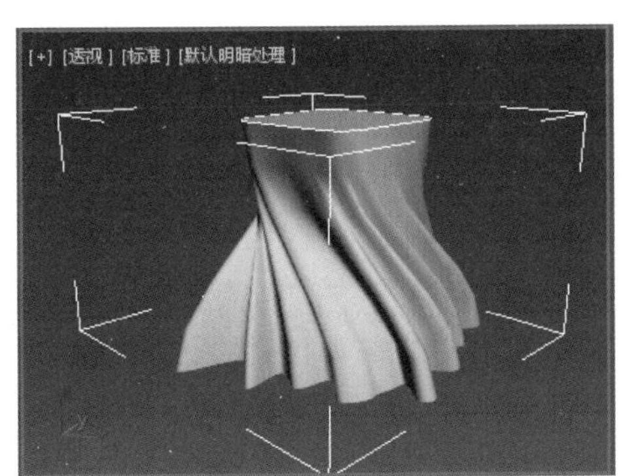


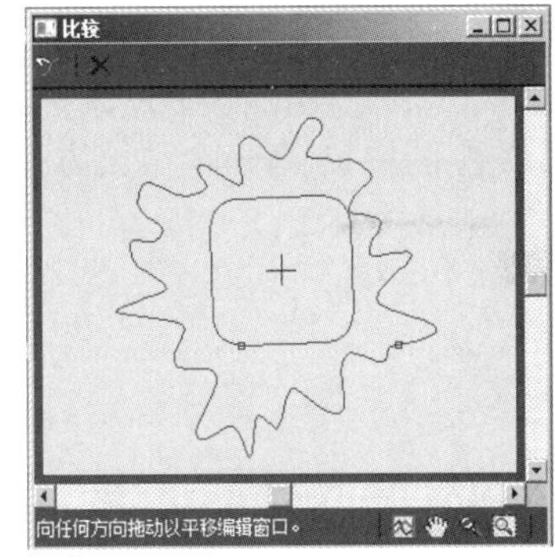


图 2-118　旋转截面图形

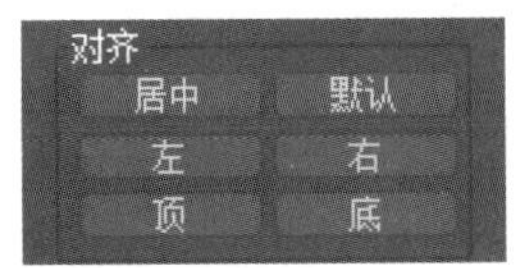


图 2-119　6 种对齐方式

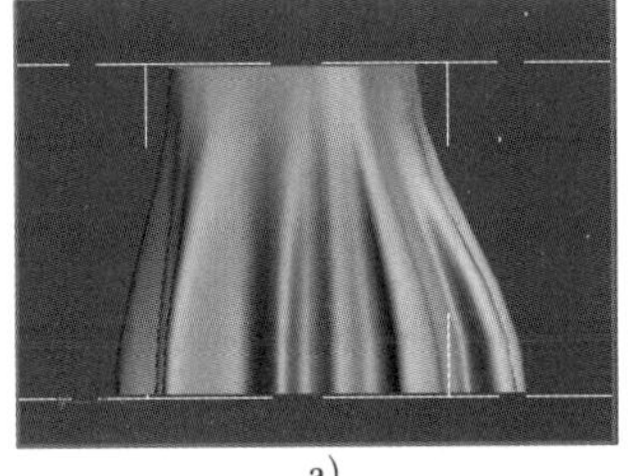

a)

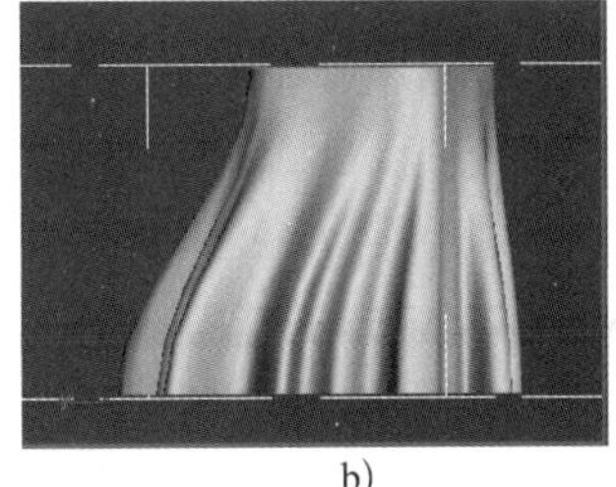

b)

图 2-120　左对齐和右对齐的效果比较

a）左对齐　b）右对齐

### 4. 变形放样

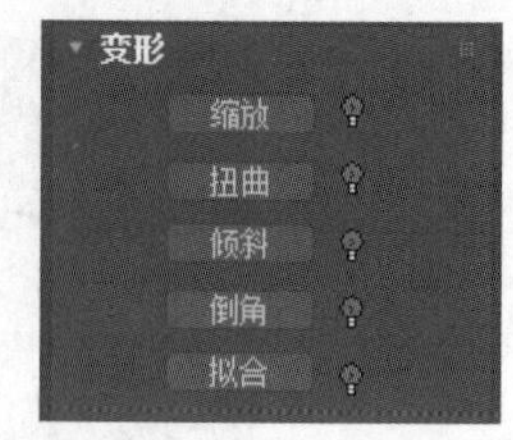

图 2-121 “变形”选项组

选中放样对象进入修改面板，还可以利用图 2-121 所示的“变形”选项组中的 5 种变形工具对它的截面图形进行变形控制，以产生更加复杂的造型。

这 5 种变形工具可单独使用，也可以混合使用，用以产生出千变万化的造型物体。同时在它们的内部调整中，许多控制可以制作动画，从而产生出许多奇特的动画效果。

缩放：缩放变形工具。

扭曲：X、Y 轴扭曲变形工具。

倾斜：Z 轴倾斜变形工具。

倒角：倒角变形工具。

拟合：挤压变形工具。

## 2.3.2 “布尔”复合对象

“布尔”复合对象是根据几何体的空间位置结合两个三维对象所形成的对象。每个参与结合的对象被称为运算对象。通常参与的两个布尔对象应该有相交的部分。在布尔运算中常用的几种操作如图 2-122 所示，下面介绍常用的“差集”“并集”和“交集”3 种操作。

### 1. 差集

下面通过一个小实例来说明“差集”运算的方法，具体操作步骤如下。

1）在顶视图中创建一个“长方体”和一个“球体”，并赋予不同的材质，如图 2-123 所示。

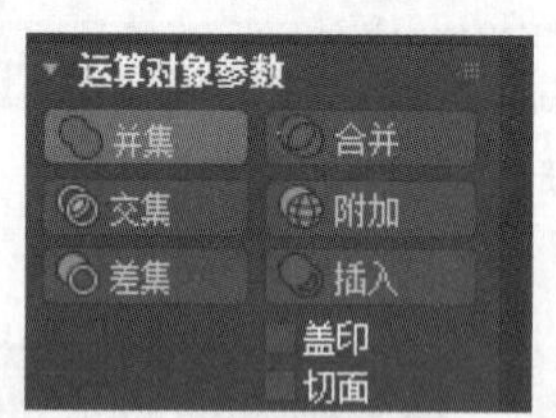

图 2-122 布尔运算的操作类型

图 2-123 创建长方体和球体

2）选中长方体，单击命令面板 +（创建）命令面板中的 ○（几何体）面板上 复合对象 下的 布尔 按钮，如图 2-124 所示。

3）在“运算对象参数”选项组中选择 差集 按钮，然后在“材质”选项组中选择“应用运算对象材质”单选按钮，接着单击 添加运算对象 按钮后选择视图中的球体，此时将从长方体体积中去除相交区域的球体部分的体积，而相交区域的切面保留圆球体的材质，结果如图 2-125 所示。

提示：如果在“材质”选项组中选择“保留原始材质”单选按钮，然后单击 添加运算对象 按钮后选择视图中的球体，此时将从长方体体积中去除相交区域的球体部分的体积，而相交区域的切面保留长方体的材质，结果如图 2-126 所示。

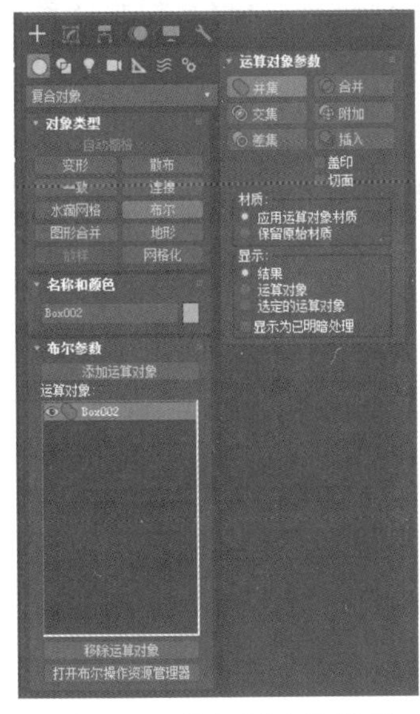


图 2-124　单击“布尔”按钮

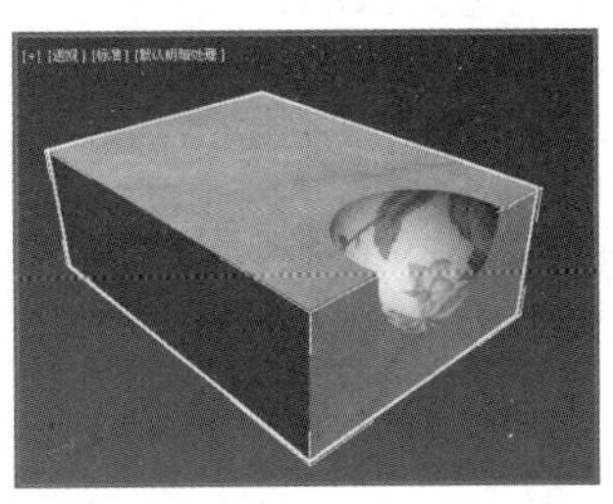

图 2-125　选择“应用运算对象材质”单选按钮“差集”的效果

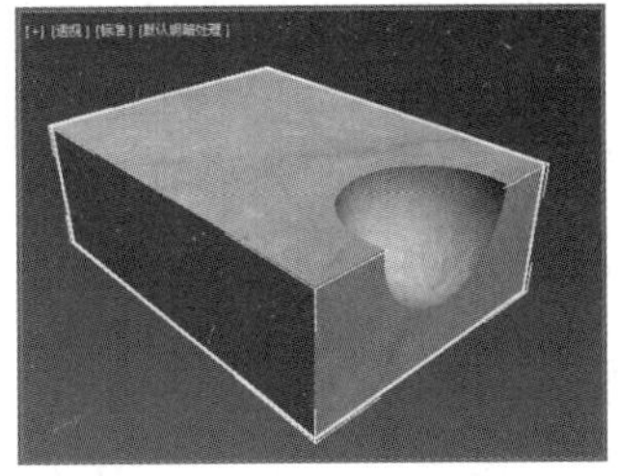

图 2-126　选择“保留原始材质”单选按钮“差集”的效果

4）选中“切面”复选框，此“差集”后将去除相应的部分，结果如图 2-127 所示。

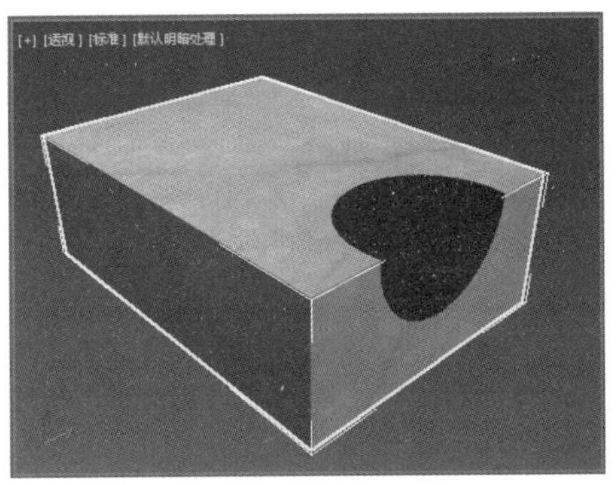


图 2-127　选中“切面”复选框的“差集”效果

### 2. 并集

选择“并集”单选按钮，球体和长方体的体积将结合成一个整体，两者的相交部分或重叠部分会被丢弃，如图 2-128 所示。

### 3. 交集

选择“交集”单选按钮，球体和长方体只留下相交区域的体积，如图 2-129 所示。

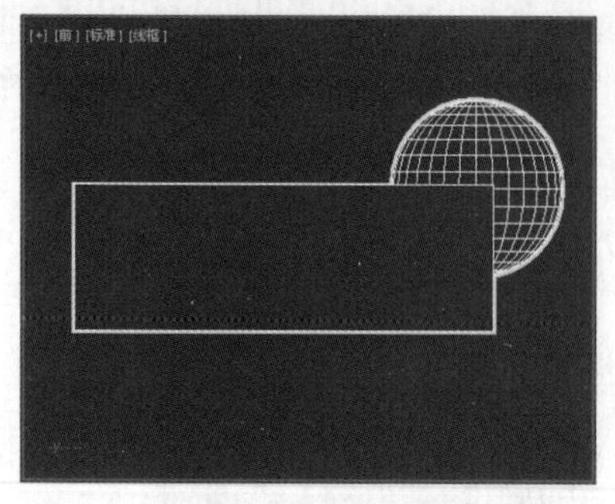

图 2-128 “并集”效果

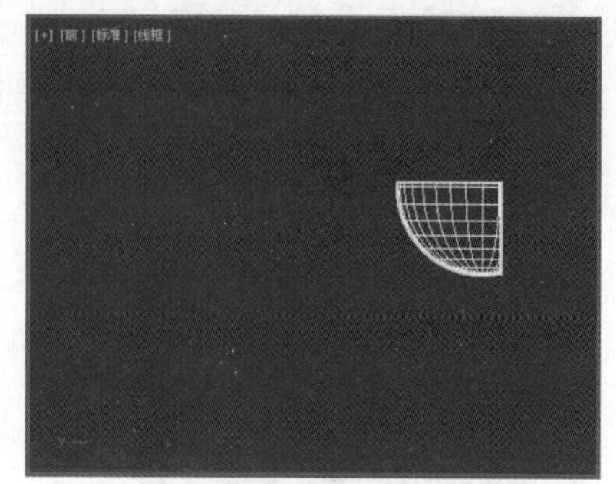

图 2-129 “交集”效果

### 2.3.3 课后练习

**1. 填空题**

（1）复合建模包括_______、_______、_______、_______、_______、_______、_______、_______、_______和_______10 种建模方式。

（2）放样建模需要两个二维图形，它们分别是_______和_______。

**2. 选择题**

（1）下列哪些属于复合对象中的布尔运算的类型？（　）

A. 并集　B. 交集　C. 差集　D. 分离

（2）下列哪些属于变形放样的类型？（　）

A. 缩放　B. 扭曲　C. 倾斜　D. 拟合　E. 倒角

**3. 问答题**

（1）如何解决连续布尔运算中的问题？

（2）简述如何对放样后的物体进行封口处理。

（3）简述如何通过对放样截面图形进行修改来解决放样扭曲的问题。

## 2.4 材质与贴图

在真实的世界中，物体都是由一些材料构成的，这些材料有颜色、纹理、光洁度及透明度等外观属性。在 3ds max 2018 中，材质作为物体的表面属性，在创建物体和动画脚本中是必不可少的。只有给物体指定材质后，再加上灯光的效果才能完美地表现出物体造型的质感。本章将讲解如何为创建的物体赋予各种各样的材质，使作品更加真实。

### 2.4.1 材质编辑器的界面

3ds max 2018 的材质编辑器有“精简材质编辑器”和“Slate 材质编辑器”两种界面。其中“精简材质编辑器”界面就是用户熟悉的以前版本中的材质编辑器界面，如图 2-130 所示。另一种“Slate 材质编辑器”界面则是将材质和贴图显示为关联在一起用来创建材质树的节点结构，如图 2-131 所示，用户可以通过这种节点结构编辑材质。

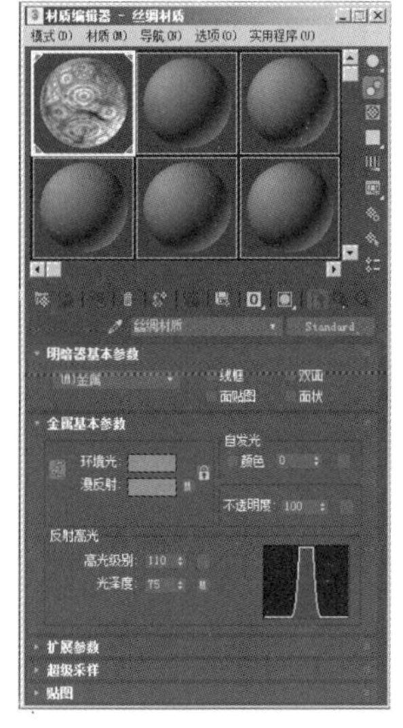

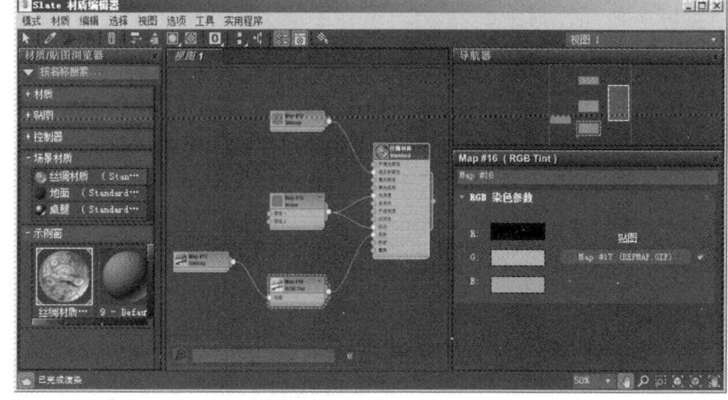

图 2-130 “精简材质编辑器”界面

图 2-131“Slate 材质编辑器”界面

## 2.4.2 材质基本参数设定

进入材质编辑器的方法有两种，一种是单击主工具栏上的▣（材质编辑器）按钮，另一种是按键盘上的快捷键〈M〉。“材质编辑器”面板如图 2-132 所示。

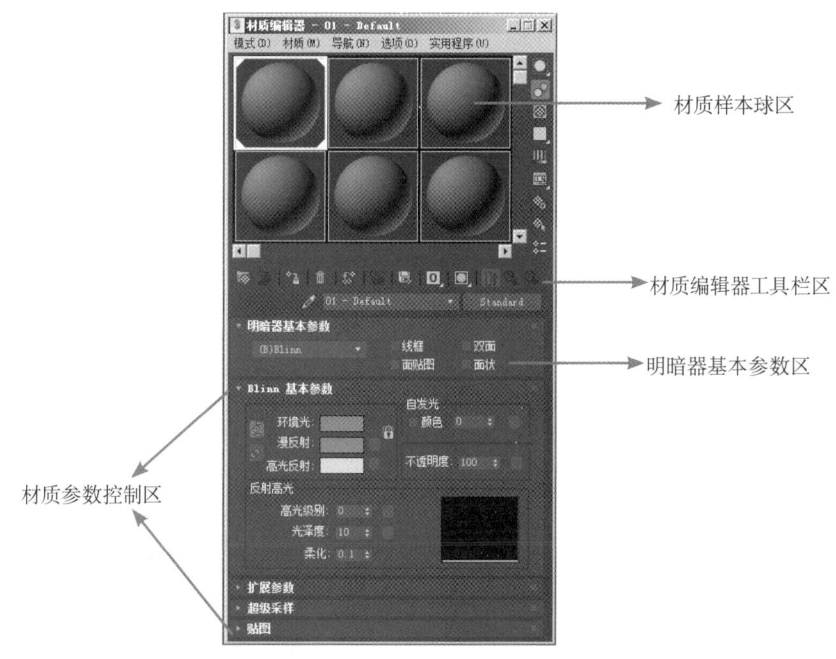


图 2-132 “材质编辑器”面板

材质按照复杂程度可分为以下 3 种。

- 基本材质：指只具有光学特性的材质，它包括“漫反射”“环境色”“高光反射”“自发光”“不透明度”“高光级别”“光泽度”及“柔化”，这种材质占用的时间和内存少，但是没有贴图特性。
- 基本贴图材质：指在“漫反射”中指定的使用基本贴图方式的材质。
- 复合材质：单击材质编辑器上的 Standard 按钮后所出现的材质，如“双面”材质、“混合”材质及“顶 / 底”材质等。

### 1. 材质样本球区

材质样本球区如图 2-133 所示，它包括 24 个样本球和 9 个控制按钮。9 个控制按钮的说明如下。

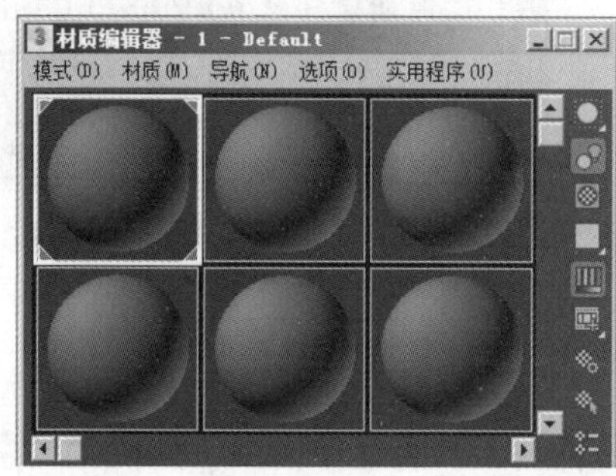


图 2-133　材质样本球区

（采样类型）：控制窗口样本球的显示类型，这里有 3 种显示方式可供选择，比较结果如图 2-134 所示。

（背光）：控制材质是否显示背光照射，比较结果如图 2-135 所示。

图 2-134　3 种采样类型比较

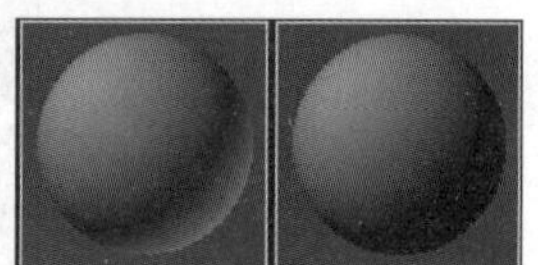

图 2-135　有无背光效果比较

（背景）：控制样本球是否显示透明背景，该功能主要针对透明材质，比较结果如图 2-136 所示。

（采样 UV 平铺）：控制编辑器中材质重复显示的次数，它有 4 种方式可供选择，可影响材质球的显示而不影响赋给该材质的物体，比较结果如图 2-137 所示。

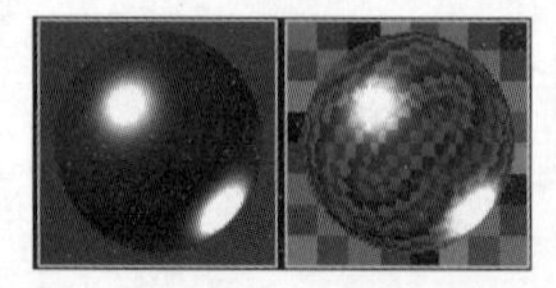

图 2-136　显示背景前后对比

图 2-137　不同采样 UV 平铺方式的效果对比

（视频颜色检查）：检查无效的视频颜色。

（生成预览）：控制是否能够预览动画材质。

（选项）：单击该按钮，将弹出“材质编辑器选项”对话框，如图 2-138 所示。在这里可以设置样本球是否抗锯齿，以及在材质编辑器中显示材质球的数目（3×2、5×3 或 6×4）等选项。

（按材质选择）：单击该按钮，将弹出如图 2-139 所示的“选择对象”对话框。

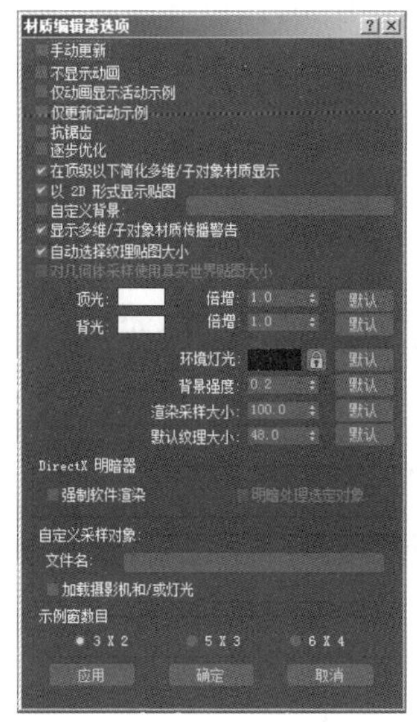


图 2-138 “材质编辑器选项”对话框

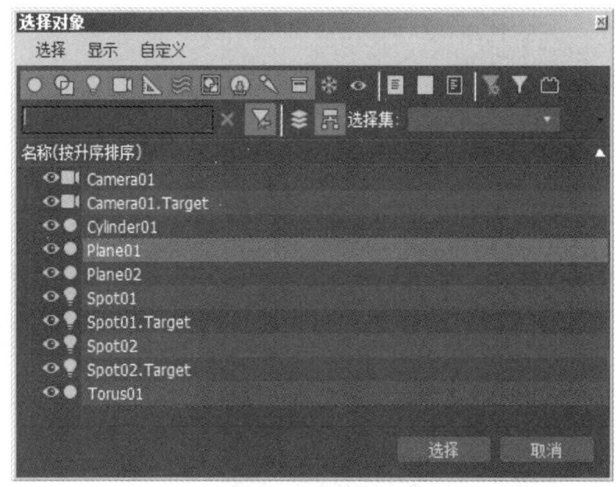


图 2-139 “选择对象”对话框

（材质 / 贴图导航器）：单击此按钮将弹出“材质 / 贴图导航器”窗口，显示当前材质和贴图的分级目录，单击某级目录可直接到该级进行编辑，如图 2-140 所示。

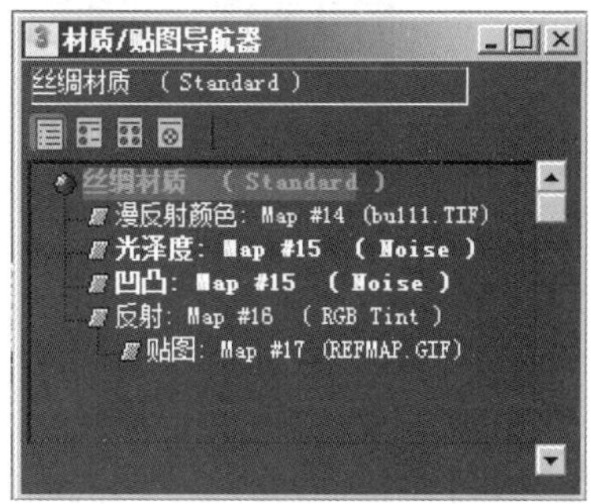


图 2-140 “材质 / 贴图导航器”窗口

### 2. 材质编辑器工具栏区

材质样本球区的下面为材质编辑器的工具栏，其中包括进行材质编辑的常用工具，提供材质的存取功能，如图 2-141 所示。

图 2-141　材质编辑器工具栏

（获取材质）：单击此按钮，弹出“材质 / 贴图浏览器”对话框，如图 2-142 所示，可以为当前材质球选择一个材质或贴图，该材质可以是已经存在的，也可以是新建的。

（将材质放入场景）：将材质放入场景，用材质编辑器中的当前材质更新场景中材质的定义。

（将材质指定给选定对象）：赋予场景材质，将当前材质赋予场景中选定的对象。此按钮只在选定对象后才有效。

（重置贴图 / 材质为默认设置）：恢复材质 / 贴图为默认设置，恢复当前样本窗口为默认设置，单击此按钮将弹出如图 2-143 所示的提示对话框。

（生成材质副本）：单击此按钮，将当前的同步材质在同一个材质球中再复制一个同样参数的非同步材质。此按钮只能对同步材质使用。

（使唯一）：对于进行关联复制的贴图，可以通过此按钮将贴图之间的关联关系取消，使它们各自独立。

（放入库）：单击此按钮将弹出如图 2-144 所示的“放置到库”对话框，可以将反复修改后得到的材质存放到材质库中保存，以便将来重复使用。

重置材质/贴图参数

场景中使用了材质/贴图。是否:

影响场景和编辑器示例窗中的材质/贴图?

仅影响编辑器示例窗中的材质/贴图?

确定 取消

图 2-143　提示对话框

图 2-142 “材质 / 贴图浏览器”对话框

图 2-144 “放置到库”对话框

（材质 ID 通道）：赋给材质通道，用于视频后期处理。

（在视口中显示标准贴图）：在视图中显示贴图，选择这个选项将消耗很多显存。

（显示最终效果）：3ds max 中的很多材质都是由基本材质和贴图材质组成的，利用此按钮可以在样本窗口中显示最终的效果。

（转到父对象）：当在一个材质的下一级材质中时，此按钮有效。单击此按钮可以回到上一级材质。

（转到下一个同级项）：当在一个材质的下一级材质中时，此按钮有效。单击此按钮可以到另一个同级材质中去。

### 3. 明暗器基本参数区

明暗器基本参数区如图 2-145 所示。

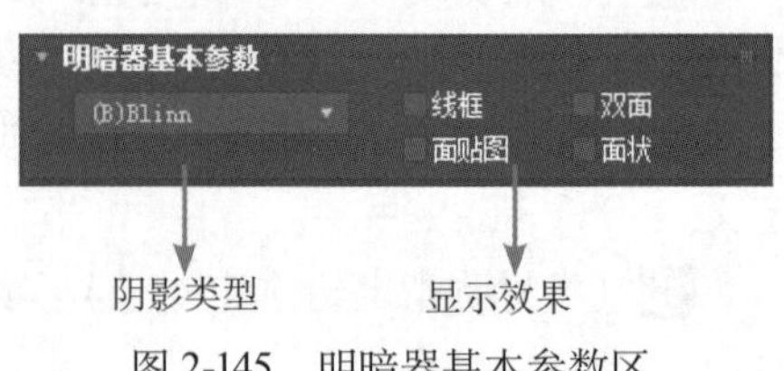


图 2-145　明暗器基本参数区

1）阴影类型。阴影类型是标准材质的最基本属性，也称为反光类型，一块布料和一块金属在光的照射下所呈现的反光效果是完全不同的。3ds max 提供了 8 种模拟不同物体反光效果的类型，如图 2-146a ～h 所示。

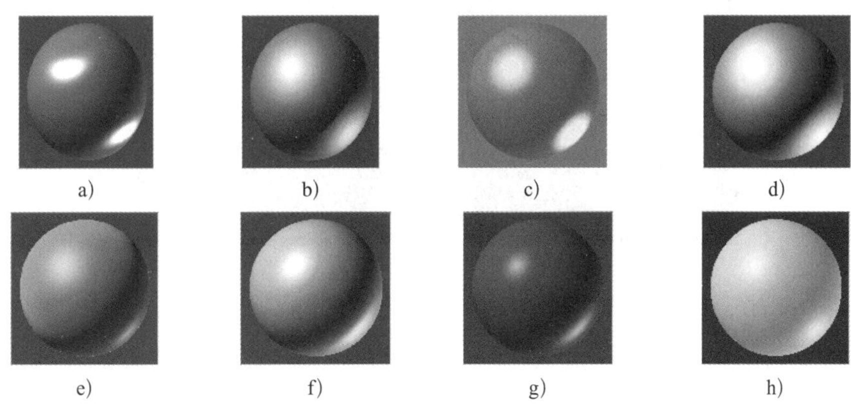

图 2-146　不同阴影类型效果比较

a）各向异性材质　b）Blinn 材质　c）金属材质　d）多层材质　e）Oren-Nayer-Blinn 材质　f）Phong 材质　g）Strauss 材质　h）半透明明暗器材质

下面就来依次介绍每一种反光类型的具体应用。

各向异性：它的反光呈不对称形状，反光角度可任意调节，常用于表现金属漆、玻璃等光滑物体的反光效果。

Blinn：常用于表现坚硬光滑的物体表面，它所呈现的反光呈尖锐状态。

金属：专用于金属材质的制作，它可以模拟出金属表面非常强烈的反光效果。

多层：组合了两个各项异性反光，每一个反光都可以拥有不同的颜色和角度，适用于光滑复杂的表面。

Oren-Nayar-Blinn：主要用于不光滑物体，如布料和织物等。

Phong：这种类型常用于表现类似玻璃或塑料等非常光滑的表面，它所呈现的反光是柔和的，这一点区别于 Blinn。

Strauss：也是用于金属材质，参数比“金属”要少，但比“金属”做出的金属质感要好。

半透明明暗器：专门用于表现半透明的物体表面，如蜡烛、玉饰品、有色玻璃等。

2) 显示效果。3ds max 2018 有 4 种显示效果，它们分别是“线框”“双面”“面贴图”和“面状”。下面分别介绍这 4 种滤光器的作用。

线框：它以网格线框的方式渲染物体，只能表现出物体的线架结构，其显示效果如图 2-147 所示。对于线框的粗细，可由扩展参数面板中的“线框”项来调节。

图 2-147　线框显示

双面：它将物体法线的另一面也进行渲染，为了简化计算，通常只渲染物体的外表面，这对大多数的物体都适用。但对有些敞开的物体，其内壁不会看到材质的效果，这时就需要打开双面显示，效果如图 2-148 所示。

a)

b)

图 2-148 选中“双面”选项前后比较
a) 双面显示（未打开） b) 双面显示（打开）

面贴图：将材质指定给物体所有的面，如果是一个贴图材质，则物体表面的贴图坐标会失去作用，贴图会分布在物体的每一个面上，效果如图 2-149 所示。

面状：它提供更细级别的渲染方式，渲染速度极慢，如果没有特殊品质的精度要求，不要使用这种方式，尤其是在指定了反射材质之后。效果如图 2-150 所示。

图 2-149 “面贴图”效果

图 2-150 “面状”效果

#### 4. 材质参数控制区

材质参数控制区包括“基本参数”“扩展参数”“超级采样”和“贴图”4 个卷展栏，下面就来介绍一下这些卷展栏。

(1)“基本参数”卷展栏

包括生成和改变材质的各种控制，如图 2-151 所示。

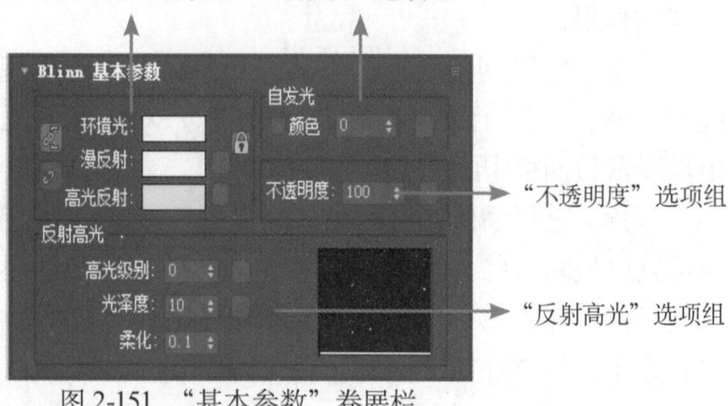


图 2-151 “基本参数”卷展栏

它一共有 4 个选项组，分别是“基本颜色”选项组、“反射高光”选项组、“自发光”选项组和“不透明度”选项组，下面分别对它们进行介绍。

1)“基本颜色”选项组。用于控制材质的基本光照属性，共有 3 个选项，这是标准材质的 3 种明暗特性。

环境光：控制物体表面阴影的颜色，它所代表的是物体所在环境投射在物体上的光。除非有特殊需要，环境光一般都是比较暗的。

漫反射：控制材质表面过渡区的颜色，它是由光的漫反射形成的。这是物体上主要的颜色，也是平常生活中看到的一般物体的颜色。

高光反射：控制物体表面高光区的颜色。如果高光很强，在物体的表面可形成一个亮点。高光一般都是比较浅的颜色光。

另外，单击这 3 个选项右侧的颜色框，都会弹出“颜色选择器”对话框，如图 2-152 所示。在颜色区上移动光标或在文本框中输入数值都可改变颜色。单击重置(R)按钮可重新设定颜色，设置好颜色后，单击确定(O)按钮即可。默认环境光和漫反射颜色相同，如果需要环境光与漫反射的颜色不同时，可单击它们之间的锁定按钮，即可解除锁定，可以将它们设定为不同的颜色。

如果单击漫反射和高光反射框后面的小方块按钮，会弹出“材质 / 贴图浏览器”对话框，如图 2-153 所示。从中可以选择不同的贴图类型，具体的操作会在后面的实例中进行说明。

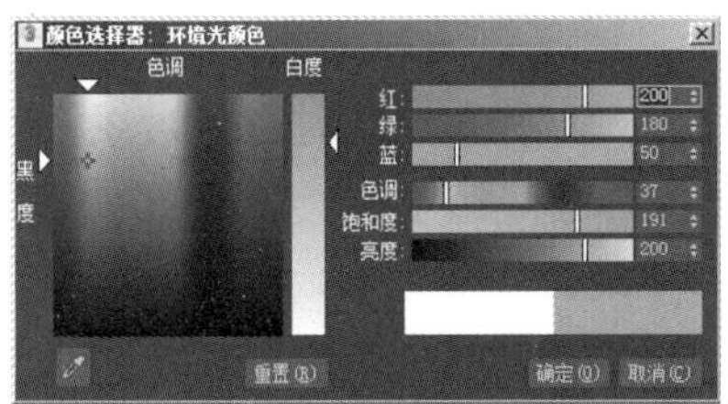


图 2-152　“颜色选择器：环境光颜色”对话框

图 2-153　“材质 / 贴图浏览器”对话框

2)“反射高光”选项组。用于确定材质表面高光的光照属性，一共有 3 个选项。

高光级别：确定材质表面的反光强度，数值越大反光强度越大。

光泽度：确定材质表面反光面积的大小，数值越大反光面积越小。

柔化：对高光区的反光进行柔化处理，使它产生柔和效果。

3)“自发光”选项组。可使材质具备自身发光的效果，常用于制作太阳、灯泡等光源物体的材质。数值越大，自发光亮度越高。选中“颜色”复选框，可以设置不同颜色的自发光。单击数值框后面的小方块按钮，可以给自发光设置贴图。

4）“不透明度”选项组。用于设置材质的不透明度，可以使物体产生透明的效果。默认值为100，即不透明材质。降低数值可使透明度增加，数值为0时变为完全透明材质。对于透明材质，还可以在扩展参数面板中调节它的透明衰减程度。

(2)“扩展参数”卷展栏

用于增强对线框图、透明效果和反射光线的控制，展开“扩展参数”卷展栏，共有3个选项组，如图2-154所示。

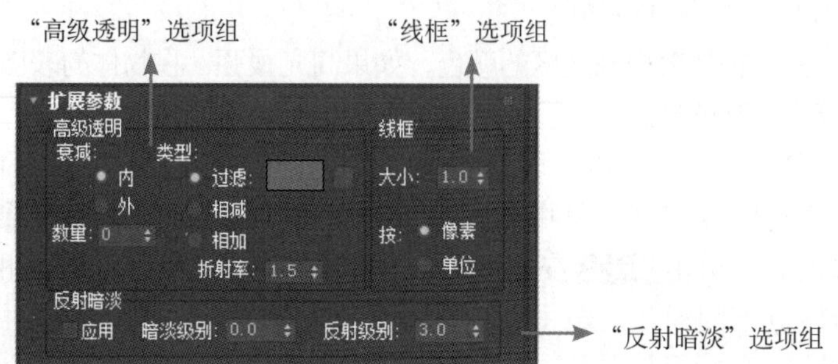


图2-154 “扩展参数”卷展栏

1）“高级透明”选项组。主要用于控制透明材质的不透明衰减度设置，它又包括“衰减”和“类型”两部分。

“衰减”部分有3个选项，它们用来控制物体内部和外部透明的程度。“内”单选按钮用来规定物体由边缘向中心增加透明的程度，如玻璃的效果；“外”单选按钮用来规定物体由中心向边缘增加透明的程度，类似云雾的效果；“数量”微调框可以控制物体中心和边缘的透明度哪一个更强。

“类型”部分有3个单选按钮，用来控制透明的类型。“过滤”单选按钮用来以过滤色确定透明的颜色，它会根据一种过滤色在物体的表面上色；“相减”单选按钮可以根据背景色减去材质的颜色，使材质后面的颜色变暗；“相加”单选按钮可以将材质颜色加到背景色中，使材质后面的颜色变亮。

2）“线框”选项组。主要用来对线框进行编辑，它包括两个单选按钮和一个数值微调框。其中，“大小”微调框用来设置线框的粗细，“像素”和“单位”两个单选按钮控制线框粗细的单位。“像素”表示线宽以屏幕像素为单位，“单位”表示线宽以系统设定的逻辑单位为单位。

3）“反射暗淡”选项组。用来控制反射模糊效果，数值可通过“暗淡级别”和“反射级别”微调框来控制。“暗淡级别”可设置物体投影区反射的强度，数值为1时，不产生模糊影响；数值为0时，被投影区仍表现为原有的投影效果，不产生反射。“反射级别”可设置物体不投影区的反射强度，它可以使反射强度倍增，一般用默认值即可。如果选中“应用”复选框，则反射暗淡将发生作用。

(3)“超级采样”卷展栏

“超级采样”卷展栏如图2-155所示。超级采样需要较多的时间进行渲染，但不需要占用额外的内存。超级采样会使用更小的采样点并返回平均值以增加抗锯齿效果。

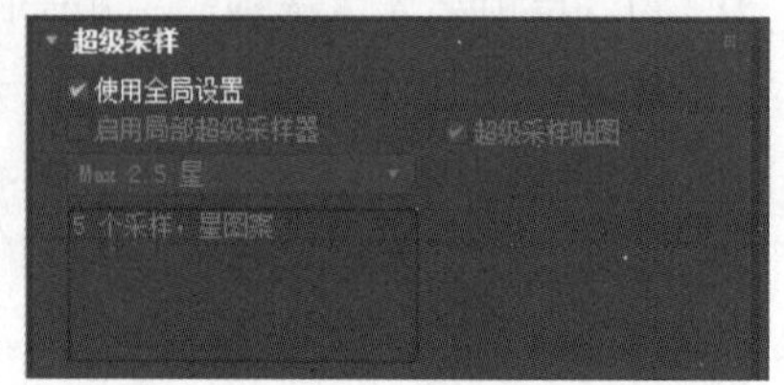


图2-155 “超级采样”卷展栏

(4)“贴图”卷展栏

在材质参数控制区上，“贴图”卷展栏也是很常用的一组参数，如图 2-156 所示。

它可以设置 12 种贴图方式，在物体不同的区域指定不同的贴图。

这 12 种贴图方式的名称从上至下分别为：环境光颜色、漫反射颜色、高光颜色、高光级别、光泽度、自发光、不透明度、过滤色、凹凸、反射、折射和置换。在每种方式右侧都有一个长方形按钮，单击它可以弹出“材质 / 贴图浏览器”对话框。每种贴图方式后面的数值框可以控制贴图的程度，比如对于“反射”贴图，数值为 100 时表示完全反射，数值为 30 时表示以 30% 的透明度进行反射。一般最大值都为 100（表示百分比值），只有“凹凸”贴图除外，它的最大值为 999。对于“贴图”卷展栏的常用贴图方式将在后面的实例中陆续介绍。如图 2-157 所示是一张利用反射贴图制作的图片，可以作为对“贴图”卷展栏的贴图方式的参考。

贴图

| | 数量 | 贴图类型 |
|---|---|---|
| 环境光颜色 | 100 | 无贴图 |
| 漫反射颜色 | 100 | 无贴图 |
| 高光颜色 | 100 | 无贴图 |
| 高光级别 | 100 | 无贴图 |
| 光泽度 | 100 | 无贴图 |
| 自发光 | 100 | 无贴图 |
| 不透明度 | 100 | 无贴图 |
| 过滤色 | 100 | 无贴图 |
| 凹凸 | 30 | 无贴图 |
| 反射 | 100 | 无贴图 |
| 折射 | 100 | 无贴图 |
| 置换 | 100 | 无贴图 |

图 2-156 “贴图”卷展栏

图 2-157　反射效果

## 2.4.3 贴图类型

使用材质编辑器的第一步便是要了解什么是贴图。初学 3ds max 2018 的读者经常将贴图和材质混淆在一起，其实两者是一种从属的关系。贴图只用于表现物体的某一种属性，如透明或凹凸等。而材质则是由多种贴图集合而成的，最终表现出一个真实的物体。例如，制作玻璃材质，既要表现出玻璃的透明，又要表现出它的光滑和反射折射特性，而玻璃的透明、光滑和反射折射的属性便可以看作是 3 种不同的贴图。要完整地表现玻璃的材质，就要将这 3 种贴图集合在一起，这便是贴图和材质的关系。

在 3ds max 2018 中，贴图是由材质编辑器的内置程序生成或从外部导入的图案或图片，3ds max 2018 共有 42 种贴图类型，在图 2-158 所示的“材质 / 贴图浏览器”对话框中可以对它们进行统一管理。

下面就来介绍一些常用贴图的具体作用。

1）Combustion：需配合 Discreet 公司出品的 Combustion 软件来使用，即可将 Combustion 的材质调入 3ds max 2018 中。

2）Perlin 大理石：通过两种颜色混合，产生类似珍珠岩纹理的效果，经常用于制作大理石、星球等一些有不规则纹理的物体材质。

3）RGB 倍增：主要用来配合“凹凸”贴图方式，允许将两种颜色或贴图的颜色进行相乘处理，来增加图像的对比度。

4）RGB 染色：通过 3 种颜色通道来调整贴图的色调，省去了在其他图像处理软件中处理图像的时间。

5）凹痕：能够产生一种风化和腐蚀的效果，它被经常用于“凹凸”贴图方式，利用这种效果可以制作岩石、锈迹斑斑的金属等效果。“凹痕参数”卷展栏如图 2-159 所示。

图 2-158 “材质 / 贴图浏览器”对话框

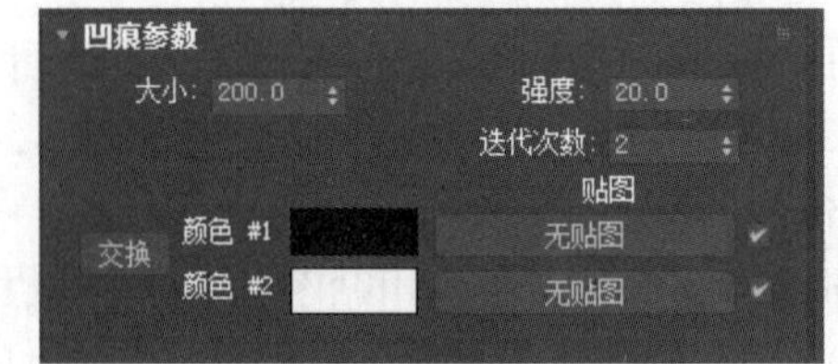


图 2-159 “凹痕参数”卷展栏

大小：控制凹痕尺寸及数量，系统默认值为 200，图 2-160a ～c 为在“贴图”卷展栏“凹凸”中指定“凹痕”贴图并设置不同“大小”值的材质效果。

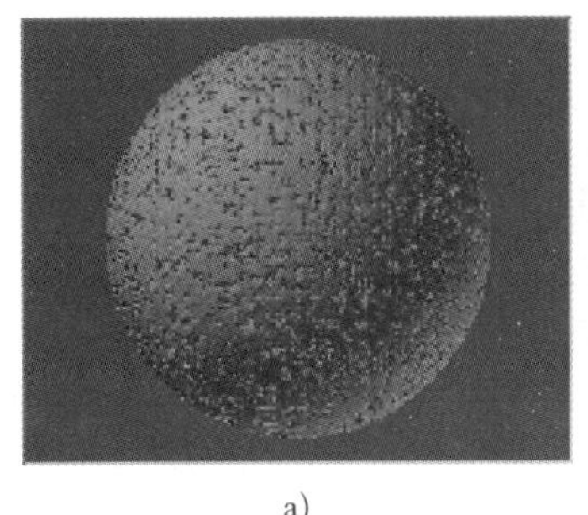
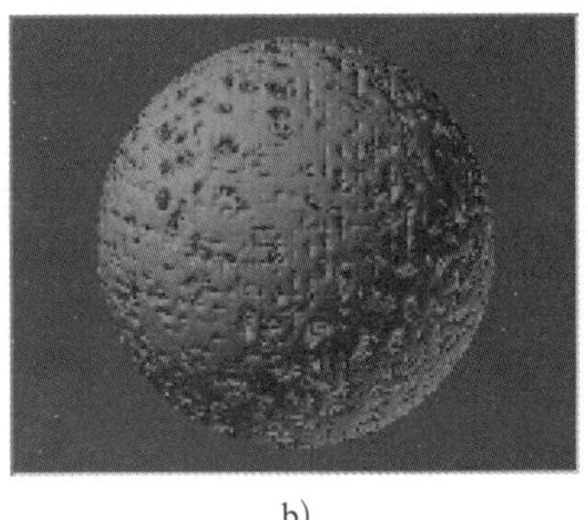
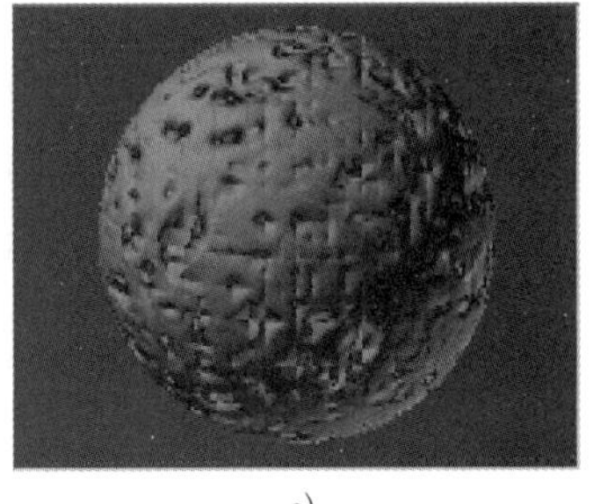

a)　　　b)　　　c)

图 2-160　不同“大小”值的效果比较

a)“大小”为 200　b)“大小”为 400　c)“大小”为 800

强度：控制凹痕的数量，系统默认值为 20。

迭代次数：控制凹痕的重复次数，系统默认值为 2。

6）斑点：产生两色杂斑纹理，常用于制作花岗岩、灰尘等物体效果。

7）波浪：产生三维和平面的水波纹效果。

8）大理石：产生岩石断层的效果，当然也可用来制作木头的纹理，其效果不亚于“木材”贴图。

9）顶点颜色：用于可编辑的网格物体，当然也可利用它来制作色彩渐变效果。

10）法线凹凸：它使用的是纹理烘焙法线贴图。可以将其指定给材质的凹凸组件和位移组件。

11）光线跟踪：这是一种使用率较高的贴图，但渲染时间比较长，一般在制作单幅效果图时使用。

12）灰泥：功能类似于“泼溅”贴图，常常用于制作腐蚀生锈的金属和物体破败的效果。

13）混合：将两种贴图混合在一起，通过调整混合的数量值来产生相互融合的效果。

14）渐变：产生 3 种颜色或是 3 种贴图的渐变过渡效果，“渐变参数”卷展栏如图 2-161 所示。它的参数解释如下。

颜色 #1/ 颜色 #2/ 颜色 #3：颜色条块用来设置 3 个渐变区域的颜色，右侧的“无贴图”按钮用来指定贴图。

颜色 2 位置：设置中间色的位置，系统默认值为 0.5。

渐变类型：分为“线性”和“径向”两种。

15）渐变坡度：可以把它看作是渐变贴图的升级，这是一种功能非常强大的贴图。它能产生多色的过渡效果，提供多达 12 种纹理类型，经常用于制作石头表面、天空及水面等材质。

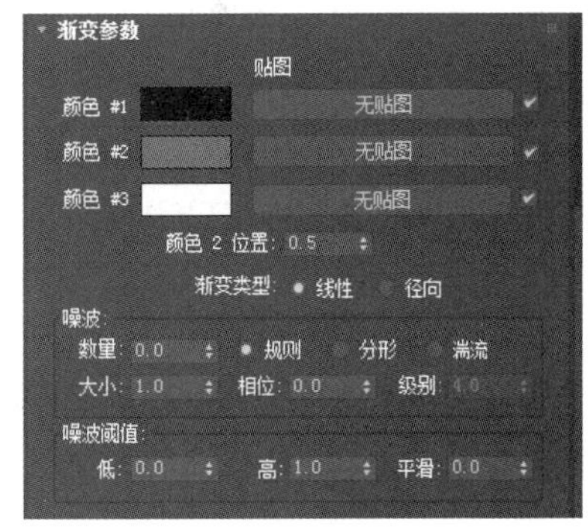


图 2-161　“渐变参数”卷展栏

16）粒子年龄：专用于粒子系统，根据粒子所设定的时间段，分别为开始、中间和结束处的粒子指定 3 种不同的颜色或贴图，类似于颜色渐变，不过这种渐变是真正动态的渐变。粒子在诞生阶段是第一种颜色，随着生长慢慢变成第二种颜色，最后在消亡阶段转变为第三种颜色，利用这个特性可以制作出动态的彩色粒子流动及礼花绽放的效果。

17）粒子运动模糊：它可以根据粒子的速度进行模糊处理，常配合“不透明度”贴图方式使用。

18）每像素摄影机贴图：可以从特定的摄影机方向投射贴图。

19）木材：能够产生木材纹理，经常用来制作木器、星球等物体。

20）泼溅：用于产生类似油彩飞溅的效果，常常用于制作喷涂墙壁、腐蚀和破败的物体效果。

21）棋盘格：产生两色方格交错的图案，常用于制作砖墙、地板砖等有序纹理。

22）输出：专门用来弥补某些无输出设置的贴图类型。

23）衰减：产生双色过渡的效果（当然也可以是两种贴图），经常配合“不透明度”贴图方式来使用，主要产生透明衰减效果，常用于制作水晶、太阳光、霓虹灯、眼球等物体；它还常用来配合“蒙版”和“混合”贴图，制作一些多个材质渐变融合或覆盖的效果。

24）位图：允许使用一张位图或视频格式文件作为物体的贴图图片。这是 3ds max 最常用的贴图类型，支持多种位图格式，包括 AVI、MOV、BMP、JPG、GIF、IFL、PNG、RLA、TGA、TIF、YUV、PSD、FLC、RPF、FLI 和 CIN 等。

25）细胞：用来模拟石头砌墙、鹅卵石路面或海面等物体效果。

26）烟雾：能够产生丝状、雾状及絮状等无序的纹理图案，常常用来作为背景和不透明贴图使用。

27）噪波：通过两种颜色或贴图的随机混合，产生一种无序的杂点效果，这是 3ds max 2018 材质制作中使用比较频繁的一种贴图，常常用来制作石头、天空等效果。

28）遮罩：使用一张贴图作为遮罩，通过贴图本身的灰度值大小来显示被遮罩贴图的材质效果。

29）漩涡：产生有两种颜色的漩涡图像（当然也可以是两种贴图），常用于模拟水中漩涡、星云等效果。

## 2.4.4 材质类型

材质是一个由多种贴图组成的集合体，并通过自身的结构和贴图方式来调配这些贴图，从而形成一个完整的物体材质。但是现实世界中的每一个物体本身的结构和属性是各不相同的，当在 3ds max 中模拟这些物体时，就需要材质能够将这些不同的特性准确地表现出来。为了达到这个要求，3ds max 2018 提供了 13 种材质类型，如图 2-162 所示。每种类型的材质都有自己特有的结构和贴图方式，以表现现实世界中各种物体不同的特性。

图 2-162　材质类型

提示：再次重申，物体最终的材质有可能是由多个不同类型的材质组成的，材质类型并不代表最终的材质，但在为一个物体制作材质时，首先要确定一种最适合它的材质类型。

下面就来介绍常用的几种材质类型的具体应用。

1）Ink'n Paint：专门用于渲染卡通漫画效果，利用它可以在 3ds max 中直接输出卡通动画。由于“Ink'n Paint”是材质，因此可以创建将 3D 着色对象与平面着色卡通对象相结合的场景，如图 2-163 所示。

2）变形器：配合“变形器”修改器使用，能够产生材质融合的变形动画。

3）虫漆:用于模拟金属漆、地板漆等物体效果，类似混合材质，但它的混合数值没有上限。

4）顶 / 底：为一个物体指定两种不同的材质，一个位于顶端，一个位于底端，中间的交接处可以产生过渡效果，而且两种材质在物体中所占的比例还可以调节。图 2-164 为使用“顶 / 底”材质制作的烧水壶效果。

图 2-163　3D 着色对象与平面着色卡通对象相结合的场景

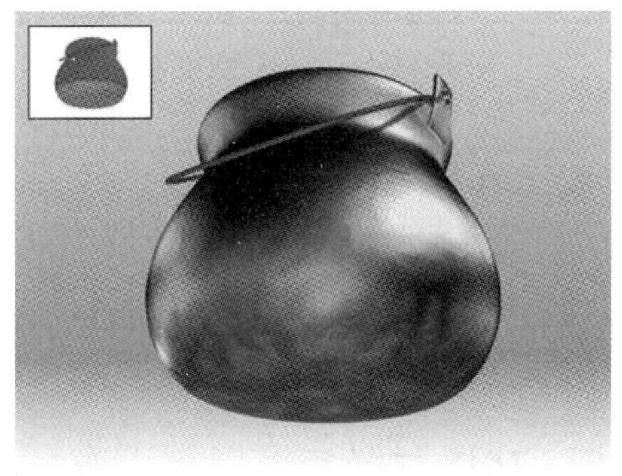

图 2-164 “顶 / 底”材质制作的烧水壶效果

5）多维 / 子对象：用于将多个材质组合为一种复合式材质，分别指定给一个物体的不同次物体对象，但要为每一个次物体对象指定一个 ID 号，才能正确显示。

6）合成：用于将多个不同的材质叠加在一起，包括一个基本材质和 10 个附加材质，通过添加、排除和混合创造出复杂多样的物体材质。常用来制作动物和人体皮肤、生锈的金属及复杂的岩石等物体材质。

7）混合：用于将两个不同的材质融合在一起，根据融合度的不同，控制两种材质的显示程度。可以利用这种特性制作变形的动画，另外也可以指定一张图形作为融合的遮罩，利用它本身的灰度值来决定两种材质融合的程度。它经常用来制作一些质感要求比较高的物体，如打磨的大理石表面质感、上蜡的地板等。

8）壳材质：专门配合“渲染到贴图”命令使用，它的作用是将“渲染到贴图”命令产生的贴图再贴回物体造型中，这个功能非常有用，在复杂的场景渲染中可以省略光照计算占用的时间。

9）双面：可以为物体内外或正反表面分别指定两种不同的材质，并且可以控制它们彼此之间的透明度来产生一些特殊的效果。这种材质经常用在一些需要物体双面显示不同材质的动画中，如纸牌、杯子等造型物体。

10）外部参照材质：用于在另一个场景文件中参照外部某个应用于对象的材质。

11）无光 / 投影：它的作用是隐藏场景中的物体，而且在渲染时也无法看到。它不会对背景进行遮挡，但对场景中的其他物体起着遮挡作用，而且还可以表现出自身投影和接受投影的效果，如制作轮胎在水面上的投影效果。

### 2.4.5 课后练习

#### 1. 填空题

（1）_______贴图类型，能够产生真实而完全的曲面反射效果。_______贴图类型，能够产生模拟镜面反射的效果。

（2）通常使用_______材质来模拟冰雪融化的山脉效果，使用_______材质来模拟花瓶里外不同材质的效果。

#### 2. 选择题

（1）下列哪种材质专门用于渲染卡通漫画效果？（　）

A. 壳材质　　B. 双面材质　　C. Ink'n Paint　　D. 双面

（2）单击下列哪个按钮可以在视图中显示贴图？（　）

A.　　B.　　C.　　D.

#### 3. 问答题

（1）3ds max 2018 包括多少种材质类型？

（2）简述贴图和材质的关系。

## 2.5 环境与效果

3ds max 2018 中的环境概念比较广泛，用于制造各种背景，包括雾效和质量光等。本节主要介绍环境效果的应用与设置，通过这些设置，可使场景的环境效果更加真实，设计更加完善。

### 2.5.1 设置环境效果

环境效果在动画制作的过程中有着不可轻视的作用，它与建模、灯光和材质等同等重要，良好的环境设置可以使作品更加富有真实感和艺术性。

在 3ds max 2018 中专门有一个“环境和效果”面板，用来制造各种环境效果，如雾效、体积光和火焰效果等，不过都需要和其他功能配合才能发挥作用，如背景要和材质编辑器来共同编辑，雾效和摄影机的范围有关，质量光和灯光的属性相连，火焰必须借助大气装置才能产生。

在 3ds max 2018 的“环境和效果”面板编辑器中，可以设置各种丰富多彩的大气环境效果。执行菜单中的“渲染 | 环境”命令，会弹出“环境和效果”对话框，如图 2-165 所示。

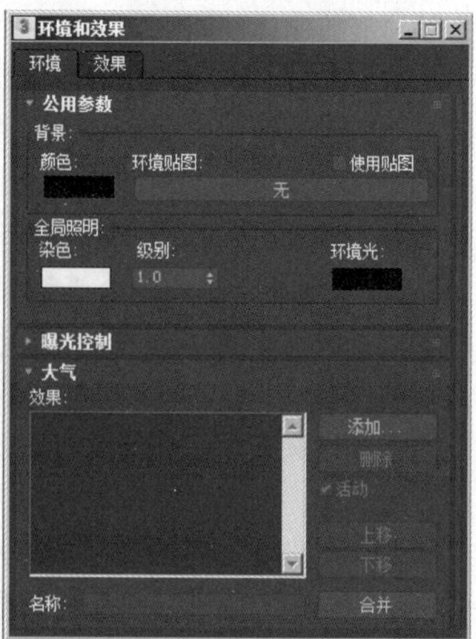

图 2-165 “环境和效果”对话框

在“环境和效果”对话框中的“环境”选项卡，“背景”选项组用于设置场景的背景颜色或背景贴图；“全局照明”选项组用于设置场景的球形照明效果；“大气”卷展栏是这个对话框的核心部分，能够提供“雾”“体积雾”“体积光”和“火效果”4 种环境工具，用来产生雾、烟云、燃烧及光晕等多种自然环境效果。

下面介绍一下背景的设置方法。

在“环境和效果”对话框中可以为场景指定背景，背景可以是单一颜色或是一张材质贴图。

在系统默认的情况下，背景的渲染颜色是黑色，如图 2-166 所示。

下面来试着添加背景颜色，打开“环境和效果”对话框，单击“背景”选项组的“颜色”块，在弹出的颜色选择对话框中选择一种背景颜色。然后再次对场景进行渲染，可以看到背景颜色被换成了刚才选择的颜色，如图 2-167 所示。

图 2-166　背景为黑色

图 2-167　背景为自定义颜色

另外，还可以给背景指定背景贴图。单击“背景”选项组中的 无 按钮，在弹出的“材质 / 贴图浏览器”对话框中选择“位图”选项，单击“确定”按钮，此时会弹出“选择位图图像文件”对话框，如图 2-168 所示。

按照路径从中找到一张贴图文件后，单击“打开”按钮，可以看到 无 按钮上已经有了这张贴图的文件名。然后再次对场景进行渲染，可以看到添加了背景贴图后的渲染效果，如图 2-169 所示。

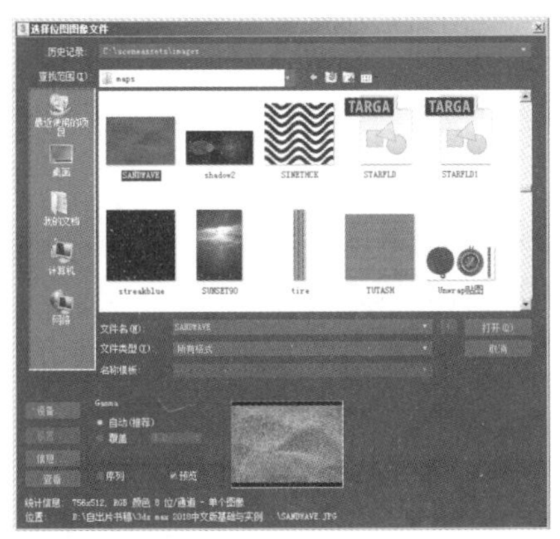


图 2-168　选择作为背景的贴图

图 2-169　指定背景贴图后的渲染效果

## 2.5.2　雾

在大气特效中，雾是制造氛围的一种方法，系统中提供的雾功能可以用来制作出弥漫于空中的浓淡不一的雾气，也可以制作出天空中飘浮的云彩。如图 2-170 所示为使用 3ds max 制作出的雾效果。

图 2-170 雾效果

### 1. 雾参数的设置

执行菜单中的“渲染 | 环境”命令，会弹出“环境和效果”对话框，在该对话框中单击“大气”卷展栏右侧的添加...按钮，接着在弹出的“添加大气效果”对话框中选择“雾”，如图 2-171 所示，单击“确定”按钮。此时，“雾”就出现在“大气”卷展栏的“效果”列表框内，如图 2-172 所示。

“雾参数”卷展栏出现在“大气”卷展栏的下方，如图 2-173 所示。

图 2-171 选择“雾”

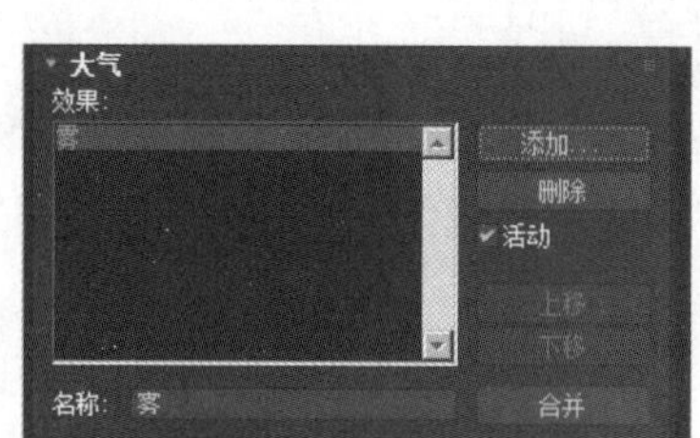


图 2-172 将“雾”添加到“效果”列表框中

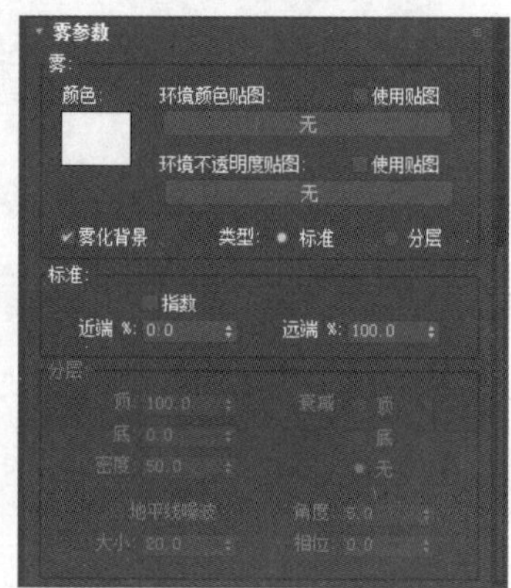


图 2-173 “雾参数”卷展栏

使用雾效果时不用大气效果，但是设置标准雾时需要用摄影机镜头，雾的层次深度由摄影机的视觉范围控制，摄影机的“近端 %”和“远端 %”用来设置这些参数。标准雾设置完成后，在摄影机视图中按照场景景深进行渲染。以下是“雾参数”卷展栏中各选项组的参数含义。

“雾”选项组。用于设置雾效果的通用参数。

颜色：用于设置雾的颜色，可以创建各种颜色的雾。系统默认的颜色为白色。

环境颜色贴图：用于给雾设置一个彩色贴图，创建彩色雾效。

环境不透明度贴图：用于给雾设置不透明贴图，设置雾的密度。

类型：分为“标准”和“分层”两种。

①“标准”选项组。用于设置标准雾的参数。“指数”参数用于按照距离指数级别提高雾效的浓度，如果禁用此项，则浓度和距离成线性关系。“近端 %”和“远端 %”用于设置雾密度的范围。

②“分层”选项组。用于设置分层雾和标准雾。

顶 / 底：用于设置雾的上界限和下界限。

密度：用于设置雾的整体密度。

衰减：用于设置雾密度为 0 的位置。如果设置了雾效果以指数形式递减，这样就不会使“顶”和“底”的雾效果为 0。

地平线噪波：在雾的水平方向加入噪波。由“大小”“角度”和“相位”3 个参数控制。

图 2-174 和图 2-175 为有无雾效果的对比情况，图 2-174 为没有添加雾效果的正常渲染，图 2-175 为添加了雾效果的渲染。

图 2-174　没有添加雾的正常渲染效果

图 2-175　添加了雾效果的渲染

### 2. 层雾效果

层雾效果如图 2-176 所示。它与标准雾不同，标准雾作用于整个场景，而层雾只作用于空间中的一层。层雾没有深度与宽度的限制，对于雾的高度可以自由指定。

制作层雾效果的具体操作方法如下。

打开网盘中的“exmple\ 第 1 章 3ds max 2018 基础知识 \ layered.max”文件，然后执行菜单中的“渲染 | 环境”命令，在“效果”列表框中可以看到两个“雾”选项，如图 2-177 所示。

位于上面的“雾”选项用于调整图 2-176 所示的底部雾效，下面的“雾”选项用于调整图 2-176 所示的顶部雾效。选中任何一个都会出现它的参数面板，可以根据前面所讲的参数含义来调整，接着单击 （渲染产品）按钮来观察层雾效果的变化。

图 2-176　层雾效果

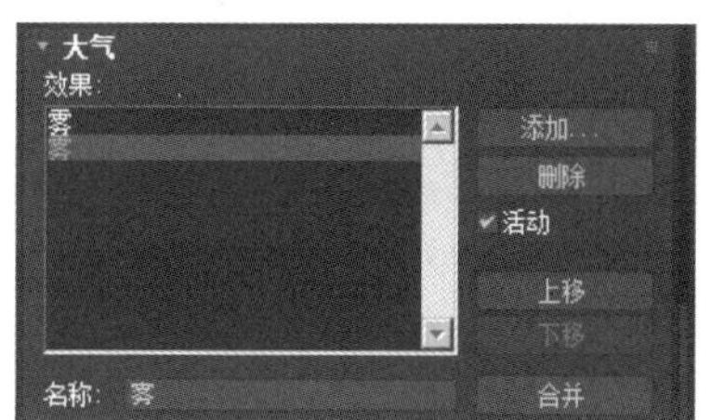


图 2-177　“效果”列表框

## 2.5.3　体积雾

体积雾可以使场景产生出密度不同的雾，制作各种云、雾、烟的效果，并且可以控制云雾的颜色和浓淡等，通过体积雾可以创造出云烟流动的画面效果。如图 2-178 所示为使用 3ds max 制作的体积雾效果。

图 2-178　体积雾效果

### 1. “效果”参数的设置

打开“环境和效果”对话框，在“大气”卷展栏中单击 添加... 按钮，在弹出的对话框中选择“体积雾”选项，单击“确定”按钮，这样，“体积雾”就出现在“效果”列表框中，如图 2-179 所示。

选中“效果”列表框中的“体积雾”选项，打开“体积雾参数”卷展栏，如图 2-180 所示。

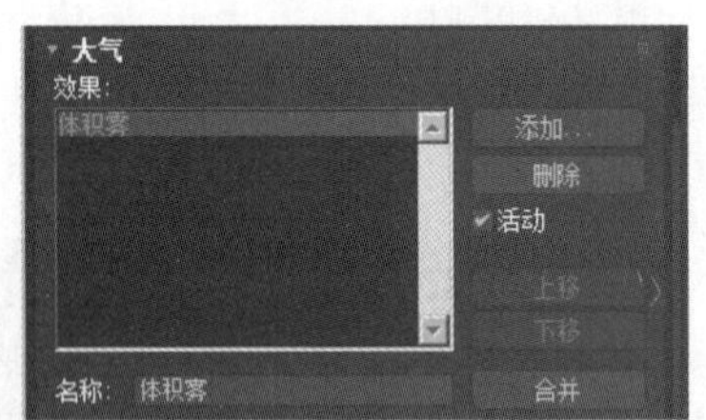


图 2-179　添加“体积雾”

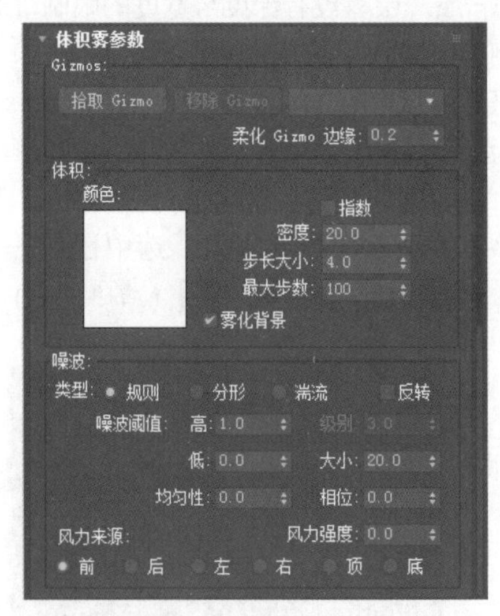


图 2-180　“体积雾参数”卷展栏

“体积雾”的参数含义解释如下。

1)“体积”选项组。用于控制体积雾的基本通用参数。

颜色：用于设置体积雾的颜色，默认为白色，单击颜色框弹出自定义颜色面板，可以任意选择颜色。

密度：用于控制体积雾的密度，取值范围为 0 ～ 20（超过该范围可能会看不到场景）。其数值越高，体积雾的密度越大，透明度也就越低。如图 2-181 所示为不同“密度”数值的效果比较。

a)

b)

图 2-181　不同“密度”的体积雾效果比较
a)“密度”为 3　b)“密度”为 10

步长大小：用于控制体积雾粒子的大小程度，其数值越小，粒子越小。

最大步数：用于设定计算体积雾取样的次数，以减少计算时间。

指数：选中此复选框，将按照指数计算浓度随距离增大的增加值，否则以线性计算。

雾化背景：用于给背景贴图添加标准雾的效果。

2)“噪波”选项组。用于给体积雾添加噪波参数。如图 2-182 所示为原始场景和添加到雾中的噪波效果的比较。

a)

b)

图 2-182　原始场景和添加到雾中的噪波效果的比较
a) 原始场景　b) 添加到雾中的噪波效果

类型：提供了添加给体积雾的 3 种噪波，选中“反转”复选框后，将体积雾中的噪波效果区域颠倒过来。

噪波阈值：在这个选项下的“高”和“低”两个值可以限制噪波的影响，大小可以在 0 ～ 1 中选择。“均匀性”参数值用于调节雾的分散程度。

级别：用于控制体积雾的精细度，其值越大，雾就越精细，运算也就越慢。

大小：用于控制体积雾的雾块大小程度，其值越大，雾块越大。如图 2-183 所示为不同噪波“大小”数值的效果比较。

a)

b)

图 2-183　不同噪波“大小”数值的效果比较
a）“大小”为 5　b）“大小”为 1

相位：用于控制风的速度，如果设置了风力强度的数值，雾将按指定风向进行运动，如果没有设置，雾将在原位置翻转。

风力强度：用于控制雾沿风向移动的速度。

风力来源：用于设置风吹来的方向，控制体积雾的移动方向，共有 6 个正方向可选，分别是“前”“后”“左”“右”“顶”和“底”。

### 2. 体积雾效果

体积雾效果如图 2-184 所示，除了添加体积雾以外，还可以用灯光和摄影机来增强画面的整体效果。

图 2-184　体积雾效果

制作体积雾效果的具体操作方法如下。

首先打开网盘中的“example \ 第 1 章 3ds max 2018 基础知识 \Volume Fog.max”文件，然后执行菜单中的“渲染 | 环境”命令，在“效果”列表框中选中“体积雾”，则会出现它的参数面板。调整参数后，单击（渲染产品）按钮来观察体积雾效果的变化。

## 2.5.4　体积光

体积光是一种比较特殊的光线，它的作用类似于灯光和雾的结合效果，用它可以制作出各种光束、光斑、光芒等效果，而其他的灯光只能起照亮的作用。如图 2-185 所示为体积光效果。

图 2-185　体积光效果

与雾效果一样，体积光也可以在场景中加入雾效果。这种雾可以是均匀的，也可以是带有噪波的不规则雾。雾效果和体积光可以一起使用，也可以相互补充，相互叠加。但是体积光有其自身的特点：它不能像标准雾那样充满整个场景，又不能像层雾那样将整个场景分层或限制到某个体积中。而且当场景中没有指定的光源时，体积光不会被激活。所以要想使用体积光，首先必须创建一个灯光对象。

### 1. 体积光参数的设置

打开“环境和效果”对话框，在“大气”卷展栏中单击 添加 按钮，在弹出的对话框中选择“体积光”选项，单击“确定”按钮，这样，“体积光”就出现在“效果”列表框内。单击“效果”列表框中的“体积光”选项，会打开“体积光参数”卷展栏，如图 2-186 所示。

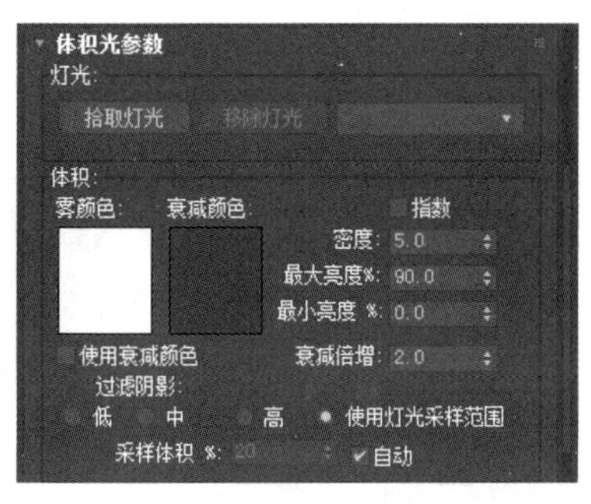

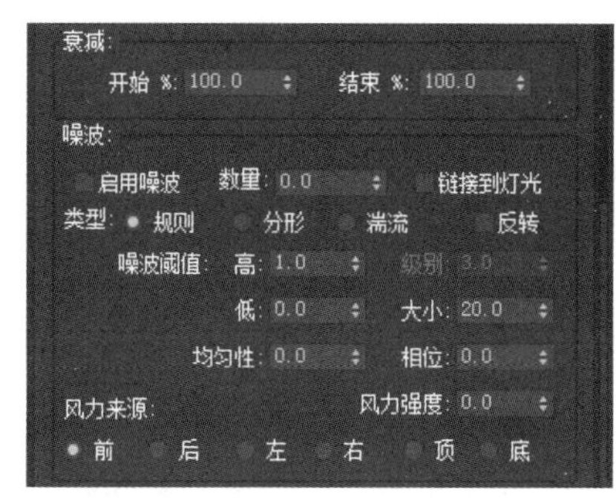


图 2-186 “体积光参数”卷展栏

1)“体积”选项组。通过这个选项组的参数调整体积光的颜色和浓度等。

雾颜色：控制形成体积光的雾的颜色，系统默认为白色。在颜色框上单击可以在弹出的自定义颜色面板中自定义颜色。

衰减颜色：控制灯光衰减区内雾的颜色，当选择“使用衰减颜色”复选框时有效。系统默认为蓝色，同样可以自定义颜色。当它与“雾颜色”联合使用时，体积光的颜色由它们共同决定。

密度：用于控制体积光的密度，也就是体积光的不透明度。数值越大，体积光越不透明，光线也就越亮。

指数：当它被选中时，光线密度的增加量以指数方式计算，否则以线性方式计算。

“最大亮度 %”和“最小亮度 %”：用于控制体积光的消散。“最大亮度 %”控制最大的光辉，“最小亮度 %”控制最小的光辉。如果“最小亮度 %”的数值大于 0，那么整个场景将产生光辉。“最大亮度 %”的最大值为 100，是密度参数允许的最大亮度。

衰减倍增：衰减倍增用于控制衰减颜色的影响程度。

过滤阴影：过滤阴影下有 4 个选项，“低”“中”和“高”3 个选项通过采样速度来获得更优秀的体积光效果，一般选择“使用灯光采样范围”选项即可。

2)“衰减”选项组。用于根据灯光的衰减区域设置体积光的衰减程度。

开始 %：设置体积光效果开始衰减的位置，如果需要制作光滑衰减的光晕，可以将它的数值定为 0。

结束 %：设置体积光效果结束衰减的位置。将它的数值设置小于 100，光晕效果开始减小，但亮度增大，得到更亮的发光效果。

3)“噪波”选项组。用于给体积光内部设置噪波效果。由于参数设置与体积雾相似，可以参考前面体积雾的噪波介绍，在此不再赘述。如图 2-187 所示为不同“噪波”数值的效果比较。

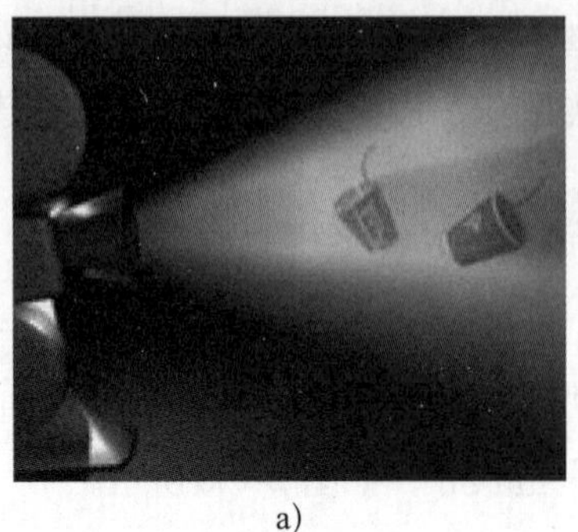
a)

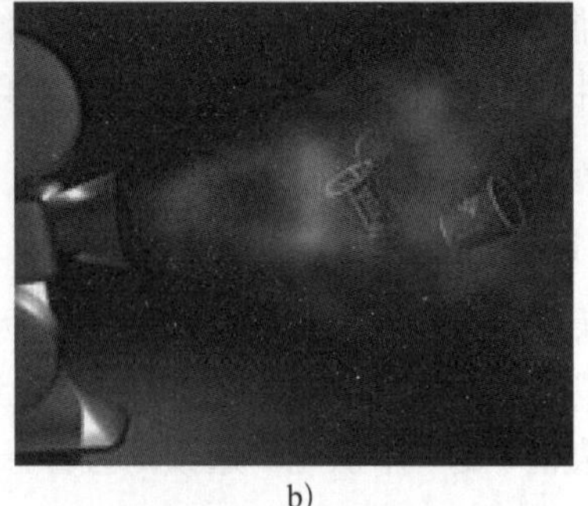
b)

图 2-187　不同“噪波”值的效果比较
a)“噪波”为 0　b)“噪波”为 3

### 2. 体积光的光柱效果

给聚光灯添加体积光制作的光柱效果如图 2-188 所示。

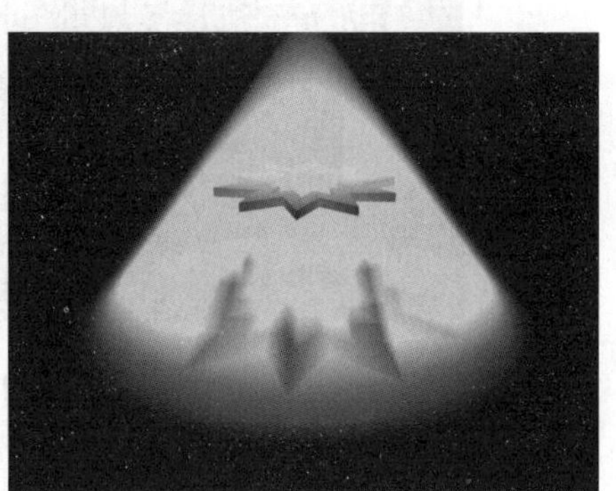
图 2-188　体积光的光柱效果

制作这个效果的具体操作方法如下。

首先打开网盘中的“example\第 1 章 3ds max 2018 基础知识\Volume Light.max”文件，然后执行菜单中的“渲染|环境”命令，在“效果”列表框中选中“体积光”，则会出现它的参数面板。接着可以调整参数，然后单击（渲染产品）按钮，观察体积光效果发生的变化。

## 2.5.5　火效果

火效果是非常出色的环境效果工具，利用它可以很方便地制作出火焰、燃烧、爆炸等动画场景。如图 2-189 所示为使用 3ds max 制作的火焰效果。

图 2-189　火焰效果

### 1. 大气装置

需要注意的是，要使用火焰效果，必须要结合环境辅助对象的大气装置才能使用。大气装置主要用于对大气环境的设置，决定大气的方向、位置、体积、形态等，自身没有实际意义，不能进行渲染。它们分为长方体、球体和圆柱体 3 种类型，以线框的方式在场景中显示。在（创建）命令面板上单击（辅助对象）按钮，然后在下拉列表框中选择 大气装置 选项，打开“大气装置”面板，如图 2-190 所示。它包含“长方体 Gizmo”“球体 Gizmo”和“圆柱体 Gizmo” 3 个按钮，利用它们创建的辅助对象如图 2-191 所示。

制作好大气装置后，返回到环境编辑器中，打开“火效果”的参数面板，单击 拾取 Gizmo 按钮，在视图中单击制作的大气装置，这样就可以将火效果指定给它，渲染后即可看到如图 2-192 所示的火焰效果。

图 2-190 “大气装置”面板

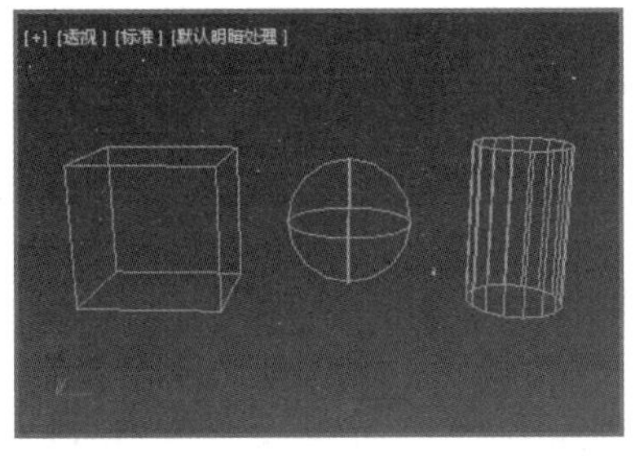


图 2-191 创建辅助对象

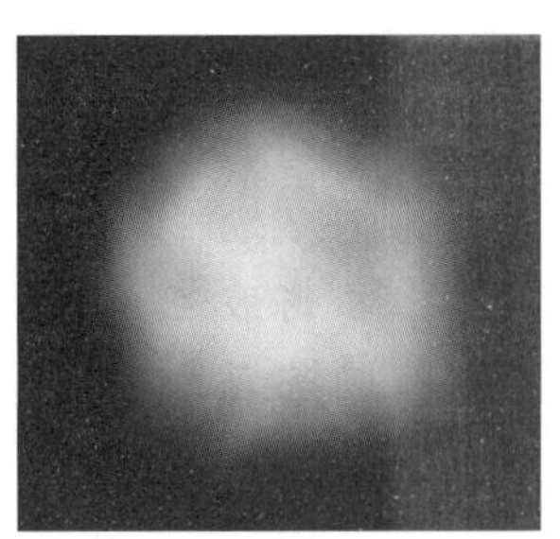

图 2-192 火效果

## 2. 火效果参数的设置

为了给场景添加火效果，可以打开“环境和效果”对话框，在“大气”卷展栏中单击 添加 按钮，在弹出的对话框中选择“火效果”，如图 2-193 所示，单击“确定”按钮。此时“火效果”就出现在“大气”卷展栏的“效果”列表框内，如图 2-194 所示。

“火效果参数”卷展栏在“环境和效果”对话框的下方，如图 2-195 所示。

图 2-193 选择“火效果”

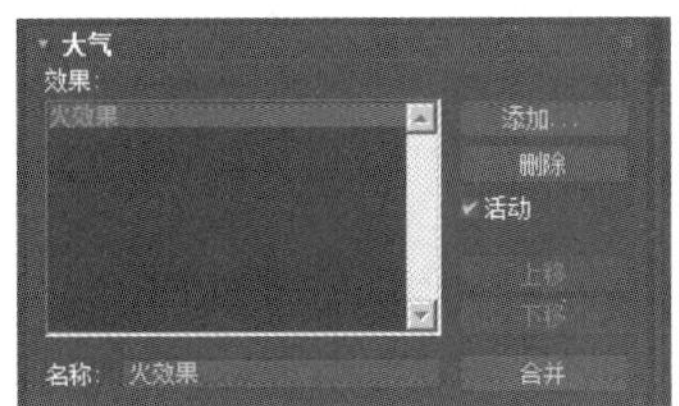


图 2-194 添加火效果

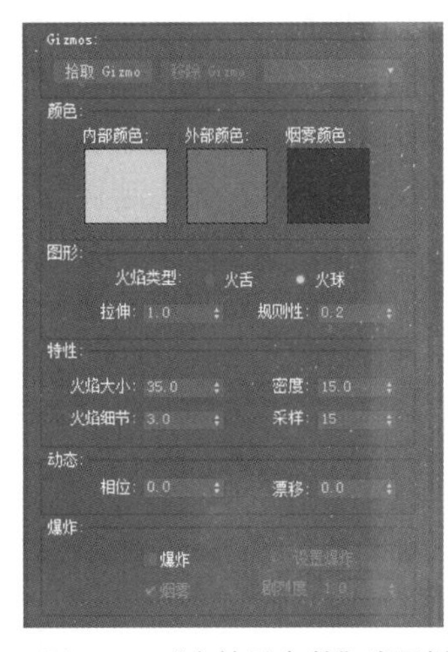


图 2-195 “火效果参数”卷展栏

下面介绍“火效果参数”卷展栏中各选项组的参数含义。

1)“Gizmo”选项组。该选项组用于选择大气装置线框。单击 拾取 Gizmo 按钮，可以选择某个场景中的大气线框，已经选中的线框出现在右侧的下拉列表框中，可以同时选中多个线框。选中某个线框，单击 移除 Gizmo 按钮可以将其从列表中删除。

2)“颜色”选项组。主要用于设置火焰的颜色，分为“内部颜色”“外部颜色”和“烟雾颜色”。在设置燃烧效果时，“内部颜色”默认为黄色，“外部颜色”默认为红色，“烟雾颜色”默认为黑色，单击这 3 个颜色框可以在弹出的自定义颜色面板中自定义新颜色。内焰和外焰的颜色共同决定了火焰的颜色，如果将它们定为白色，可以表现雾的效果。烟雾颜色只有在设置爆炸效果时才起作用。

3)“图形”选项组。主要用于控制火焰的形状、拉伸和填充情况。

火焰类型：火焰类型分为“火舌”和“火球”两种。“火舌”为火苗的形状，一般用于表现篝火、火把、烛火及喷射火焰等火焰纹理。“火球”的形状为蓬松的圆球，一般用于表现爆炸、恒星等效果。

拉伸：用于设置火焰的伸展值，可以将火焰拉长。

规则性：控制火焰在大气线框中的饱满程度，数值越大则火焰越大。当数值为 1 时，整个线框范围都将被火焰填充。

4)“特性”选项组。用于设置燃烧效果的各项属性。

火焰大小：用于设置每一根火苗的大小，值越大，火苗越粗壮。

密度：用于设置火焰的透明度和光亮度。值越大，火焰的不透明度越大。

火焰细节：控制每一根火苗内焰和外焰之间的过渡程度，值越大，火苗越清晰，渲染速度也就越慢。

采样：用于计算采样的频率，值越大，结果越精确，渲染也就越慢，当火焰细节较低或火焰尺寸较小时可以适当增大。

5)“动态”选项组。主要设置动态的火焰效果。

相位：用于控制火焰变化的速度，通过它进行动画设置可以产生动态的火焰效果。它根据“爆炸”选项的开关而作用不同，当选中“爆炸”选项组中的“爆炸”复选框时，相位值控制火焰燃烧和爆炸的时间，它的数值为 0 ～ 300，可以表现一个完整的爆炸动画效果，但当数值大于 300 时，燃烧爆炸效果将失去作用。而当取消选中“爆炸”复选框时，相位值控制火焰的燃烧速度，值越大，燃烧越猛烈。

漂移：用于控制燃烧的火焰沿自身 Z 轴升腾的快慢。

6)“爆炸”选项组。用于设置动态的爆炸效果。打开该项，会根据“相位”值的变化自动产生爆炸动画。选中“烟雾”复选框，当相位值由 100 变化到 200 时，火焰的颜色会变为烟的颜色，直至相位的值达到 300 时，烟雾才会消失。

### 3. 火焰燃烧效果

如图 2-196 所示的是火焰燃烧效果。

图 2-196　火焰燃烧效果

它的大气装置是球形线框，打开网盘中的“example\ 第 1 章 3ds max 2018 基础知识 \fireball.max”文件，然后执行菜单中的“渲染 | 环境”命令。在“效果”列表框中选中“火效果”，则会出现它的参数面板。接着可以调整参数，最后单击 （渲染产品）按钮来观察火焰效果发生的变化。

### 2.5.6 课后练习

#### 1. 填空题

（1）在 3ds max 2018 中提供了_______、_______、_______和_______4 种环境工具，用来产生雾、烟云、燃烧及光晕等多种自然环境效果。

（2）制作火焰效果时可以调整火焰的 3 种颜色，它们分别为_______、_______和_______。

#### 2. 选择题

（1）制作火焰效果需要 Gizmo 物体，下面哪些属于 3ds max 2018 提供的 Gizmo 物体？（　）

A. 长方体 Gizmo　　B. 圆柱体 Gizmo　　C. 球体 Gizmo　　D. 三角锥 Gizmo

（2）制作体积雾效果时，通过调整哪个参数可以控制雾的浓度？（　）

A. 密度　　B. 步长大小　　C. 最大步数　　D. 指数

#### 3. 问答题

（1）简述如何更改背景的颜色和赋予背景贴图。

（2）简述如何制作物体爆炸时的火焰效果。

## 2.6 基础动画和轨迹视图

在 3ds max 2018 中，几乎所有元素都可以设置为动画。激活窗口下方的自动关键点按钮，只需要简单地移动或旋转对象，或者修改对象的部分参数，就可以非常轻松地生成连贯的动画。此外，3ds max 2018 的“轨迹视图”包括“曲线编辑器”和“摄影表”两种编辑模式，用以对动画轨迹和关键点进行设置和修改，完成手工设置无法完成的动画工作。执行“轨迹视图”窗口菜单中的“编辑器 | 曲线编辑器”命令或“编辑器 | 摄影表”命令，可以在这两种模式间进行切换。下面就来学习轨迹视图的使用方法。

单击工具栏上的 （曲线编辑器）按钮，即可进入“轨迹视图”窗口。“轨迹视图”窗口可分为 3 部分，分别是工具栏、项目窗口、编辑窗口，如图 2-197 所示。

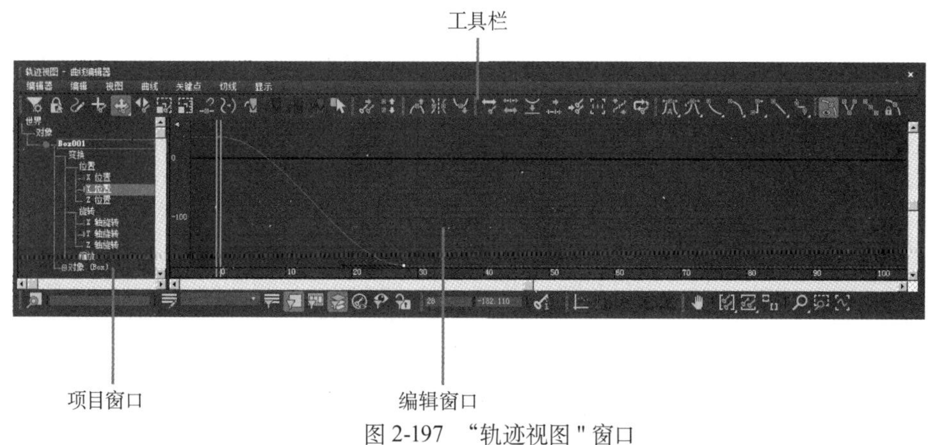


图 2-197　“轨迹视图 " 窗口

## 2.6.1 工具栏

工具栏位于“轨迹视图”窗口的最上部，用于进行各种轨迹形态控制。在不同模式下“轨迹视图”工具栏显示的按钮也不相同。图 2-198 为“曲线编辑器”模式下显示的工具栏，图 2-199 为“摄影表”模式下显示的工具栏。下面就以“曲线编辑器”模式下显示的工具栏讲解不同模式下工具栏中各按钮的功能。

图 2-198 “曲线编辑器”模式下显示的工具栏

图 2-199 “摄影表”模式下显示的工具栏

过滤器：用于确定在“轨迹视图”中显示哪些场景组件。左键单击可以打开“过滤器”对话框，如图 2-200 所示。而右键单击可以在上下文菜单中设置过滤器，如图 2-201 所示。

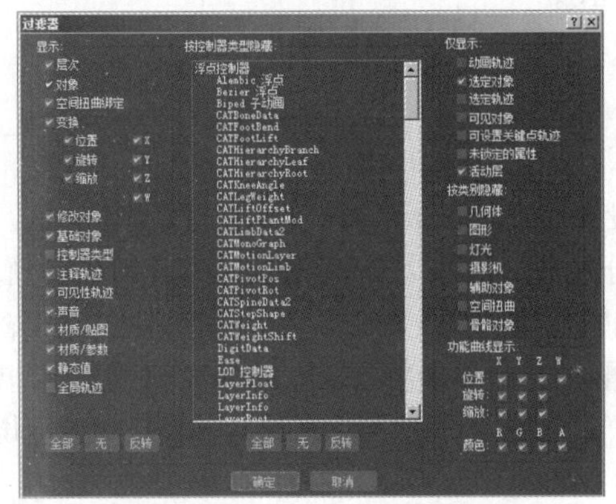


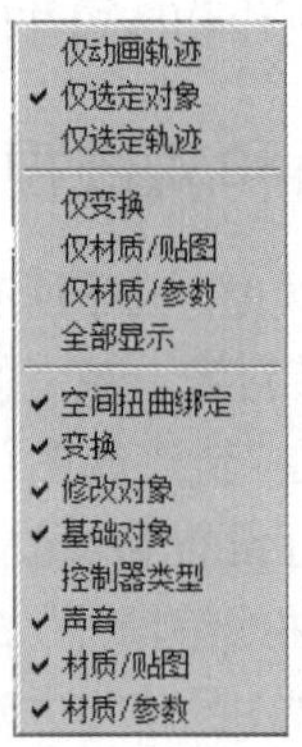


图 2-200 “过滤器”对话框

图 2-201 在上下文菜单中设置过滤器

锁定当前选择：激活该按钮，可以避免意外取消选择高亮显示的关键点，或选择其他的关键点。

绘制曲线：用于在编辑窗口中绘制需要的轨迹曲线。

添加 / 移除关键点：单击该按钮后，在编辑窗口中单击鼠标，可以在指定位置加入一个新的关键点。按住〈Shift〉键单击关键点可将关键点移除。

移动关键点：用于对关键点进行移动，其中包括（水平移动关键点）与（垂直移动关键点）两个按钮，配合〈Shift〉键可以在移动的同时复制新的关键点。

滑动关键点：选择关键点向左移动时，会将它左侧的所有关键点一起向左推动，相互之间的距离不变。当向右移动时，会将所选关键点右侧的所有关键点一同向右推动。

缩放关键点：以当前所在帧为中心点，将所有选择的关键点进行相互之间的距离缩放。

缩放值：按比例增加或减小关键点的值，而不是在时间上移动关键点。

捕捉缩放：用于将缩放原点线移动到第一个选定关键点。

简化曲线：用于使曲线存在较少的关键点。

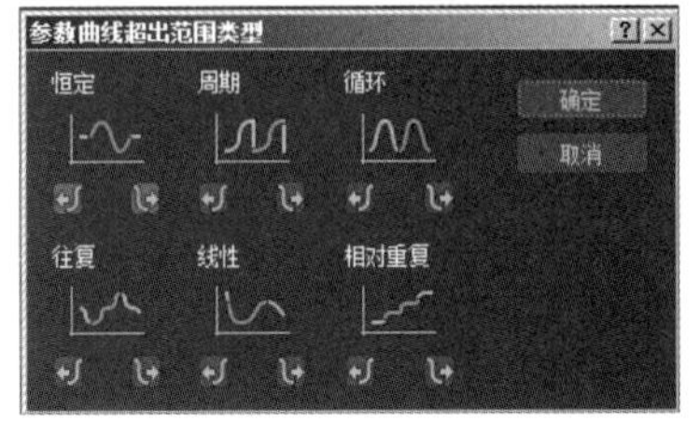


图 2-202 “参数曲线超出范围类型”对话框

参数曲线超出范围类型：单击该按钮，可以在弹出的图 2-202 所示的“参数曲线超出范围类型”对话框中指定动画对象在定义的关键点范围之外的行为方式。

区域关键点工具：使用该工具可以轻松移动和缩放“曲线编辑器”中的关键点组。

选择下一关键点：单击该按钮，可以选择下一个关键点。

增加关键点选择：单击该按钮，可以选择与一个选定关键点相邻的关键点。

放长切线：用于增长选定关键点的切线。当选定多个关键点时，按住〈Shift〉键仅增长内切线。

镜像切线：用于将选定关键点的切线镜像到相邻关键点。

缩短切线：用于减短选定关键点的切线。

轻移：单击该按钮，可以向右轻移关键点。按住〈Shift〉键单击该按钮，则可以向左轻移关键点。

展平到平均值：单击该按钮，可以确定选定关键点的平均值，然后将平均值指定给每个关键点。按住〈Shift〉键单击该按钮，可焊接所有选定关键点的平均值和时间。

展平：单击该按钮，可以将选定关键点展平到与所选内容中的第一个关键点相同的值。

缓入到下一关键点：单击该按钮，可以将关键点缓入到下一关键点。按住〈Shift〉键单击该按钮，可缓入到上一关键点。

拆分：单击该按钮，可以删除选定关键点，同时创建两个新的关键点。

均匀隔开关键点：单击该按钮，可以调整间距，使所有关键点按时间在第一个关键点和最后一个关键点之间均匀分布。

松弛关键点：单击该按钮，可以减缓第一个和最后一个选定关键点之间的关键点的值和切线。

循环：单击该按钮，可以将当前关键点的数值复制到当前动画的最后一帧。

将切线设置为自动：其中包含（将内切线设置为自动）和（将外切线设置为自动）两个扩展按钮，它们的控制柄的颜色为蓝色。

将切线切换为样条线：其中包含（将内切线设置为样条线）和（将外切线设置为样条线）两个扩展按钮，它们的控制柄的颜色为黑色。

将切线设置为快速：其中包含（将内切线设置为快速）和（将外切线设置为快速）两个扩展按钮。

将切线设置为慢速：其中包含（将内切线设置为慢速）和（将外切线设置为慢速）两个扩展按钮。

将切线设置为阶梯式：其中包含（将内切线设置为阶梯式）和（将外切线设置为阶梯式）两个扩展按钮。

将切线设置为线性：其中包含（将内切线设置为线性）和（将外切线设置为线性）两个扩展按钮。

将切线设置为平滑：其中包含（将内切线设置为平滑）和（将外切线设置为平滑）

两个扩展按钮。

### 2.6.2 项目窗口

项目窗口在“轨迹视图”窗口的左半区，以层级树的方式显示出场景中所有的可编辑项目，它的用途不仅仅局限在指定对象以进行轨迹编辑，还能进行辅助导航和选择，并经常与渲染工具及视频后期处理配合使用。

#### 1. 世界

在整个层级树的根部，包括场景中所有的关键点设置，用于全局的快速编辑操作，如清除所有动画设置、对整个动画时间进行缩放操作等。

#### 2. 对象

对场景中所有物体的动画参数进行设置，包括几何体灯光摄影机辅助工具等，以及它们各自的建立参数、变动修改参数、材质参数、贴图参数及动画控制器参数等。对于不同类型的项目，它们左侧的标志符号也不相同。左侧加号正方形框代表其下层的物体，打开它可以显示被链接在其下的子物体。左侧加号圆形框代表其下层的参数项目。

### 2.6.3 编辑窗口

“轨迹视图”窗口的右半区为编辑窗口，用以显示出轨迹的动画关键点或轨迹曲线，并允许对动画设置和时间区段进行编辑操作。

### 2.6.4 课后练习

#### 1. 填空题

（1）3ds max 2018 的“轨迹视图”包括_______和_______两种编辑模式，用以对动画轨迹和关键点进行设置和修改，完成手工设置无法完成的动画工作。

（2）“轨迹视图”窗口可分为_______、_______和_______3 部分。

#### 2. 选择题

（1）在 3ds max 2018 中为了精简 IK 计算的动画结果、动力学计算结果等，通常需要减少关键点，请问单击轨迹视图工具栏中的哪个按钮可以精简关键点？（ ）

A. B. C. D.

（2）单击下列哪个按钮可以在轨迹视图中增加关键点？（ ）

A. B. C. D.

#### 3. 问答题

简述轨迹视图“曲线编辑器”模式下工具栏中各工具按钮的作用。

## 2.7 空间扭曲与粒子系统

通过 3ds max 2018 中的空间扭曲工具和粒子系统可以实现影视特技中壮观的爆炸、烟雾，以及数以万计的物体运动等，使原本场景逼真、角色动作复杂的三维动画更加精彩。

## 2.7.1　空间扭曲工具

空间扭曲是 3ds max 系统提供的一个外部插入工具，通过它可以影响视图中移动的对象以及对象周围的三维空间，最终影响对象在动画中的表现。

3ds max 2018 系统提供了多种空间变形工具，如涟漪、爆炸、波浪和重力等。

### 1. “力”空间扭曲

“力”空间扭曲面板如图 2-203 所示。它包括 9 种力，下面就来进行具体讲解。

(1) 重力

“重力”空间扭曲是一种使粒子系统产生重力效果的空间变形工具。

在 (空间扭曲) 命令面板的下拉列表框中选择 力 ，然后在弹出的命令面板中单击 重力 按钮，会弹出如图 2-204 所示的参数面板。

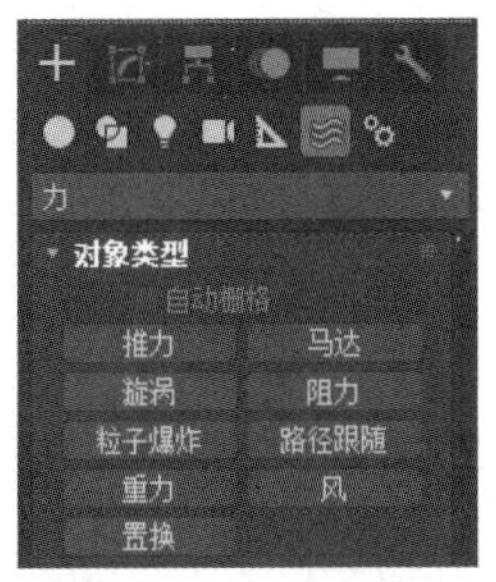

图 2-203 “力”面板

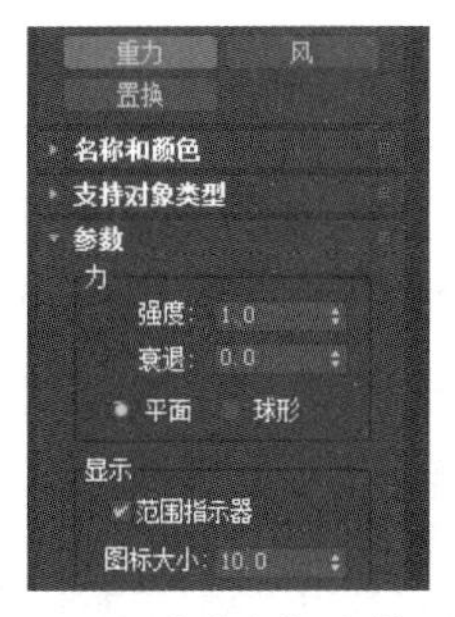

图 2-204 “重力”参数面板

“参数”卷展栏各项参数功能解释如下。

强度：用于定义重力的作用强度。

衰退：用于设置远离图标时的衰减速度。

平面：用于将重力场设置为平面场。

球形：用于将重力场设置为球面场。

图标大小：用于定义图标的大小。

(2) 风

“风”空间扭曲工具只影响粒子系统，使粒子产生风吹的效果。

在 (空间扭曲) 命令面板的下拉列表框中选择 力 ，然后在弹出的命令面板中单击 风 按钮，会弹出如图 2-205 所示的参数面板。

“参数”卷展栏中的“力”选项组可定义风力场参数，“风力”选项组可定义风力本身的特性尺寸。各项参数功能解释如下。

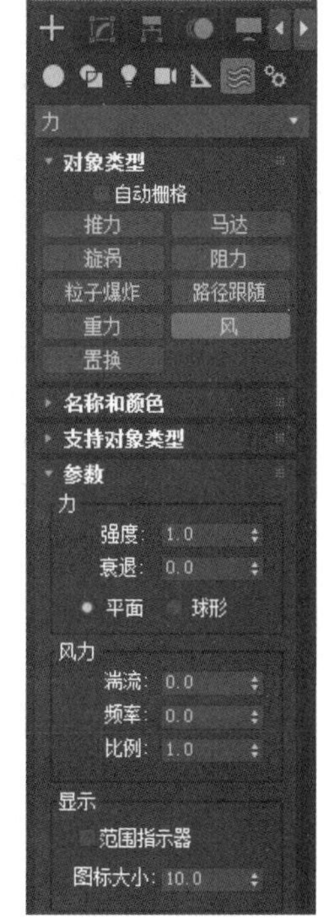

图 2-205 “风”参数面板

强度：用于定义风的强度。

衰退：用于定义风的衰减速度。

平面：用于将风力场设置为平面场。

球形：用于将风力场设置为球面场。

湍流：用于定义风的紊乱量。

频率：用于定义动画中风的频率。

比例：用于定义风对粒子的作用程度。

(3) 置换

“置换”空间扭曲工具用于修改造型或粒子系统的形状，使其产生起伏效果。

在（空间扭曲）命令面板的下拉列表框中选择 力 ，然后在弹出的命令面板中单击 置换 按钮，会弹出如图 2-206 所示的参数面板。

“参数”卷展栏中各项参数功能解释如下。

1)“置换”选项组。用于定义错位的各种属性,其中“亮度中心”用于增加最低错位的亮度。

2)“图像”选项组。用于选择图像作为错位影响，其中“模糊”参数用于定义图像的模糊程度，以便增加错位的真实感。

3)“贴图”选项组。用于定义所采用的贴图类型。

(4) 粒子爆炸

“粒子爆炸”空间扭曲工具能创建一种使粒子系统爆炸的冲击波，它有别于使几何体爆炸的爆炸空间扭曲。粒子爆炸尤其适合“粒子类型”设置为“对象碎片”的粒子阵列系统。该空间扭曲工具还会将冲击作为一种动力学效果加以应用。

在（空间扭曲）命令面板的下拉列表框中选择 力 ，然后在弹出的命令面板中单击 粒子系统 按钮，会弹出如图 2-207 所示的参数面板。

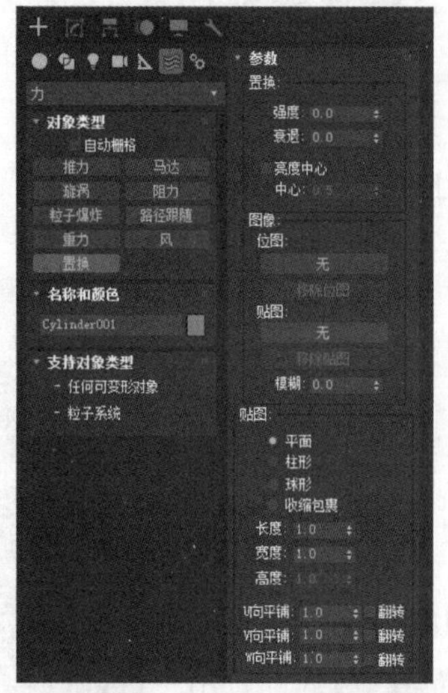


图 2-206 “置换”参数面板

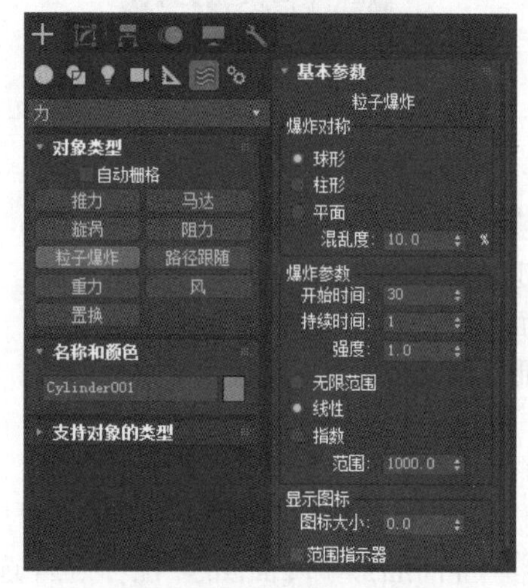


图 2-207 “粒子爆炸”参数面板

“基本参数”卷展栏中各项参数功能解释如下。

1)“爆炸对称”选项组。该选项组用于选择 3 种不同的爆炸对称类型:球形、柱形和平面。“混乱度”用于设置爆炸的混乱程度。

2)“爆炸参数”选项组。该选项组用于设置爆炸的参数。

开始时间：用于设置爆炸发生的时间帧数。

持续时间：用于定义爆炸持续的时间。

强度：设定爆炸的强度。

范围：用于确定爆炸的范围，从空间扭曲的图标中心开始计算。

无限范围：表明爆炸影响整个场景范围。

线性：表示爆炸力量以线性衰减。

指数：表示爆炸力量以指数衰减。

(5) 路径跟随

“路径跟随”空间扭曲工具可使粒子沿着某一条曲线路径运动，其参数面板如图 2-208 所示，部分参数功能解释如下。

1) “当前路径”选项组。该选项组用于选择作为样条曲线路径的物体。单击 拾取图形对象 按钮后可以在视图中指定某个对象作为路径。其中“范围”用于指定从路径到粒子的距离。默认情况下，“无限范围”项目为选中状态，此时“范围”无效。

2) “运动计时”选项组。该选项组用于设置运动的时间参数。

开始帧：用于确定粒子开始跟随路径运动的起始时间。

通过时间：用于确定粒子通过整个路径需要的时间帧数。

变化：每个粒子的通过时间所能变化的量。

上一帧：用于确定粒子不再跟随路径运动的时间。

3) “粒子运动”选项组。该选项组用于控制粒子沿路径运动的方式。

沿偏移样条线：表示粒子沿着与原样条曲线有一定偏移量的样条曲线运动。

沿平行样条线：表示所有粒子从初始位置沿着平行于路径的样条曲线运动。

恒定速度：表示粒子以相同的速度运动。

粒子流锥化：用于设置粒子在一段时间内从路径移开的幅度。其中，“会聚”用于移动所有的粒子靠近路径，“发散”则移动所有的粒子远离路径。

漩涡流动：用于设定粒子绕路径旋转的圈数，包括“顺时针”“逆时针”和“双向”3 个选项。

(6) 推力

“推力”空间扭曲工具可以沿图标从大柱体到小柱体的方向加速对象。在视图中创建一个“推力”空间扭曲，其参数面板如图 2-209 所示，部分参数功能解释如下。

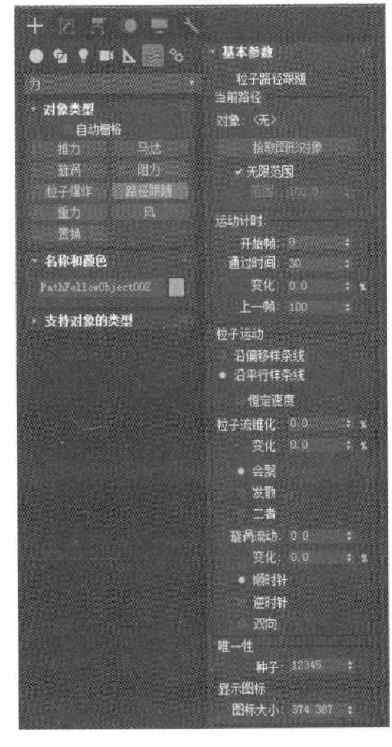

图 2-208 “路径跟随”参数面板

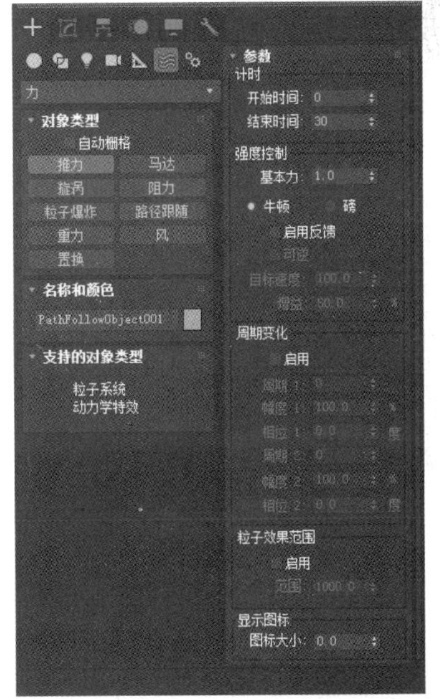

图 2-209 “推力”参数面板

1）“计时”选项组。该选项组用于设置运动的时间参数。其中，“开始时间 / 结束时间”用于设置推力开始应用或停止时对应的时间。

2）“强度控制”选项组。该选项组用于设置粒子沿路径运动的方式。

基本力：用于设置推力的强度，单位可以选择“牛顿”或者“磅”。

启用反馈：用于设置推力随着对象速度的改变而改变，默认情况下为关闭状态，推力保持恒定不变。

可逆：选中状态时，粒子速度达到目标速度时推力改变方向。

目标速度：用于设置推力所施加对象的速度。

增量：是指推力调整的快慢程度。

3）“周期变化”选项组。用于指定推力的周期变化，可以定义两个不同的周期变化参数集合。

（7）马达

“马达”空间扭曲工具的工作方式类似于推力，但前者对受影响的粒子或对象应用的是转矩而不是定向力。“马达”参数面板如图 2-210 所示。马达图标的位置和方向都会对围绕其旋转的粒子产生影响，如图 2-211 所示。

（8）漩涡

“漩涡”空间扭曲工具将力应用于粒子系统，使它们在急转的漩涡中旋转，然后让它们向下移动形成一个长而窄的喷流或者漩涡井。漩涡在创建黑洞、涡流、龙卷风和其他漏斗状对象时很有用。“漩涡”参数面板如图 2-212 所示。

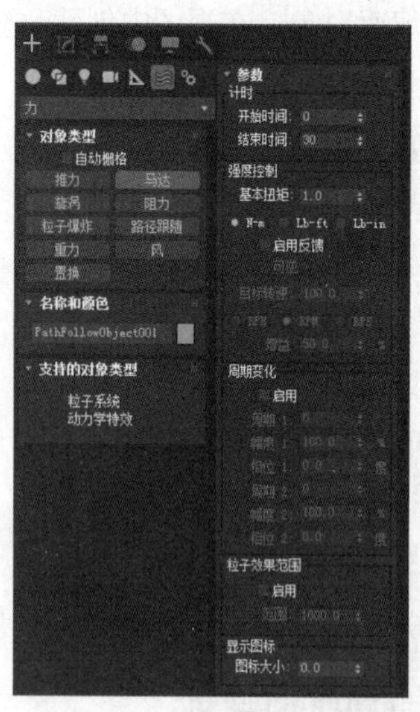

图 2-210 “马达”参数面板

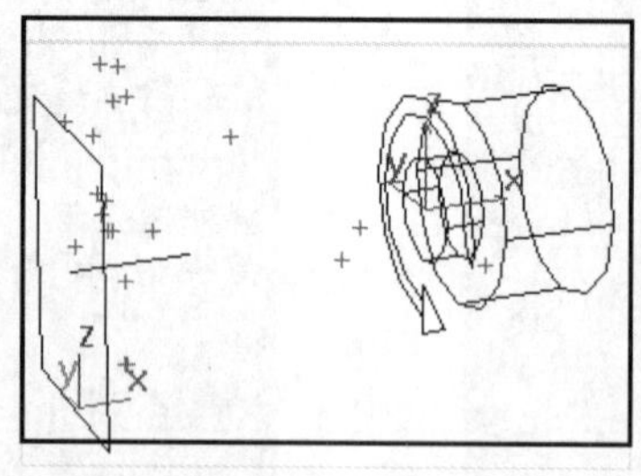

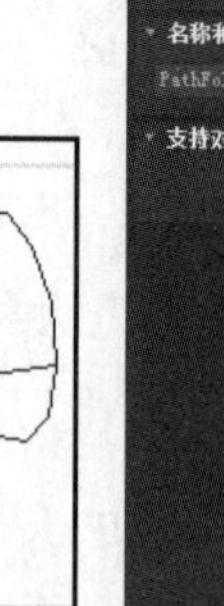

图 2-211 马达图标对粒子产生影响

图 2-212 “漩涡”参数面板

1）“计时”选项组。用于设置“漩涡”开始和结束的时间。

2）“漩涡外形”选项组。用于设置“漩涡”的锥化长度和锥化曲线。

锥化长度：控制漩涡的长度及其外形。较低的设置产生“较紧”的漩涡，而较高的设置产生“较松”的漩涡，默认设置为 100.0。

锥化曲线：控制漩涡的外形。低数值创建的漩涡口宽而大，而高数值创建的漩涡的边几乎呈垂直状。默认设置为 1.0，范围为 1.0 ～ 4.0。

3)“捕获和运动”选项组。该选项组包含“轴向下拉”“轨道速度”和“径向拉力”等基本设置，每个设置具有“范围”“衰减”和“阻尼”修改器。

无限范围：选中该复选框时，漩涡会在无限范围内施加全部阻尼强度。未选中该复选框时，“范围”和“衰减”设置生效。

① 轴向下拉：指定粒子沿下拉轴方向移动的速度。

范围：以系统单位数表示的距漩涡图标中心的距离，该距离内的轴向阻尼为全效阻尼。仅在关闭“无限范围”选项时生效。

衰减：指定在轴向范围外应用轴向阻尼的距离。轴向阻尼在距离为“范围”值所在处的强度最大，在轴向衰减界限处以线性速度降至最低，在超出的部分没有任何效果。仅在未选中“无限范围”复选框时生效。

阻尼：控制平行于下落轴的粒子运动每帧受抑制的程度。默认值为 5.0，范围为 0 ～ 100。要得到更细微的效果，应使用小于 10% 的数值。要得到更明显的效果，应试着使用在经过数帧后能增至 100% 的较高数值。

② 轨道速度：指定粒子旋转的速度。

范围：以系统单位数表示的距漩涡图标中心的距离，该距离内的轨道阻尼为全效阻尼。仅在未选中“无限范围”复选框时生效。

衰减：指定在轨道范围外应用轨道阻尼的距离。轨道阻尼在距离为“范围”值所在处的强度最大，在轨道衰减界限处以线性速度降至最低，在超出的部分没有任何效果。仅在未选中“无限范围”复选框时生效。

阻尼：控制轨道粒子运动每帧受抑制的程度。较小的数值产生的螺旋较宽，而较大的数值产生的螺旋较窄。默认值为 5.0，范围为 0 ～ 100。

③ 径向拉力：指定粒子旋转距下落轴的距离。

范围：以系统单位数表示的距漩涡图标中心的距离，该距离内的径向阻尼为全效阻尼。仅在未选中“无限范围”复选框时生效。

衰减：指定在径向范围外应用径向阻尼的距离。径向阻尼在距离为“范围”值所在处的强度最大，在径向衰减界限处以线性速度降至最低，在超出的部分没有任何效果。仅在未选中“无限范围”复选框时生效。

阻尼：控制径向拉力每帧受抑制的程度。默认值为 5.0，范围为 0 ～ 100。

顺时针 / 逆时针：决定粒子顺时针旋转还是逆时针旋转。

(9) 阻力

“阻力”空间扭曲工具是一种在指定范围内按照指定量来降低粒子速率的粒子运动阻尼器。应用阻尼的方式可以是线性、球形或者柱形。阻力在模拟风阻、致密介质（如水）中的移动、力场的影响及其他类似的情景时非常有用。“阻力”参数面板如图 2-213 所示。

1)“计时”选项组。用于设置“阻力”开始和结束的时间。

2)“阻尼特性”选项组。该选项组可以选择“线性阻尼”“球形阻尼”“柱形阻尼”及其各自的参数集。

无限范围：选中该复选框时，阻力会在无限范围内施加全部阻尼强度。未选中该复选框时，当前阻尼类型的“范围”和“衰减”设置才会生效。

① 线性阻尼：各个粒子的运动被分离到空间扭曲的局部 X、Y 和 Z 轴向量中。在其上对各个向量施加阻尼的区域是一个无限的平面，其厚度由相应的“范围”设置决定。

X 轴 /Y 轴 /Z 轴：指定受阻尼影响粒子沿局部“阻力”空间扭曲轴运动的百分比。

范围：设置垂直于指定轴的“范围平面”或者无限平面的厚度。仅在未选中“无限范围”复选框时生效。

衰减：指定在 X、Y 或 Z 范围外应用线性阻尼的距离。阻尼在距离为“范围”值所在处的强度最大，在距离为“衰减”值所在处以线性速度降至最低，在超出的部分没有任何效果。“衰减”效果仅在超出“范围”的部分生效，它是从图标的中心处开始测量的，并且其最小值总是和“范围”值相等。仅在未选中“无限范围”复选框时生效。

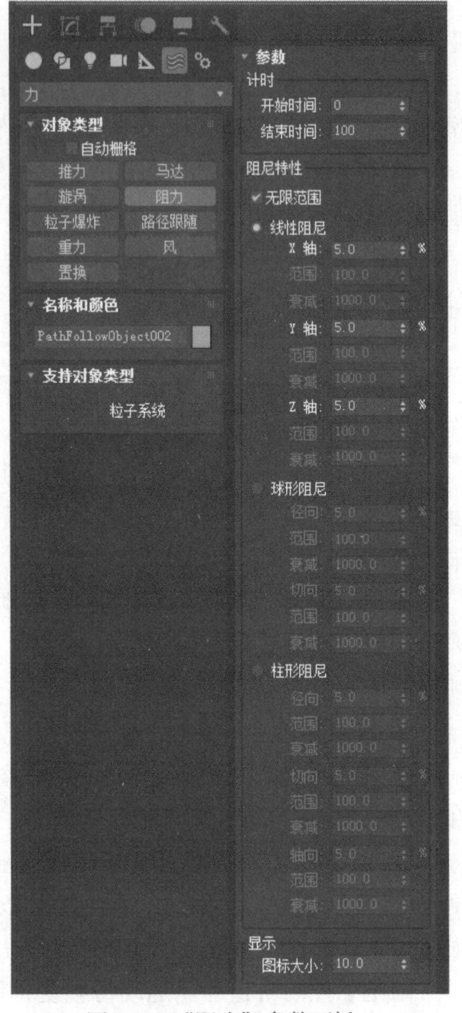


图 2-213 “阻力”参数面板

② 球形阻尼：当阻力作用于球形阻尼模式中时，其图标是一个球体内的球体。粒子运动被分解到径向和切向向量中。阻尼应用于球形体积内的各个向量，在未选中“无限范围”复选框时，该球形的半径由“范围”设置。

径向 / 切向：“径向”用来指定受阻尼影响粒子朝向或背离“阻力”图标中心运动的百分比，“切向”用来指定受阻尼影响粒子穿过阻力图标实体运动的百分比。

范围：以系统单位数指定距阻力图标中心的距离，该距离内的阻尼为全效阻尼。仅在未选中“无限范围”复选框时生效。

衰减：指定在“径向 / 切向范围”外应用线性阻尼的距离。阻尼在距离为“范围”值所在处的强度最大，在距离为“衰减”值所在处以线性速度降至最低，在超出的部分没有任何效果。“衰减”效果仅在超出“范围”的部分生效，它是从图标的中心处开始测量的，并且其最小值总是和“范围”值相等。仅在未选中“无限范围”复选框时生效。

③ 柱形阻尼：当阻力作用于柱形阻尼模式中时，其图标是一个圆柱体中的圆柱体。粒子运动被分解到径向、切向和轴向向量中。阻尼在球形体内应用于径向和切向向量，并以平面为基

准应用于轴向向量。

径向 / 切向 / 轴向 ：阻尼以每帧为基准，控制着受阻尼影响粒子朝向或背离图标圆形部分中心的（径向）运动、粒子穿过径向向量的（切向）运动或粒子沿着图标长轴长度的（轴向）的运动的百分比。

范围：以系统单位数指定距阻力图标中心的距离，该距离内的径向和轴向阻尼为全效阻尼，“范围”还可以指定控制轴向阻尼范围的无限平面的厚度。仅在未选中“无限范围”复选框时生效。

衰减 ：指定在“径向 / 切向 / 轴向范围”外应用线性阻尼的距离。阻尼在距离为“范围”值所在处的强度最大，在距离为“衰减”值所在处以线性速度降至最低，在超出的部分没有任何效果。“衰减”效果仅在超出“范围”的部分生效，它是从图标的中心处开始测量的，并且其最小值总是和“范围”值相等。仅在未选中“无限范围”复选框时生效。

### 2. “导向器”空间扭曲

空间扭曲的“导向器”子类只适用于粒子系统。这个子类中的空间扭曲工具包括“泛方向导向板”“泛方向导向球”“全泛方向导向”“全导向器”“导向球”和“导向板”，如图 2-214 所示。

### 3. “几何 / 可变形”空间扭曲

“几何 / 可变形”空间扭曲子类主要用于几何体的变形。该子类的空间扭曲工具包括“FFD（长方体）”“FFD（圆柱体）”“波浪”“涟漪”“置换”“一致”和“爆炸”，如图 2-215 所示。

图 2-214 “导向器”面板

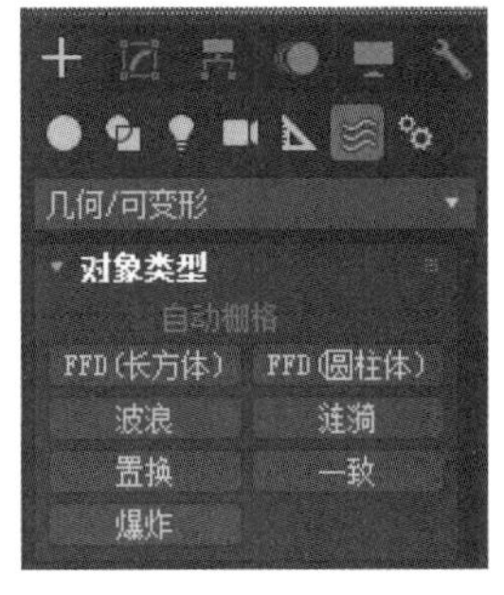


图 2-215 “几何 / 可变形”面板

### 4. “基于修改器”空间扭曲

“基于修改器”空间扭曲工具包括“弯曲”“噪波”等类别，这些空间扭曲的功能与相应的修改器是一样的。当需要将一个修改器同时作用于分散在场景中的多个物体时，就可以选择与之对应的空间扭曲，如图 2-216 所示。

### 5. “粒子和动力学”空间扭曲

“粒子和动力学”空间扭曲只有“向量场”一个空间扭曲工具，如图 2-217 所示。该空间扭曲用于在场景中创建一个具有方向和力度的场，可以模拟真实世界中的许多动力问题。其参数设置与其他空间扭曲基本相同。

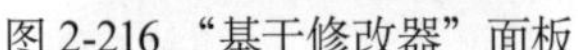

图 2-216 “基于修改器”面板　　图 2-217 “粒子和动力学”面板

## 2.7.2 粒子系统

3ds max 2018 内部拥有强大的粒子系统，功能众多，可以制作出数不胜数的粒子特效，是特技制作必不可少的工具。3ds max 2018 提供了 7 种粒子系统，它们分别是“粒子流源”、“喷射”、“雪”、“超级喷射”、“暴风雪”、“粒子阵列”和“粒子云”，如图 2-218 所示。学习本节，应掌握 3ds max 2018 提供的两种基本粒子：“喷射”和“雪”，重点掌握“超级喷射”和“粒子阵列”两种高级粒子。

### 1. 喷射

选择 （创建）下 （几何体）命令面板中的 粒子系统 选项，弹出粒子系统命令面板，单击命令面板中的 喷射 按钮，参数面板如图 2-219 所示。

图 2-218 “粒子系统”面板

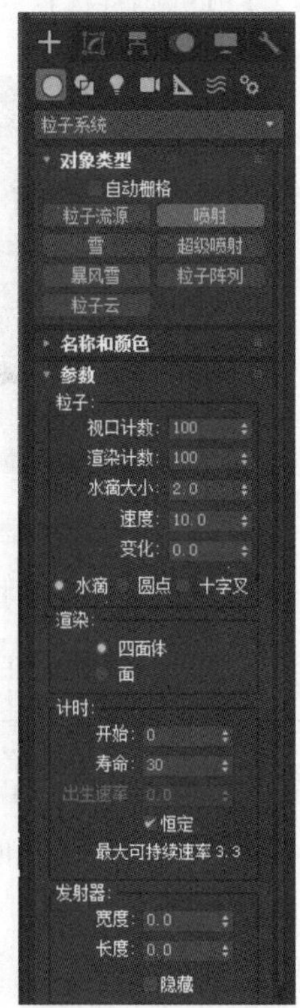


图 2-219 “喷射”参数面板

(1)“粒子”选项组

视口计数：用于设置视图中显示的粒子数。

渲染计数：用于设置渲染时的粒子数，此参数利用率较高，因为渲染品质是动画的关键。

水滴大小：用于设置粒子的尺寸大小。

速度：用于设置粒子运动速度，默认数值为 11，即 PAL 制 25 帧运动 110 个单位。

变化：用于控制粒子运动是否匀速。默认数值为 0，即粒子沿同一方向匀速运动，如图 2-220 所示。当该值增大时，粒子加速运动，而且偏离发射源的方向，如图 2-221 所示。

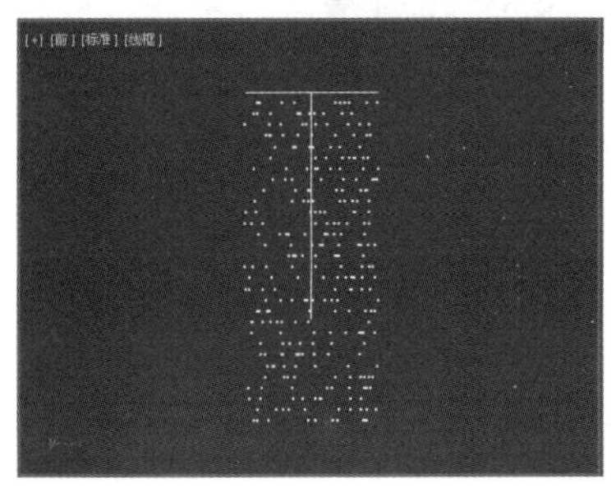

图 2-220 “变化”值为 0 的效果

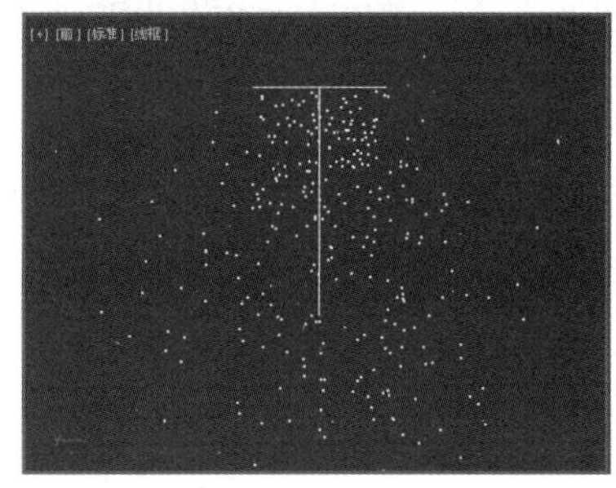

图 2-221　增大“变化”值的效果

水滴 / 圆点 / 十字叉：用于控制粒子在视图中的显示方式，并不影响渲染结果，如图 2-222 所示为比较结果。

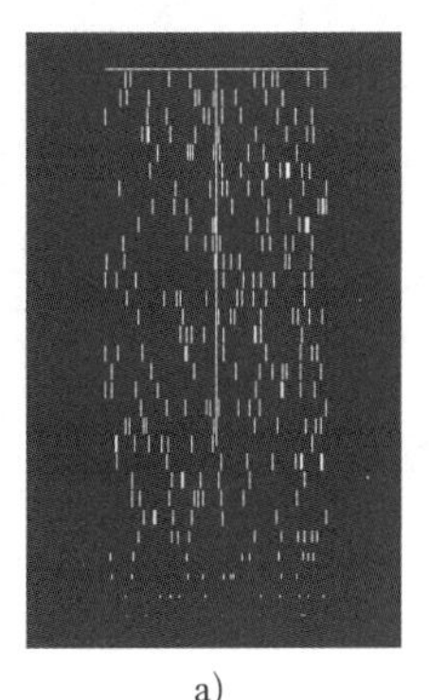

a)

b)

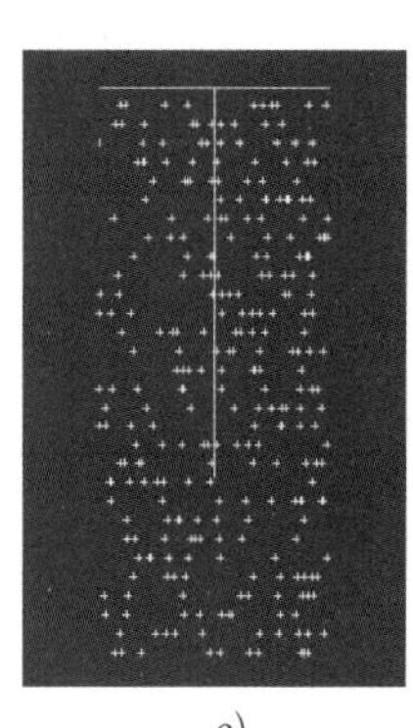

c)

图 2-222　在视图中不同显示方式的效果

a）水滴　b）圆点　c）十字叉

(2)“渲染”选项组

“渲染”选项组下有“四面体”和“面”两个选项，它们用于控制渲染时的粒子显示，如图 2-223 所示为比较结果。

(3)“计时”选项组

“计时”选项组下有“开始”“寿命”和“出生速率”3 个数值输入框和一个“恒定”复选框。其中，“开始”控制粒子发射时间。“寿命”控制每个粒子的存活时间。选中“恒定”复选框，表示持续发射粒子，如果取消选中“恒定”复选框，可用“出生速率”设定每帧创建粒子的最大数量。数值为 0，表示不发射粒子，而增加数值则发射粒子数目增多。

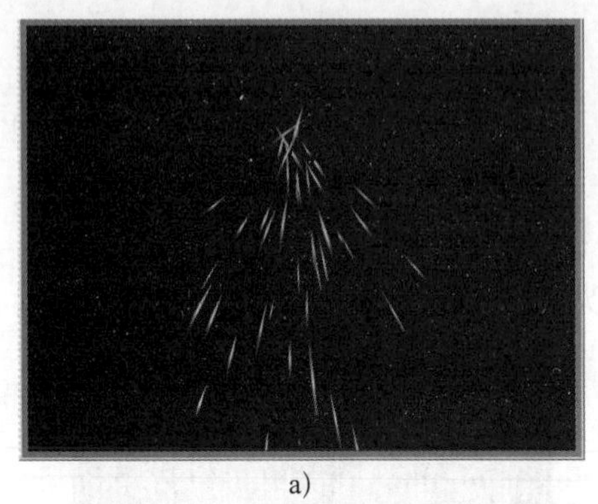
a)

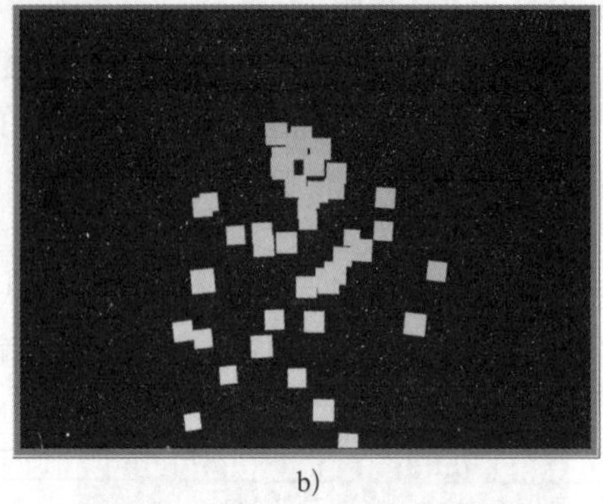
b)

图 2-223 不同“渲染”选项时的效果
a）四面体 b）面

（4）“发射器”选项组

“发射器”选项组下的“宽度”表示发射源的宽度，“长度”表示发射源的长度，“隐藏”表示是否隐藏发射源。它们只控制发射源在视图中的显示，而实际发射源不可渲染。

2. 雪

选择 +（创建）下 ●（几何体）命令面板中的 粒子系统 选项，弹出粒子系统命令面板，单击命令面板中的 雪 按钮，参数面板如图 2-224 所示。

确认发射器处于选取状态，进入（修改）命令面板，该卷展栏中各参数的作用如下。

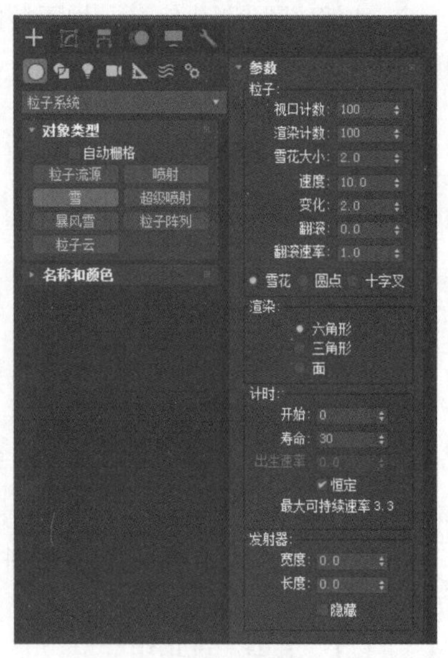

图 2-224 “雪”参数面板

（1）“粒子”选项组

视口计数：用于定义视图中可见的粒子数目。

渲染计数：用于定义渲染中某个时候可见的粒子数目。

雪花大小：用于定义雪花粒子的尺寸。

速度：用于定义雪花的飞舞速度。

变化：用于定义雪花飞舞的加速度。

翻滚：用于定义雪花飞舞的翻滚情况。

翻滚速率：当选择翻滚时定义翻滚速率。

雪花 / 圆点 / 十字叉：表示粒子的类型是雪花、点还是小十字。

（2）“渲染”选项组

“渲染”选项组可定义粒子系统渲染时使用的图形。

（3）“计时”选项组

开始：用于控制粒子发射的时间。

寿命：用于控制粒子的寿命。

出生速率：用于定义新粒子生成的速度。

恒定：用于定义粒子出生率是否为常数。

(4)“发射器”选项组

“发射器”选项组的参数与“喷射”粒子中的“发射器”选项组功能相同。

### 3. 超级喷射

选择 （创建）下 （几何体）命令面板中的 粒子系统 选项，弹出粒子系统命令面板，单击命令面板中的 超级喷射 按钮，参数面板如图 2-225 所示。

(1)“基本参数”卷展栏

该卷展栏包含了粒子系统的一些基本参数设置。

1)“粒子分布”选项组。该选项组用于设置粒子的格式。

轴偏离：用以设置粒子流在发射源坐标的 Y 轴方向上移动的速度。

平面偏离：用以设置粒子流沿发射源坐标的 Z 轴旋转的速度。

扩散：用以设置粒子流在发射源坐标 XZ 平面上的散布角度，其数值反映了粒子分散的随机性。

2)“显示图标”选项组。该选项组用以设置显示发射源图标的尺寸。

图标大小：表示发射源的大小，其数值不影响粒子系统的任何效果。

发射器隐藏：选中该复选框用以隐藏发射源。

3)“视口显示”选项组。该选项组用以设置粒子在视图中的显示方式。选择“圆点”单选按钮时，粒子将显示为一个单独的像素点；选择“十字叉”单选按钮时，粒子将显示为 5×5 个像素点构成的小十字形标记符；选择“网格”单选按钮时，粒子将显示为小网格对象；如果粒子为实例化对象，选择“边界框”单选按钮将实例化对象显示为约束框。该选项只有在粒子为场景中的几何对象时才有效，采用该显示方式可以减少视图的计算和刷新时间。

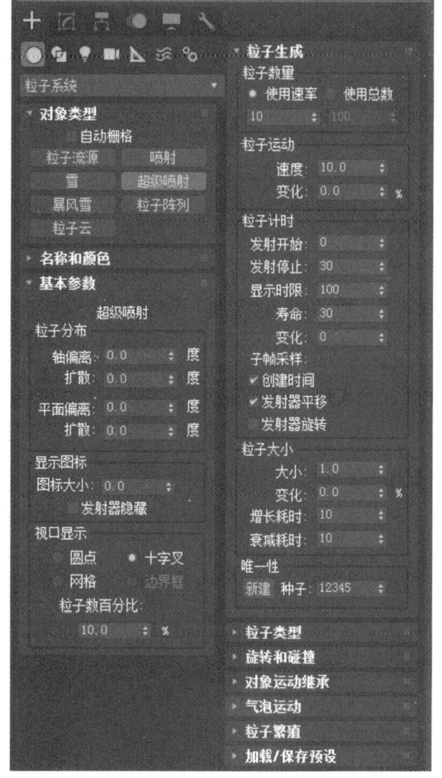


图 2-225 “超级喷射”面板

“粒子数百分比”数值框用于设置在视图中显示粒子的百分数。如果粒子非常多，可以将该值设置得比较小，使得视图的刷新时间较短。

(2)“粒子生成”卷展栏

该卷展栏用于设置粒子运动的参数。

1)“粒子数量”选项组。该选项组用以设置粒子的数量。“使用速率”用以设置每一帧产生的粒子系统，而“使用总数”用以设置从“发射开始”到“发射停止”之间所产生的粒子总数。

2)“粒子运动”选项组。该选项组用以控制粒子的运动速度及其随机变化。“速度”用于设置粒子的运动速度。“变化”用于设置粒子速度的随机变化量，如果该值为 0，则所有粒子匀速运动；如果该值不为 0，那么所设定的“变化”值（百分比）乘以速度值将是速度的变化量。该变化量越大，粒子运动的速度越随机化。

3）“粒子计时”选项组。该选项组用以控制粒子发射的起始和结束时间、粒子存在的时间、生命周期中的随机变化及整个粒子系统消失的时间。其参数含义与“喷射”和“雪”粒子系统的相应部分类似。

发射开始：用以设置发射源开始发射粒子的开始帧。

发射停止：用以设置发射源结束发射粒子的结束帧。

显示时限：是高级粒子系统的新特性，用以强行设置粒子消失的动画帧，所有粒子将在该动画帧以前消失。该参数值不受“发射停止”参数的影响，可以创建所有粒子突然消失或静止的效果。

寿命：用以设置粒子的生命周期。

变化：用以设置生命周期的随机变化量。

创建时间：用以设置发射源静止的同时保持粒子的每帧运动和产生。

发射器平移：用以设置发射源移动的同时保持粒子的每帧运动和产生。

发射器旋转：用以设置发射源旋转的同时保持粒子的每帧运动和产生。

4）“粒子大小”选项组。该选项组用以设置粒子的大小和变化，在描述粒子穿越时空并逐渐消失时很有用。

大小：用以设置粒子的大小。

变化：用以设置粒子大小的随机变化量。

增长耗时：用以设置粒子从最小状态到生长成最大尺寸所经历的时间帧数。

衰减耗时：用以设置粒子从最大尺寸缩小到最小状态所经历的时间帧数。

5）“唯一性”选项组。该选项组用以指定粒子状态的基数，单击新建按钮可以产生新的粒子数值。对于同样的设置，如果粒子数不一样，将会产生不同的渲染效果。

（3）“粒子类型”卷展栏

该卷展栏用以设置粒子类型，如图 2-226 所示，部分参数功能解释如下。

“粒子类型”卷展栏提供了 3 种粒子类型：“标准粒子”“变形球粒子”及“实例几何体”。每一种类型都会激活相应的参数选项组。

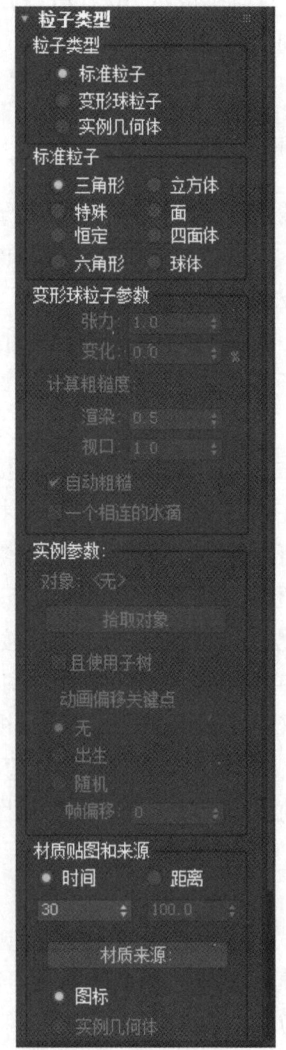

图 2-226 “粒子类型”卷展栏

1）“标准粒子”选项组。该选项组包括 8 种粒子，其中，“立方体”和“球体”是基本几何体，“三角形”“面”“恒定”“特殊”“六角形”和“四面体”粒子是从基本粒子延续而来的。各种标准粒子的渲染结果如图 2-227 所示。

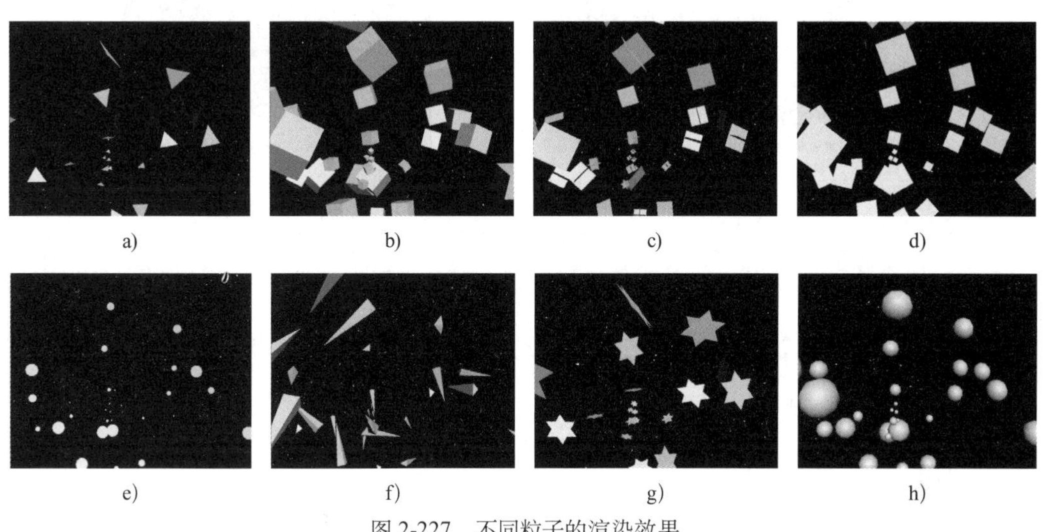

图 2-227　不同粒子的渲染效果

a）三角形　b) 立方体　c) 特殊　d) 面　e）恒定　f）四面体　g）六角形　h）球体

三角形：将所有的粒子渲染为三角面。

立方体：将所有的粒子渲染为立方体。

特殊：将所有的粒子渲染为正交的 3 个矩形面，该类型对使用贴图材质有效。

面：将所有的粒子渲染为总是面向摄影机镜头的矩形面。

恒定：将所有的粒子渲染为总是面向摄影机镜头的八角形。

四面体：将所有的粒子渲染为金字塔形。

六角形：将所有的粒子渲染为二维的六角星形。

球体：将所有的粒子渲染为球体。

2)“变形球粒子参数”选项组。当粒子类型设置为“变形球粒子”时，该选项组被激活，可以将粒子设定为变形球小球粒子，主要用来模仿流体效果。变形球是有特殊功能的球，彼此相互影响，相互施加压力，通过它可以模仿流体运动，比如模拟融化的金属沿着一条路径运动的效果。

张力：设置小球之间的表面张力。当张力值在 0 ～ 1 时，粒子只要相互靠近，将相互粘连在一起。当张力值大于 1 时，粒子比较坚硬，难以融合在一起。

变化：用以设置“张力”的随机变化量。

计算粗糙度：设置粒子在视图和渲染效果中的粒子粗糙度。该值越低，粒子的细节部分越光滑；该值越高，细节就显得越粗糙。

默认情况下，“自动粗糙”复选框处于选中状态，则表明渲染粗糙度是视图粗糙度的一半。未选中该复选框，可以对渲染粗糙度和视图粗糙度的值分别设定。如图 2-228 所示为渲染粗糙度变化的渲染效果图。

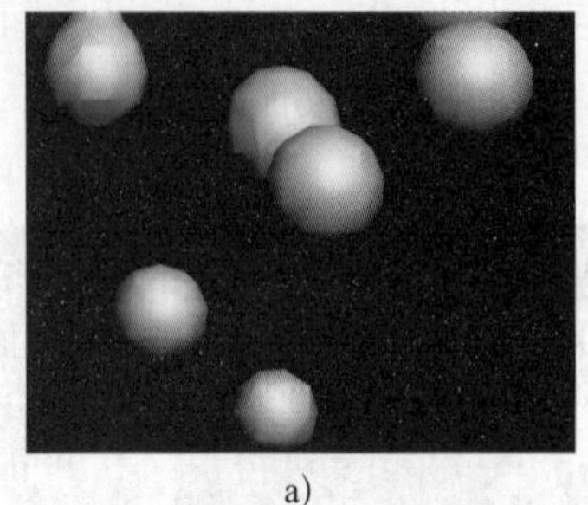

a)

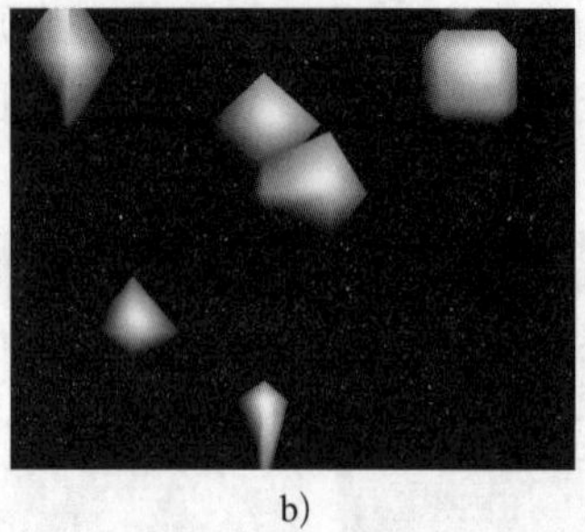

b)

图 2-228　不同“计算粗糙度”中“渲染”数值的效果比较

a）“渲染”为 4　b）“渲染”为 10

3）“实例参数”选项组。如果要将场景中某个对象实例作为粒子系统的粒子，可以在该选项组中设定相关参数。

拾取对象：单击该按钮可以将场景中的某个对象选中作为粒子。如果“且使用子树”复选框被选中，则所有相关的连接子对象也被选中。

动画偏移关键点：用以设置如何使用作为粒子的实例对象的动画。

无：表示不使用该实例对象的动画。

出生：表示将粒子产生的那一帧作为实例对象动画开始的第 1 帧。

(4)“旋转和碰撞”卷展栏

该卷展栏用于细化粒子的运动，如旋转、碰撞等，如图 2-229 所示，部分参数功能解释如下。

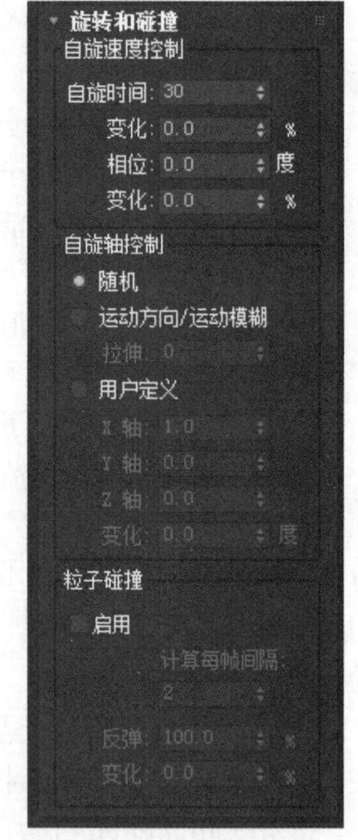


图 2-229　“旋转和碰撞”卷展栏

1）“自旋速度控制”选项组。该选项组用于确定粒子的旋转值和时间。

自旋时间：设置粒子旋转一周所经历的帧数。其下的“变化”是“自旋时间”的随机变化量。

相位：设置粒子旋转的起始相位。其下的“变化”是该值的随机变化量。

2）“自旋轴控制”选项组。该选项组用于指定旋转轴。

随机：默认设置，表示旋转轴为随机确定。

运动方向 / 运动模糊：设置每一个粒子以粒子运动的方向为旋转轴，“拉伸”设置粒子沿运动方向的伸长率。

用户定义：设置一个用户指定的方向作为所有粒子的旋转方向，该方向的 X、Y、Z 矢量值可以设定。

3）“粒子碰撞”选项组。该选项组用于设置爆炸或碰撞时的效果。

计算每帧间隔：用以设置每帧发生碰撞的次数。

反弹：用以设置弹性碰撞的程度，当该值为 100% 时表示完全弹性碰撞。

变化：用以设置碰撞强度的随机变化量。

提示：“旋转和碰撞”参数经常用在一些弹性粒子系统中，如模拟太空或深海中物体的无规律运动。如果参数设置得合适，可以非常形象地模拟这种环境下物体碰撞的效果。

(5)“对象运动继承”卷展栏

该卷展栏用以设置发射源的运动对粒子运动的影响程度，如图 2-230 所示。

影响：设置发射源对多少百分比的粒子运动产生影响，默认值为 100%，表示所有粒子都受到影响。当“影响”值小于 100% 时，有一部分粒子将不受到发射源运动的影响，它们将产生一个跟在发射源后面的粒子轨迹。

倍增：设置有多少百分比的发射源运动规律传递给受影响的粒子，默认值为 1，表示粒子继承了发射源的所有运动规律。

变化：表示影响的随机变化量。

(6)“气泡运动”卷展栏

该卷展栏用以对粒子运动时的摇摆加以控制，如创建水泡从水底向上升时的摇摆效果，可以设置振幅、振动周期、变量和相位等，实际上是两种正弦波运动的叠加。其参数面板如图 2-231 所示。

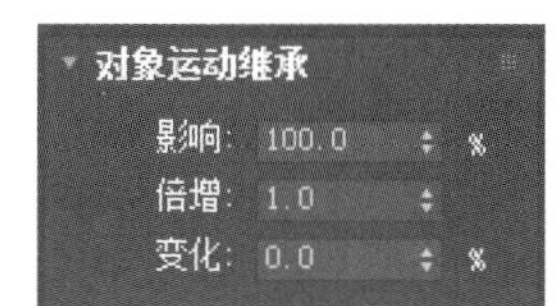

图 2-230 “对象运动继承”卷展栏

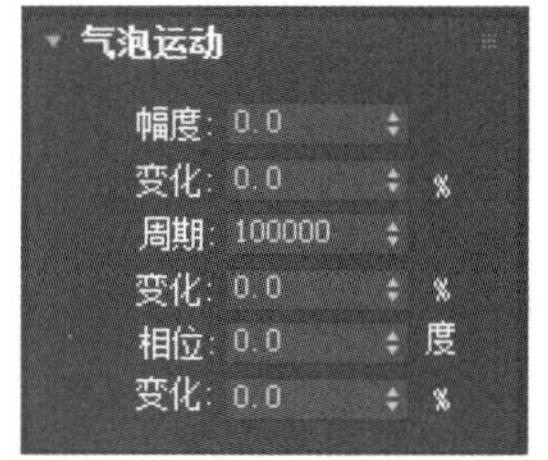

图 2-231“气泡运动”卷展栏

幅度：用以设置粒子摇摆的幅度，“变化”是该值的随机变化量。

周期：用以设置粒子摇摆运动的时间周期帧数，“变化”是该值的随机变化量。

相位：用以设置粒子摇摆开始的相位，范围从 -360 ～ 360，“变化”是该值的随机变化量。

(7)“粒子繁殖”卷展栏

该卷展栏是高级粒子系统中一个功能强大的参数面板，如图 2-232 所示。

1)“粒子繁殖效果”选项组。该选项组用以设置粒子繁殖的效果，各个参数含义如下。

无：该参数表示不产生新的粒子。

碰撞后消亡：该参数表示粒子在碰撞后不产生新的粒子。

繁殖数目：该参数用以设置粒子繁殖的数量。

影响：该参数用以设置新生粒子的百分比。

倍增：该参数用以设置新生粒子的倍数。

变化：该参数用以设置随机变化量。

2)“方向混乱”“速度混乱”和“缩放混乱”选

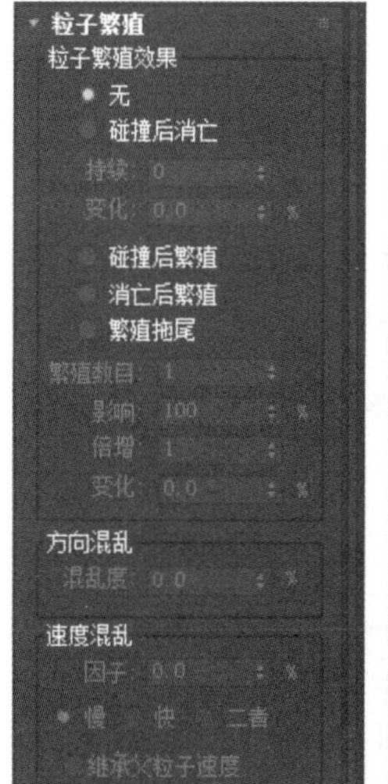


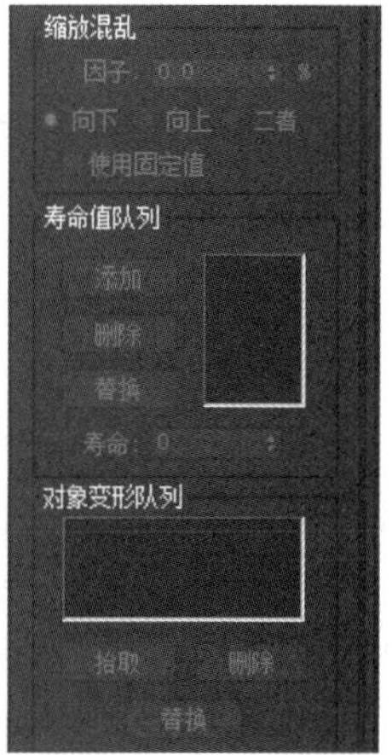

图 2-232 “粒子繁殖”卷展栏

项组。这 3 个选项组用来控制繁殖的粒子与原粒子的区别，各自的作用如下。

方向混乱：控制新粒子运动方向与原粒子的关系。“混乱度”的值为 0 时没有变化，为 100 时将产生随机方向，为 50 时新粒子偏离原粒子 90°。

速度混乱：控制新粒子的运动与原粒子的关系。选中“继承父粒子速度”复选框，表明新粒子的速度取决于父粒子。选中“使用固定值”复选框，可以设定新粒子的变化速度。

缩放混乱：控制新粒子的大小与原粒子的关系。

3)“寿命值队列”选项组。该选项组可以为每个事件指定不同的生命周期。

(8)“加载 / 保存预设”卷展栏

该卷展栏用于保存、提取或删除任意的粒子系统设置，其参数面板如图 2-233 所示。

图 2-233 “加载 / 保存预设”卷展栏

预设名：用于为当前的粒子系统设置名称。

保存预设：用于为显示存储的粒子系统设置名称。

加载 / 保存：用于载入和存储粒子系统的设置。

删除：该按钮可以删除选择的设置。保存的配置只在保存它的粒子系统类型中有效。

#### 4. 粒子阵列

“粒子阵列”与“暴风雪”一样，也可以选择自定义的物体作为粒子。可以利用粒子阵列轻松地创建出气泡、碎片或者熔岩等特效。

(1)“基本参数”卷展栏

“基本参数”卷展栏如图 2-234 所示。

1)“基于对象的发射器”选项组。单击 拾取对象 按钮，就能够在场景中任意选择物体作为粒子发射器。

2)“粒子分布”选项组。可设定发射器的粒子发射结构方式。结构方式指的是粒子物体从发射器上的什么部分发射出来，粒子阵列共有 5 种结构方式。

在整个曲面：选择该选项，系统会设定粒子物体的发射位置为物体表面。

沿可见边：选择该选项，系统会设定粒子物体的发射位置为物体的可见边缘。

在所有的顶点上：选择该选项，系统会设定粒子物体的发射位置为物体的顶点。

在特殊点上：选择该选项，系统会设定粒子物体的发射位置为物体的明显点。

在面的中心：选择该选项，系统会设定粒子物体的发射位置为物体的表面中心。

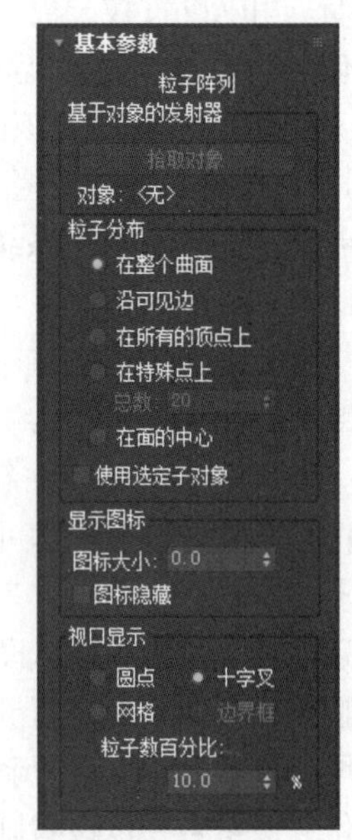


图 2-234 “基本参数”卷展栏

（2）“气泡运动”卷展栏

比起“暴风雪”参数，“粒子阵列”多了一个“气泡运动”卷展栏，如图 2-235 所示，在其中可设定粒子物体气泡运动的相关参数。所谓气泡运动，就是物体在运动过程中的一些振动。

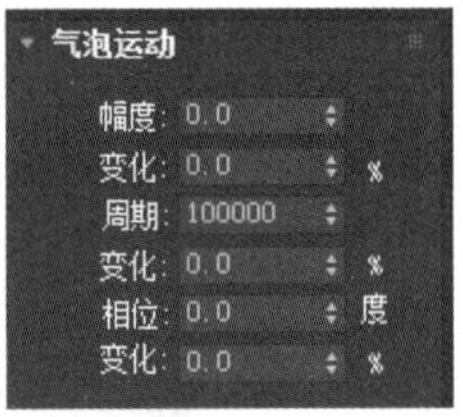

图 2-235 “气泡运动”卷展栏

幅度：可设定粒子物体行进左右摇晃的振幅，其下的“变化”是该值的随机变化量。

周期：可设定粒子物体振动的周期，其下的“变化”是该值的随机变化量。

相位：可设定粒子在初始状态下距喷射方向的位移，其下的“变化”是该值的随机变化量。

### 2.7.3 课后练习

#### 1. 填空题

（1）3ds max 2018 提供了 7 种粒子系统，它们分别是_______、_______、_______、_______、_______、_______和_______。

（2）“超级喷射”粒子类型包括_______、_______和_______3 种粒子类型。

#### 2. 选择题

（1）下列哪个属于“力”空间扭曲类型？（　）

A. 重力　　B. 风力　　C. 推力　　D. 粒子爆炸

（2）“喷射”粒子在视图中有两种显示方式，它们分别是什么？（　）

A. 四面体　　B. 面　　C. 球体　　D. 三角锥

#### 3. 问答题

（1）简述“重力”空间扭曲的使用方法。

（2）简述“超级喷射”粒子类型的使用方法。

## 2.8 动画控制器

3ds max 2018 之所以具有强大的动画设计能力，在很大程度上得力于动画控制器的功能。所谓动画控制器，顾名思义，是用来控制物体运动规律的功能模块，能够决定各项动画参数在动画各帧中的数值，以及在整个动画过程中这些参数的变化规律。本章将主要介绍各项动画控制器的功能及其使用方法。

### 2.8.1 指定变换控制器

在（运动）命令面板中，选择“变换：位置 / 旋转 / 缩放”选项，如图 2-236 所示。然后单击（指定控制器）按钮，即可弹出“指定变换控制器”对话框，如图 2-237 所示。它包括“AlembicXform”“CATGizmoTransform”“CATHDPivotTrans”“CATHIPivotTrans”“CATTransform Offset”“Ray To Surface Transform”“Rotational Spring 1 DOF Transform”“Rotational Spring 3 DOF Transform”“位置 / 旋转 / 缩放”“变换脚本”“外部参照控制器”“链接约束”和 12 种控制器。其中，前 8 种主要用于肢体动作，后 4 种控制器的参数解释如下。

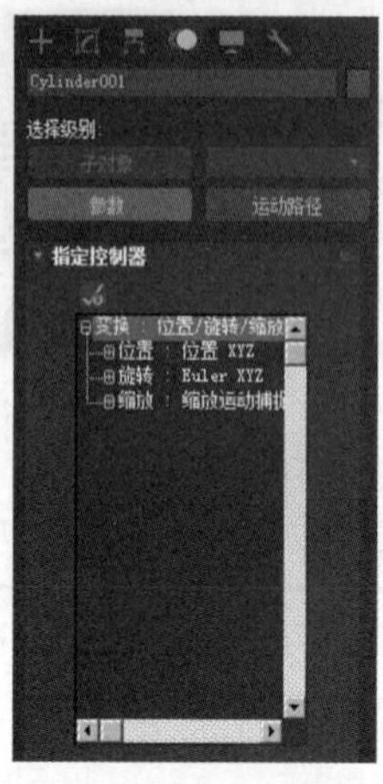

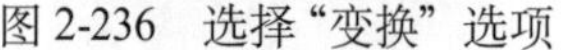
图 2-236 选择“变换”选项　　图 2-237 “指定变换控制器”对话框

- 位置/旋转/缩放：用于改变控制器对话框中的系统默认设置，该控制器使用非常普遍，是大多数物体默认使用的控制器，它将变换控制分为“位置”“旋转”和“缩放”3 个子控制项目，分别分配不同的控制器。
- 变换脚本：用脚本来设置变换控制器。
- 外部参照控制器：该控制器用于调用外部 3ds max 文件中相关对象的控制器来控制当前对象。
- 链接约束：用于对层次链中由一个物体向另一个物体链接转移的动画制作。分配作为链接对象的父物体后，可以对开始的时间进行控制。

## 2.8.2 指定位置控制器

在 （运动）命令面板中，选中“位置：位置 XYZ”选项，如图 2-238 所示，然后单击 （指定控制器）按钮，即可弹出“指定位置控制器”对话框，如图 2-239 所示。

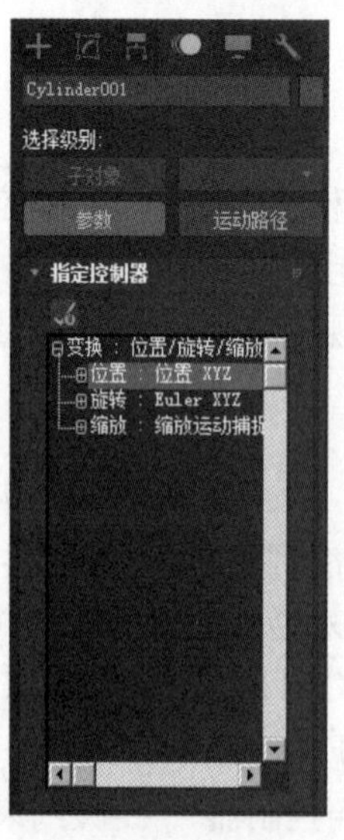


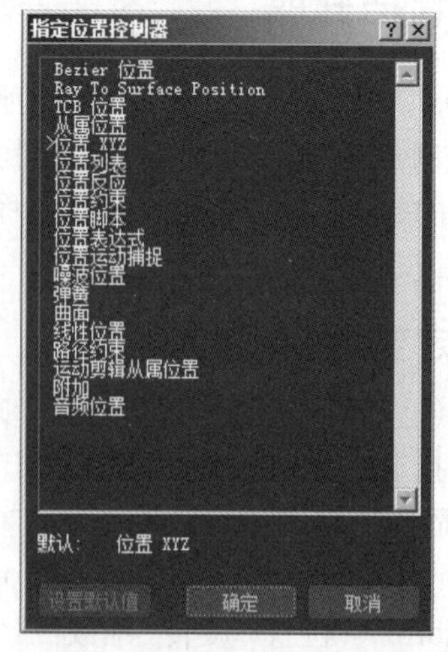


图 2-238 选择“位置：位置 XYZ”选项　　图 2-239 “指定位置控制器”对话框

指定位置控制器中包括 19 种控制器，这里主要介绍其中几种常用的位置控制器。

#### 1. Bezier 位置控制器

该控制器是 3ds max 2018 中使用最广泛的动画控制器之一，它在两个关键点之间使用一个可调的样条曲线来控制动作插值，对大多数参数均可用，所以它是位置控制器对话框中的默认设置。Bezier 位置控制器允许以函数曲线方式控制曲线的形态，从而影响运动效果，还可以通过 Bezier 位置控制器控制关键点两侧曲线衔接的圆滑程度。

#### 2. 位置列表控制器

位置列表控制器是一个组合其他控制器的合成控制器，能将其他种类的控制器组合在一起，按从上到下的排列顺序进行计算，产生组合的控制效果。

#### 3. 噪波位置控制器

噪波位置控制器用于对动画对象的位置产生一个随机值，使动画产生抖动。噪波位置控制器用途广泛，比如模拟风中落叶，可以为它的旋转控制项目加入噪波控制器，表现其上下翻腾的效果。噪波位置控制器也可以和其他控制器组合使用，比如模拟在不平坦路面上行进的坦克。

#### 4. 线性位置控制器

该控制器用于在两个关键点之间进行平衡的动画插补计算并得到标准的线性动画。这种控制器常用于一些规则的动画效果，如机器人关节动画。这是一种最为简单的动画控制器，它几乎没有任何参数，也没有任何其他的控制项目。

#### 5. 路径约束控制器

该控制器可以使动画对象沿一个样条曲线（路径）进行运动，其用途非常广泛，通常在需要物体沿路径轨迹运动且不发生变形时使用，否则还需要使用“路径变形”修改器或添加空间扭曲。

路径约束控制器经常用于沿特定轨道运动的动画对象，给这些动画对象创建运动路径并指定路径控制器，使之沿指定路径运动。

#### 6. 附加控制器

该控制器可以将一个物体的位置结合到另一个物体的表面，目标物体必须是一个网格物体，或者能够转化为网格物体的 NURBS 物体和面片物体。通过在不同关键点指定不同的附属物控制器，可以制作出一个物体在另一物体表面移动的效果。如果目标物体表面是变化的，则它将发生相应的变化。

### 2.8.3 指定旋转控制器

在 （运动）命令面板中选择“旋转:Euler XYZ”选项，如图 2-240 所示，然后单击 （指定控制器）按钮，即可弹出“指定旋转控制器”对话框，如图 2-241 所示。

指定旋转控制器中包括 16 种控制器，这里主要介绍几种常用的旋转控制器。

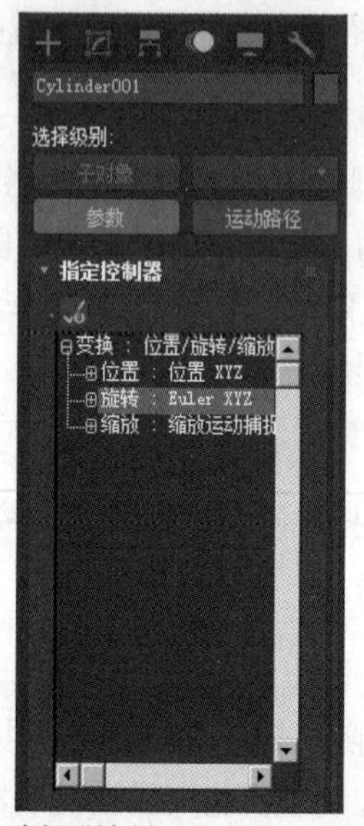


图 2-240　选择“旋转：Euler XYZ”选项

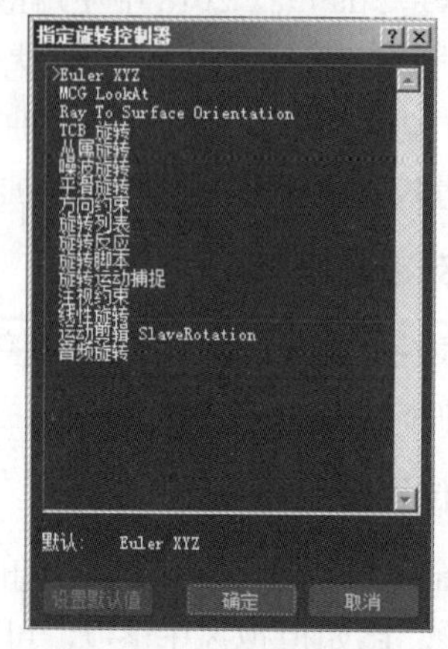


图 2-241　“指定旋转控制器”对话框

### 1. Euler XYZ 控制器

该控制器是一种合成控制器，通过它将旋转控制分离为 X、Y、Z 3 个项目，分别控制在 3 个轴向上的旋转，然后可以对每个轴向指定其他的动画控制器，如 Bezier 控制器、噪波控制器等，这样可以对旋转轨迹进行精细控制。

### 2. 注视约束控制器

一般使用注视约束控制器时，需要建立一个“虚拟物体”作为注视目标，使得动画对象在运动过程中一直“注视”该虚拟物体。然后设置虚拟物体的动画，用以实现动画对象的复杂运动。

## 2.8.4 指定缩放控制器

在 (运动) 命令面板中选择“缩放:Bezier 缩放”选项，如图 2-242 所示，然后单击 (指定控制器) 按钮，即可弹出“指定缩放控制器”对话框，如图 2-243 所示。

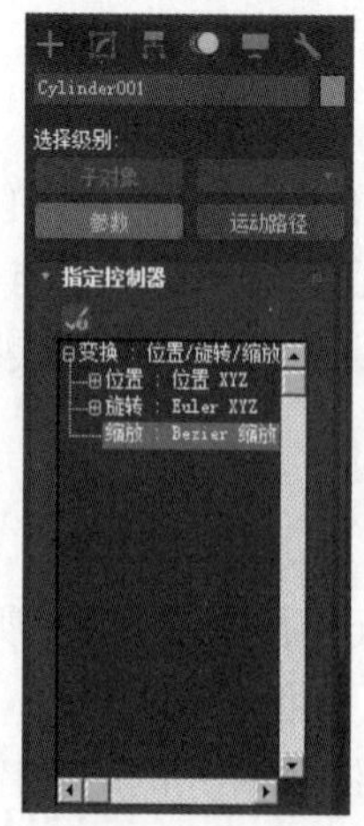


图 2-242　选择“缩放：Bezier 缩放”选项

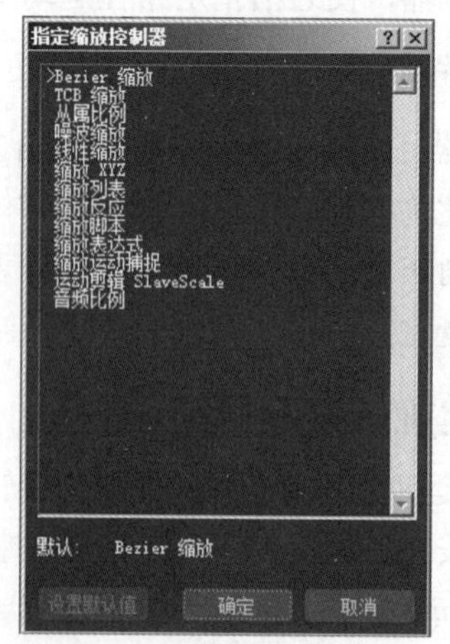


图 2-243　“指定缩放控制器”对话框

指定缩放控制器中包括 13 种控制器，这里主要介绍其中几种常用的缩放控制器。

#### 1. Bezier 缩放控制器

Bezier 缩放控制器允许通过函数曲线方式控制物体缩放曲线的形态，从而影响运动效果。在“指定缩放控制器”对话框中，Bezier 缩放控制器为默认设置。

#### 2. 缩放 XYZ 控制器

该控制器将缩放控制项目分离成 X、Y、Z 3 个独立的控制项目，可以单独为每一个控制项目指定控制器。

#### 3. 缩放列表控制器

缩放列表控制器不是一个具体的控制器，而是含有一个或多个控制器的组合。它能将其他种类的控制器组合在一起，按从上到下的排列顺序进行计算，产生组合的控制效果。

#### 4. 缩放表达式控制器

缩放表达式控制器是通过数学表达式来实现对动作的控制。可以控制物体的基本创建参数（如长度、半径等），可以控制对象的“缩放”运动。

#### 5. 缩放运动捕捉控制器

缩放运动捕捉控制器首次指定时要在轨迹视图或运动面板中完成，修改或调试动作时要在程序命令面板的 运动捕捉 程序中完成。指定缩放运动捕捉控制器后，原控制器将变为下一级控制器，同样发挥控制作用。

### 2.8.5 课后练习

#### 1. 填空题

（1）变换控制器中包括 3 种控制器，它们分别是_______、_______和_______。

（2）模拟风中落叶时，可以为它的旋转控制项目加入_______，表现其上下翻腾的效果。

#### 2. 选择题

（1）下列哪些属于旋转控制器的类型？（　）

A. 注视约束控制器　　B. Euler XYZ 控制器

C. 路径约束控制器　　D. 附加控制器

（2）下列哪些属于旋转控制器的类型？（　）

A. 缩放列表控制器　　B. 缩放表达式控制器

C. 线性位置控制器　　D. Euler XYZ 控制器

#### 3. 问答题

（1）简述指定注视约束控制器的方法。

（2）简述路径约束控制器的使用范围。

# 2.9 视频后期处理

对视频动画而言，当制作好三维动画后，需要进入后期制作以便做进一步的处理。也就是说，一段一段的动画需要被结合在一起，有时还需要加入一些特殊效果，如不同图像之间的过渡和各种动画标题等。系统中的视频后期处理提供了功能强大的图像合成处理功能。利用视频后期处理可以在场景中一次处理许多不同层次的图像和动画的设置。学习本节，读者要掌握视频后期处理的基本方法。

执行菜单中的“渲染 | 视频后期处理”命令，弹出“视频后期处理”窗口，如图 2-244 所示。

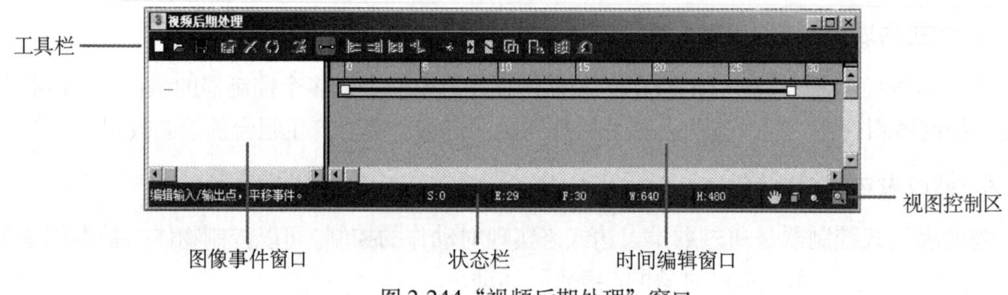


图 2-244 “视频后期处理”窗口

## 2.9.1 工具栏

工具栏中各按钮的功能解释如下。

（新建序列）：用于创建一个视频后期处理序列，同时删除现有的序列。

（打开序列）：用于打开一个事先存在的视频后期处理序列。

（保存序列）：用于将当前的视频后期处理序列存盘。

（编辑目前事件）：用于启动生成事件对话框，以便编辑当前所选的事件。

（删除目前事件）：用于删除序列中当前所选的事件。

（交换事件）：用于交换当前所选的两个或两个以上的事件。

（执行序列）：用于对视频后期处理序列中的事件进行渲染，从而生成一个合成的动画事件。

（编辑范围栏）：用于编辑视频后期处理序列中事件的活动范围。

（将选定项靠左对齐）：用于将当前所选事件从左边同一帧开始。

（将选定项靠右对齐）：用于将当前所选事件从右边同一帧开始。

（使选定项大小相同）：用于使当前所选事件等长，也就是具有相同的帧数。

（关于选定项）：用于使当前所选的两个事件在时间上具有前后连接的关系，也就是一个事件在另一事件结束时开始。

（添加场景事件）：用于从当前场景中选择并加入一个视频后期处理事件，也就是一个事件在另一事件结束时开始。

（添加图像输入事件）：用于为视频后期处理事件加入一个静态图像。主要用于静帧的合成，也可以为动画过程加上片头或片尾等静帧。

（添加图像过滤事件）：用于为当前所选事件加入一个特殊的图像过滤器，并合成一个视频后期处理事件。

（添加图像层事件）：用于将当前所选的两个或两个以上的事件合成到同一层同时处理，进而产生特殊的效果。

（添加图像输出事件）：用于在动画中加入图像输出事件。一般在合成工作的尾部使用，从而输出最终的视频合成动画。

（添加外部事件）：用于为当前事件调用外部程序事件，从而产生很好的动画效果。

（添加循环事件）：用于在当前事件中加入能产生循环事件的事件。

## 2.9.2 状态栏

状态栏如图 2-245 所示。其中，S 表示当前所选事件的起始帧号；E 表示当前所选事件的结束帧号；F 表示当前所选事件的总帧数；W 表示当前输出图像的宽度；H 表示当前输出图像的高度。

图 2-245　状态栏

这些参数可以在单击（执行序列）按钮后弹出的"执行视频后期处理"对话框中进行设置，如图 2-246 所示。

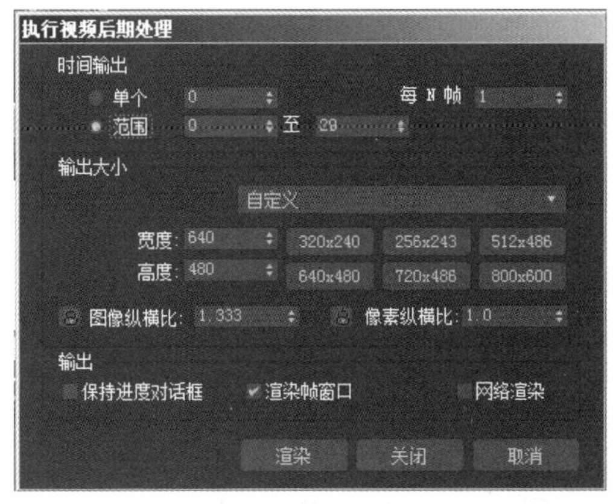

图 2-246 "执行视频后期处理"对话框

## 2.9.3 图像事件窗口

为了使用视频后期处理视频合成器，首先必须在队列中加入一定的图像事件，系统中可以加入的图像事件主要有 7 种，分别为：场景事件、图像输入事件、图像过滤事件、图像层事件、图像输出事件、外部事件和循环事件。

### 1. 场景事件

场景事件就是系统中的任意场景，如透视图、摄影机视图等立体场景。单击"视频后期处理"窗口工具栏中的（添加场景事件）按钮，弹出"添加场景事件"对话框，如图 2-247 所示。

利用"添加场景事件"对话框可以从系统当前场景中选择加入一个视频后期处理视频合成事件，并且可以设置"场景选项"参数、"场景范围"参数和"视频后期处理"参数等。

## 2. 图像输入事件

单击“视频后期处理”窗口工具栏中的（添加图像输入事件）按钮，弹出“添加图像输入事件”对话框，如图 2-248 所示。

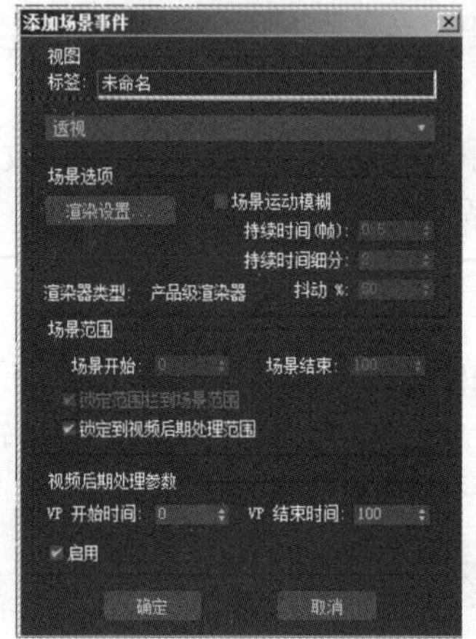


图 2-247 “添加场景事件”对话框

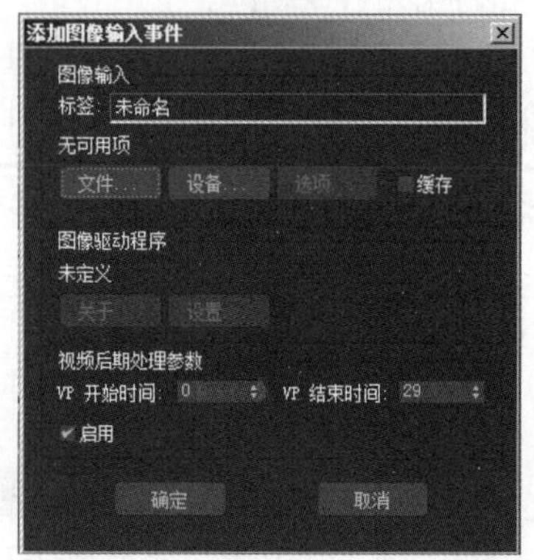


图 2-248 “添加图像输入事件”对话框

利用“添加图像输入事件”对话框可以为“视频后期处理”窗口中的队列加入一个静态图像或动画文件。

## 3. 图像过滤事件

单击“视频后期处理”窗口工具栏中的（添加图像过滤事件）按钮，弹出“添加图像过滤事件”对话框，如图 2-249 所示。

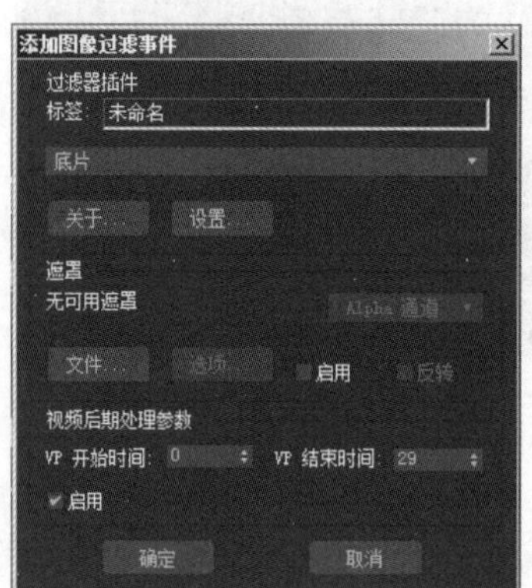


图 2-249 “添加图像过滤事件”对话框

利用“添加图像过滤事件”对话框可以为队列加入一个特殊图像过滤器作为“视频后期处理”事件，并且可以设置“视频后期处理”参数。

系统自带的 12 种图像过滤器如下。

“底片”过滤器：用于对当前图像进行反色处理，以便产生负胶片效果。

“对比度”过滤器：可以使用“对比度过滤器”调整图像的对比度和亮度。

“简单擦除”过滤器：擦拭变换显示或擦除前景图像。

“简单混合合成器”过滤器：用于按混合比例简单混合两个图像。

“镜头效果高光”过滤器：用于为对象添加镜头高光效果。

“镜头效果光斑”过滤器：用于为对象添加镜头光斑效果。

“镜头效果光晕”过滤器：用于根据对象的特性和材质的通道设置，为对象和材质加入不同的发光效果。

“镜头效果焦点”过滤器：用于为对象添加镜头焦点效果。

“衰减”过滤器：随时间淡入或淡出图像。淡入淡出的速率取决于淡入淡出过滤器时间范围的长度。

“图像 Alpha”过滤器：用于直接利用加入图像过滤器对话框“Mask”窗口中选取的掩膜文件作为图像通道的一个部分。

“伪 Alpha”过滤器：根据图像的第一个像素(位于左上角的像素)创建一个 Alpha 图像通道，所有与此像素颜色相同的像素都会变成透明。

“星空”过滤器：使用可选运动模糊生成具有真实感的星空。

### 4. 图像层事件

图像层事件用于以某种方式合并两个事件。

### 5. 图像输出事件

单击“视频后期处理”窗口工具栏中的（添加图像输出事件）按钮，弹出“添加图像输出事件”对话框，如图 2-250 所示。

利用“添加图像输出事件”对话框，可以渲染视频后期处理事件，并以各种格式将事件存盘。

### 6. 外部事件

单击“视频后期处理”窗口工具栏中的（添加外部事件）按钮，弹出“添加外部事件”对话框，如图 2-251 所示。

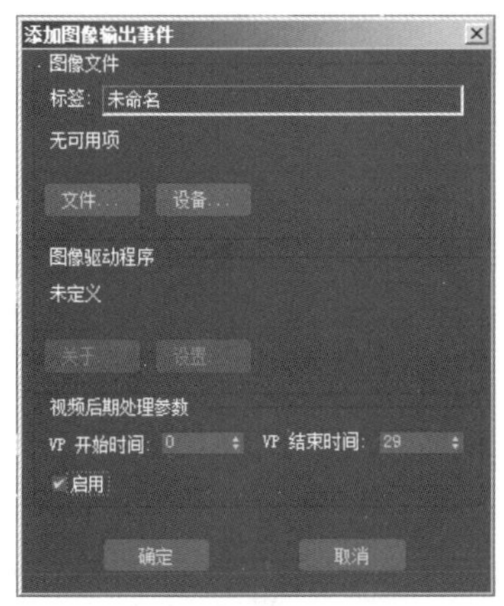


图 2-250 “添加图像输出事件”对话框

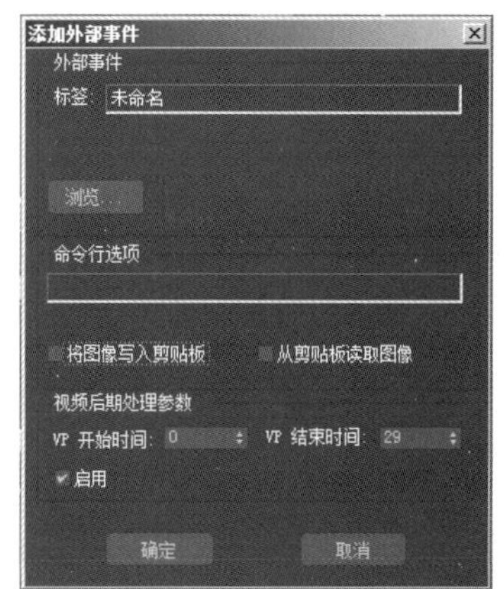


图 2-251 “添加外部事件”对话框

利用“添加外部事件”对话框可以在当前场景动画过程中再调用一个或多个外部程序事件，一起合成为一个新的动画事件。

### 7. 循环事件

单击“视频后期处理”窗口工具栏中的 （添加循环事件）按钮，弹出“添加循环事件”对话框，如图 2-252 所示。

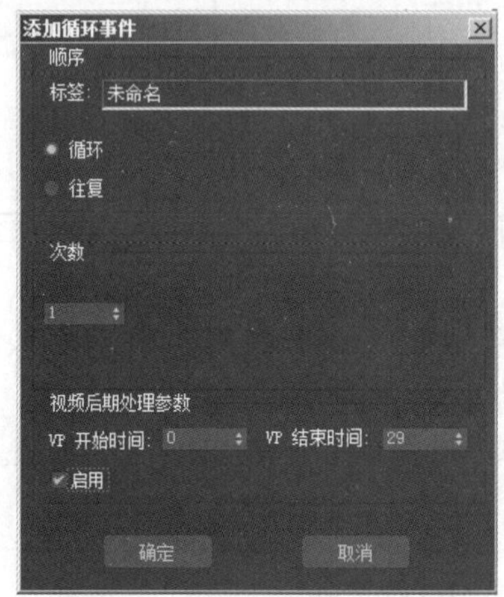


图 2-252 “添加循环事件”对话框

利用“添加循环事件”对话框可以强制当前所选事件进行某种循环。

视频后期处理视频合成器是创建计算机动画的重要工具，是动画之间及动画与外部设备之间联系的纽带。如果没有视频合成器来合成处理动画，那么创建好的计算机动画将变得毫无意义。

## 2.9.4 时间编辑窗口

“视频后期处理”对话框右侧区域为时间编辑窗口，窗口中深蓝色的范围线表示事件作用的时间段。当选中某个事件以后，编辑窗口中对应的范围线会变成红色。

选择多条范围线可以进行各种对齐操作。双击某个事件的范围线可以对它的参数控制面板进行参数设置。

范围线两端的方块标志了该事件的最初一帧和最后一帧，拖动两端的方块可以加长和缩短事件作用的时间范围，拖动两端方块之间的部分则可以整体移动范围线。当范围线超出了给定的动画帧数时，系统会自动添加一些附加帧。

## 2.9.5 视图控制工具

视图控制工具主要用于控制时间编辑视图的显示。

（平移）：可以将时间编辑视图上下左右移动，方便观察。

（最大化显示）：将队列中所有事件的编辑线条在时间编辑视图中最大化显示。

（缩放时间）：选择该工具后，可以在时间视图中左右移动鼠标指针来缩放时间。

（缩放区域）：选择该工具后，可以对动画轨迹进行缩放，对时间轨迹进行水平缩放，用鼠标上下拖动，来查看看不见的全局时间区域。

### 2.9.6　课后练习

#### 1. 填空题

（1）为了使用视频后期处理视频合成器，首先必须在队列中加入一定的图像事件，系统中可以加入的图像事件主要有 7 种，分别为________、________、________、________、________、________和________。

（2）在视频后期处理状态栏中，S 表示________；E 表示________；F 表示________；W 表示________；H 表示________。

#### 2. 选择题

（1）下列哪些属于可以添加的图像过滤事件？（　）

A. 淡入淡出　　B. 镜头效果光晕　　C. 图像 Alpha　　D. 底片

（2）单击下面哪个按钮，可以弹出“添加图像过滤事件”对话框？（　）

A.　　B.　　C.　　D.

#### 3. 问答题

（1）简述视频后期处理工具栏中各按钮的功能。

（2）简述各图像过滤事件的应用范围。

# 第 2 部分　基础实例演练

# 第 3 章　基础建模与修改器

## 本章重点：

学习本章，读者应掌握基础模型的创建及利用修改器对模型进行修改的方法。

## 3.1　桌椅组合

**要点：**

本例将制作一个桌椅组合场景，如图 3-1 所示。学习本例，读者应掌握“编辑样条线”修改器、（阵列）工具的使用和基本材质的设定方法。

图 3-1　桌椅组合

**操作步骤：**

### 1．制作椅子

1) 执行菜单中的“文件 | 重置”命令，重置场景。

2) 创建作为椅子腿的初始图形——矩形。方法：单击（创建）命令面板下（图形）中的 矩形 按钮，在前视图中建立一个二维矩形。然后进入（修改）命令面板，如图 3-2 所示设置参数。

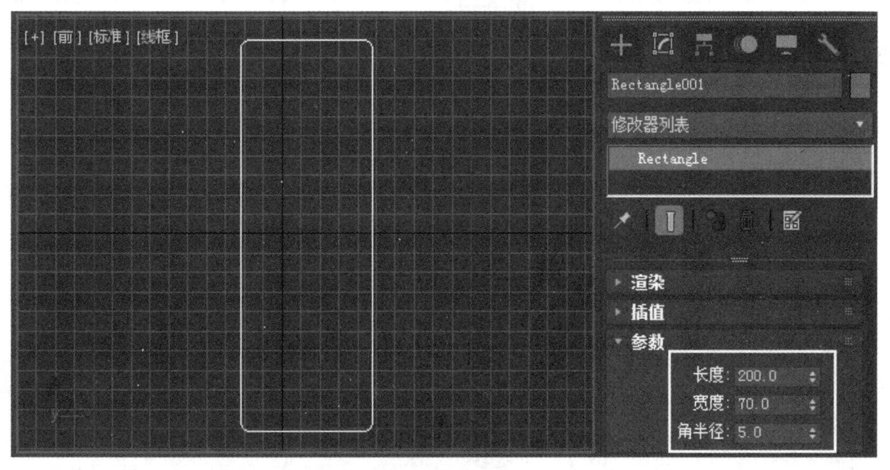


图 3-2　设置矩形参数

3) 制作椅子腿。方法：进入（修改）命令面板，执行“修改器列表”下拉列表中的“编辑样条线”命令。然后进入（顶点）级别，单击 优化 按钮，在前视图中的矩形上增加 4 个顶点，结果如图 3-3 所示。

提示：增加顶点前应单击（捕捉开关）按钮，使光标对齐视图中的栅格，然后在矩形上添加顶点。

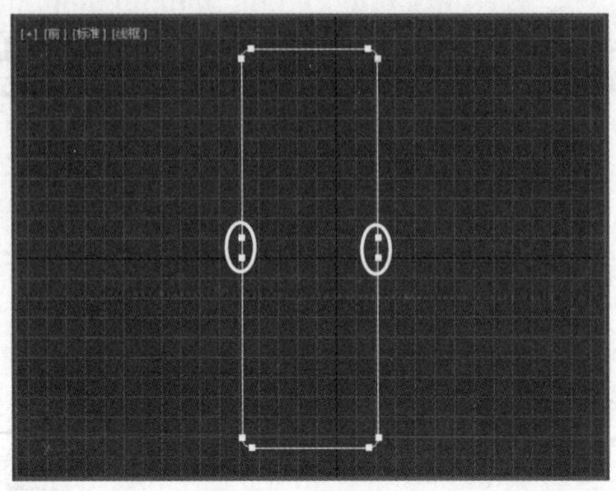


图 3-3　添加顶点

4）利用工具箱上的（选择并移动）工具，在前视图中框选如图 3-4 所示的 8 个顶点，然后右击，从弹出的快捷菜单中选择“角点”命令。接着关掉（捕捉开关）按钮，在左视图中如图 3-5 所示调整顶点的位置。

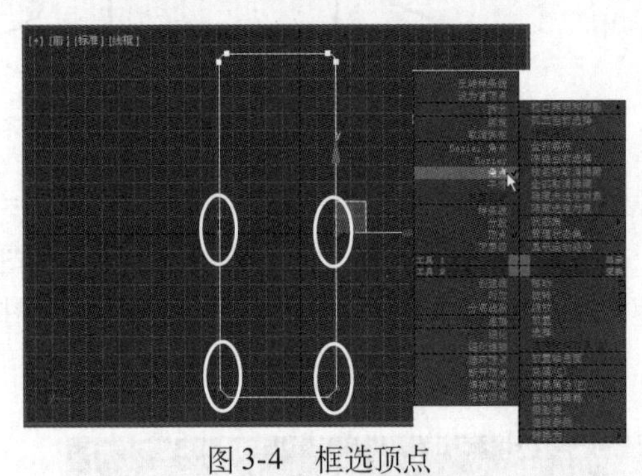

图 3-4　框选顶点

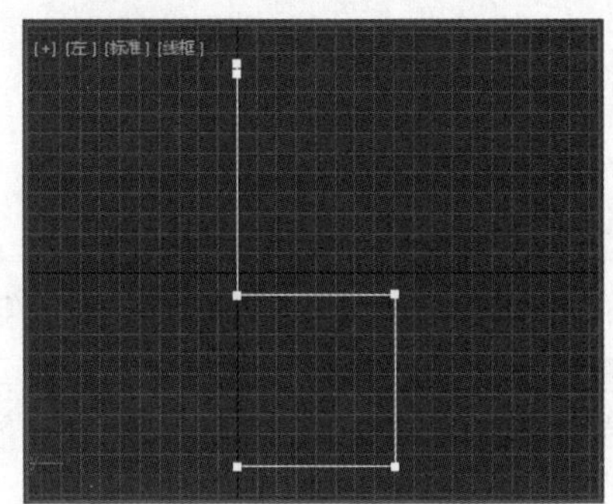


图 3-5　调整顶点位置

5）制作出椅子腿的圆角部分。方法：选中如图 3-6 所示的顶点，然后在（修改）命令面板中调整圆角的数值为 10，如图 3-7 所示。同理，调整其余顶点，结果如图 3-8 所示。

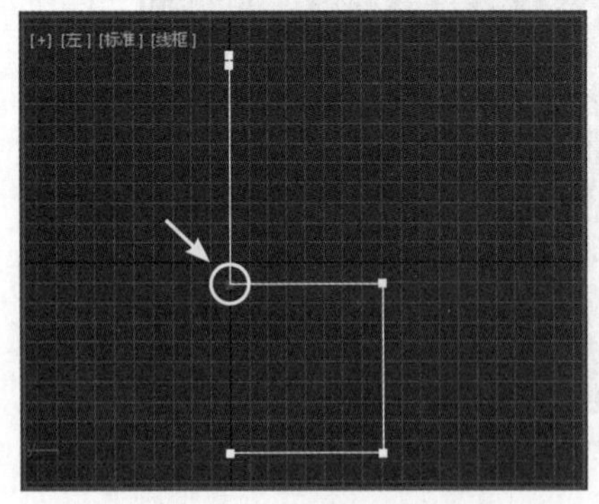


图 3-6　设置圆角参数

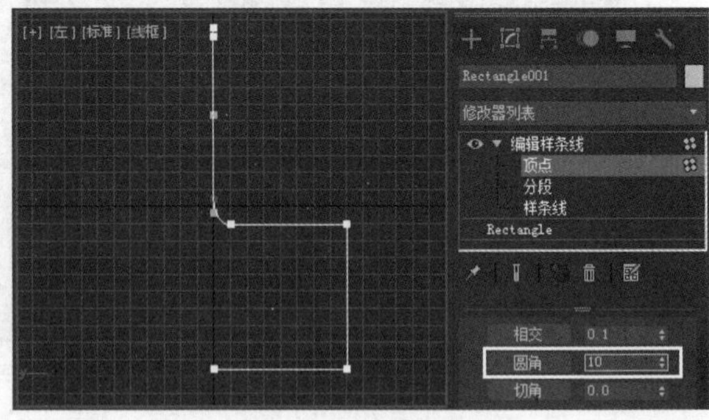


图 3-7　设置圆角参数

6）为了能够在视图和渲染时看到效果，下面右键单击视图中的图形，从弹出的快捷菜单中选择“转换为 | 转换为可编辑样条线”命令，然后勾选“在视口中启用”和“在渲染中启用”复选框，再将“厚度”设置为 3.0，效果如图 3-9 所示。

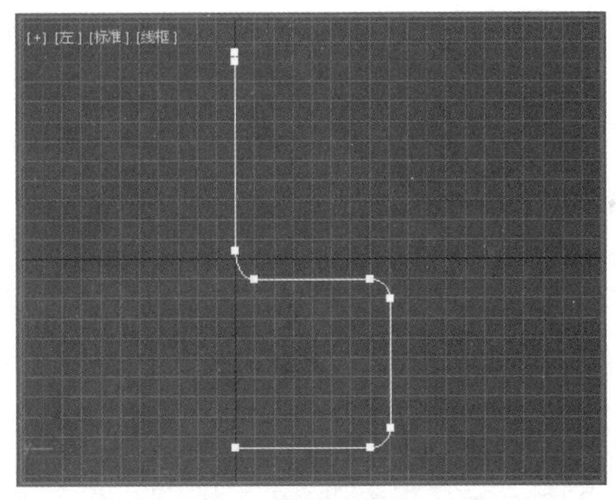


图 3-8　圆角处理后的效果

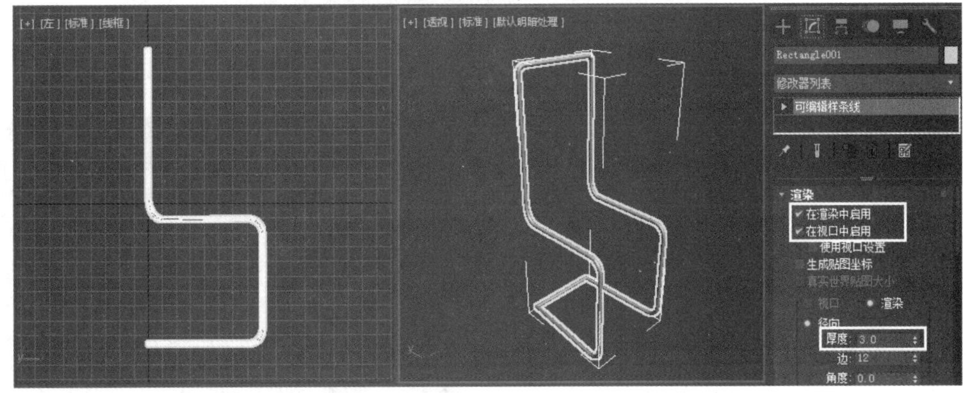


图 3-9　将图形转换为可编辑样条线并设置参数

7）制作椅子坐垫模型。方法：单击（创建）命令面板下的（几何体）按钮，从下拉列表框中选择“扩展基本体”选项，然后单击 切角长方体 按钮，在顶视图中创建一个切角长方体并将其放置到坐垫的位置。接着进入（修改）命令面板，如图 3-10 所示修改切角长方体参数。最后执行“修改器列表”中的“弯曲”命令，设置“弯曲轴”为 X 轴，“角度”为 –38.5，如图 3-11 所示。

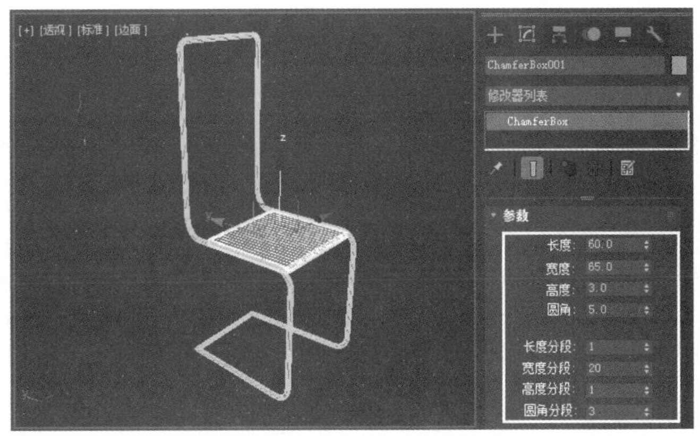


图 3-10　创建坐垫模型

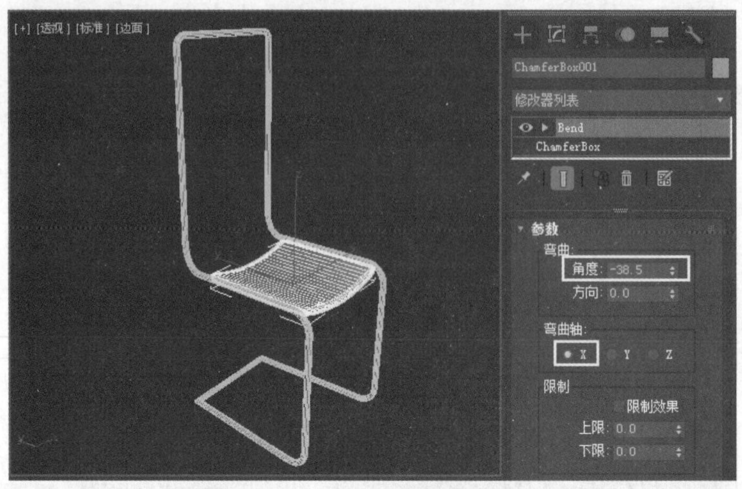


图 3-11　设置弯曲参数后的效果

8）制作椅背模型。方法：复制一个坐垫模型，然后将其旋转 90°，并放置到椅背的位置，如图 3-12 所示。

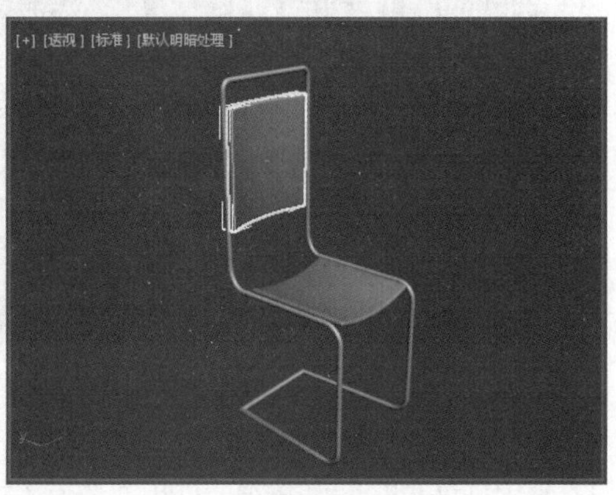


图 3-12　制作椅背模型

9）赋给椅子腿材质。方法：单击工具栏上的（材质编辑器）按钮，进入材质编辑器。然后选择一个空白的材质球，参数设置如图 3-13 所示。接着展开“贴图”卷展栏，将网盘中的“maps \ 云彩 .jpg”贴图指定给“反射”贴图右侧的按钮，如图 3-14 所示。最后选中场景中的椅子腿模型，单击材质编辑器上的按钮，将调好的材质赋给椅子腿。

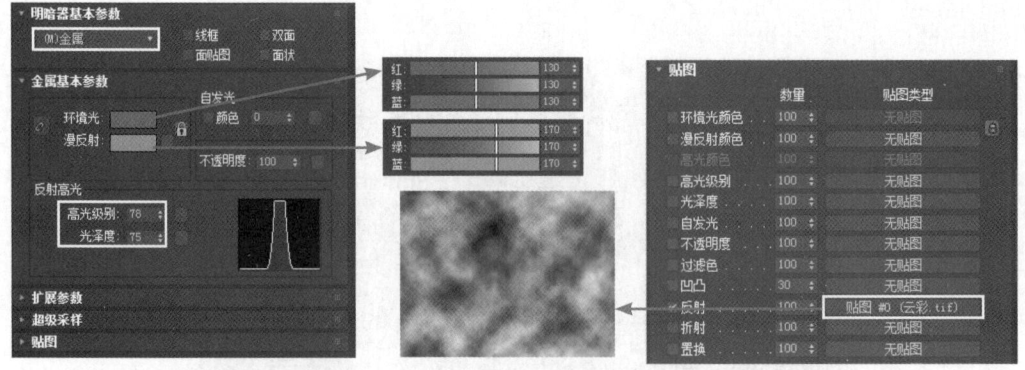


图 3-13　设置基本参数　　　　图 3-14　指定反射贴图

10）单击工具栏上的（渲染产品）按钮，渲染后的效果如图 3-15 所示。

图 3-15　渲染后的效果

### 2．制作桌子并将桌椅进行组合

1）制作桌面。方法：单击+（创建）命令面板下的（几何体）按钮，从下拉列表框中选择“扩展基本体”选项，然后单击切角圆柱体按钮。接着在顶视图上绘制出一个切角圆柱体，参数设置及放置位置如图 3-16 所示。

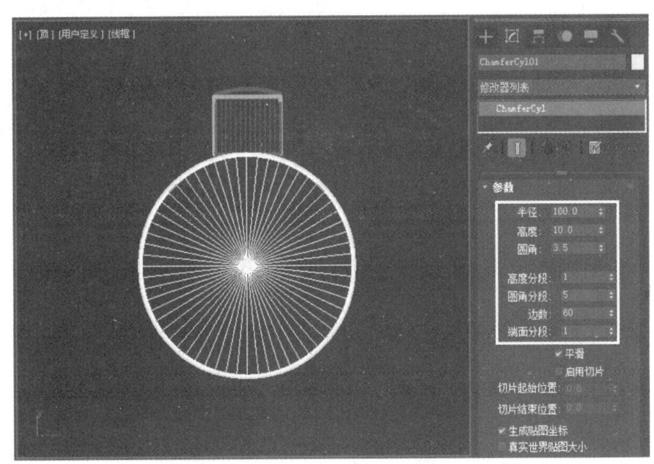


图 3-16　创建桌面模型

2）制作桌腿。方法：选择“标准基本体”选项，单击圆柱体按钮，然后在顶视图中绘制出一个桌腿。将桌腿绘制好后移动到合适的位置并调整参数，结果如图 3-17 所示。

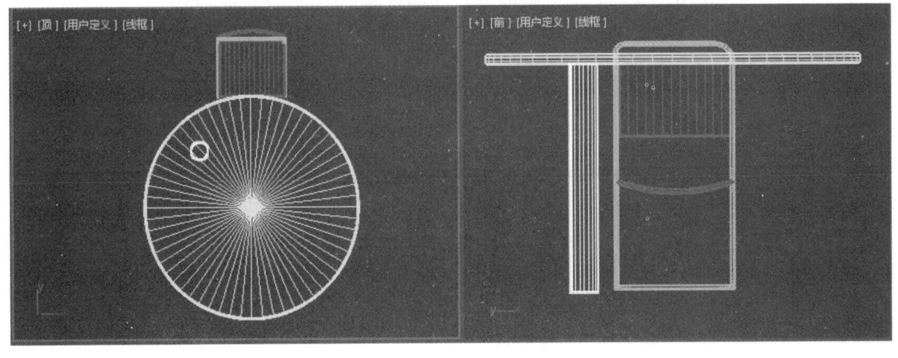


图 3-17　创建桌腿

提示：在绘制桌腿时一定要同时观察其余的 3 个视图。

3）阵列桌腿。方法：选中刚创建的桌腿，在工具栏的视图下拉列表中选择“拾取”，然后单击工具栏上的按钮，按住鼠标在出现的隐藏按钮中选中，接着单击视图中的桌面。最后确定当前视图为顶视图，执行菜单中的“工具 | 阵列”命令，在弹出的对话框中进行设置，如图 3-18 所示，单击“确定”按钮，结果以桌面坐标原点为中心复制出 4 个桌腿，如图 3-19 所示。

提示：选中按钮后单击视图中的桌面的目的是为了使桌腿坐标原点转换为桌面坐标原点。

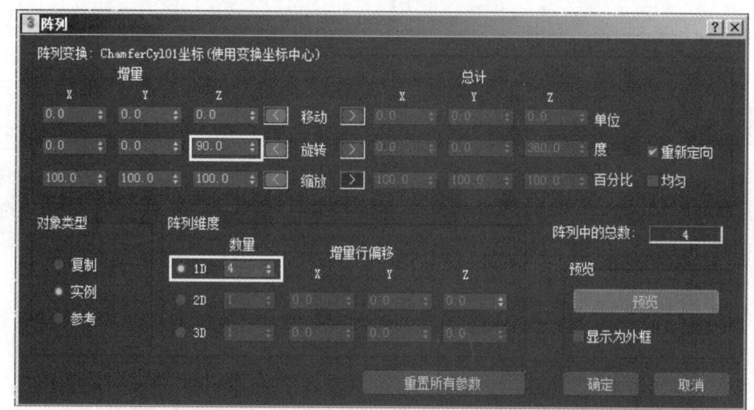


图 3-18　设置“阵列”参数

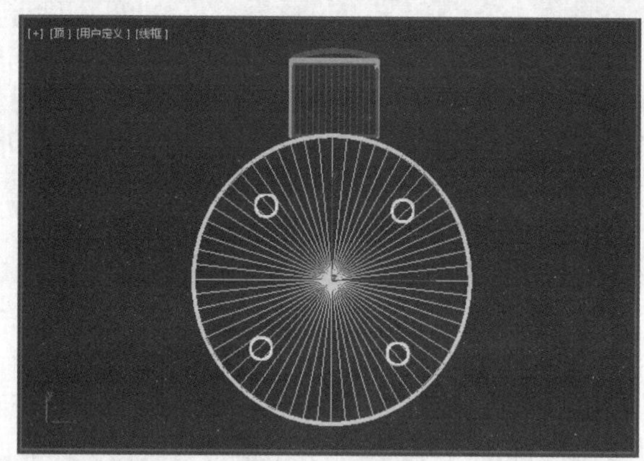

图 3-19　阵列效果

4）将椅子组成一个整体。方法：选中组成椅子的全部模型，执行菜单中的“组 | 组”命令，在弹出的“组”对话框中输入“椅子”作为成组后的名字，如图 3-20 所示，单击“确定”按钮。

5）对椅子执行阵列复制操作，从而将复制出 3 把椅子，结果如图 3-21 所示。

6）由于桌腿和椅子腿均为银色金属材质，下面选中视图中的桌腿模型，单击材质编辑器上的按钮，将刚才制作的椅子腿材质赋给桌腿。

图 3-20　输入“组”的名称

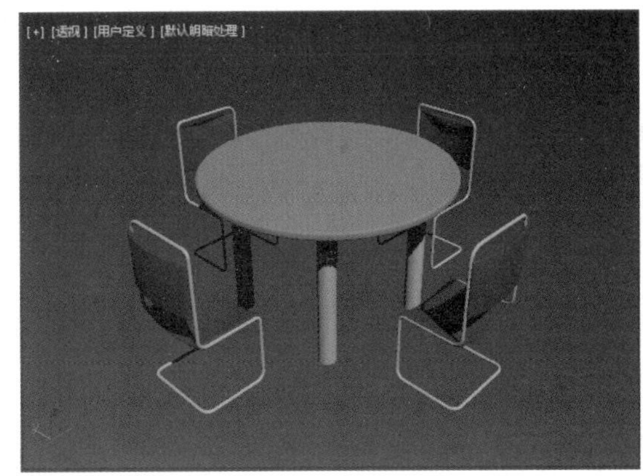

图 3-21　阵列椅子

7）制作桌面材质。方法：选择另一个空白的材质球，关掉颜色锁定，分别单击两个颜色块，在弹出的颜色面板中将它们定义为两种不同的绿色，在这里没有固定的参数，只要认为颜色合适即可。将颜色块后面的“不透明度”的值减小，设为 50，如图 3-22 所示。

8）指定背景色。方法：选择透视图，执行菜单中的“渲染 | 环境”命令，在弹出的对话框中单击左侧的黑色块，然后在弹出的自定义颜色面板中选择白色，这样背景就被换成了白色，如图 3-23 所示。

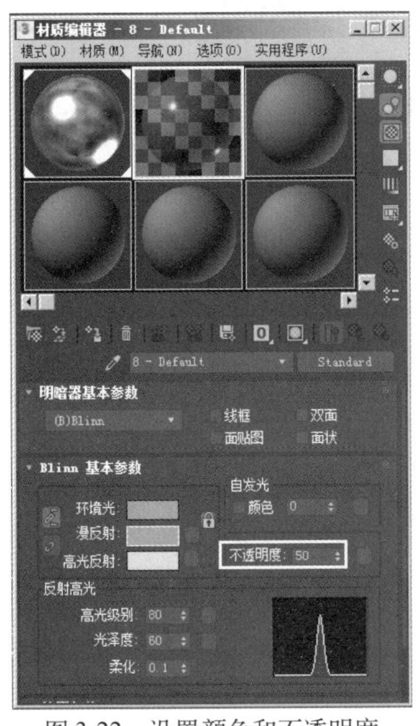


图 3-22　设置颜色和不透明度

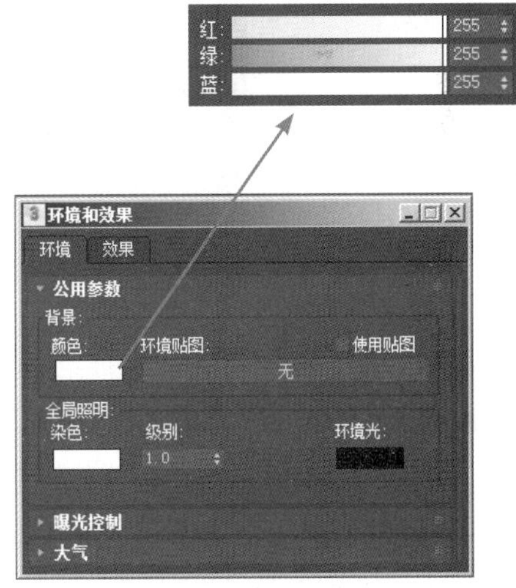


图 3-23　设置背景色

9）渲染场景。方法：选中全部桌腿，单击材质编辑器上的按钮，将桌腿材质赋给桌腿。为了不用渲染就可以看到效果，可以再单击（在视口中显示真实材质）按钮，这样在预览视图中就可以看到预览效果了。同理，将桌面贴上材质，结果如图 3-24 所示。最后单击工具栏上的（渲染产品）按钮，则渲染出最终的效果，如图 3-25 所示。

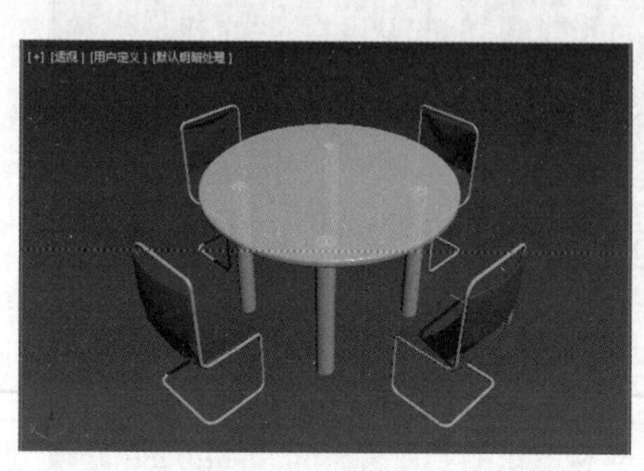

图 3-24　赋给桌面材质

图 3-25　渲染后的效果

## 3.2 制作排球

**要点：**

本例将制作一个排球，如图 3-26 所示。学习本例，读者应掌握“网格平滑”“球形化”和“面挤出”修改器的综合使用。

图 3-26　排球效果

**操作步骤：**

1) 执行菜单中的“文件 | 重置”命令，重置场景。

2) 单击 + (创建) 命令面板下 ◎ (几何体) 中的 长方体 按钮，在顶视图中创建一个正方体，参数设置及结果如图 3-27 所示。

3) 右击视图中的正方体，在弹出的快捷菜单中选择“转换为 | 转换为可编辑网格”命令，如图 3-28 所示，将其转换为可编辑的网格物体。

提示：将其转换为可编辑的网格物体的目的是为了精简操作，加快运算速度。

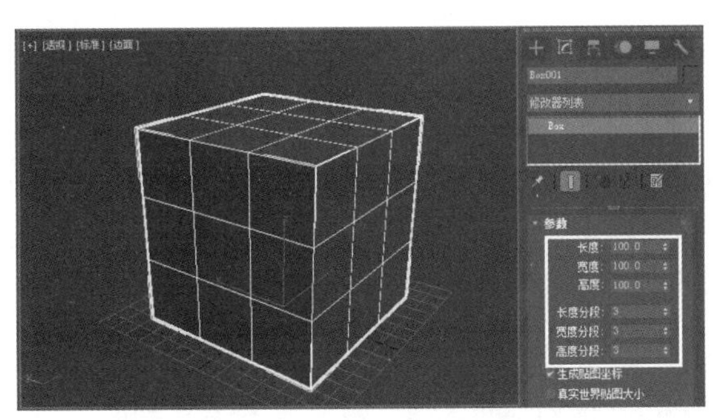


图 3-27　创建正方体

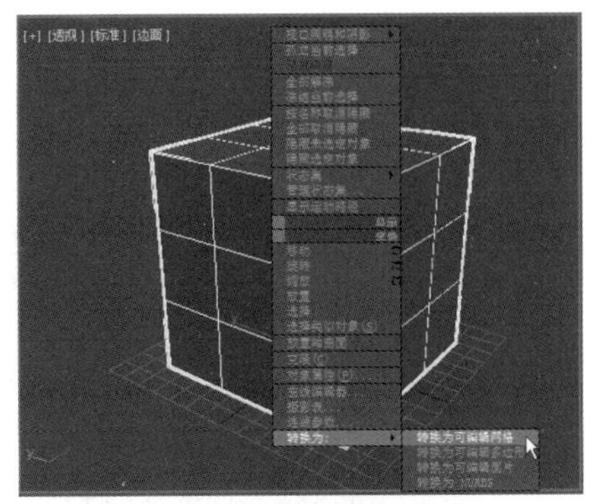

图 3-28　转换为可编辑的网格物体

4）进入（修改）命令面板的“可编辑的网格”中的（多边形）级别，选择如图 3-29 所示的多边形，然后单击选中“元素”单选按钮后再单击“炸开”按钮。接着再次单击“多边形”按钮退出“可编辑的网格”的多边形编辑模式。

5）进入（修改）命令面板，执行“修改器列表”下拉列表中的“网格平滑”命令，设置如图 3-30 所示的参数。

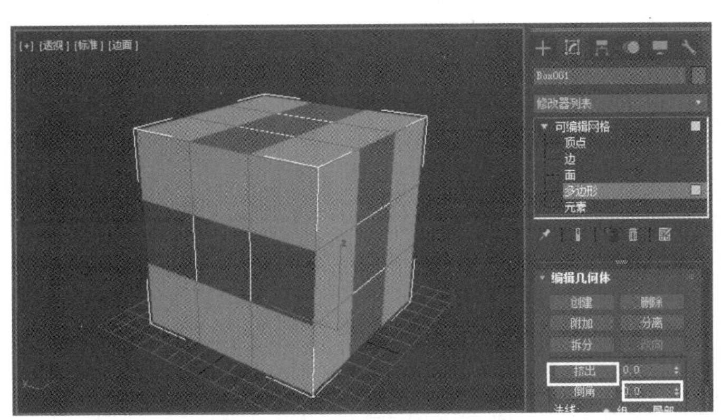


图 3-29　选择多边形

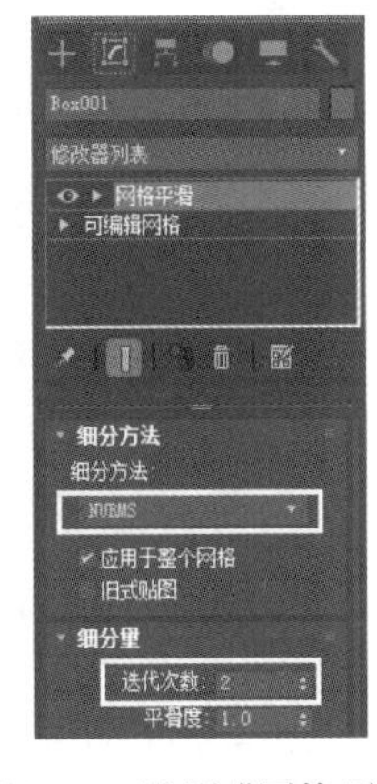


图 3-30　设置“网格平滑”

6）执行“修改器列表”下拉列表中的“球形化”命令，参数设置及结果如图 3-31 所示。

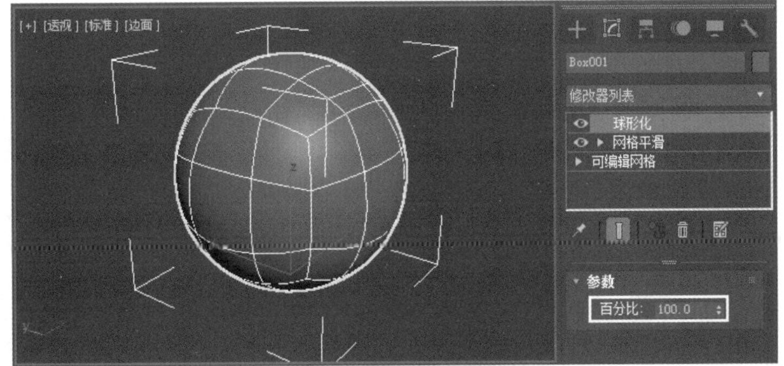


图 3-31　“球形化”效果

7）制作排球的纹理。进入 （修改）命令面板，执行“修改器列表”下拉列表中的“编辑网格”命令，然后进入 （多边形）级别，框选视图中所有的多边形，如图 3-32 所示。

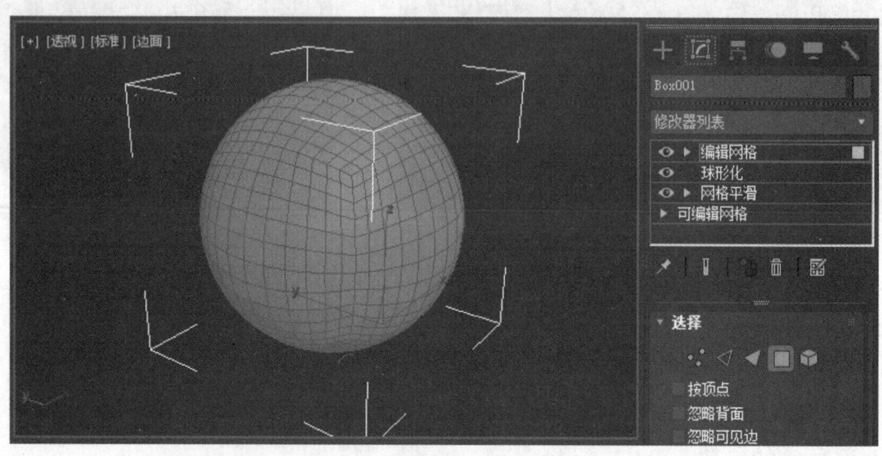


图 3-32　框选所有的多边形

8）执行“修改器列表”下拉列表中的“面挤出”命令，参数设置及结果如图 3-33 所示。

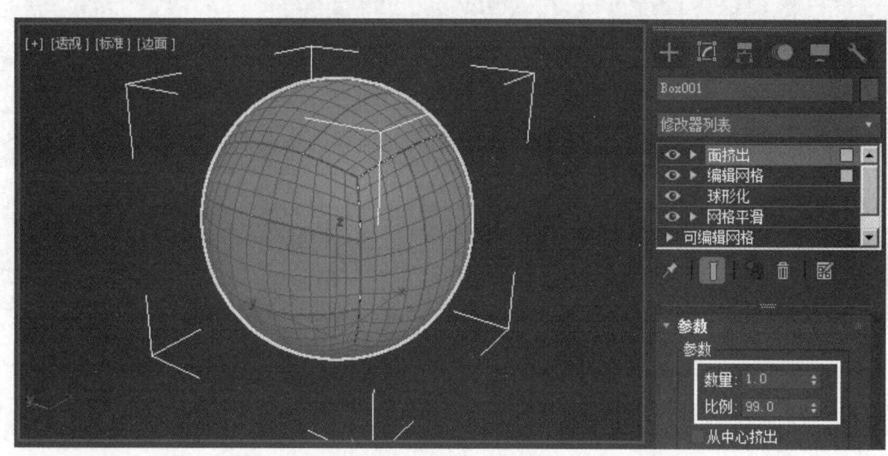


图 3-33　设置“面挤出”参数

9）单击工具栏上的 （渲染产品）按钮，渲染后的结果如图 3-34 所示。

10）此时排球纹理边缘不圆滑。下面执行“修改器列表”下拉列表中的“网格平滑”命令来解决这个问题，参数设置及结果如图 3-35 所示，再次渲染后的结果如图 3-36 所示。

11）赋予排球模型白色材质，并添加一些修饰，最终渲染的结果如图 3-37 所示。

图 3-34　渲染后的效果

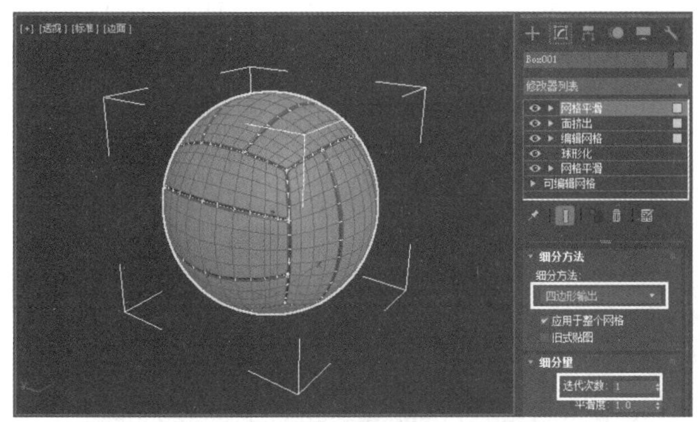


图 3-35　“网格平滑”参数设置及结果

图 3-36　再次渲染后的效果

图 3-37　排球效果

## 3.3　路径变形动画

**要点：**

修改器命令不仅能对模型进行修改，而且可以制作动画，本例将利用“路径变形”修改器来制作路径变形动画，如图 3-38 所示。学习本例，读者应掌握利用“路径变形”修改器来制作动画的方法。

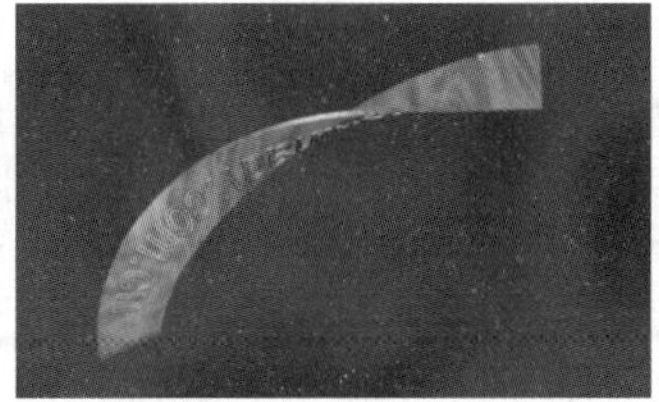
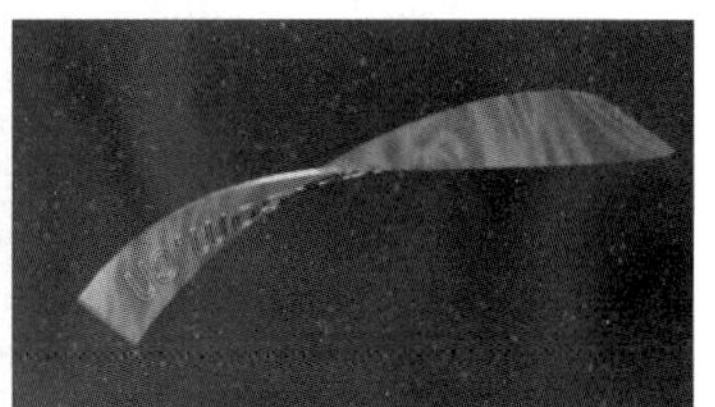

图 3-38　路径变形动画

**操作步骤：**

1）执行菜单中的“文件 | 重置”命令，重置场景。

2）在顶视图中创建一条“螺旋线”和一架“目标摄影机”，然后选择透视图，按〈C〉键，将透视图切换为摄影机（Camera01）视图，结果如图 3-39 所示。

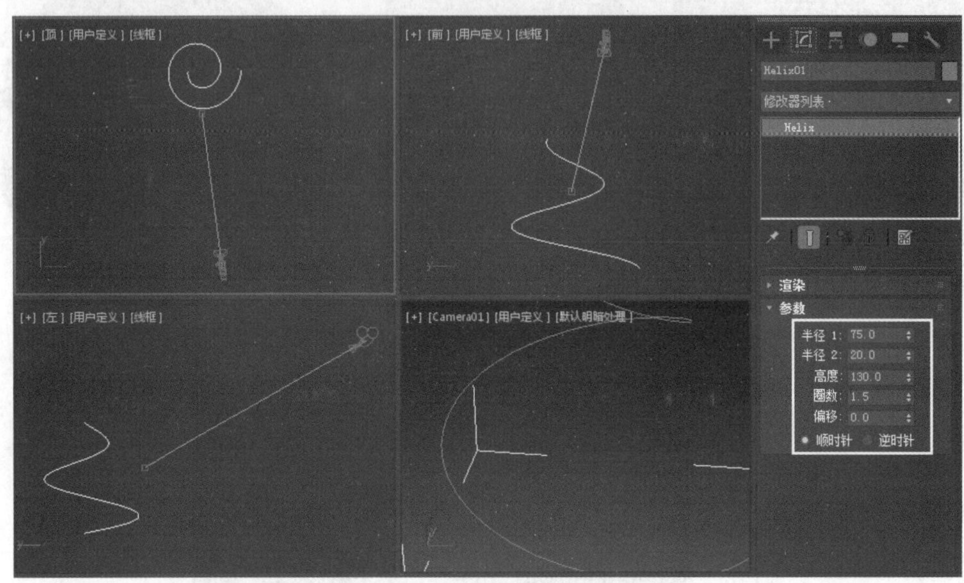


图 3-39 创建螺旋线

3）单击 (创建）命令面板下 (几何体）中的 长方体 按钮，在顶视图中创建一个长方体，参数设置及结果如图 3-40 所示。

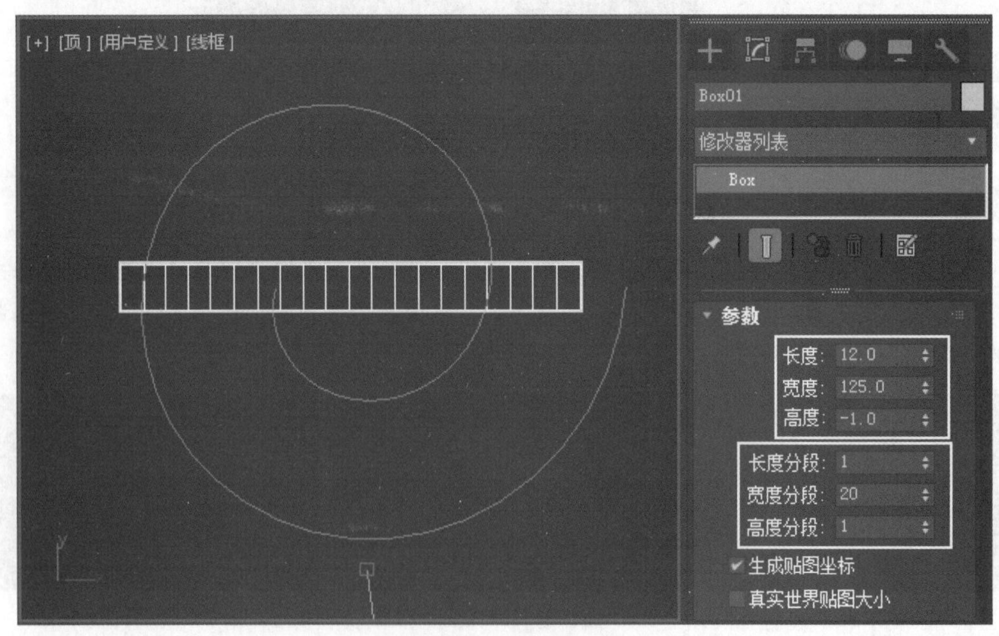


图 3-40 创建长方体

4）单击 (创建）命令面板下 (图形）中的 文本 按钮，然后在顶视图中创建文字

www.chinadv.com.cn，参数设置及文字放置位置如图 3-41 所示。

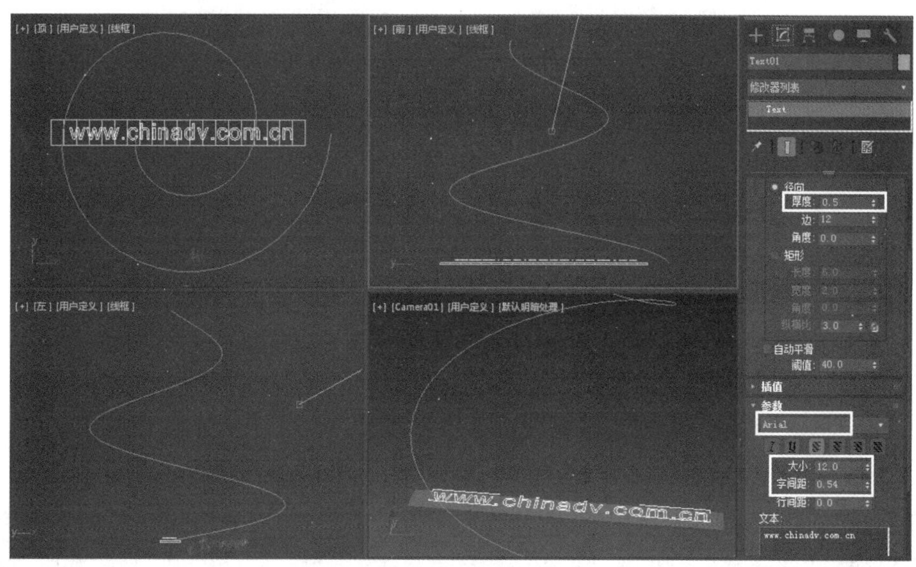

图 3-41　创建文字

5）给长方体指定一个螺旋线运动路径。方法：选择场景中的长方体，进入 （修改）命令面板，执行“修改器列表”下拉列表中的“世界空间修改器”下的“路径变形（WSM）”命令，如图 3-42 所示。然后单击 拾取路径 按钮拾取视图中的螺旋线，接着单击 转到路径 按钮调节其余参数，结果如图 3-43 所示。

提示：此时选择的是“路径变形（WSM）”修改器而不是“路径变形”修改器。

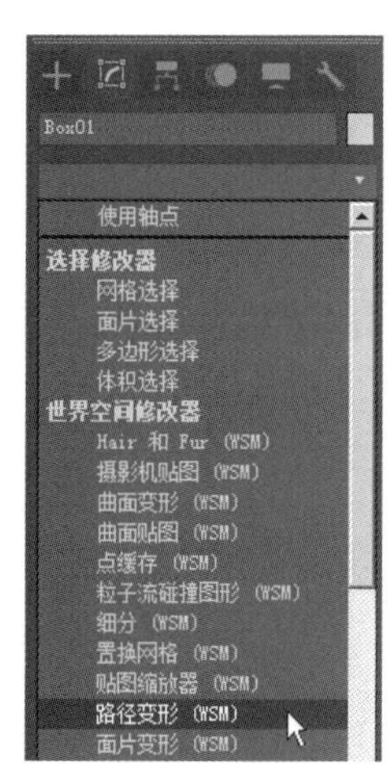

图 3-42　选择“路径变（WSM）”命令

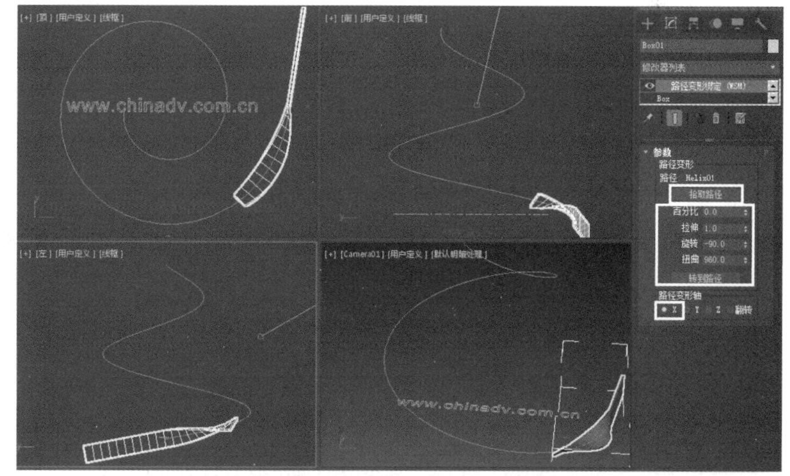

图 3-43　绑定到路径效果

6）激活 自动关键点 按钮，然后将时间滑块移动到第 0 帧，设置参数，如图 3-44 所示。接着将时间滑块移动到第 100 帧，设置参数，如图 3-45 所示，此时长方体即可沿螺旋线运动。

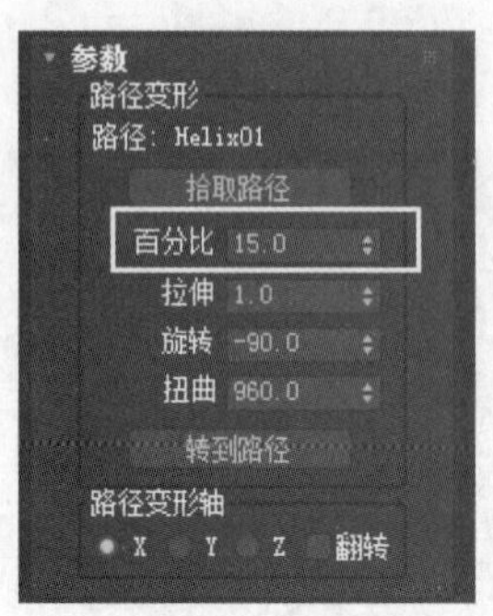


图 3-44　在第 0 帧设置参数

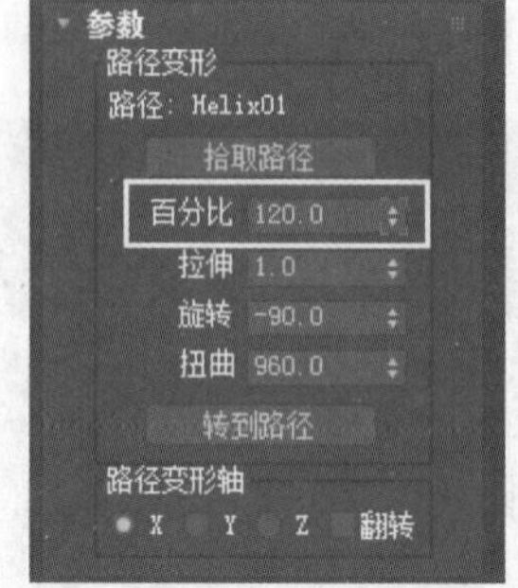


图 3-45　在第 100 帧设置参数

7）给文字指定一个螺旋线运动路径。方法：右击长方体堆栈中的“路径变形（WSM）”，在弹出的对话框中选择“复制”选项。然后选择场景中的文字，在堆栈中右击，在弹出的快捷菜单中选择“粘贴”命令。此时文字就被指定了一个与长方体参数一致的修改器。

8）赋给长方体材质和背景，将文件进行输出，结果如图 3-46 所示。

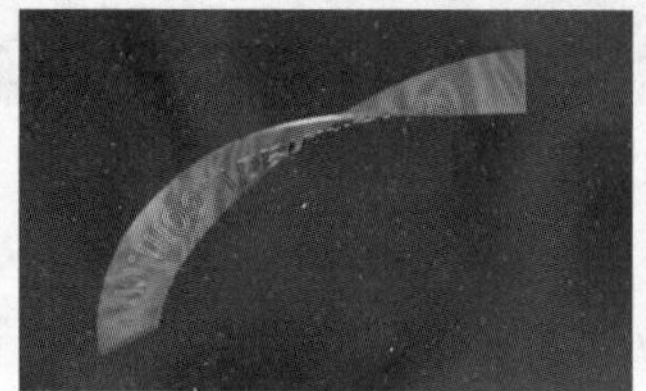

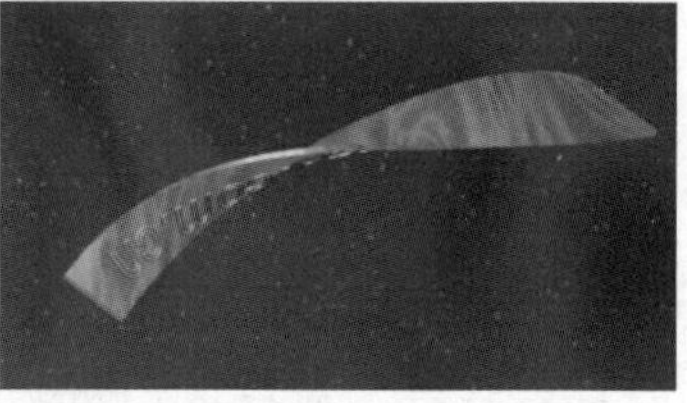

图 3-46　路径变形动画

## 3.4　欧式沙发

**要点：**

本例将制作一个欧式沙发，如图 3-47 所示。学习本例，读者应掌握“放样”建模、“倒角剖面”“网格平滑”和“FFD”修改器的综合应用。

图 3-47　欧式沙发

**操作步骤：**

### 1. 制作沙发靠背

1）执行菜单中的“文件 | 重置”命令，重置场景。

2）单击（创建）命令面板中的（几何体）按钮，然后在标准基本体下拉列表中选择扩展基本体选项，接着单击“切角长方体”按钮，在前视图中创建一个切角长方体，如图 3-48 所示。

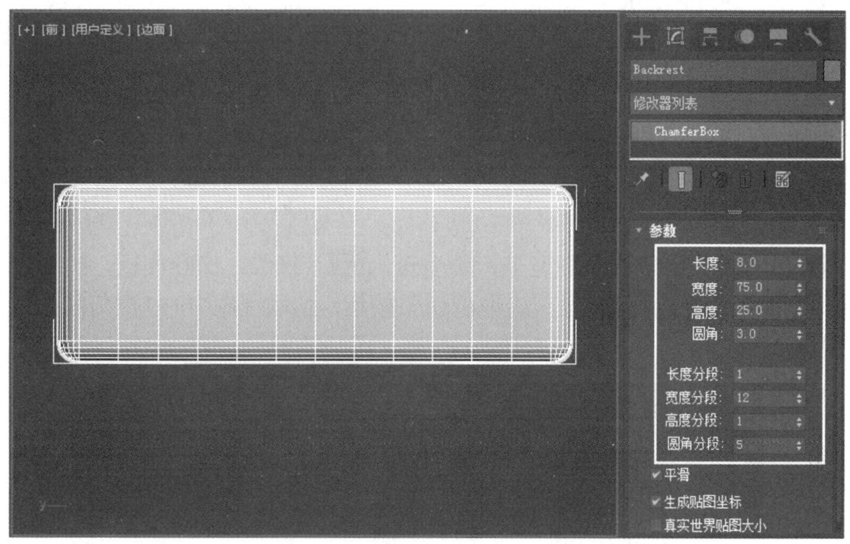

图 3-48　创建切角长方体

3）进入（修改）命令面板，执行修改器下拉列表中的“FFD 3×3×3”命令，然后进入“控制点”级别，调整控制点的位置，结果如图 3-49 所示。

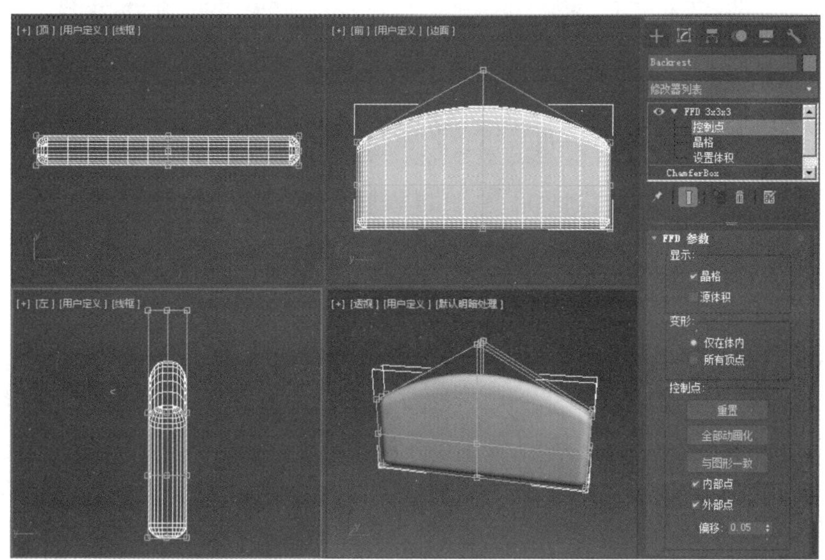

图 3-49　调整控制点的位置

## 2. 制作沙发扶手

1）单击（创建）命令面板下（图形）中的线按钮，然后在前视图中绘制如图 3-50 所示的封闭线段，命名为“倒角截面”。

2）在顶视图中创建如图 3-51 所示的线段，命名为“倒角轮廓”。

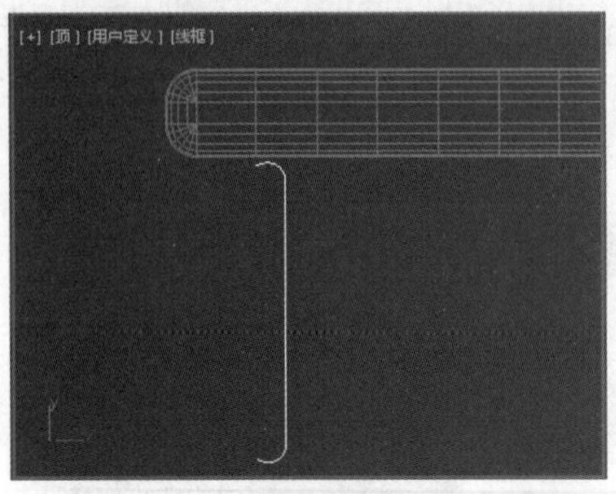


图 3-50　在前视图中绘制封闭线段

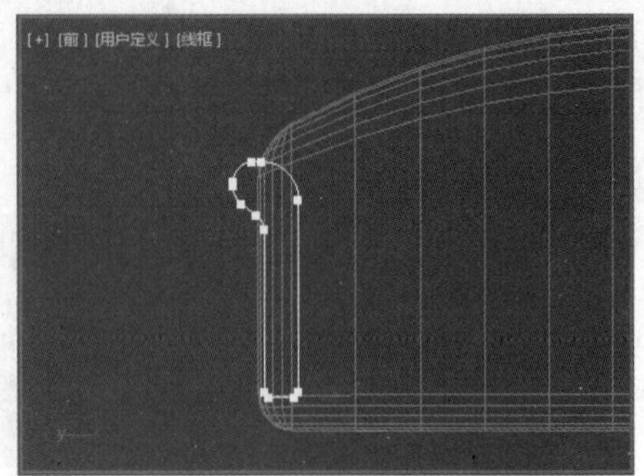


图 3-51　在顶视图中绘制线段

3）在视图中选择“倒角截面”造型，然后进入（修改）命令面板，执行修改器下拉列表中的“倒角剖面”命令，接着单击“拾取剖面”按钮，拾取视图中的“倒角截面”造型，结果如图 3-52 所示。

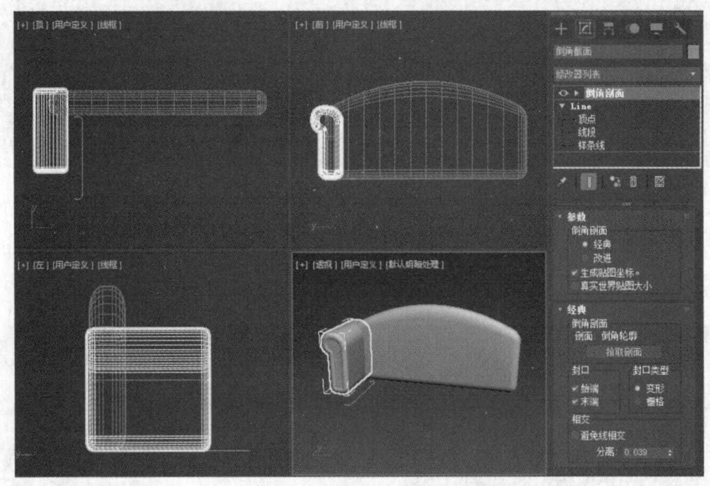

图 3-52　“倒角剖面”效果

4）在前视图中选中“倒角剖面”后的造型，单击工具栏中的（镜像）按钮，在弹出的对话框中如图 3-53 所示设置参数，单击“确定”按钮，结果如图 3-54 所示。

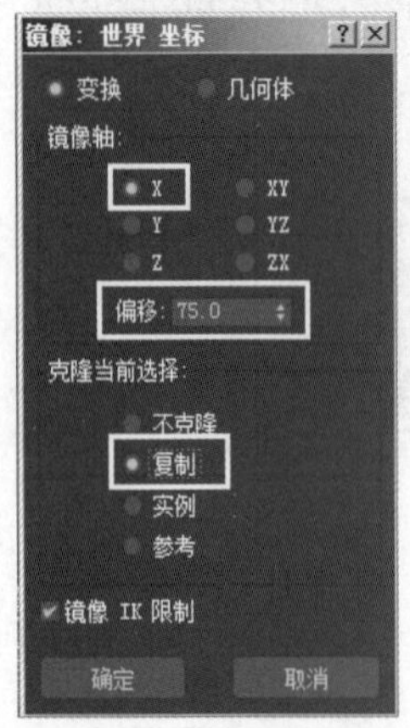


图 3-53　设置“镜像”参数

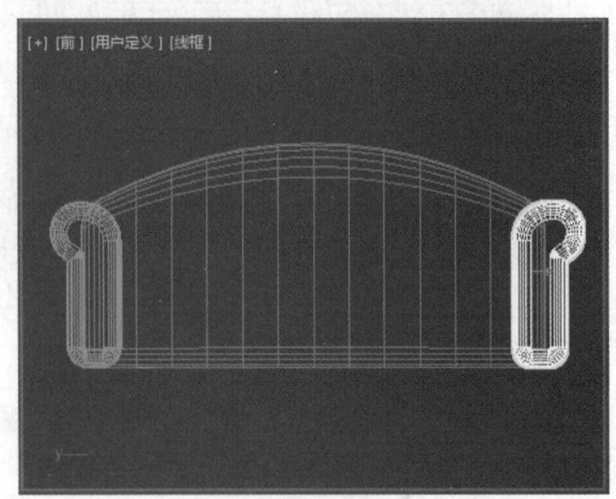


图 3-54　“镜像”效果

### 3. 制作沙发底座

1）单击 +（创建）命令面板中的 ◎（几何体）按钮，然后在 标准基本体 下拉列表中选择 扩展基本体 选项，接着单击“切角长方体”按钮，在顶视图中创建一个切角长方体，如图 3-55 所示。

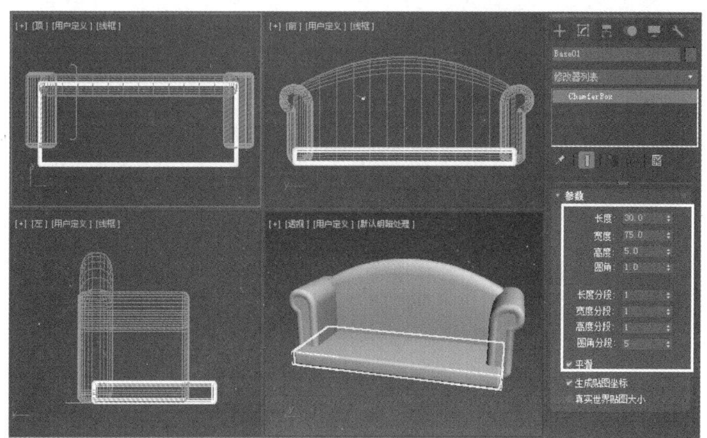


图 3-55　创建切角长方体

2）同理，再创建一个切角长方体，放置位置如图 3-56 所示。

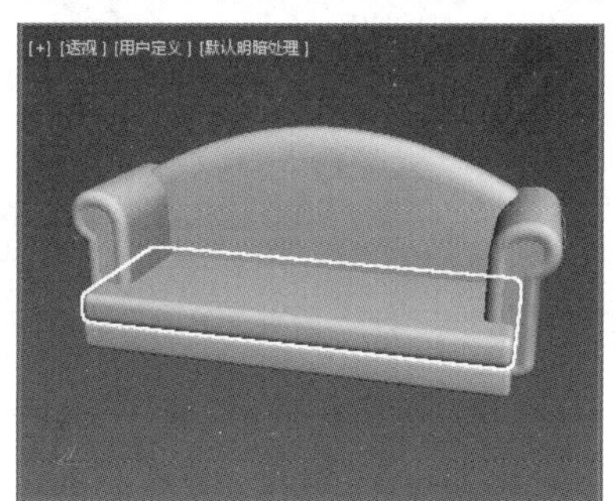

图 3-56　创建另一个切角长方体

### 4. 创建沙发坐垫

1）进入 ◎（几何体）命令面板，创建一个切角长方体，如图 3-57 所示。

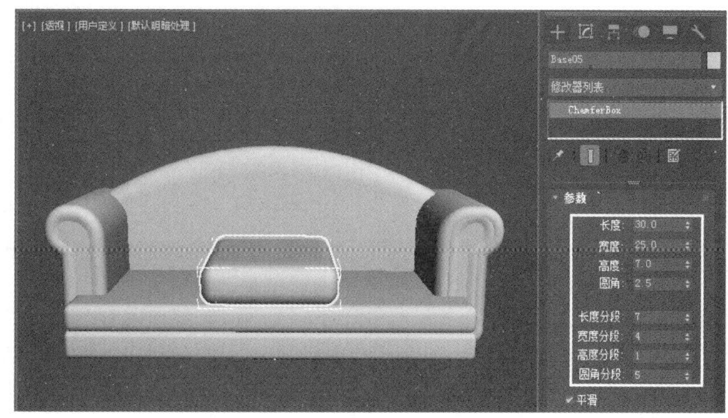


图 3-57　创建切角长方体作为沙发坐垫

2）进入（修改）命令面板，执行修改器下拉列表中的“FFD 3×3×3”命令，然后进入“控制点”级别，调整控制点的位置，结果如图 3-58 所示。

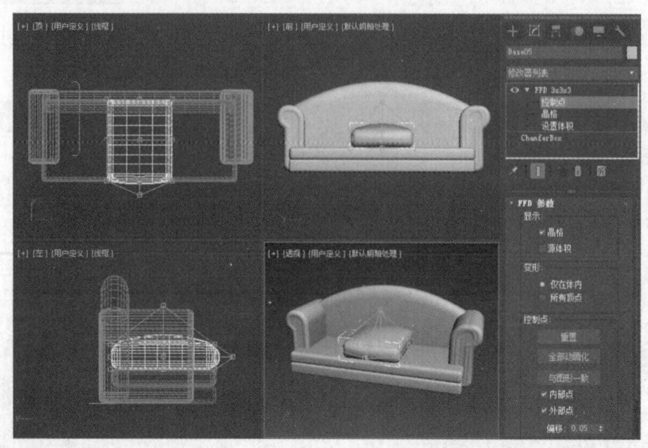


图 3-58　调整沙发坐垫的形状

3）进入（几何体）命令面板，单击“长方体”按钮，然后在顶视图中创建长方体，参数设置及放置位置如图 3-59 所示。

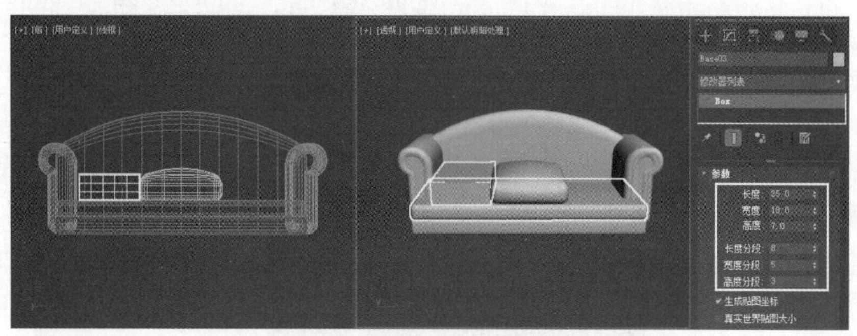


图 3-59　创建长方体

4）进入（修改）命令面板，执行修改器下拉列表中的“编辑网格”命令，然后进入（多边形）级别，选中图 3-60 所示的多边形。接着单击“挤出”按钮，在视图中对其进行挤出操作，结果如图 3-61 所示。

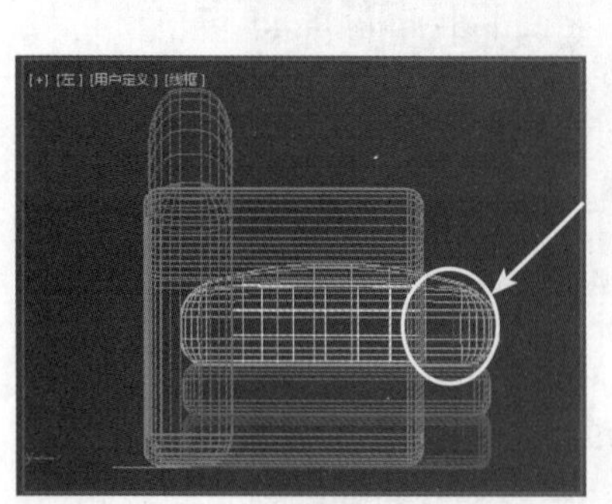

图 3-60　选中要挤出的多边形

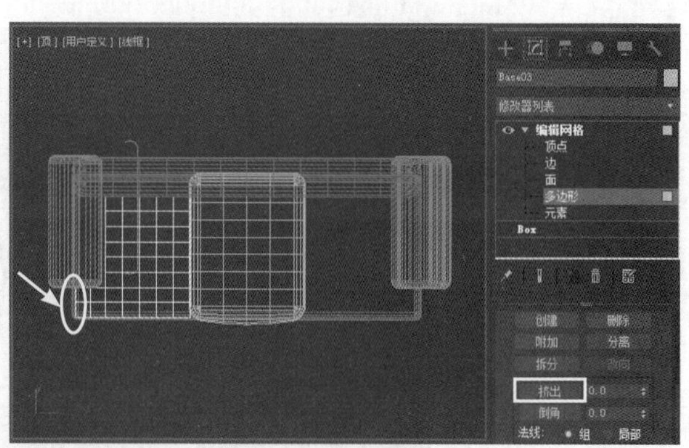


图 3-61　挤出后效果

5）执行修改器下拉列表中的“网格平滑”命令，将其进行光滑处理，结果如图 3-62 所示。

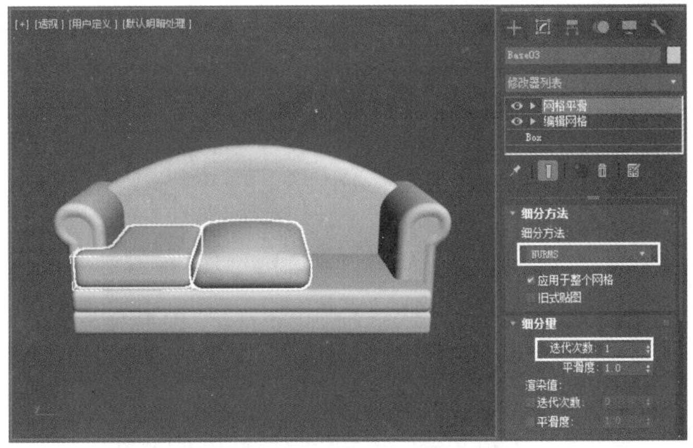


图 3-62　对长方体进行光滑处理

6）进入 (修改) 命令面板，执行修改器下拉列表中的“FFD3×3×3”命令，然后进入“控制点”层级，调整控制点的位置，结果如图 3-63 所示。

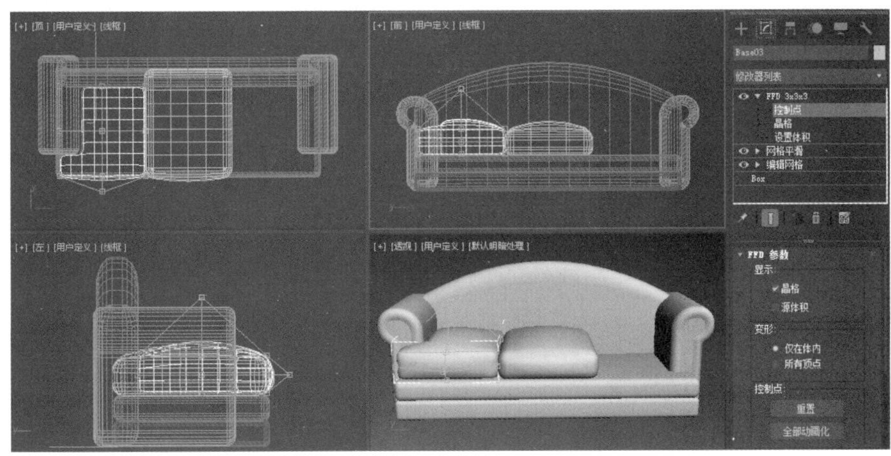


图 3-63　调整控制点的形状

7）利用工具栏中的 (镜像) 工具，镜像出另一侧的坐垫，结果如图 3-64 所示。

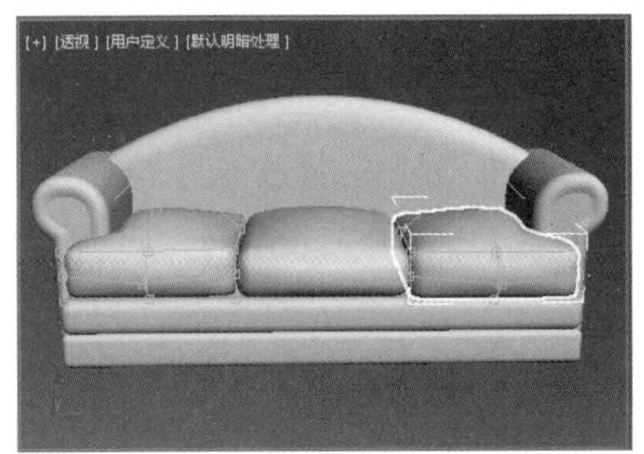


图 3-64　镜像出另一侧坐垫

### 5. 制作沙发靠垫

1）制作靠垫的方法和制作坐垫相同，最终结果如图 3-65 所示。

图 3-65　制作出靠垫

2）选择透视图，单击工具栏中的（渲染产品）按钮进行渲染。

## 3.5　课后练习

（1）利用“线”工具绘制出头像图形，然后利用“挤出”修改器将其延伸为三维物体，结果如图 3-66 所示。参数可参考网盘中的“example \ 第 3 章 基础建模与修改器 \3.5 课后练习 \ 练习 1\ 头像 .max”文件。

（2）利用“线”和“弧”工具，以及“编辑样条线”和“挤出”修改器制作桥梁模型，结果如图 3-67 所示。参数可参考网盘中的“example\ 第 3 章 基础建模与修改器 \3.5 课后练习 \ 练习 2\ 桥 .max”文件。

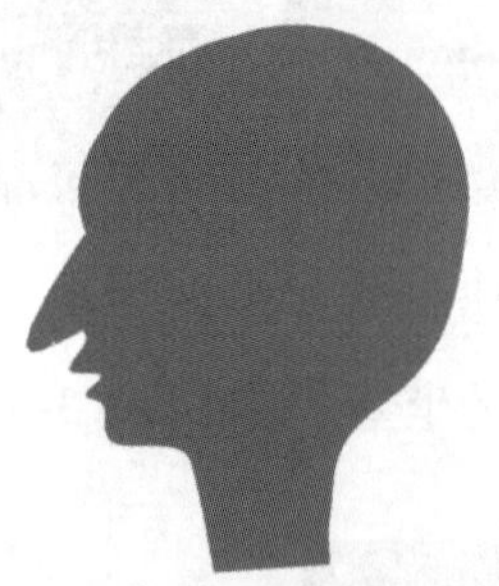

图 3-66　头像效果

图 3-67　桥的效果

（3）利用“线”“编辑样条线”和“挤出”修改器制作楼房模型，结果如图 3-68 所示。参数可参考网盘中的“example\ 第 3 章 基础建模与修改器 \3.5 课后练习 \ 练习 3\ 楼房 .max”文件。

（4）利用扩展基本体中的“异面体”和修改器制作足球模型，结果如图 3-69 所示。参数可参考网盘中的“ example\ 第 3 章 基础建模与修改器 \3.5 课后练习 \ 练习 4\ 足球 .max” 文件。

（5）利用“平面”“长方体”和修改器中的相关命令制作床的模型，结果如图 3-70 所示。参数可参考网盘中的“example\ 第 3 章 基础建模与修改器 \3.5 课后练习 \ 练习 5\ 床 .max”文件。

图 3-68　楼房效果

图 3-69　足球效果

图 3-70　床的效果

# 第 4 章　复合建模和高级建模

## 本章重点：

学习本章，读者应掌握复合建模中的“放样”建模和“布尔”运算的使用方法。

## 4.1　象棋

要点：

本例将制作一个象棋模型，如图 4-1 所示。学习本例，读者应掌握“锥化”修改器与复合对象中的“布尔”运算的综合应用。

图 4-1　象棋效果

操作步骤：

1）执行菜单中的“文件 | 重置”命令，重置场景。

2）单击 （创建）命令面板下 （几何体）中的 圆柱体 按钮，然后在顶视图中绘制一个圆柱体，参数设置如图 4-2 所示，结果如图 4-3 所示。

提示：“高度分段”一定要为正数，且不能为 1，否则后面应用“结合”命令时会出错。

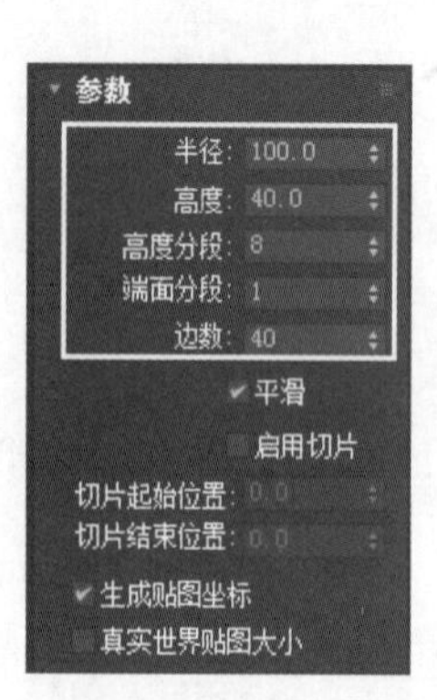


图 4-2　设置圆柱体参数

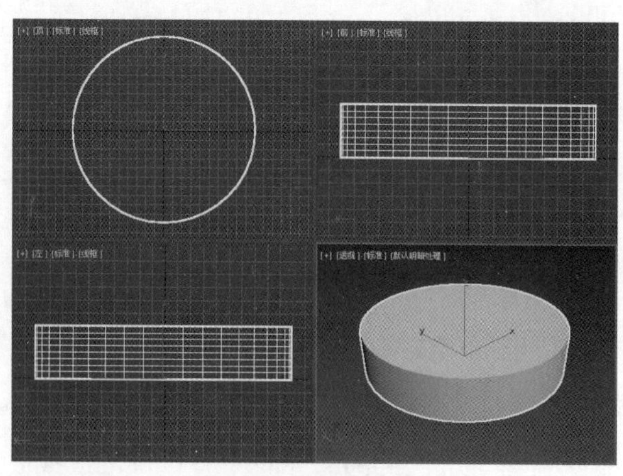

图 4-3　创建圆柱体

3）对圆柱体进行锥化处理。方法：选中视图中调整好的圆柱体，进入（修改）命令面板，在“修改器列表”下拉列表框中选择“锥化”命令，选中“对称”复选框，再调整“曲线”的数值，参数设置如图 4-4 所示，结果如图 4-5 所示。

4）单击（创建）命令面板下（几何体）中的 管状体 按钮，在顶视图中绘制出一个管状体，管状体的直径要比圆柱体的直径小一些。在管状体的参数面板中设置参数，如图 4-6 所示。

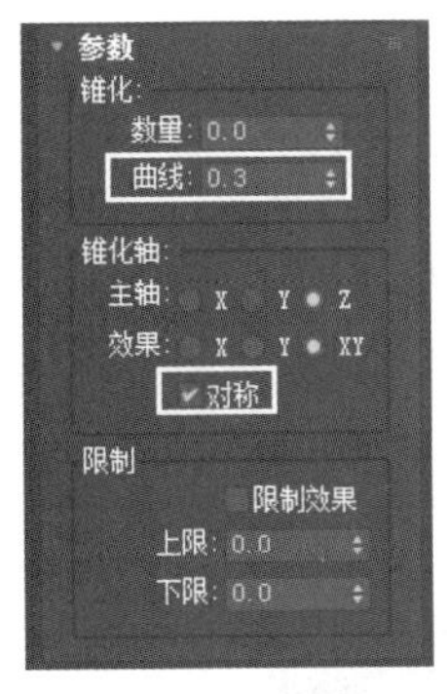

图 4-4　设置“锥化”参数

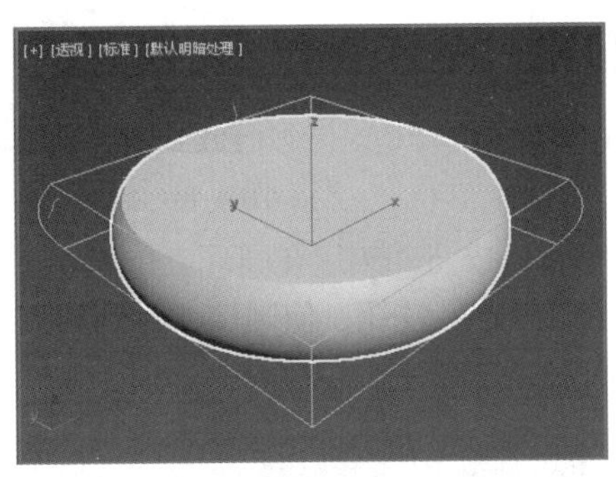

图 4-5　“锥化”后的效果

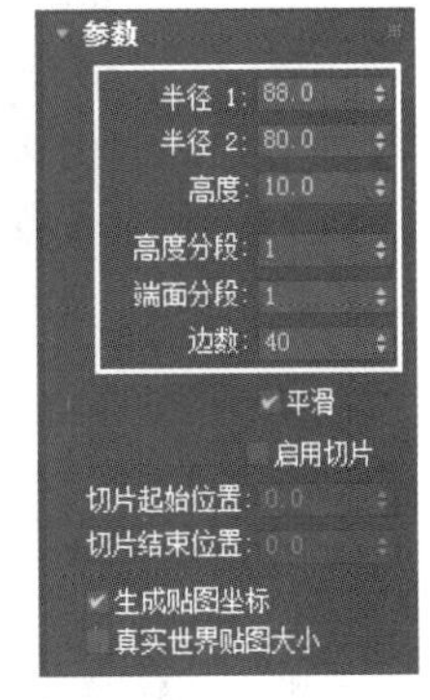


图 4-6　设置“管状体”参数

5）将管状体和圆柱体对齐。方法：保证管状体处于选中状态，单击工具栏上的（对齐）按钮，然后在圆柱体上单击，接着在弹出的“对齐当前选择(Cylinder001)”对话框中进行如图 4-7 所示的设置，使管状体和圆柱体按照它们中心的 3 个坐标轴对齐，最后单击“确定”按钮，对齐后的效果如图 4-8 所示。

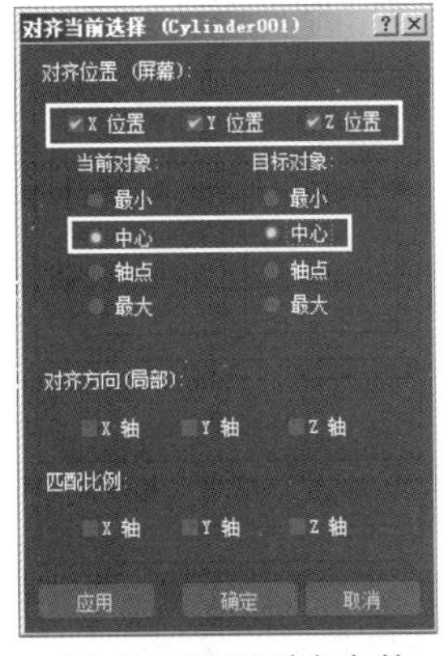


图 4-7　设置对齐参数

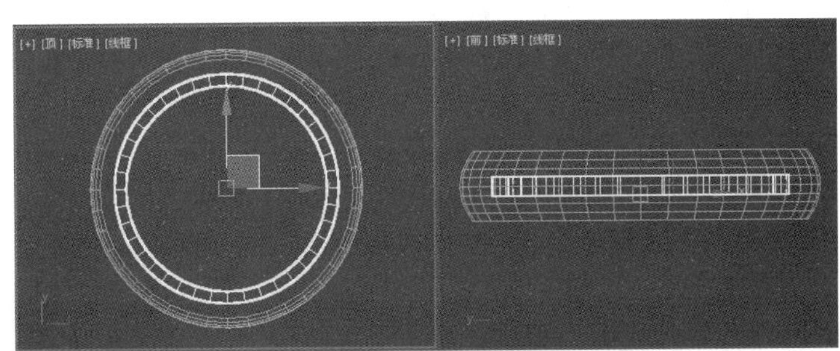

图 4-8　对齐后的效果

6）单击（创建）命令面板下（图形）中的 文本 按钮，参数设置如图 4-9 所示。然后将光标移动到顶视图上单击，这样在顶视图上就出现了一个“象”字（注意定义字体尺寸，使“象”字的大小不要超过圆环的直径）。

7）选中场景中的“象”字，进入（修改）命令面板。执行修改器上的“挤出”命令，参数设置如图 4-10 所示。

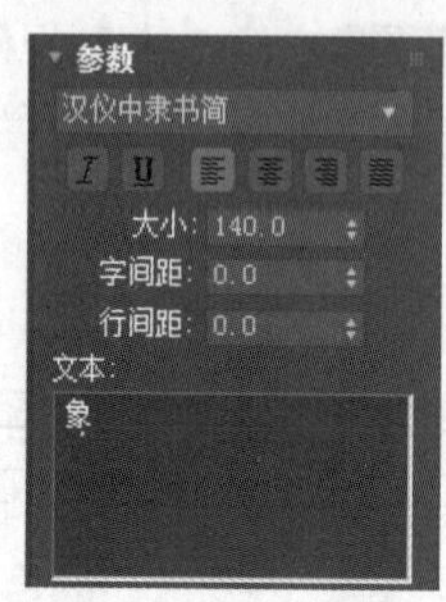


图 4-9　创建文字

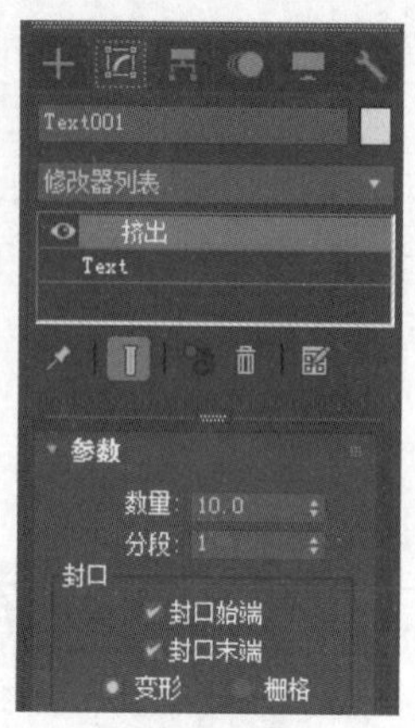


图 4-10　设置"挤出"参数

8）单击菜单栏上的 （对齐）按钮，然后在圆环上单击，在弹出的"对齐当前选择"对话框中进行参数设置，最后单击"确定"按钮，使圆柱体、圆环、文字三者的中心都沿着它们的 X、Y、Z 坐标轴对齐，结果如图 4-11 所示。

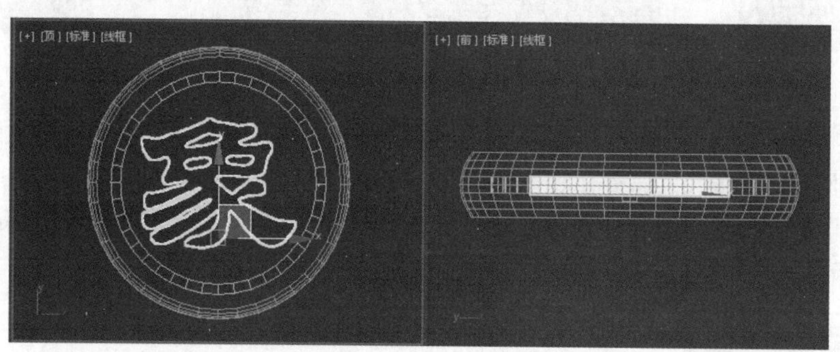

图 4-11　对齐后的效果

9）选中"象"字，进入 （修改）命令面板，在"修改器列表"下拉列表框中选择"编辑网格"命令。

10）在"编辑网格"参数面板中，单击 附加 按钮，并在管状体上单击，使文字和圆环结成一个整体，如图 4-12 所示。

11）关掉 附加 按钮，在前视图上将圆环与文字结合成的整体向上移动，使结合体中一部分的高度高出圆柱体，以便下面执行布尔运算，如图 4-13 所示。

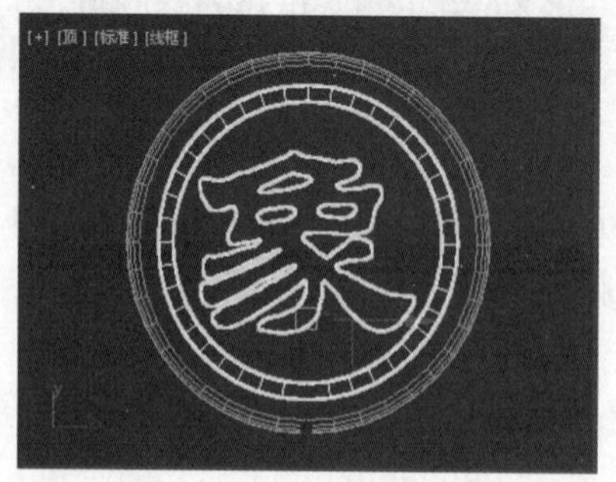


图 4-12　将文字和管状体结合成一个整体

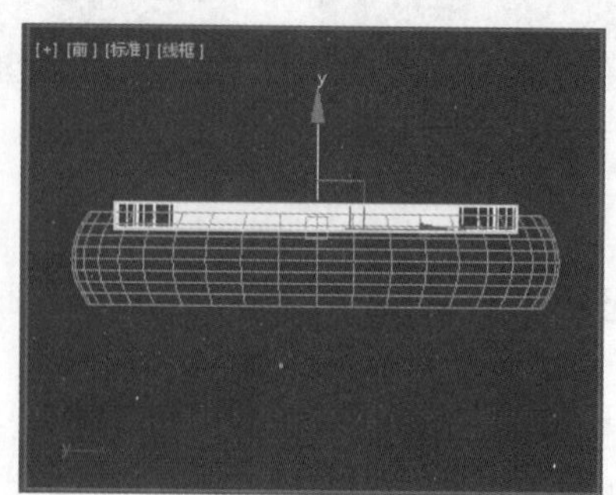

图 4-13　将结合体上移

提示：在这里必须要使文字和管状体先结合后再执行布尔运算，否则执行布尔运算后只能计算文字或管状体的其中一个，这样会造成错误结果，如图 4-14 和图 4-15 所示。

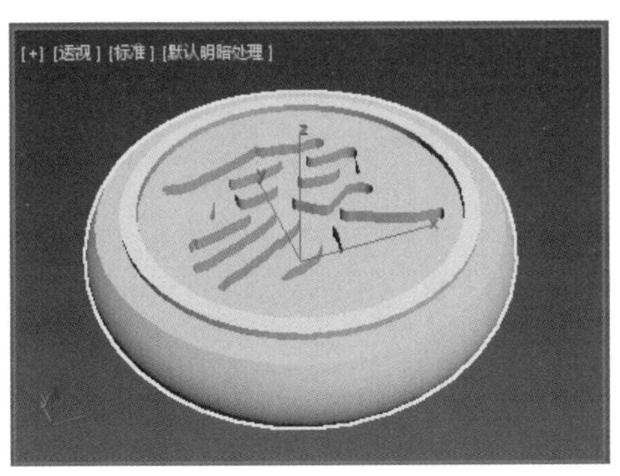


图 4-14　错误结果 1

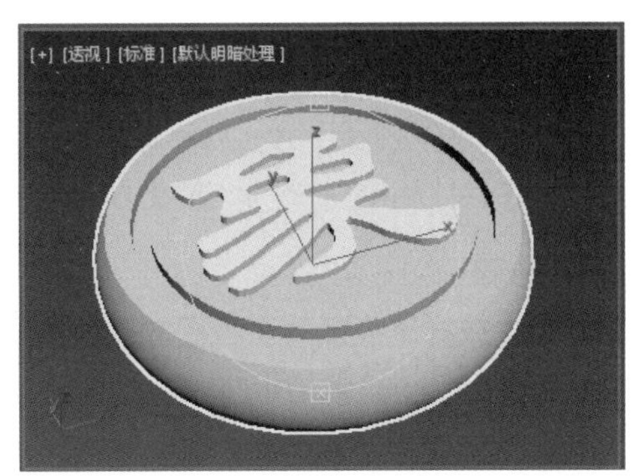


图 4-15　错误结果 2

12）执行布尔运算。方法：选中圆柱体，单击 +（创建）命令面板下的 ○（几何体）按钮，从下拉列表框中选择 复合对象 选项。然后单击 布尔 按钮，在参数面板中单击 添加运算对象 按钮，再在“运算对象参数”卷展栏中激活 差集 按钮，参数设置如图 4-16 所示。接着拾取顶视图上文字和圆环的结合体，结果如图 4-17 所示。

13）赋给象棋材质后渲染，最终结果如图 4-18 所示。

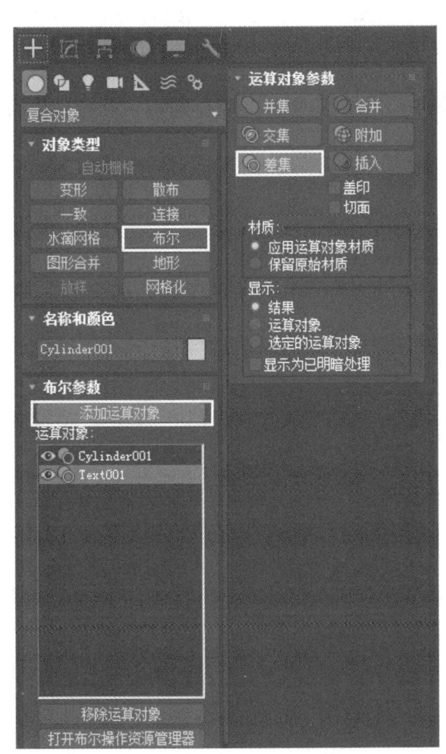


图 4-16　设置“布尔”参数

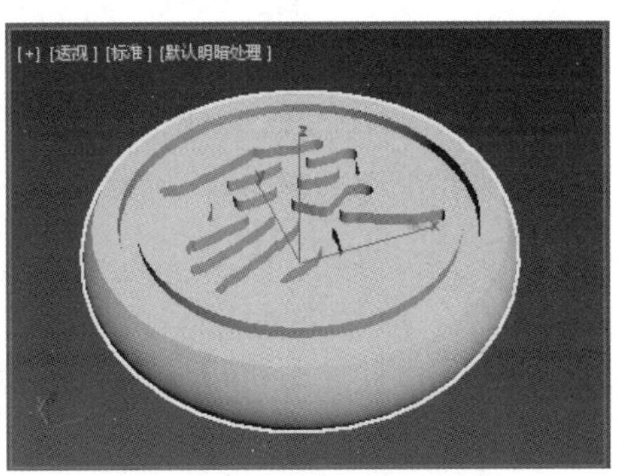


图 4-17　“布尔”运算后的效果

图 4-18　渲染后的效果

## 4.2 显示器

**要点：**

本例将制作一台显示器，如图 4-19 所示。学习本例，读者应掌握利用“放样”中的“拟合”变形来创建模型的方法。

图 4-19　显示器效果

**操作步骤：**

### 1. 建立放样路径及 3 个视图的截面图形

1）执行菜单中的“文件 | 重置”命令，重置场景。

2）在顶视图、前视图和左视图中创建显示器的 3 个视图中的截面图形和放样路径，如图 4-20 所示。

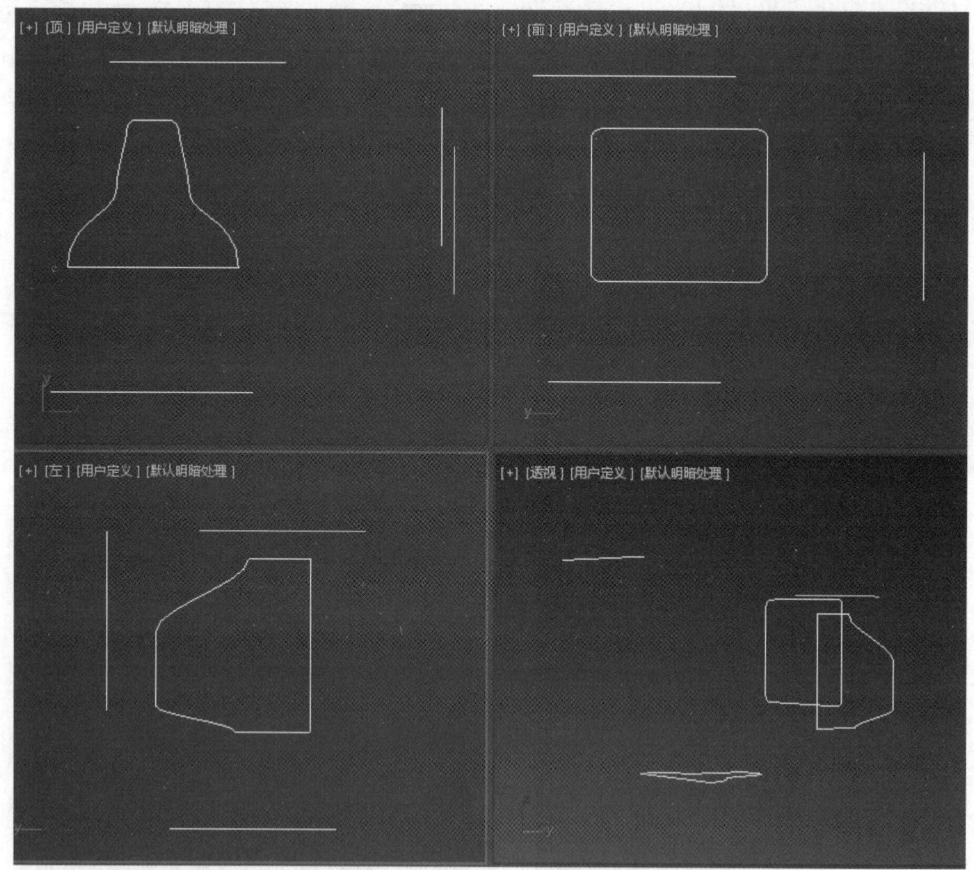


图 4-20　创建截面图形和放样路径

### 2. 适配变形放样形成显示器

1）以顶视图中的直线为放样路径，放样前视图中的圆角矩形，结果如图 4-21 所示。

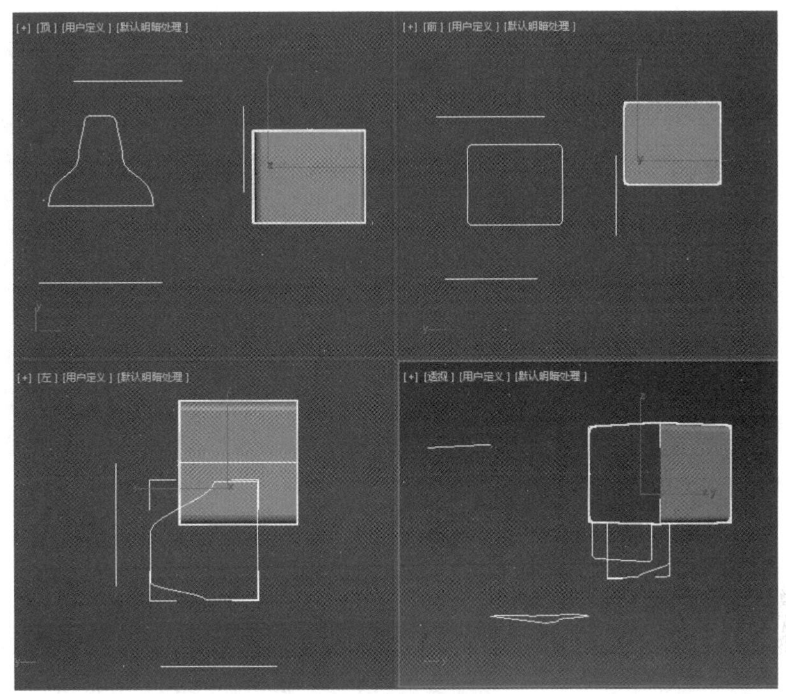
图 4-21　放样后的效果

2）选中放样后的物体，进入（修改）命令面板，然后单击拟合按钮，如图 4-22 所示。接着在弹出的“拟合变形”窗口的工具栏中单击（均衡）按钮，取消 X 轴和 Y 轴的一致锁定。

提示：这样做的目的是为了在 X、Y 方向分别拾取不同的截面图形。

3）单击（显示 X 轴）按钮，再单击（拾取图形）按钮，然后拾取顶视图中的截面图形，如图 4-23 所示。

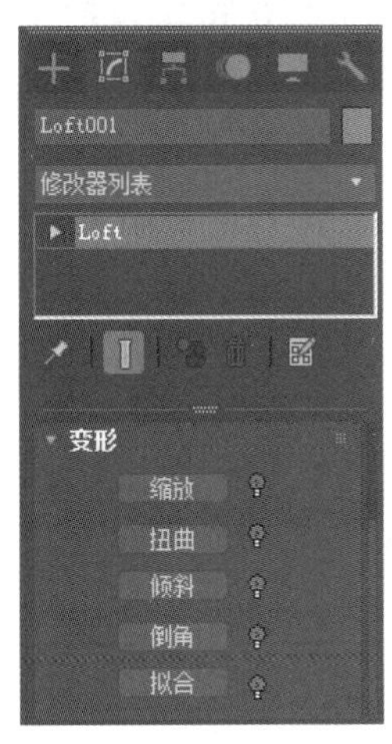

图 4-22　单击“拟合”按钮

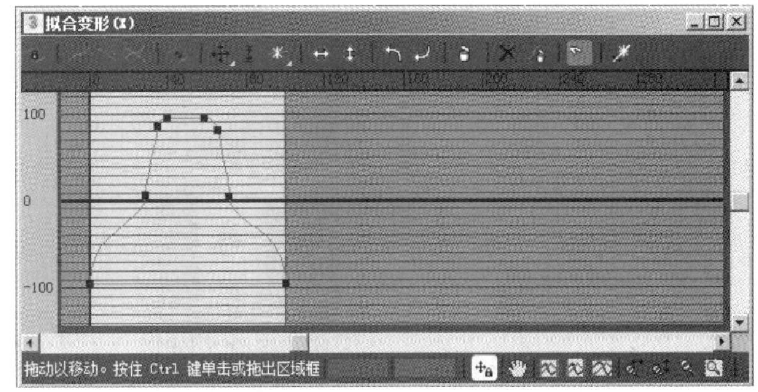

图 4-23　拾取顶视图中的截面图形的效果

4）此时显示器截面图形方向不对，需要单击“拟合变形”窗口工具栏上的（逆时针旋转 90°）按钮，将截面图形逆时针旋转 90°，如图 4-24 所示，结果如图 4-25 所示。

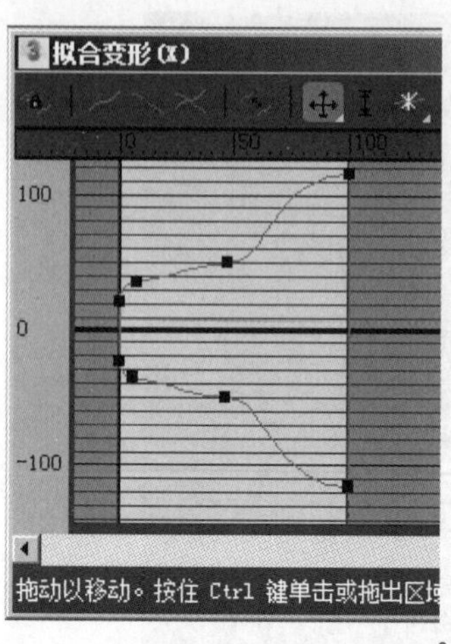


图 4-24　逆时针旋转截面图形 90°

图 4-25　旋转后的效果

5）单击“拟合变形”窗口工具栏上的■（显示 Y 轴）按钮，再单击■（拾取图形）按钮，然后拾取左视图中的截面图形，如图 4-26 所示，结果如图 4-27 所示。

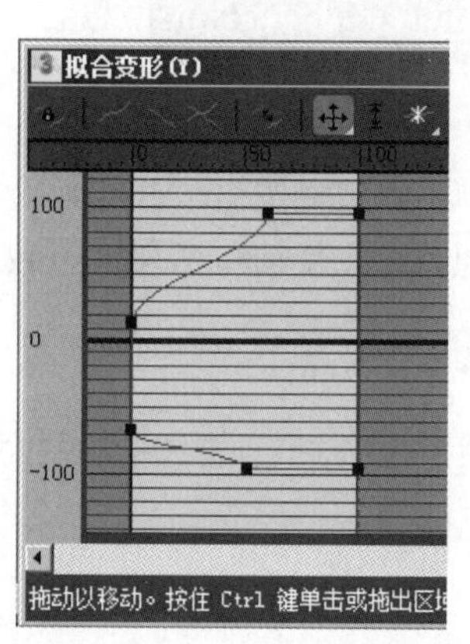


图 4-26　拾取左视图中的截面图形

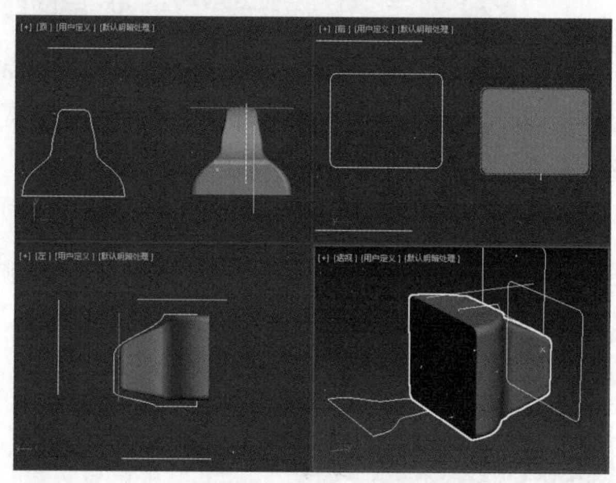

图 4-27　拾取后的效果

6）至此，计算机显示器模型制作完成。下面对其进行修饰，然后渲染，结果如图 4-28 所示。

图 4-28　渲染后的效果

## 4.3　藤本植物

**要点：**

本例将制作一个藤本植物，如图 4-29 所示。学习本例，读者应掌握复合建模中“散布”和“放样”方法的综合应用。

图 4-29　藤本植物效果

**操作步骤：**

1）执行菜单中的“文件 | 重置”命令，重置场景。

2）在前视图中创建一个“切角长方体”作为藤本植物攀援的对象，具体参数设置如图 4-30 所示。

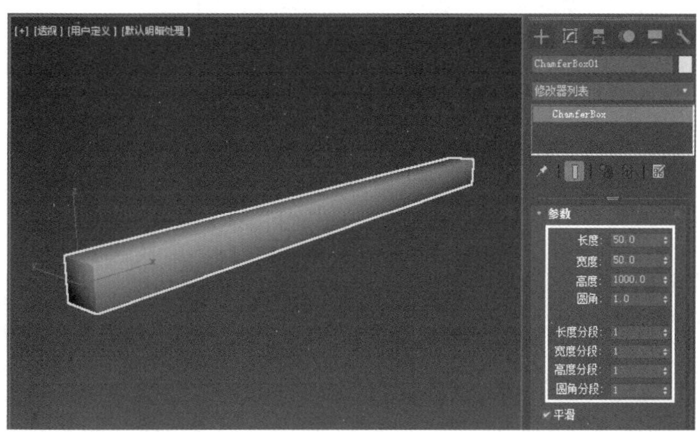


图 4-30　创建切角长方体

3）单击 +（创建）命令面板下（图形）中的 螺旋线 按钮，在左视图中创建一条围绕“切角长方体”的“螺旋线”。然后单击 圆 按钮，创建一条半径为 3 的圆。接着选中“螺旋线”，进入“复合对象”创建面板，单击“放样”按钮后拾取视图中的圆，进行放样操作，结果如图 4-31 所示。

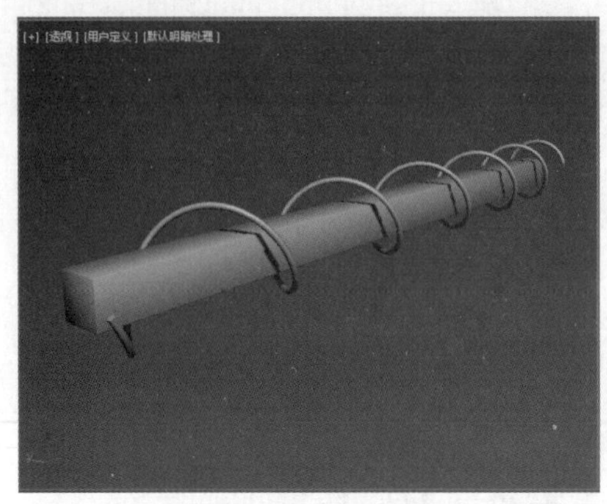

图 4-31　放样后的效果

4）同理，在顶视图中创建一条“螺旋线”和“圆”，并进行“放样”操作，然后将其放置到适当的位置。接着复制出两条相同的“放样螺旋线”并放在适当的位置，最后将它们进行缩放，结果如图 4-32 所示。

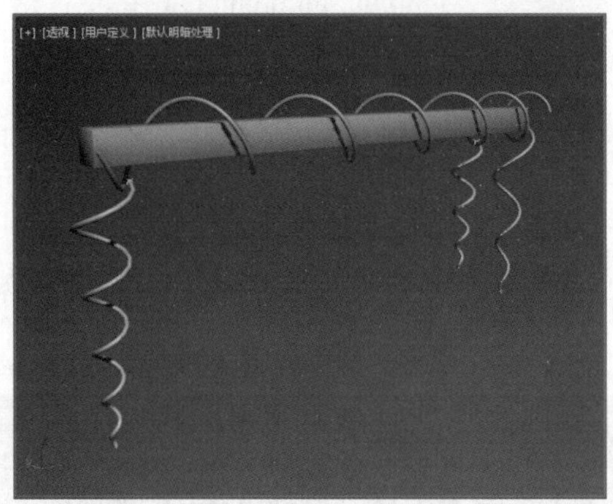

图 4-32　制作垂直藤条

5）要将藤条的底部做得比较真实，可在“放样”的“变形”卷展栏中单击 缩放 按钮，在弹出的对话框中调整角点，如图 4-33 所示，从而得到想要的效果，如图 4-34 所示。

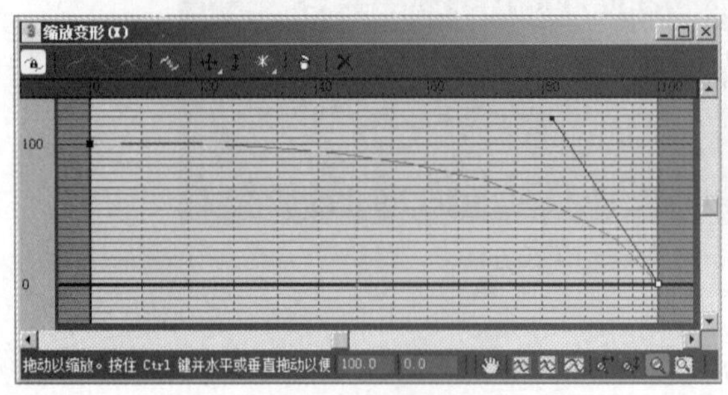



图 4-33　调整角点

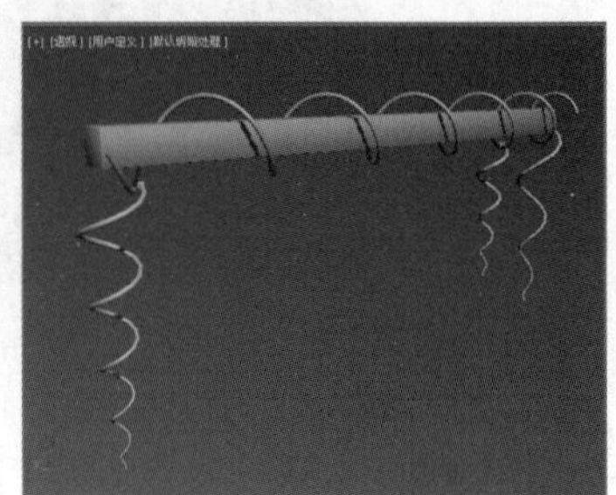

图 4-34　调整角点后的效果

6）至此，藤条制作完毕，下面开始制作藤条上的叶子，叶子的制作可通过一个平面的贴图来得到，也可直接制作“平面”来得到。

7）将叶子放置到藤条上。方法：选择叶子，进入复合对象建模面板，单击 散布 按钮，然后单击“选取分布对象”按钮，在视图中选取对象作为散布的对象。接着设置“源对象参数”选项组中的参数，具体参数设置如图 4-35 所示。

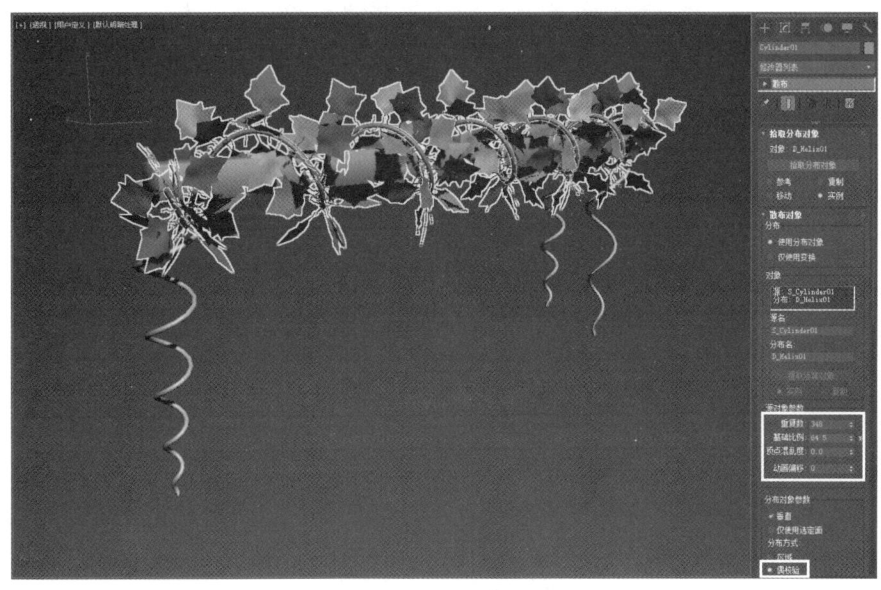

图 4-35　制作叶子

8）此时，“散布”上去的藤叶大小与藤条比例不一致，还需在卷展栏中设置它的比例并进行调整，具体参数设置如图 4-36 所示。

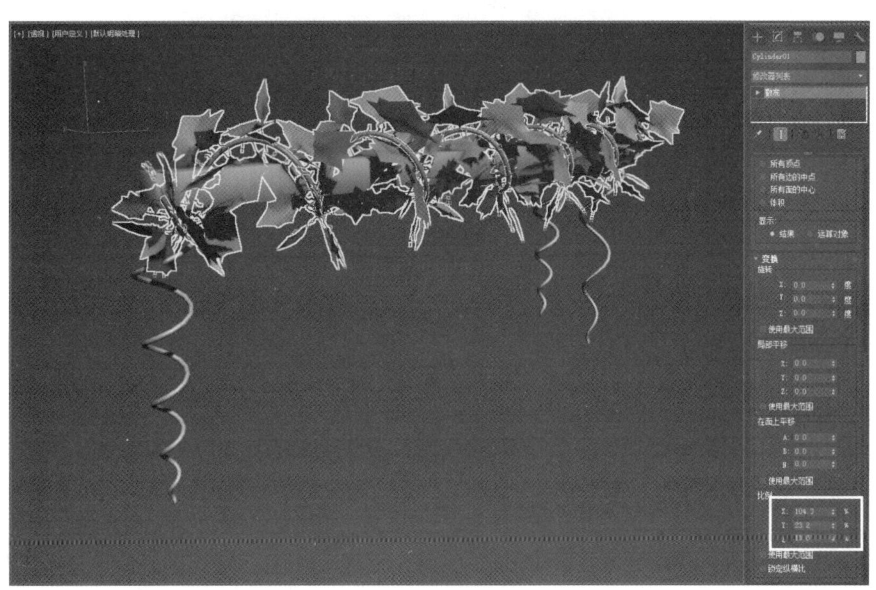

图 4-36　调整叶子比例

9）对下垂的藤条同样进行“散布”操作，依此类推，最终效果如图 4-37 所示。

图 4-37　制作其他叶子

## 4.4　鼓

**要点：**

本例将制作一个鼓效果，如图 4-38 所示。学习本例，读者应掌握锥化、对称修改器、阵列、多边形建模和“多维 / 子对象”材质的综合应用。

图 4-38　鼓效果

**操作步骤：**

### 1. 制作鼓的大体形状

1）执行菜单中的“文件 | 重置”命令，重置场景。

2）在透视图中创建一个圆柱体，参数设置如图 4-39 所示。

提示：为了便于操作，此时可按快捷键〈F4〉，显示出圆柱体的边面。

3）对圆柱体进行锥化处理，从而形成鼓的大体形状。方法：选择圆柱体，进入（修改）命令面板，执行修改器下拉列表框中的“锥化”命令，参数设置及结果如图 4-40 所示。

4）右击视图中的圆柱体，从弹出的快捷菜单中选择“转换为 | 转换为可编辑多边形”命令，如图 4-41 所示，从而将圆柱体转换为可编辑的多边形。

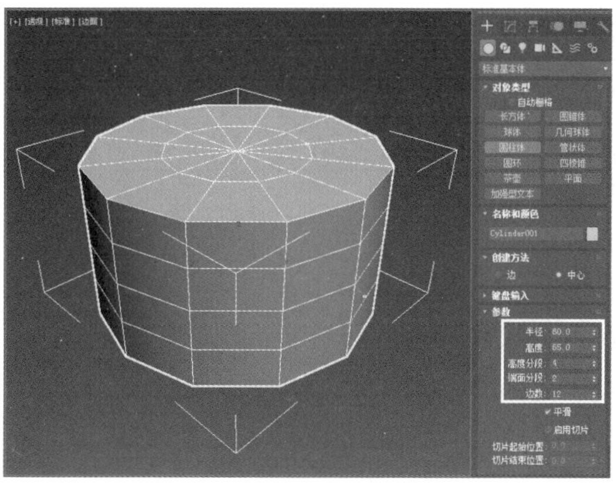

图 4-39　设置圆柱体参数

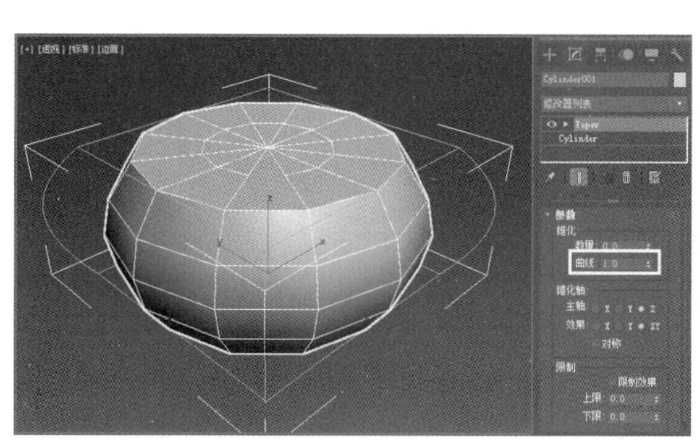

图 4-40　对圆柱体进行锥化处理

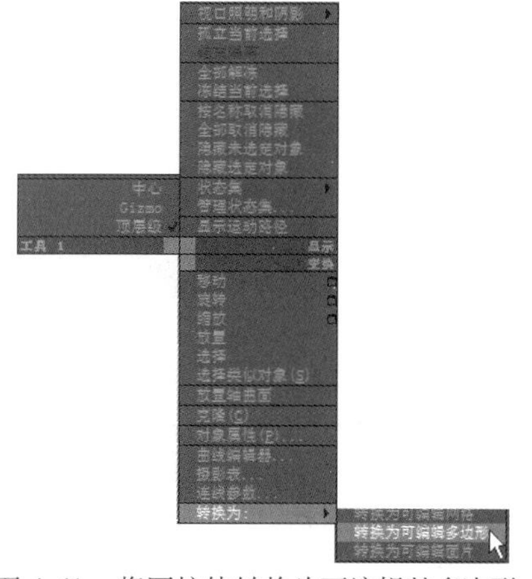

图 4-41　将圆柱体转换为可编辑的多边形

## 2. 制作鼓面

1）添加一圈水平边。方法：进入可编辑多边形的（边）级别，然后选择如图 4-42 所示的边，接着单击“环形”按钮（快捷键〈Alt+R〉），选择出环形边，如图 4-43 所示。最后单击“连接”按钮，从而添加一圈水平边，如图 4-44 所示。

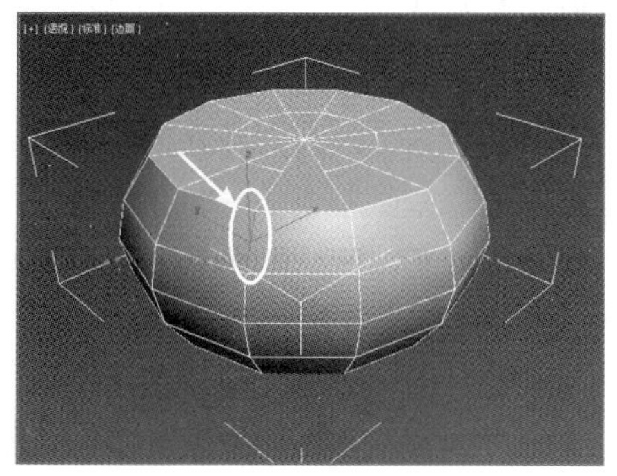

图 4-42　选择边

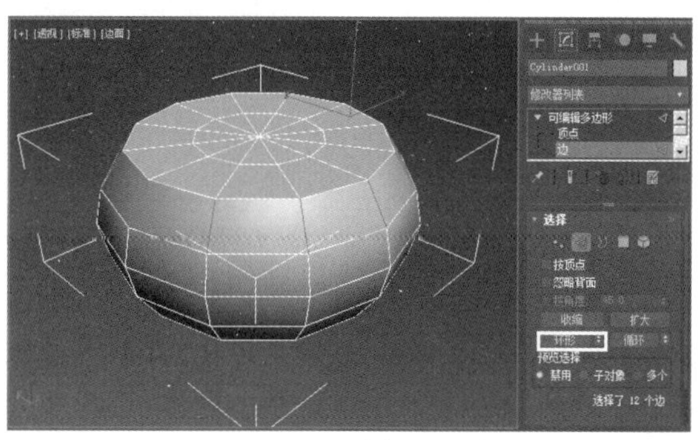

图 4-43　选择环形边

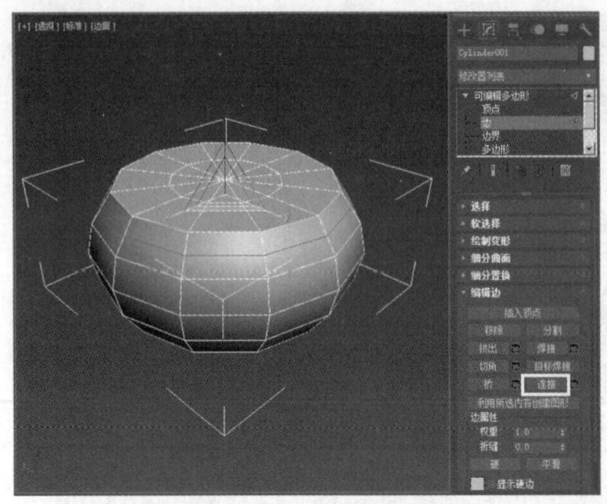

图 4-44　添加一圈水平边

2）挤出鼓面区域。方法:进入可编辑多边形的■(多边形)级别,然后利用工具栏中的■(选择对象）工具选择如图 4-45 所示的多边形。接着单击“挤出”右侧■按钮，此时在视图中会出现挤出的相关参数，如图 4-46 所示。接着设置“挤出类型”为“局部法线”,“挤出高度”为 2，如图 4-47 所示，单击■按钮。

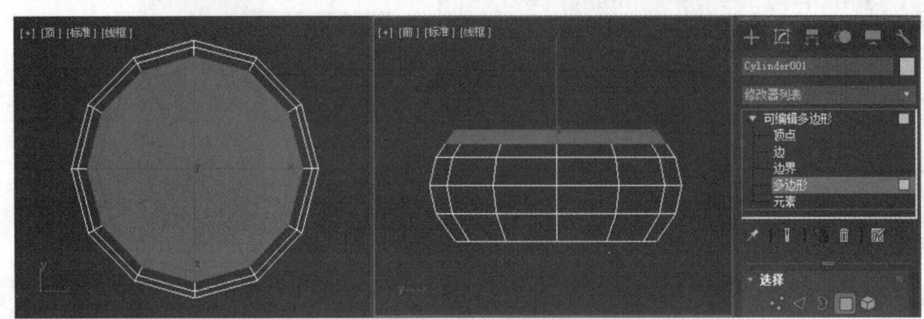


图 4-45　选择多边形

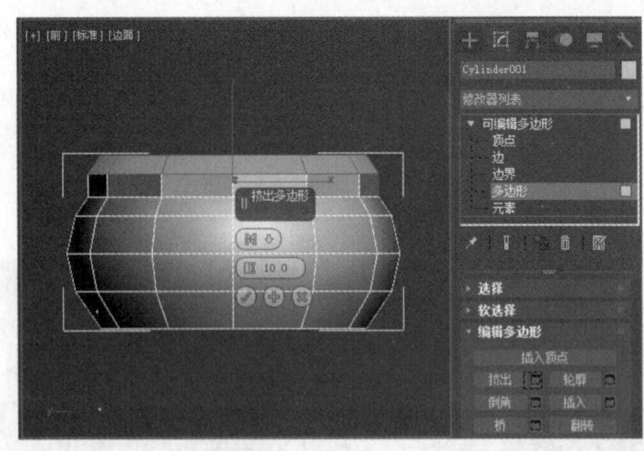


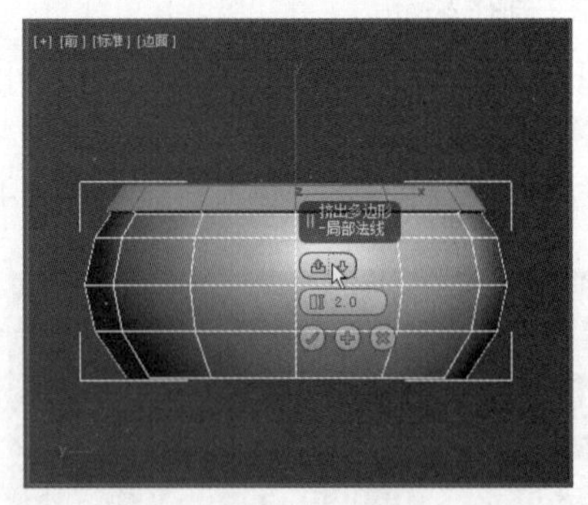


图 4-46　设置“挤出多边形”参数

图 4-47　挤出后效果

3）为了保证鼓面的圆滑度，下面对挤出后的鼓面顶部进行处理。方法：进入可编辑多边形的■（边）级别,选择如图 4-48 所示的边,然后单击“循环”按钮(快捷键〈Alt+L〉),选择循环边，如图 4-49 所示。接着利用工具栏中的■(选择并匀称缩放)工具对选中的循环边进行缩放处理，结果如图 4-50 所示。

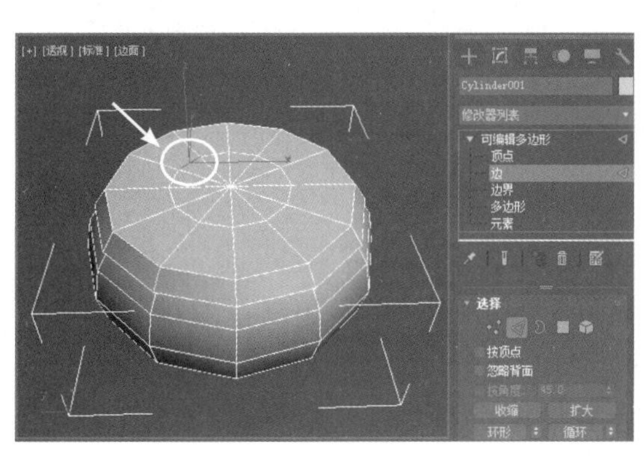


图 4-48　选择边

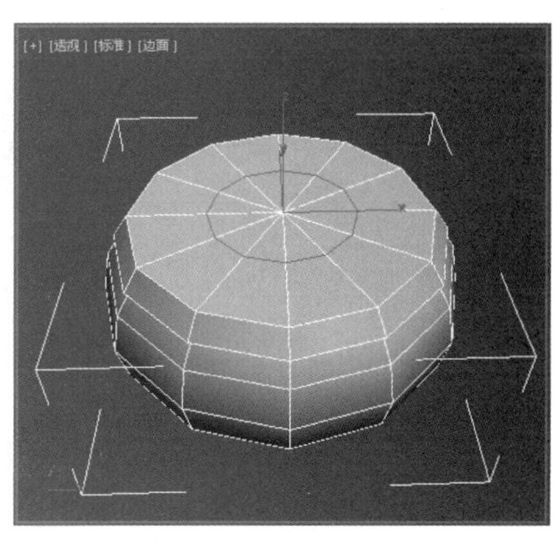


图 4-49　选择循环边

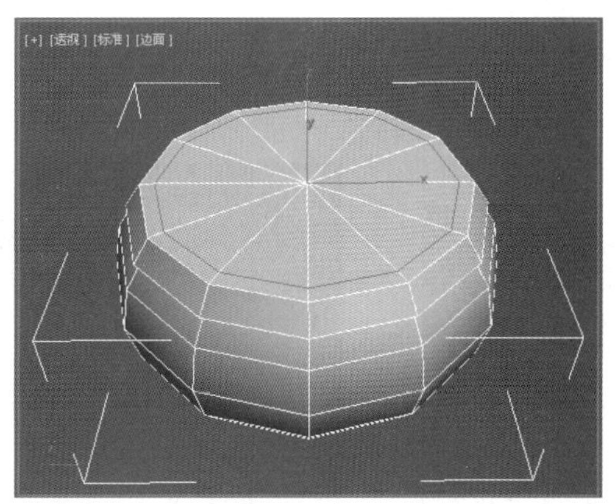


图 4-50　缩放循环边效果

4）为了保证鼓面侧面的圆滑度，下面在鼓面侧面添加一条边。方法：选择如图 4-51 所示的环形边，然后单击“连接”按钮，添加一圈水平边，如图 4-52 所示。

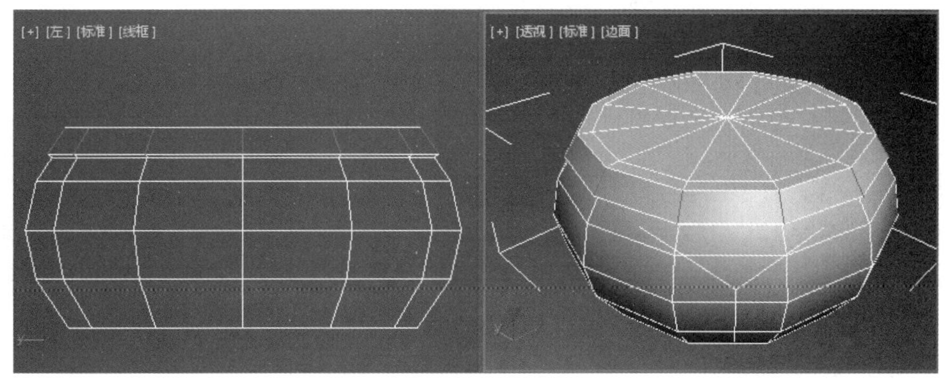


图 4-51　选择环形边

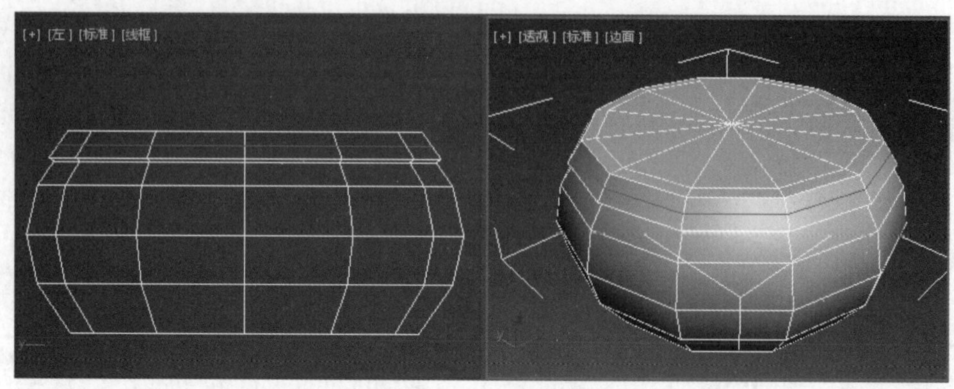


图 4-52　添加一圈水平边

5）为了便于后面上色，下面将鼓面模型从圆柱体中分离出来。方法：进入可编辑多边形的 （多边形）级别，选择如图 4-53 所示的多边形，然后单击“扩大”按钮，选择鼓面所有的多边形，如图 4-54 所示。接着单击“分离”按钮，如图 4-55 所示，从弹出的“分离”对话框中如图 4-56 所示设置参数，单击“确定”按钮。

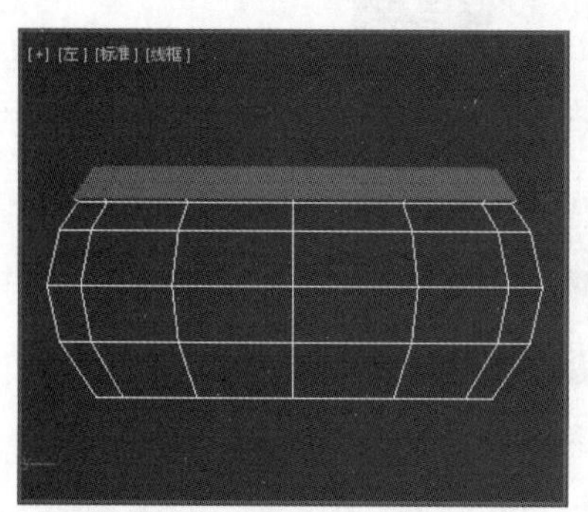


图 4-53　选择多边形

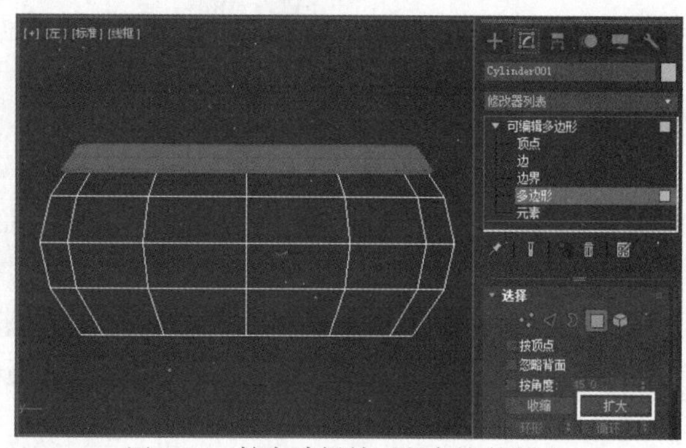


图 4-54　扩大选择鼓面所有的多边形

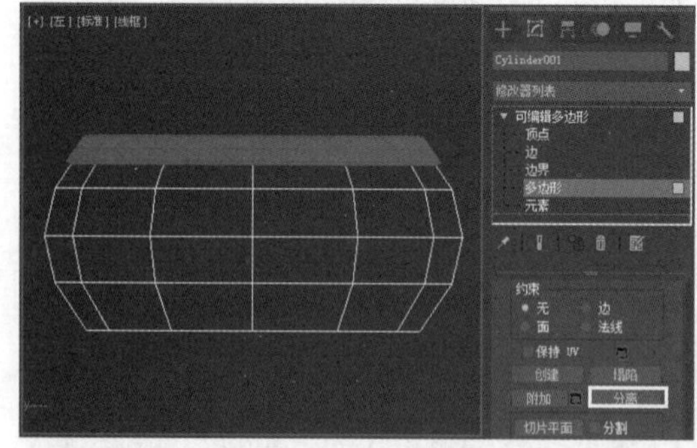


图 4-55　单击“分离”按钮

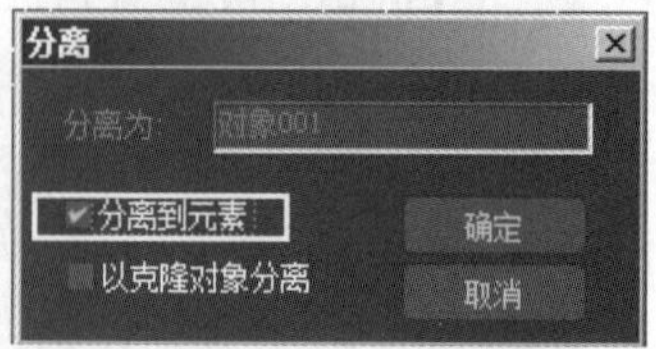


图 4-56　设置“分离”参数

### 3. 制作鼓侧面的铜钉

1）我们将采用首先制作出一个铜钉模型，然后通过阵列的方式制作出其余铜钉的方法来完成铜钉的制作。为了便于阵列铜钉和以后制作出鼓下面的对称模型，下面对鼓的轴心点进行调整。方法：选择视图中的鼓模型，进入▣（层次）命令面板，然后单击 仅影响轴 按钮后单击 居中到对象 按钮，从而将鼓的轴心点定在其中心位置，如图 4-57 所示。接着再次单击 仅影响轴 按钮，退出编辑状态。

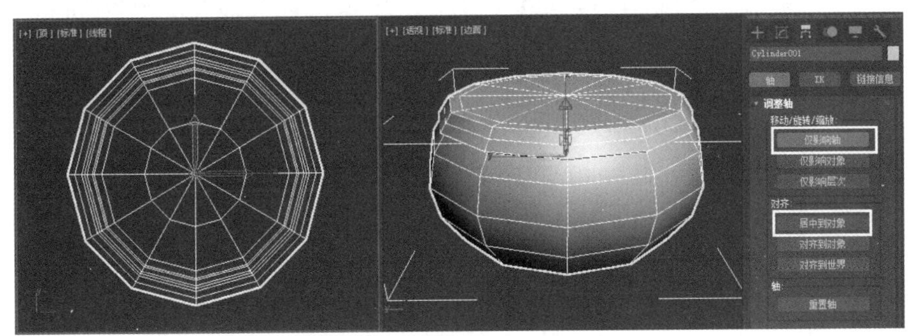

图 4-57　将鼓的轴心点定在其中心位置

2）将中心点的坐标定为原点。方法：右击工具栏中的✥（选择并移动）工具，从弹出的对话框中如图 4-58 所示进行设置。

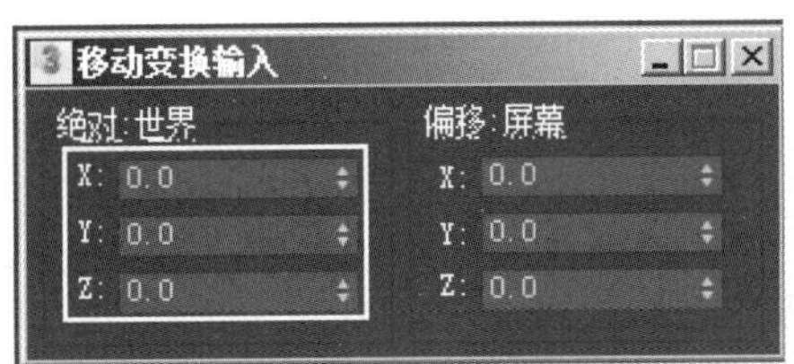

图 4-58　将中心点的坐标定为原点

3）此时鼓的模型不是很圆滑，下面右击鼓的模型，从弹出的快捷菜单中选择“NURMS 切换”，如图 4-59 所示，从而对鼓的模型进行平滑处理，效果如图 4-60 所示。

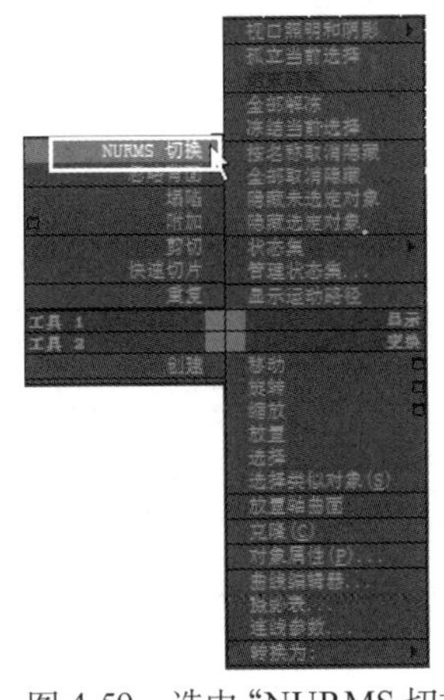

图 4-59　选中“NURMS 切换”

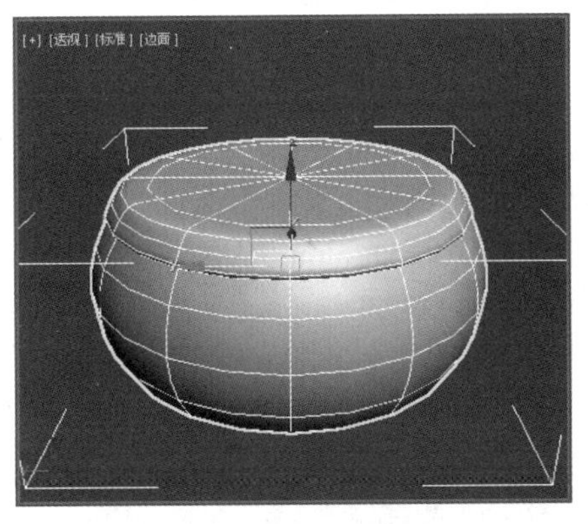
图 4-60　平滑处理鼓的模型后的效果

4）在前视图中创建一个半径为 3、分段为 12 的球体，然后将其在左视图中放置到如图 4-61 所示的位置。

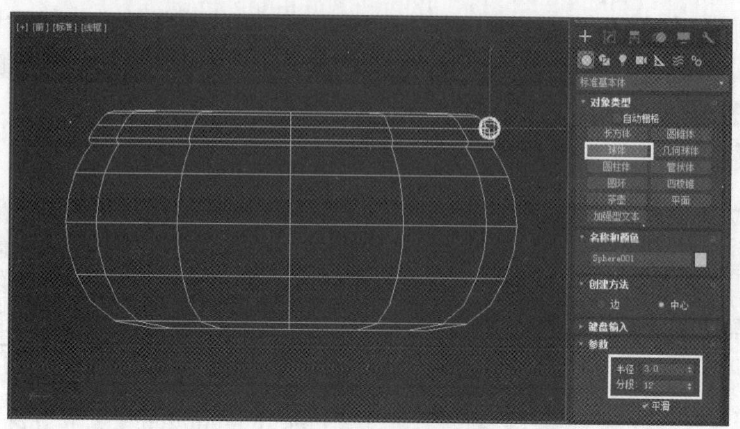

图 4-61 创建并放置球体

5）制作出铜钉形状。方法：将球体转换为可编辑的多边形，然后利用视图控制区中的（缩放区域）按钮放大局部，并进入可编辑多边形的（多边形）级别，选择如图 4-62 所示的多边形。接着利用工具栏中的（选择并移动）工具将其向右移动，如图 4-63 所示，再按键盘上的〈Delete〉键删除选中的多边形，如图 4-64 所示。最后利用（选择并匀称缩放）工具对剩余模型沿 X 轴进行挤压处理，使之成为铜钉形状，结果如图 4-65 所示。

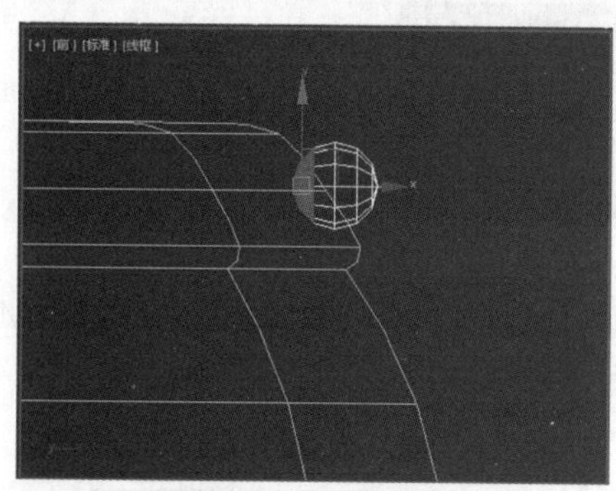
图 4-62 选择多边形

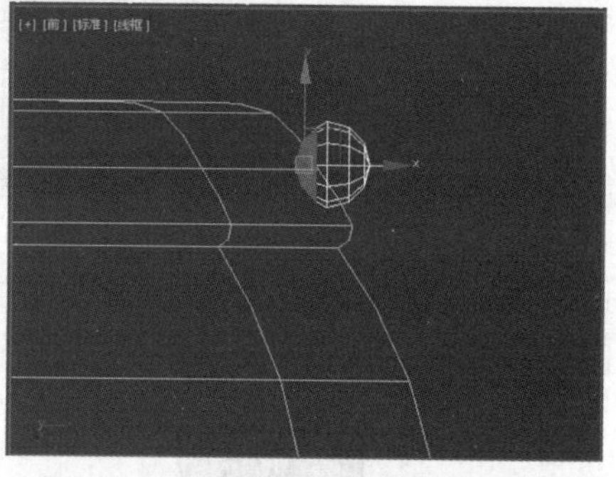
图 4-63 移动多边形

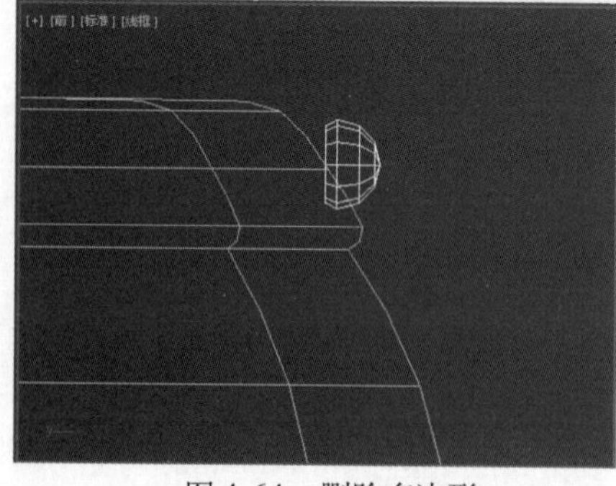
图 4-64 删除多边形

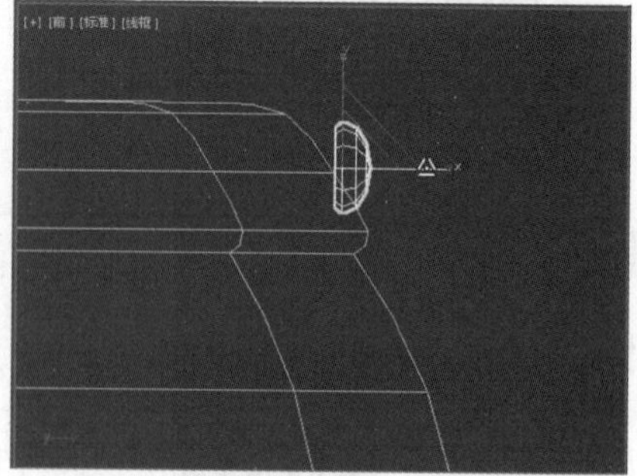
图 4-65 挤压出铜钉形状

6）利用工具栏中的（选择并移动）和（选择并旋转）工具调整铜钉的位置和角度，使之与鼓面匹配，结果如图 4-66 所示。

7）将铜钉坐标转换为鼓的坐标。方法：单击工具栏中的 视图 ，从下拉列表中选择 拾取 后拾取视图中的鼓模型，然后选择（使用变换坐标中心），此时铜钉模型的坐标中心就会转换为鼓的坐标中心，如图 4-67 所示。

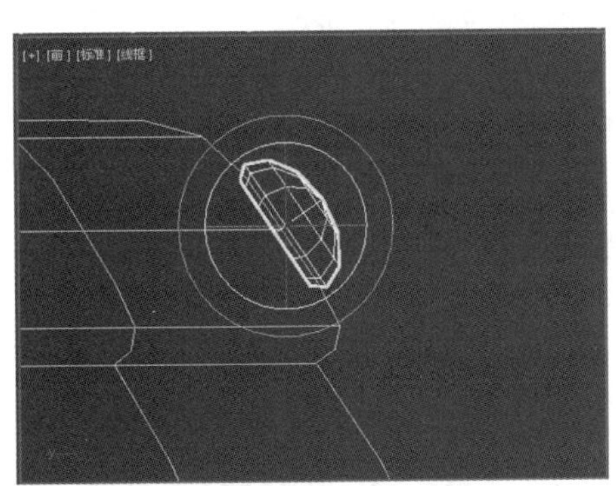

图 4-66　调整铜钉的位置和角度

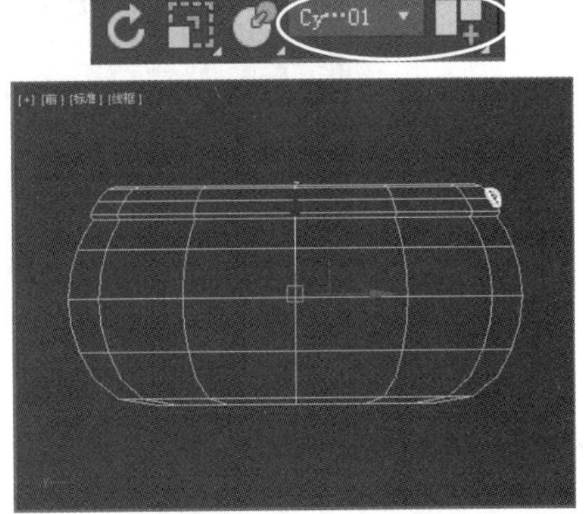


图 4-67　将铜钉模型坐标转换为鼓的坐标

8）阵列出其余铜钉。方法：选择视图中的铜钉模型，执行菜单中的“工具 | 阵列”命令，在弹出的“阵列”对话框中进行如图 4-68 所示的参数设置，单击“确定”按钮，结果如图 4-69 所示。

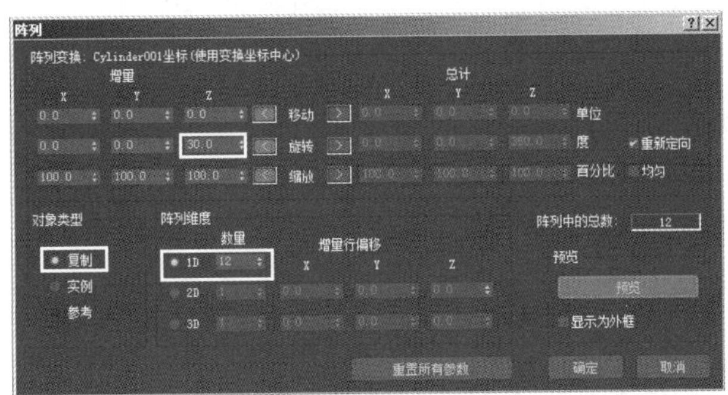


图 4-68　设置“阵列”参数

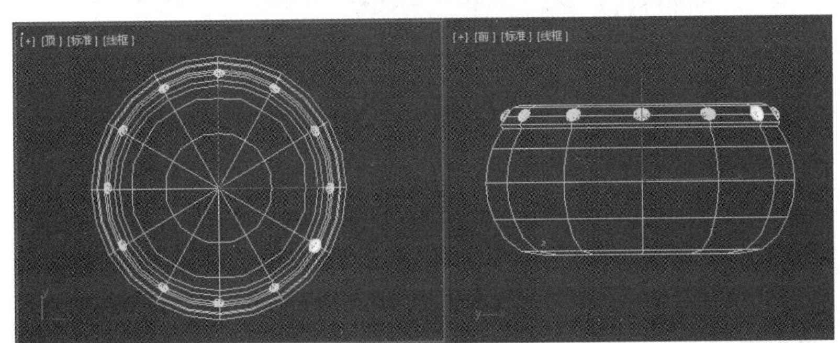

图 4-69　阵列出其余铜钉

9）将所有铜钉和鼓组成一个整体。方法：选择鼓模型，单击 附加 右侧的按钮，如图 4-70 所示，然后在弹出的“附加列表”对话框中选择所有铜钉，如图 4-71 所示，单击“附加”按钮，即可将所有铜钉和鼓附加成一个整体，如图 4-72 所示。

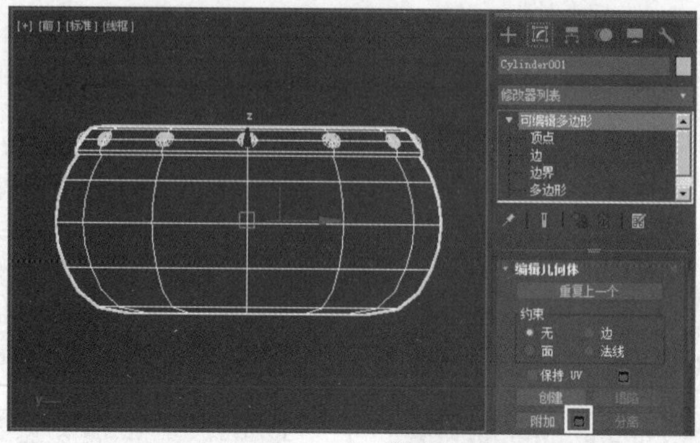


图 4-70　单击按钮

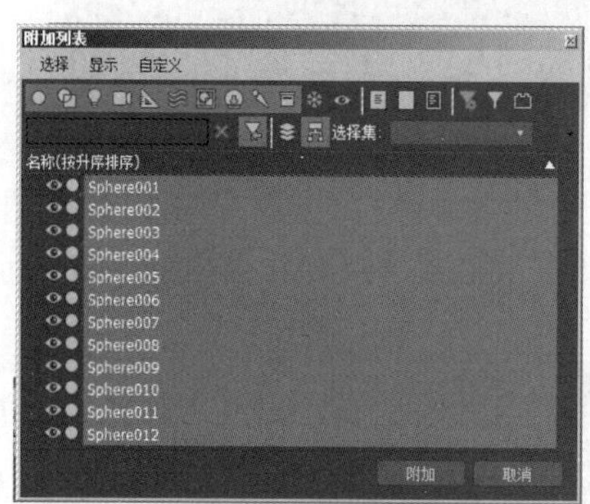


图 4-71　选中所有铜钉

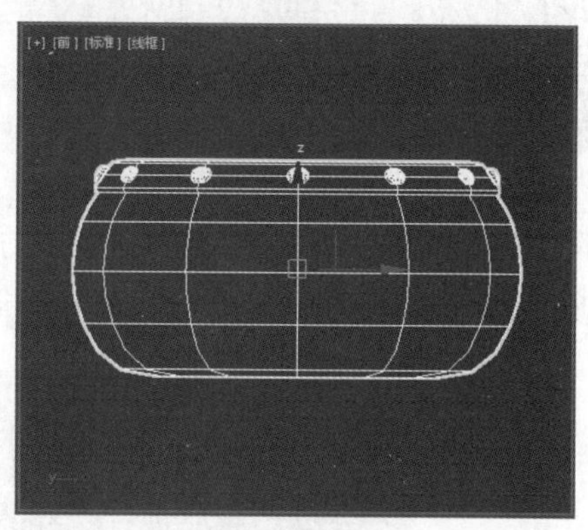


图 4-72　所有铜钉和鼓组成一个整体

## 4. 制作出鼓下部的对称模型

选中鼓模型，进入（修改）命令面板，执行修改器下拉列表框中的“对称”命令，设置参数及结果如图 4-73 所示。至此，鼓的整体模型制作完毕。

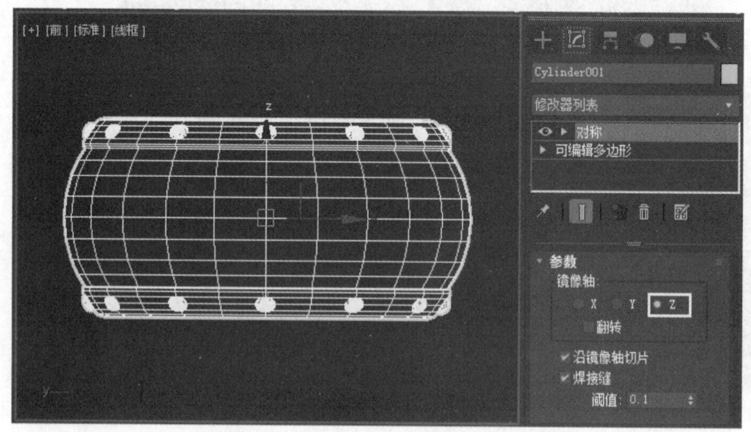


图 4-73　制作出鼓下部的对称模型

## 5. 赋予鼓模型材质

1）右击视图中的鼓模型，从弹出的快捷菜单中选择“转换为 | 转换为可编辑多边形”命令，将其转换为可编辑的多边形。

2）进入可编辑多边形的（元素）级别，然后选择如图 4-74 所示的鼓的主体模型，赋予其材质 ID 为 1。选择如图 4-75 所示的鼓的上下部分的模型，赋予其材质 ID 为 2。选择如图 4-76 所示的鼓上的铜钉模型，赋予其材质 ID 为 3。接着再次单击（元素）按钮，退出元素级别。

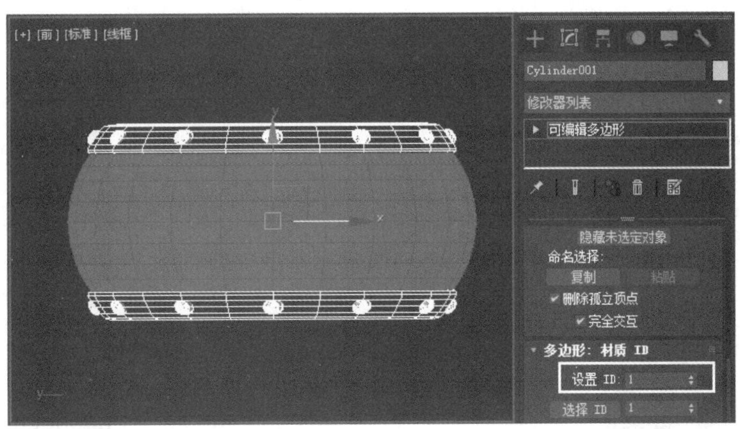


图 4-74　赋予主体模型 ID 为 1

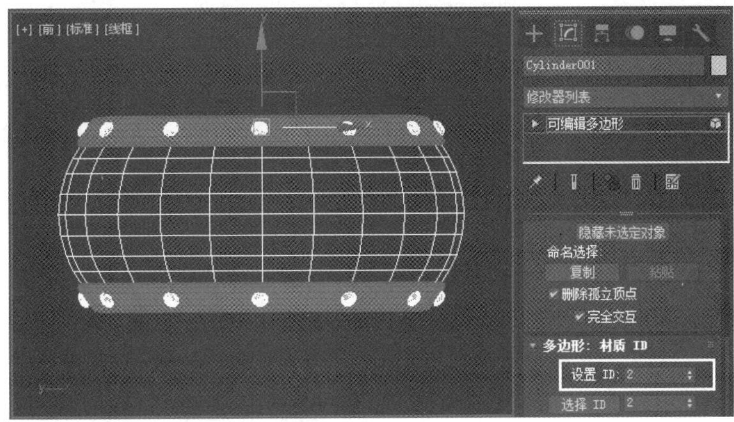


图 4-75　赋予上下部分模型 ID 为 2

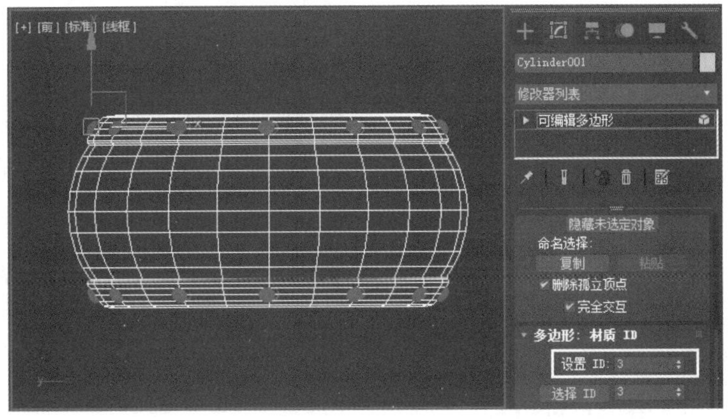


图 4-76　赋予铜钉模型 ID 为 3

3）单击工具栏中的（材质编辑器）按钮，进入材质编辑器。然后选择一个空白的材质球，单击 Standard 按钮，接着在弹出的“材质 / 贴图浏览器”对话框中选择“多维 / 子对象”材质，如图 4-77 所示，单击“确定”按钮。最后在弹出的“替换材质”对话框中选择“将旧材质保存为子材质”单选按钮，如图 4-78 所示，单击“确定”按钮，进入“多维 / 子对象”材质的参数设置面板，如图 4-79 所示。

图 4-77　选择“多维 / 子对象”材质

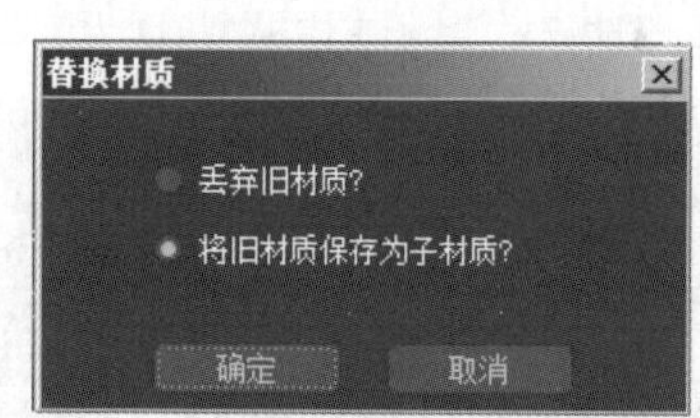


图 4-78　选择“将旧材质保存为子材质”

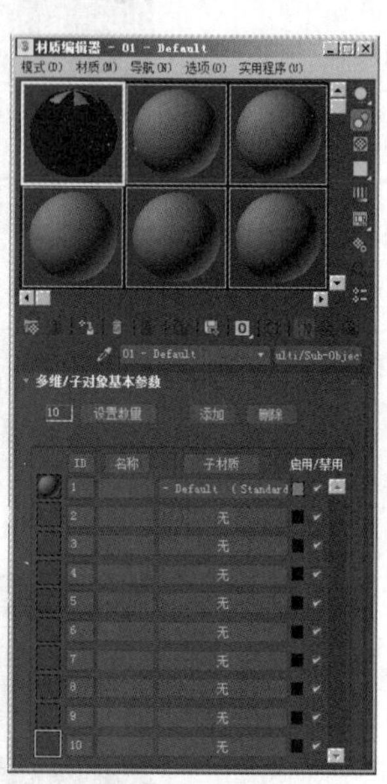


图 4-79　“多维 / 子对象”材质参数面板

4）“多维 / 子对象”材质有 10 种默认材质，此时我们只需要 3 种，下面将材质数量调整为 3。方法：单击 设置数量 按钮，从弹出的“设置材质数量”对话框中将“材质数量”设置为 3，如图 4-80 所示，单击“确定”按钮，结果如图 4-81 所示。

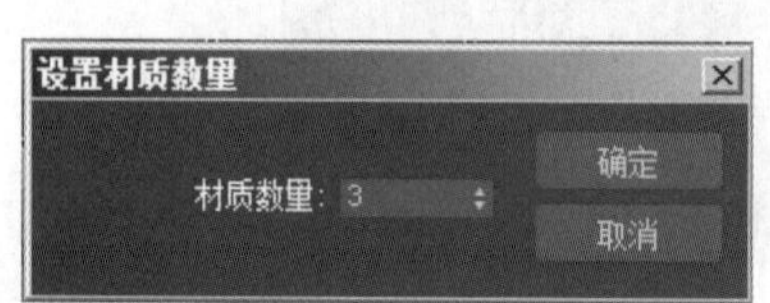


图 4-80　将“材质数量”设置为 3

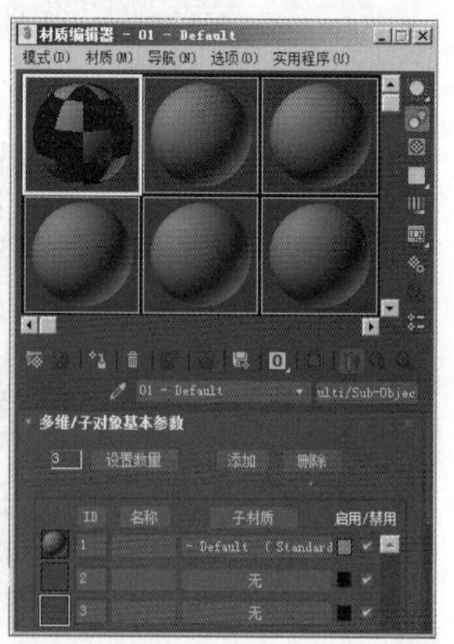


图 4-81　调整后的“多维 / 子对象”材质面板

5）将“ID1”的材质以“复制”的方式复制给“ ID2”和“ID3”材质，然后将该“多维 / 子对象”材质命名为“鼓”，再将 ID 1 号材质命名为“鼓主体”，将 ID 1 号材质命名为“鼓面”，将 ID 3 号材质命名为“铜钉”，此时材质编辑器如图 4-82 所示。

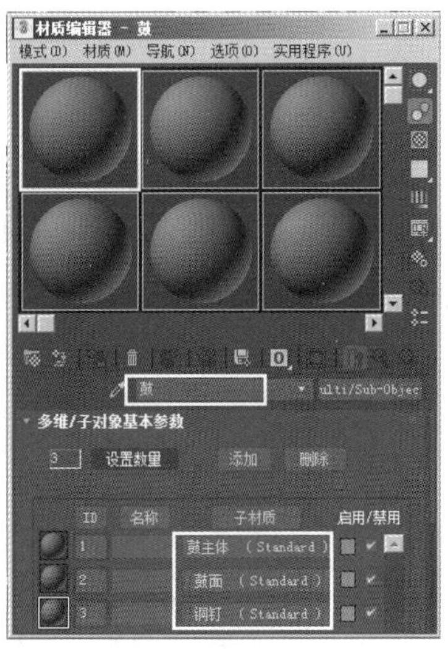


图 4-82　以“复制”的方式复制材质

6）设置鼓的主体模型材质。方法：单击 ID1 材质的右侧按钮，进入其参数设置，然后如图 4-83 所示设置参数。

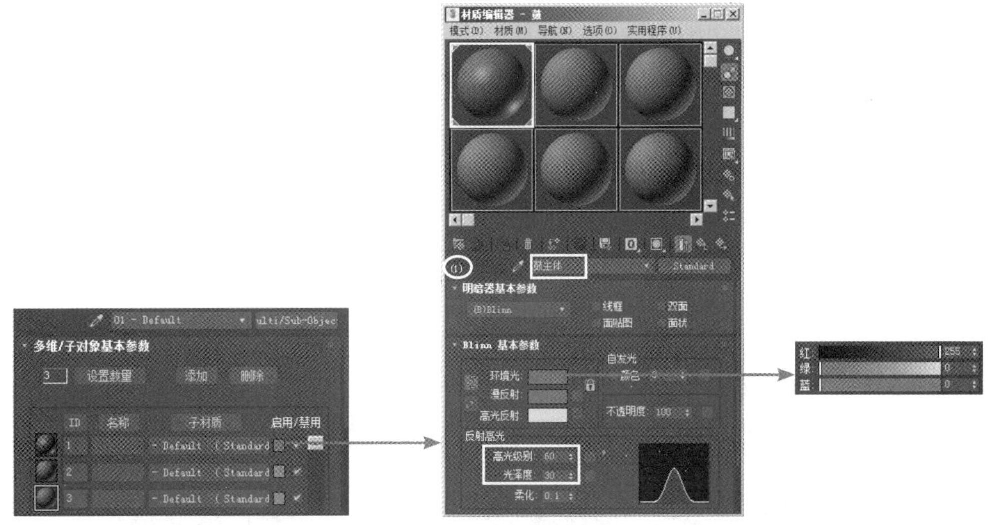


图 4-83　设置鼓主体模型材质

7）设置鼓的上下部分的模型材质。方法：单击材质编辑器工具栏中的按钮，进入 ID2 材质的参数设置，然后指定给“凹凸”右侧按钮一个“噪波”贴图，并如图 4-84 所示设置其余参数。

8）设置鼓上的铜钉材质。方法：单击材质编辑器工具栏中的按钮，进入 ID3 材质的参数设置，然后指定给“反射”右侧按钮一个网盘中的“maps\ 云彩 .tif”贴图，并如图 4-85 所示设置其余参数。

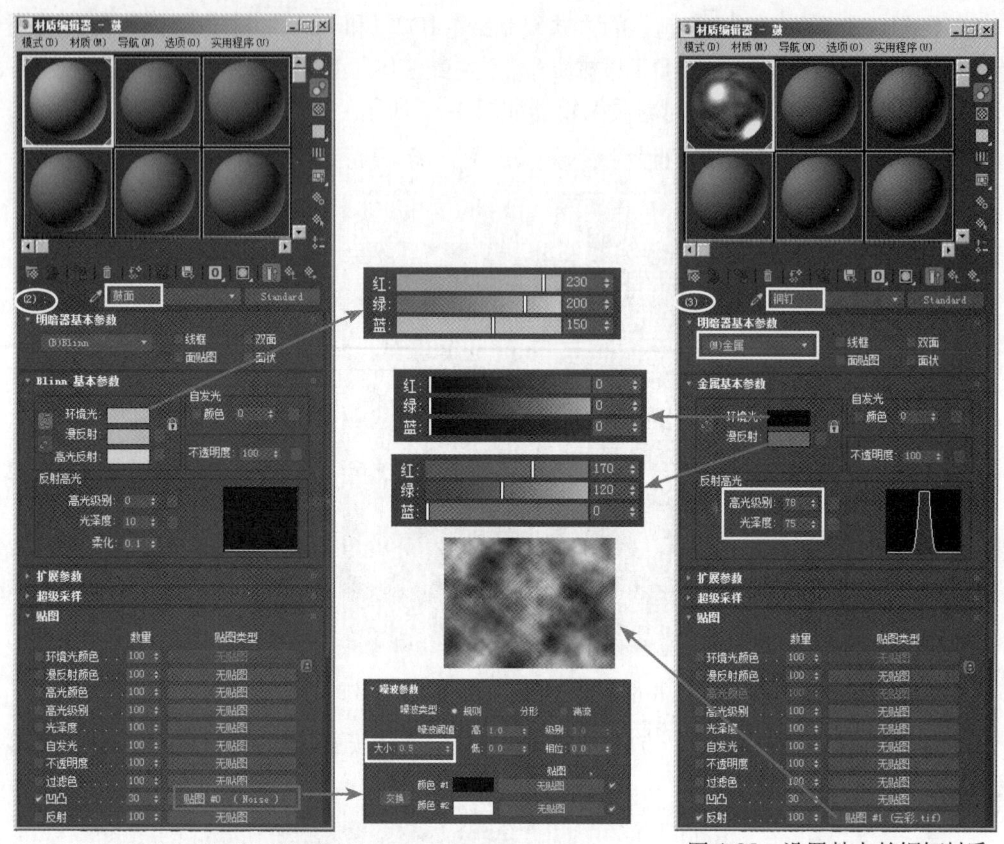


图 4-84 设置鼓的上下部分的模型材质　　图 4-85 设置鼓上的铜钉材质

9）选择视图中的鼓模型，然后单击材质编辑器工具栏中的 （将材质指定给选定对象）按钮，将材质赋予鼓模型。

10）将背景颜色改为灰色。方法：执行菜单中的“渲染 | 环境”命令，在弹出的对话框中单击颜色下的色块，将其颜色设为灰色，如图 4-86 所示。

11）选择透视图，单击工具栏中的 （渲染产品）按钮进行渲染，最终结果如图 4-87 所示。

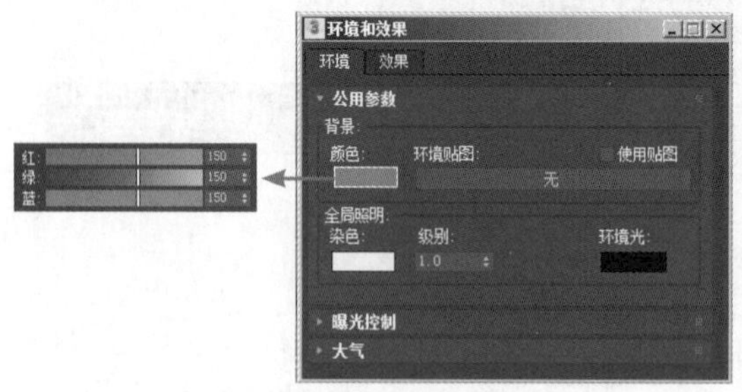


图 4-86 设置背景色

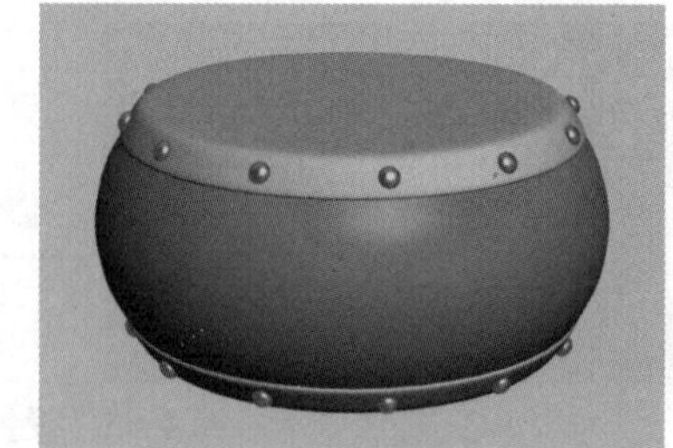

图 4-87 渲染效果

## 4.5 课后练习

（1）利用“放样”建模制作饮料瓶，结果如图 4-88 所示。参数可参考网盘中的“example\ 第 4 章 复合建模和高级建模 \4.5 课后练习 \ 练习 1\ 饮料瓶 .max”文件。

（2）利用“放样”建模中的“变形拟合”制作榔头，结果如图 4-89 所示。参数可参考网盘中的“example\ 第 4 章 复合建模和高级建模 \4.5 课后练习 \ 练习 2\ 榔头 .max”文件。

（3）利用“放样”建模创建窗帘，结果如图 4-90 所示。参数可参考网盘中的“example \ 第 4 章 复合建模和高级建模 \4.5 课后练习 \ 练习 3\ 窗帘 .max”文件。

图 4-88　饮料瓶效果　　图 4-89　榔头效果　　图 4-90　窗帘效果

（4）利用“布尔”运算制作车刀动画，结果如图 4-91 所示。参数可参考网盘中的“example\ 第 4 章 复合建模和高级建模 \4.5 课后练习 \ 练习 4\ 车刀 .max”文件。

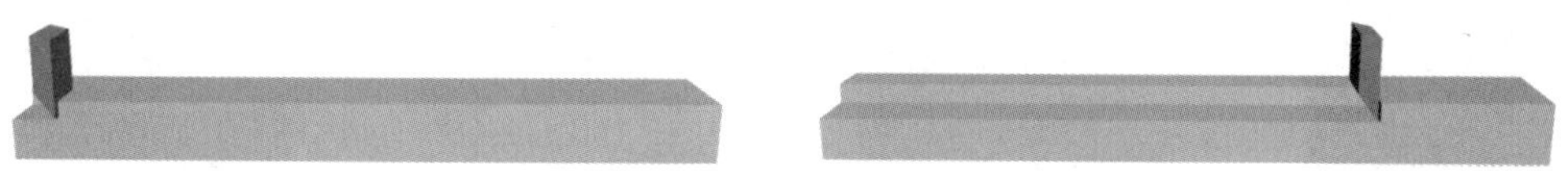

图 4-91　车刀效果

（5）利用多边形建模的方法制作如图 4-92 所示的叉子效果。参数可参考网盘中的“example\ 第 4 章 复合建模和高级建模 \4.5 课后练习 \ 练习 5\ 叉子效果 .max”文件。

图 4-92　叉子效果

# 第 5 章　材质与贴图

## 本章重点：

学习本章，读者应掌握赋予不同类型的模型相应的材质和贴图的方法。

## 5.1　金、银、玉材质

**要点：**

本例将分别制作并赋给佛像金、银和玉质材质，结果如图 5-1 所示。学习本例，读者应掌握材质的基本参数设置及“衰减”贴图的使用方法。

a)　　b)　　c)　　d)

图 5-1　金、银、玉材质

a) 原图　b) 金材质　c) 银材质　d) 玉材质

**操作步骤：**

### 1. 制作金材质

1）执行菜单中的“文件 | 打开”命令，打开网盘中的“example\ 第 5 章 材质与贴图 \ 5.1 金、银、玉材质 \ 佛像源文件 .max”文件。

2）设置金质材质基本参数。方法：单击工具栏中的（材质编辑器）按钮，进入材质编辑器。然后选择一个空白的材质球，设置“明暗器基本参数”卷展栏中的类型为“金属”，并设置“金属基本参数”卷展栏中的参数，如图 5-2 所示。

3）指定金质材质反射贴图。方法：展开“贴图”卷展栏，单击“反射”右侧的按钮，然后在弹出的“材质 / 贴图浏览器”对话框中选择“衰减”贴图类型，如图 5-3 所示。接着单击“确定”按钮，进入“衰减”贴图的参数设置，保持默认参数，如图 5-4 所示。最后单击（转到父对象）按钮，回到上一级别，此时的“贴图”卷展栏如图 5-5 所示。

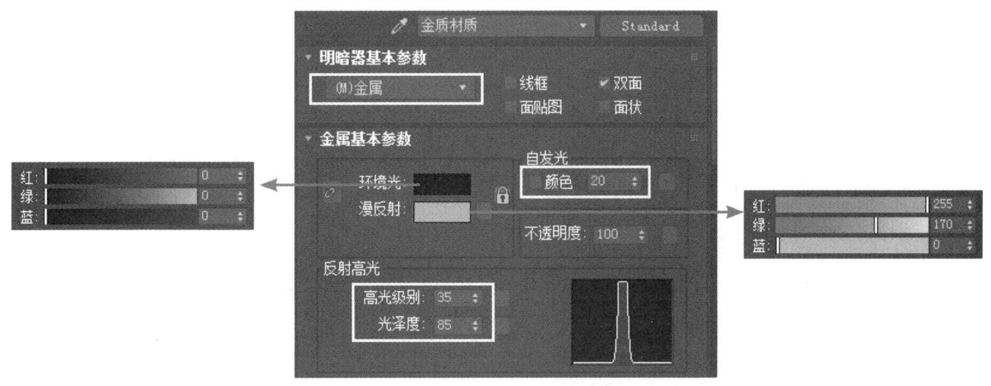

图 5-2　设置金属参数

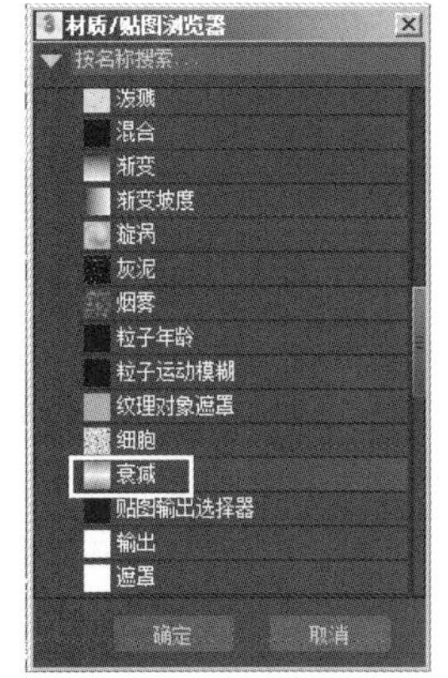

图 5-3　选择“衰减”贴图

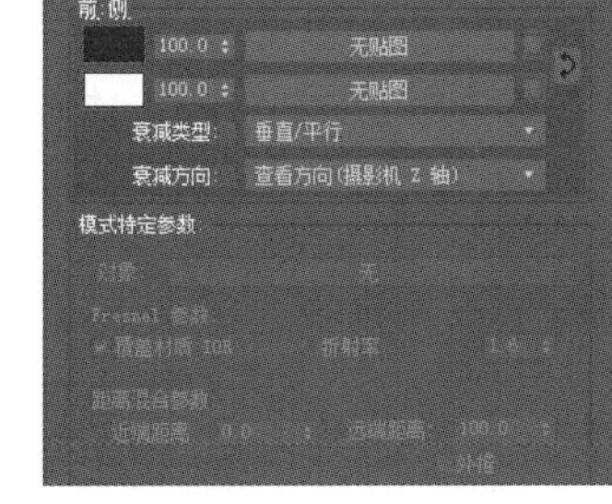

图 5-4　保持默认参数

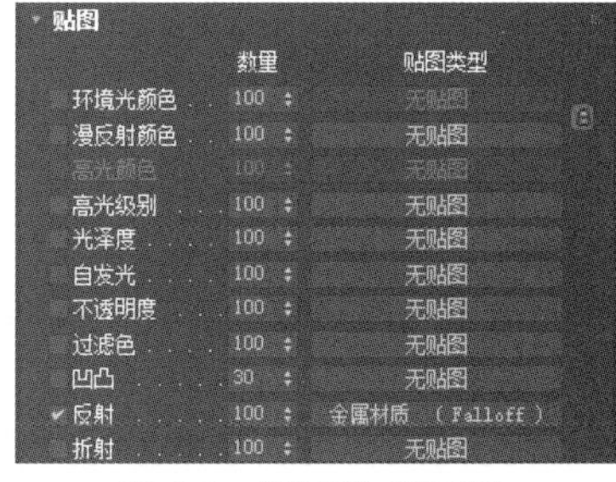

图 5-5　“贴图”卷展栏

4）至此，金质材质制作完毕，此时的材质球如图 5-6 所示。为了便于下次直接调用此材质，单击材质编辑器中的（放入库）按钮，在弹出的“放置到库”对话框中输入名称，如图 5-7 所示，单击“确定”按钮。

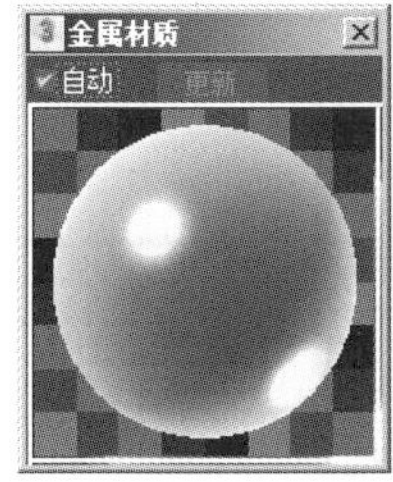

图 5-6　金质材质球

图 5-7　输入要保存的材质名称

提示：调用该材质的方法是，在新的文件中选择一个空白的材质球，然后单击材质编辑器工具栏中的（获取材质）按钮，接着在弹出的“材质 / 贴图浏览器”对话框的“临时库”卷展栏中双击右侧的“金质材质”，如图 5-8 所示，即可将该材质调入文件。

5）将设置好的材质赋予模型。方法：选择视图中的佛像模型，单击材质编辑器工具栏中的（将材质指定给选定对象）按钮，将材质赋给它。然后单击工具栏中的（渲染产品）按钮，渲染后的结果如图 5-9 所示。

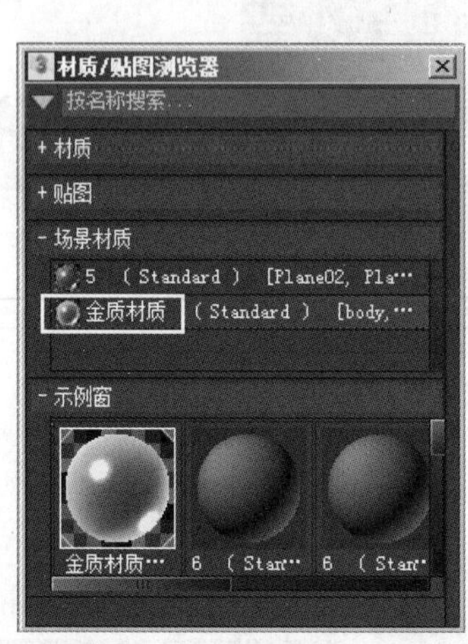


图 5-8　双击“金质材质”

图 5-9　渲染后的效果

6）执行菜单中的“文件 | 另存为”命令，将其保存为“金质材质 .max”。

### 2. 制作银材质

1）执行菜单中的“文件 | 打开”命令，打开网盘中的“example\ 第 5 章 材质与贴图 \ 5.1 金、银、玉材质 \ 佛像源文件 .max”文件。

2）设置银质材质基本参数。方法：单击工具栏中的（材质编辑器）按钮，进入材质编辑器。然后选择一个空白的材质球，设置“明暗器基本参数”卷展栏中的类型为“金属”，并设置“金属基本参数”卷展栏中的参数，如图 5-10 所示。

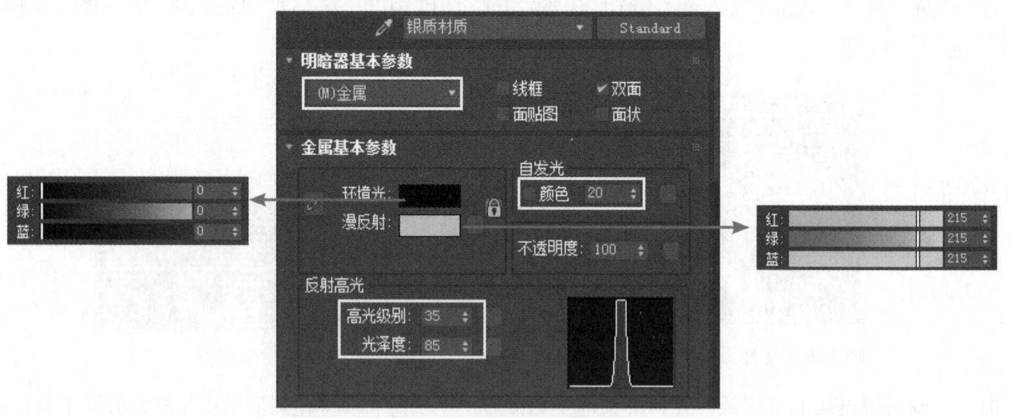


图 5-10　设置金属参数

3）指定银质材质反射贴图。方法：展开“贴图”卷展栏，单击“反射”右侧的按钮，然后在弹出的“材质 / 贴图浏览器”对话框中选择“衰减”贴图类型，如图 5-11 所示。接着单击“确定”按钮，进入“衰减”贴图的参数设置，保持默认参数，如图 5-12 所示。最后单击（转到父对象）按钮，回到上一级别，此时的“贴图”卷展栏如图 5-13 所示。

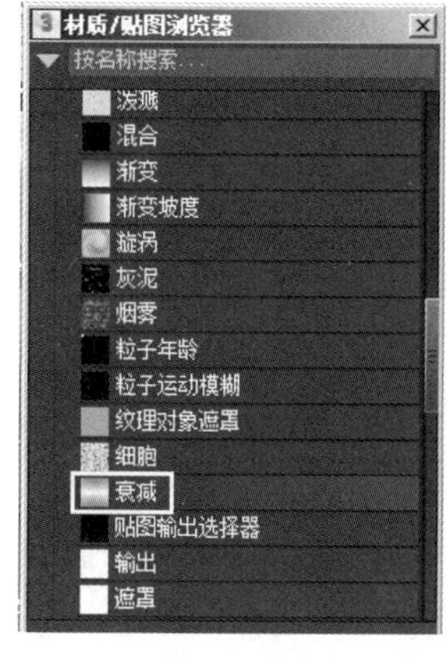

图 5-11　选择“衰减”贴图

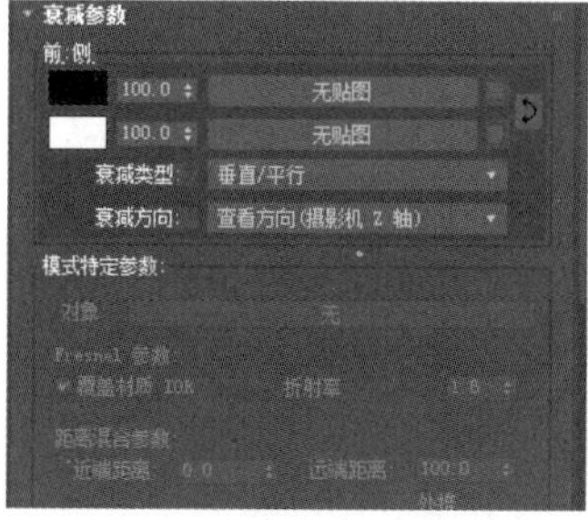


图 5-12　保持默认参数

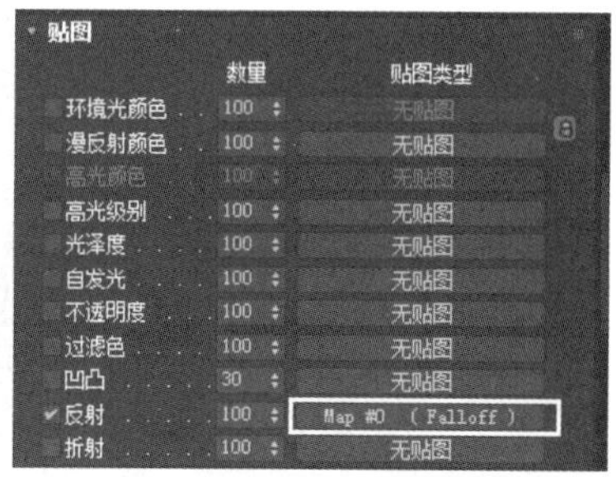


图 5-13　“贴图”卷展栏

4）至此，银质材质制作完毕，此时材质球如图 5-14 所示。为了便于下次直接调用此材质，单击材质编辑器中的■（放入库）按钮，在弹出的“放置到库”对话框中输入名称，如图 5-15 所示，然后单击“确定”按钮。

5）选择视图中的佛像模型，单击材质编辑器工具栏中的■（将材质指定给选定对象）按钮，将材质赋给它。然后单击工具栏中的■（渲染产品）按钮，渲染后的结果如图 5-16 所示。

图 5-14　银质材质球

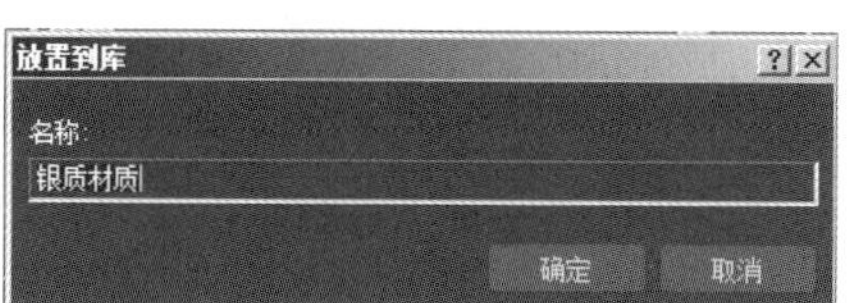


图 5-15　输入要保存的材质名称

图 5-16　渲染后的效果

6）执行菜单中的“文件 | 另存为”命令，将其保存为“银质材质 .max”。

### 3. 制作玉石材质

1）执行菜单中的“文件 | 打开”命令，打开网盘中的“example\ 第 5 章 材质与贴图 \ 5.1 金、银、玉材质 \ 佛像源文件 .max”文件。

2）设置玉石材质基本参数。方法：单击工具箱栏中的■（材质编辑器）按钮，进入材质编辑器。然后选择一个空白的材质球，设置“明暗器基本参数”卷展栏中的类型为“半透明明暗器”，设置“半透明基本参数”卷展栏中的参数，如图 5-17 所示。

3）指定玉石材质反射贴图。方法：展开“贴图”卷展栏，单击“反射”右侧的■按钮，然后在弹出的“材质 / 贴图浏览器”对话框中选择“衰减”贴图类型，如图 5-18 所示。接着单击“确定”按钮，进入“衰减”贴图的参数设置。最后指定给“衰减”贴图参数面板中白色色块右侧一个“光线跟踪”贴图类型，如图 5-19 所示。此时单击材质编辑器面板右侧工具栏中的■（材

质 / 贴图导航器）按钮，查看玉石材质的分布，如图 5-20 所示。

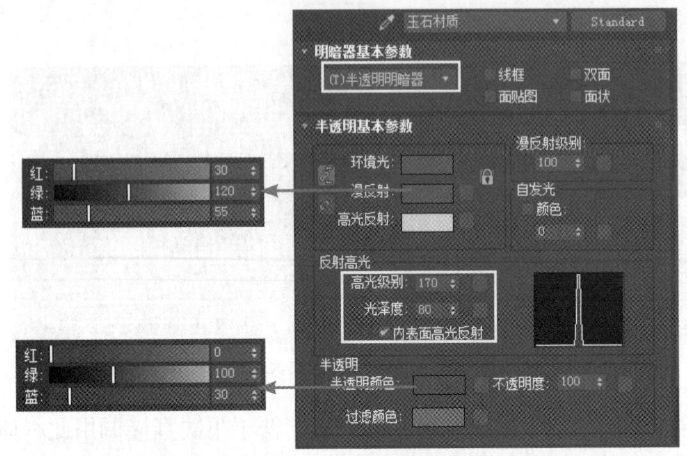


图 5-17　设置“半透明明暗器”参数

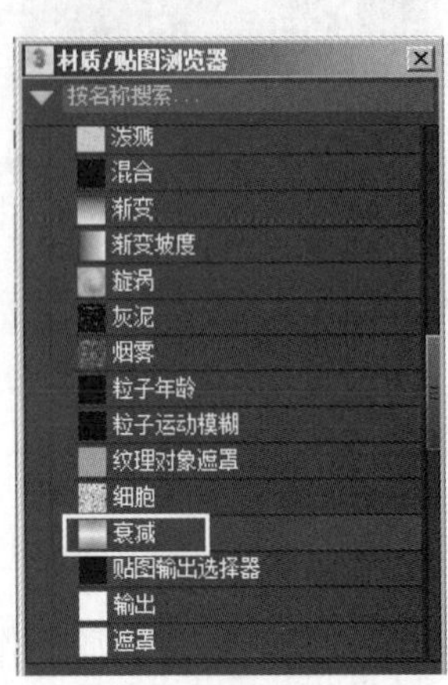


图 5-18　选择“衰减”贴图

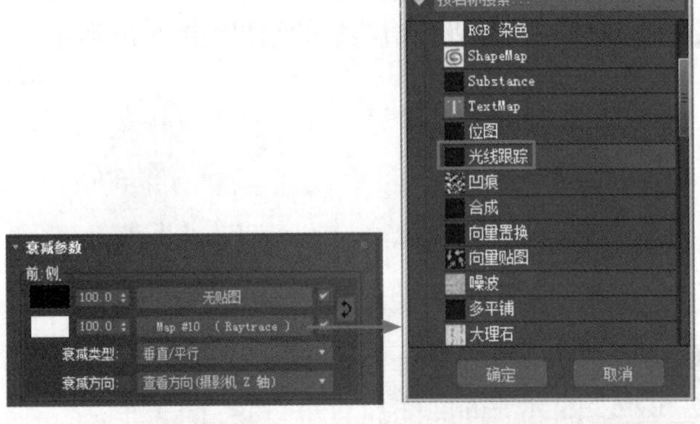


图 5-19　指定给白色色块右侧一个“光线跟踪”贴图类型

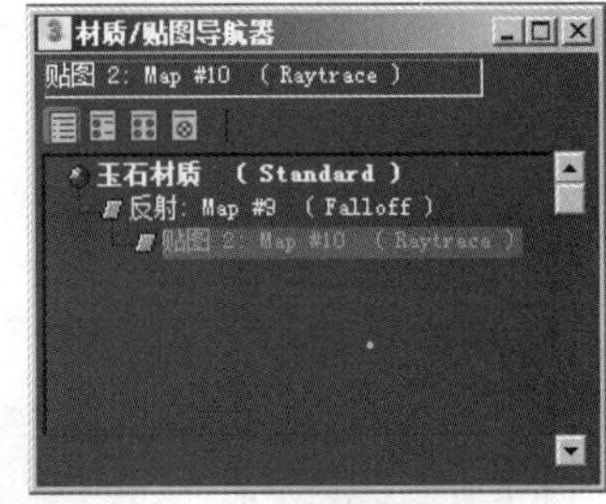


图 5-20　“玉石材质”的材质分布

4）至此，玉石材质制作完毕，此时的材质球如图 5-21 所示。为了便于下次直接调用此材质，单击材质编辑器中的（放入库）按钮，在弹出的“放置到库”对话框中进行如图 5-22 所示的设置，然后单击“确定”按钮。

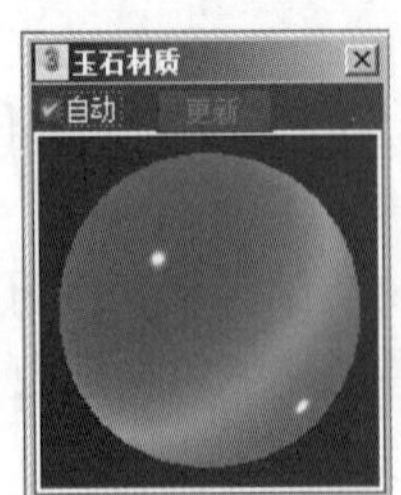


图 5-21　玉石材质球

图 5-22　输入要保存的材质名称

5）选择视图中的佛像模型，单击材质编辑器工具栏中的（将材质指定给选定对象）按钮，将材质赋给它。然后单击工具栏中的（渲染产品）按钮，渲染后的结果如图 5-23 所示。

图 5-23　渲染后的效果

6）执行菜单中的“文件 | 另存为”命令，将其保存为“玉石材质.max”。

## 5.2　金属镜面反射材质

**要点：**

本例将制作一个金属倒角文字效果，如图 5-24 所示。学习本例，读者应掌握“倒角”命令和金属材质的综合使用。

图 5-24　金属倒角文字

**操作步骤：**

### 1. 创建倒角

1）执行菜单中的“文件 | 重置”命令，重置场景。

2）单击 +（创建）命令面板下（图形）中的 文本 按钮，接着在文本框中输入文字“3ds max”，参数设置及结果如图 5-25 所示。

图 5-25　输入文字

3）选中文字，进入 （修改）面板，执行修改器中的“倒角”命令，参数设置及结果如图 5-26 所示。

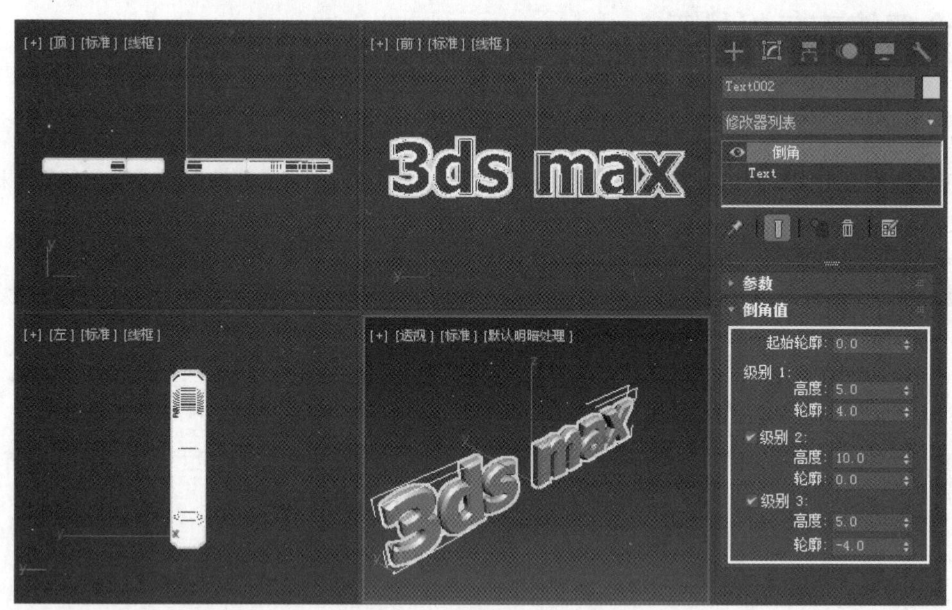

图 5-26　创建倒角文字

4）单击 （创建）命令面板下 （摄影机）中的 目标 按钮，然后在前视图中创建一架目标摄像机，并调整其位置。接着选中透视图，按快捷键〈C〉，将透视图切换为摄像机视图，结果如图 5-27 所示。

5）单击 （创建）命令面板下 （几何体）中的 长方体 按钮，在顶视图中创建一个长方体，参数设置及结果如图 5-28 所示。

图 5-27　将透视图切换为摄像机视图

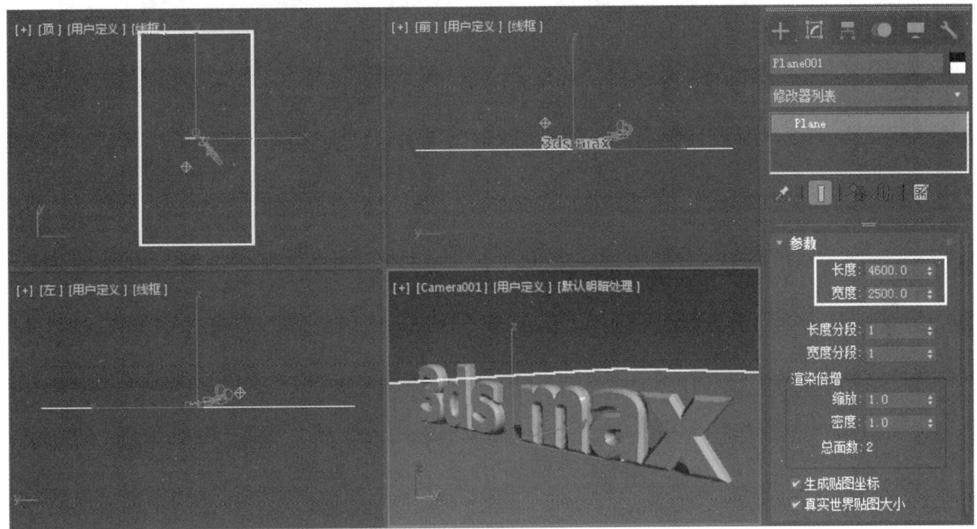


图 5-28　创建长方体

## 2. 设置灯光及材质

1）进入（灯光）面板，在“标准”下拉列表中单击 目标聚光灯 按钮。然后在顶视图中创建一盏目标聚光灯。接着进入（修改）面板，修改其参数，如图 5-29 所示。

2）进入（灯光）面板，在“标准”下拉列表中单击 泛光 按钮。然后在顶视图中创建一盏泛光光源作为补光，并调整其位置。接着进入（修改）面板，修改其参数，如图 5-30 所示。

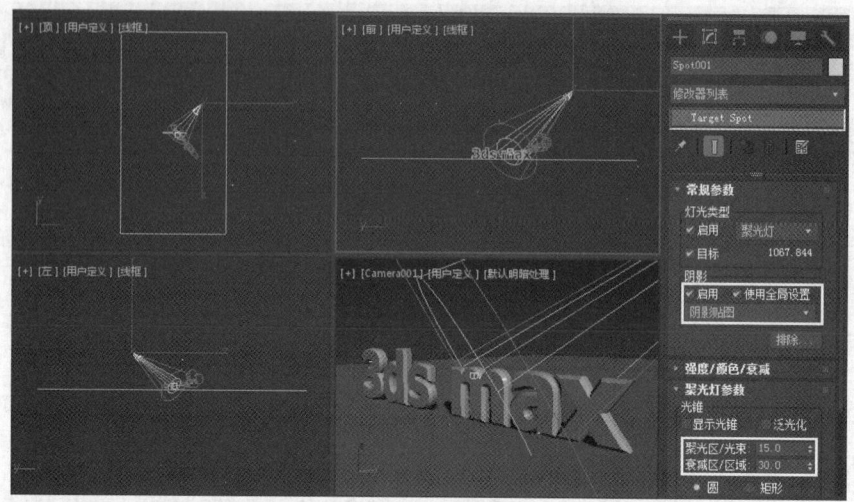


图 5-29　创建目标聚光灯并修改参数

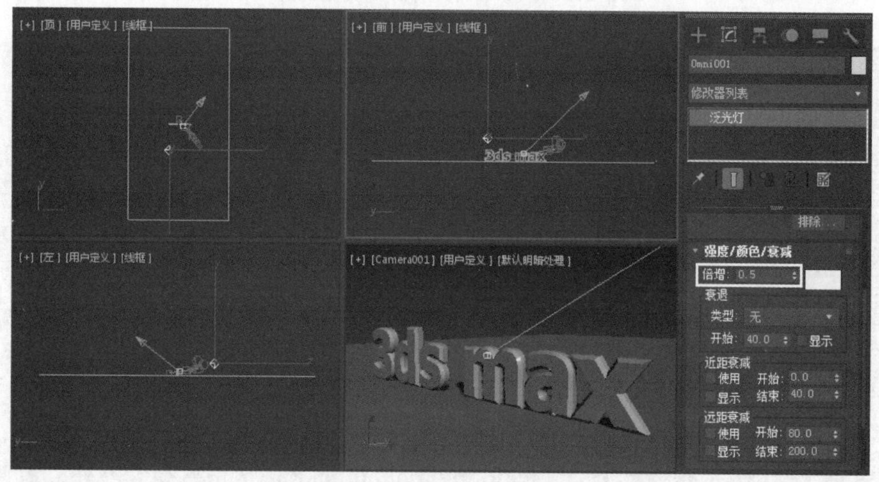


图 5-30　创建泛光光源并修改参数

3）制作文字材质。方法：单击工具栏中的按钮，进入材质编辑器。然后选择一个空白的材质球，将该材质命名为“金属字”，接着在“明暗器基本参数”卷展栏中如图 5-31 所示设置参数。

4）展开“贴图”卷展栏，单击“反射”右侧的按钮，在弹出的“材质 / 贴图浏览器”对话框中选择“位图”，如图 5-32 所示，单击“确定”按钮。然后在弹出的对话框中选择网盘中的“maps\CHROMIC.jpg”贴图，如图 5-33 所示，此时材质球如图 5-34 所示。接着单击（将材质指定给选定对象）按钮，将材质赋予视图中的文字。

5）制作地面材质。方法：在材质编辑器中选择一个空白的材质球，将该材质命名为“地面”，然后单击“漫反射”右侧按钮。接着从弹出的“材质 / 贴图浏览器”对话框中选择“棋盘格”贴图，如图 5-35 所示，单击“确定”按钮，进入“棋盘格”贴图的参数设置面板。

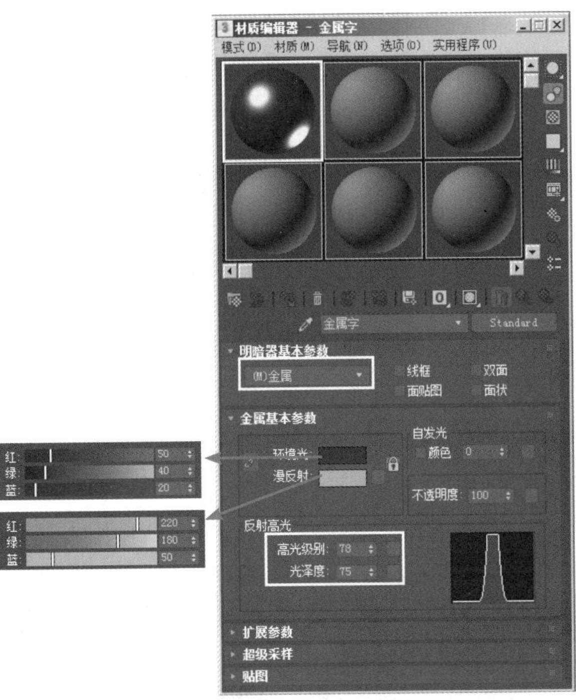


图 5-31　设置明暗器基本参数

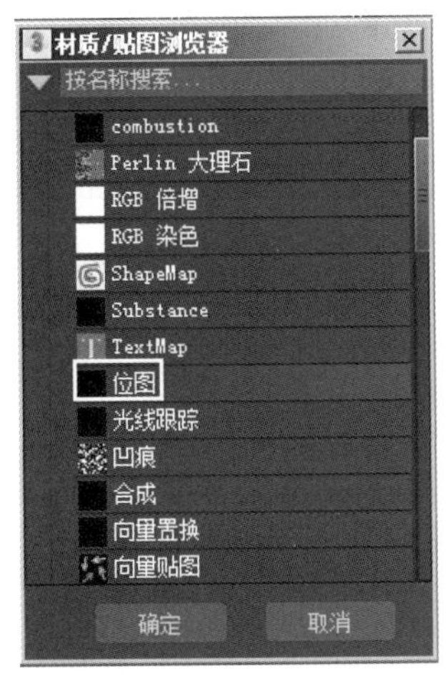

图 5-32　选择“位图”

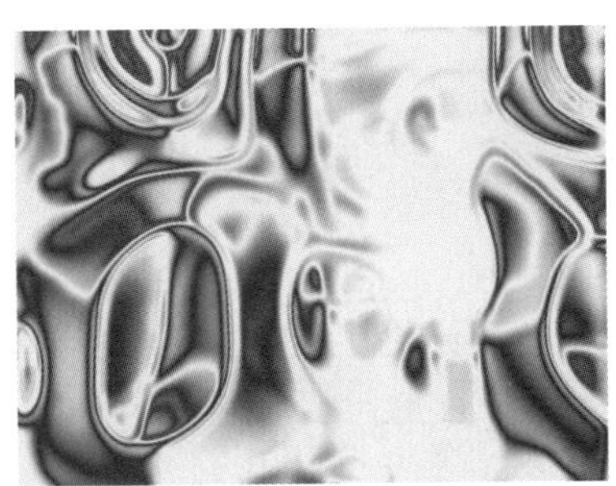
图 5-33　“CHROMIC.jpg” 贴图

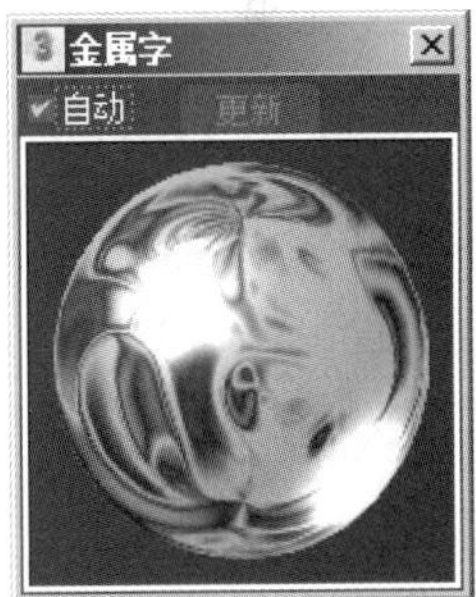


图 5-34　材质球

6）在“棋盘格”参数设置面板的“坐标”卷展栏中设置“平铺”的 U、V 值均为 60。然后单击“颜色 #1”，将颜色设置为土黄色，RGB（120，100，80），如图 5-36 所示。

7）单击 （转到父对象）按钮，回到上一级面板。然后选中“反射”复选框，单击其右侧按钮，从弹出的“材质 / 贴图浏览器”对话框中选择“光线跟踪”选项，并设置数值为 20，如图 5-37 所示。接着单击 （将材质指定给选定对象）按钮，将材质赋予视图中的长方体。

8）选择透视图，单击工具栏中的 （渲染产品）按钮，渲染后效果如图 5-38 所示。

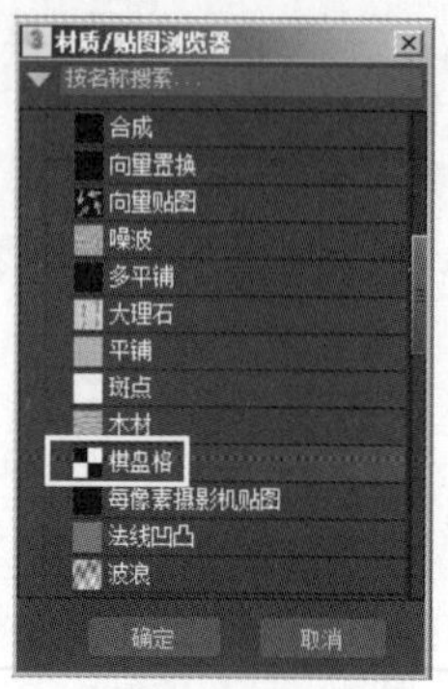


图 5-35　选择“棋盘格”贴图

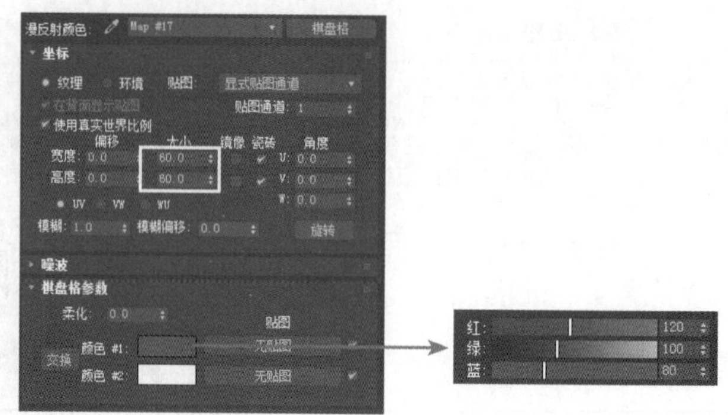


图 5-36　设置“颜色 #1”的颜色

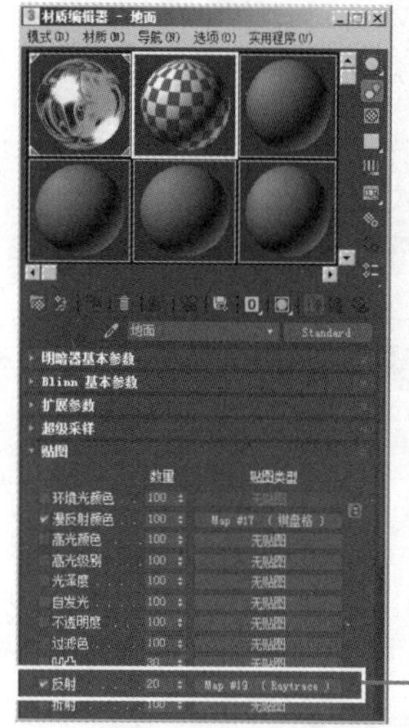

图 5-37　设置“反射”贴图

图 5-38　金属倒角文字

## 5.3　棉布和丝绸材质

**要点：**

本例将制作棉布和丝绸材质的效果，如图 5-39 所示。学习本例，读者应掌握“噪波”“RGB 染色”和“衰减”贴图类型的综合应用。

a)

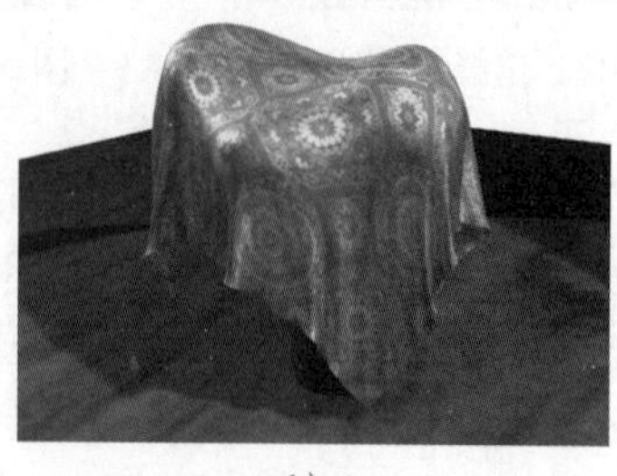

b)

图 5-39　棉布和丝绸材质

a）棉布材质　b）丝绸材质

**操作步骤：**

**1. 制作棉布材质**

1）执行菜单中的“文件 | 打开”命令，打开网盘中的“example\ 第 5 章 材质与贴图 \ 5.3 棉布和丝绸材质 \ 棉布和丝绸源文件 .max”文件。

2）设置棉布材质。方法：单击工具栏中的（材质编辑器）按钮，进入材质编辑器。然后选择一个空白的材质球，将其命名为“棉布材质”，然后单击“漫反射”右侧的按钮，在弹出的“材质 / 贴图浏览器”对话框中选择“位图”，如图 5-40 所示，单击“确定”按钮。接着在弹出的对话框中选择网盘中的“maps\bu111.TIF”文件，如图 5-41 所示，单击“打开”按钮。

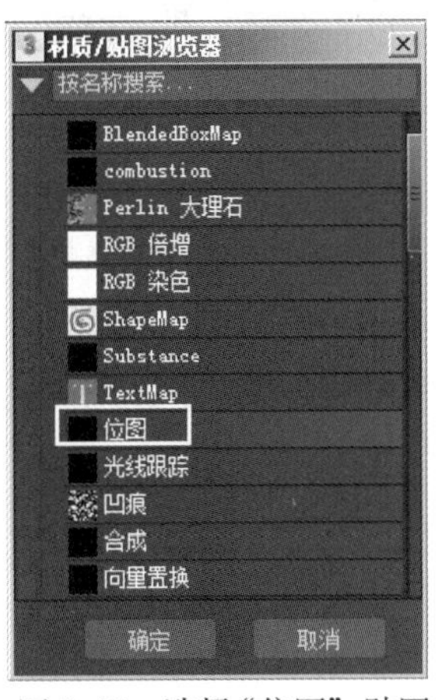


图 5-40　选择“位图”贴图

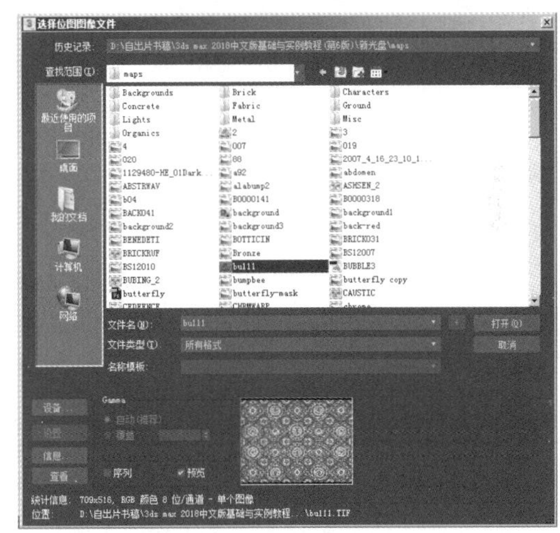


图 5-41　选择棉布贴图

3）选中视图中的布料模型，单击（将材质指定给选定对象）按钮，将材质赋给它。然后选择透视图，单击工具栏中的（渲染产品）按钮，渲染后的效果如图 5-42 所示。

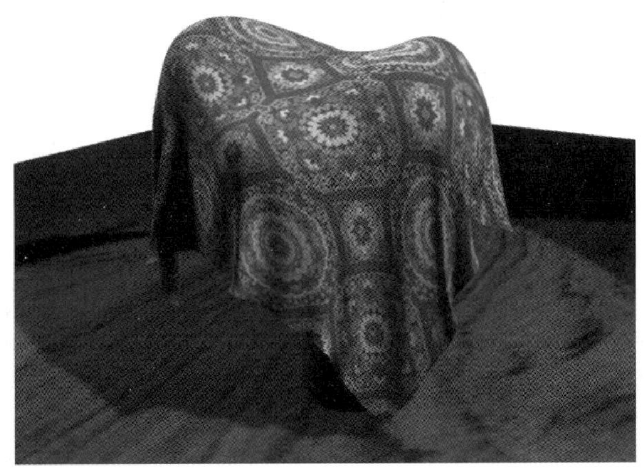

图 5-42　渲染后的效果

4）此时渲染后的布料颜色有些发暗，下面就来解决这个问题。方法：在材质编辑器中将“自发光”选项组“颜色”右侧的数值框中的数值由“0”改为“50”，如图 5-43 所示。再次渲染的效果如图 5-44 所示。

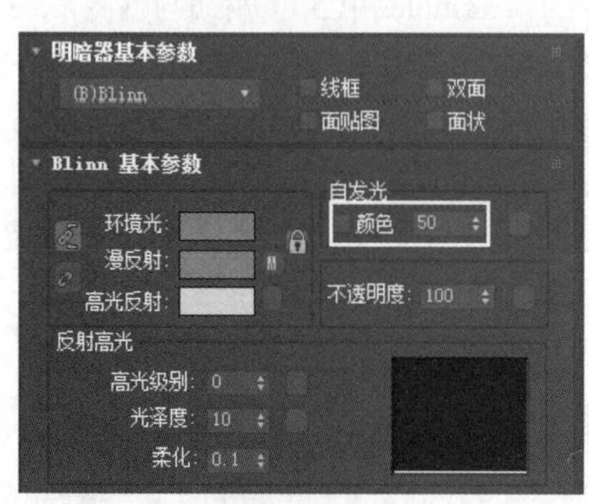


图 5-43 调整数值

图 5-44 再次渲染后的效果

## 2. 制作丝绸材质

1）在材质编辑器中选择一个空白的材质球，将其命名为“丝绸材质”，然后设置明暗器类型为“金属”，“高光级别”设为“110”，“光泽度”设为“75”。接着展开“贴图”卷展栏，指定给“漫反射颜色”一个网盘中的“maps\bu111.TIF”贴图，指定给“光泽度”和“凹凸”一个“噪波”贴图类型，指定给“反射”一个“RGB 染色”贴图类型，如图 5-45 所示。

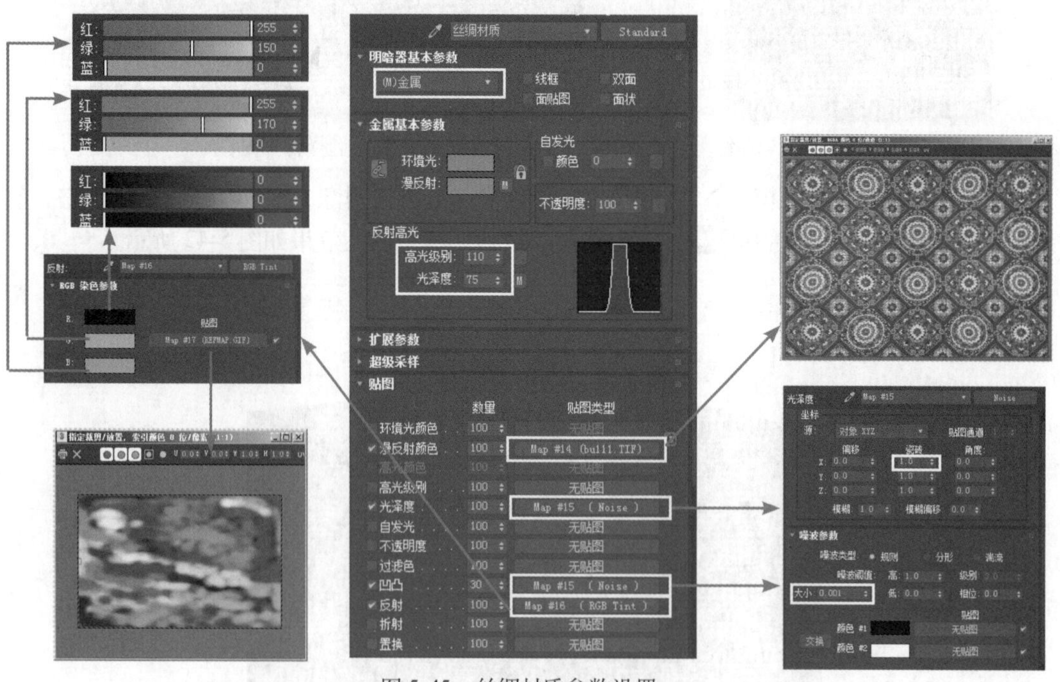


图 5-45 丝绸材质参数设置

2）此时单击材质编辑器面板右侧工具栏中的（材质 / 贴图导航器）按钮，查看材质参数分布，如图 5-46 所示。然后单击材质编辑器工具栏中的按钮，将材质赋给丝绸模型。

3）单击工具栏中的 （渲染产品）按钮，渲染后的结果如图 5-47 所示。

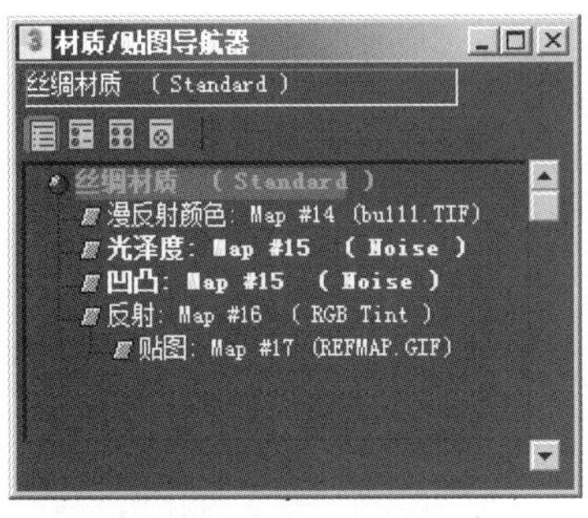


图 5-46　查看材质参数分布

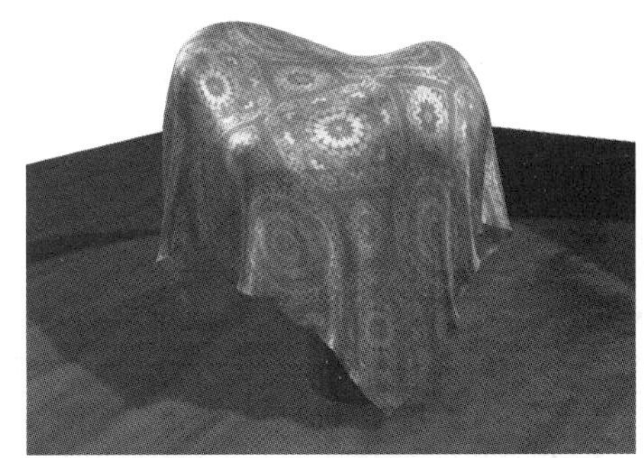

图 5-47　渲染后的效果

## 5.4　彩色花瓶

图 5-48　彩色花瓶

**要点：**

本例将制作彩色花瓶效果，如图 5-48 所示。学习本例，读者应掌握“多维 / 子对象”和“双面”材质的应用。

**制作流程：**

此例包括 3 个流程：一是制作花瓶造型；二是赋给花瓶“双面”材质；三是制作花瓶表面“多维 / 子对象”材质，如图 5-49 所示。

a)

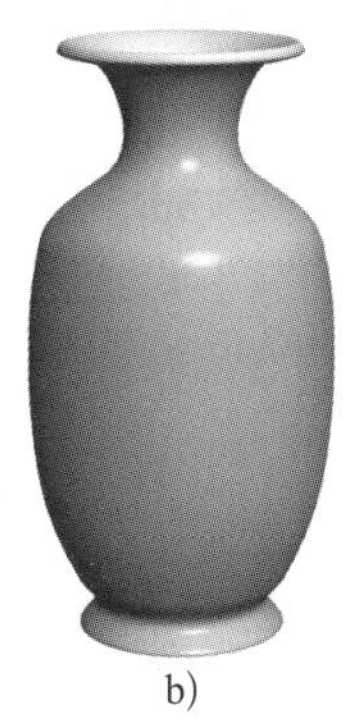

b)

c)

图 5-49　制作流程图

a）制作花瓶造型　b）赋给花瓶“双面”材质　c）制作花瓶表面材质

**操作步骤：**

### 1. 制作花瓶造型

1）执行菜单中的“文件 | 重置”命令，重置场景。

2）单击 （创建）命令面板下 （图形）中的 线 按钮，在前视图依次单击鼠标从而创建花瓶轮廓（注意不要拖拉鼠标），如图 5-50 所示。

3）进入线的“顶点”级别，如图 5-51 所示。

4）选择工具栏中的 （选择对象）工具，框选视图中所有的节点后右击，在弹出的快捷菜单中选择“Bezier”命令，从而将所有角点转换为 Bezier 点，结果如图 5-52 所示。

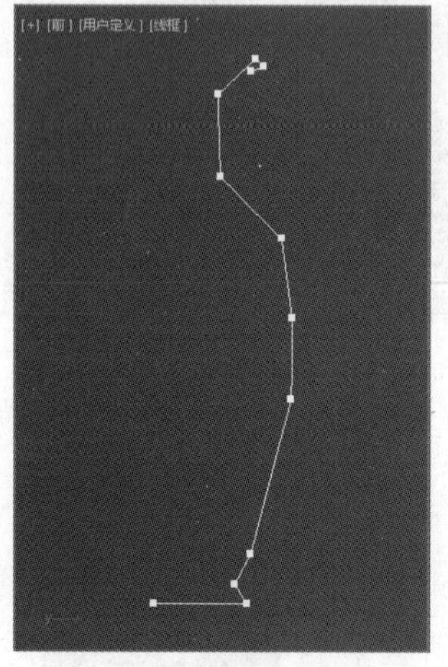


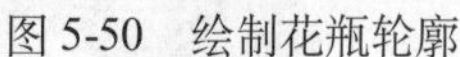
图 5-50　绘制花瓶轮廓

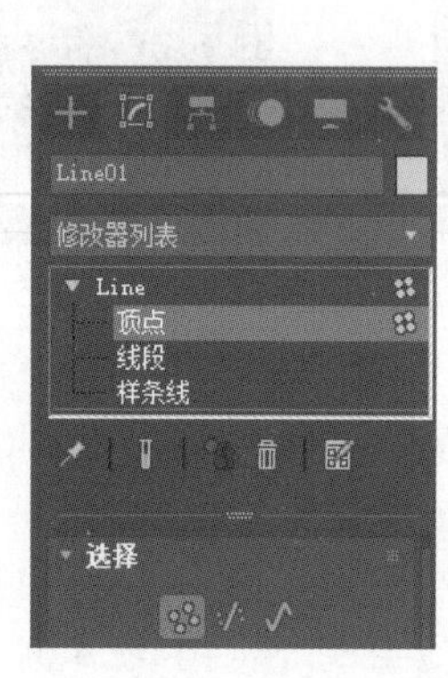


图 5-51　进入“顶点”级别

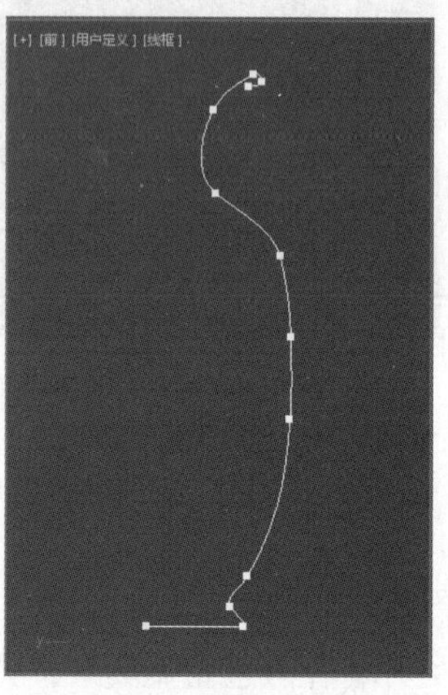


图 5-52　转换顶点性质

5）进入 （修改）命令面板，在“修改器列表”下拉列表框中选择“车削”命令并设置参数，如图 5-53 所示，然后单击“对齐”选项组中的 最小 按钮，结果如图 5-54 所示。

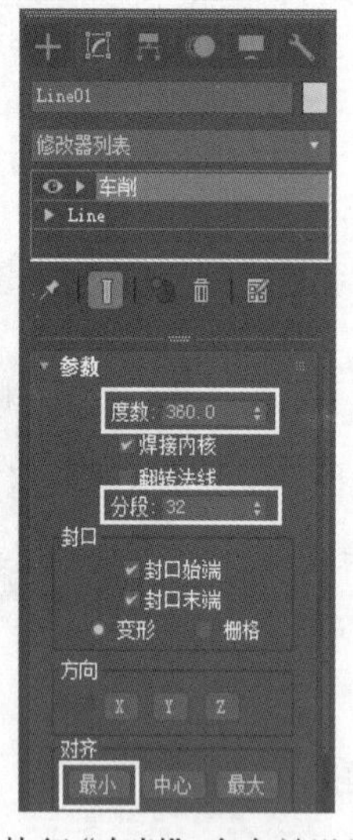


图 5-53　执行“车削”命令并设置参数

图 5-54　“车削”后的效果

## 2. 赋给花瓶“双面”材质

1）单击工具栏中的 （材质编辑器）按钮，进入材质编辑器。然后选择一个材质球，调节参数和颜色，如图 5-55 所示。

2）选中视图中的花瓶模型，单击材质编辑器工具栏中的 （将材质指定给选定对象）按钮，将材质赋给视图中的花瓶模型，结果如图 5-56 所示。

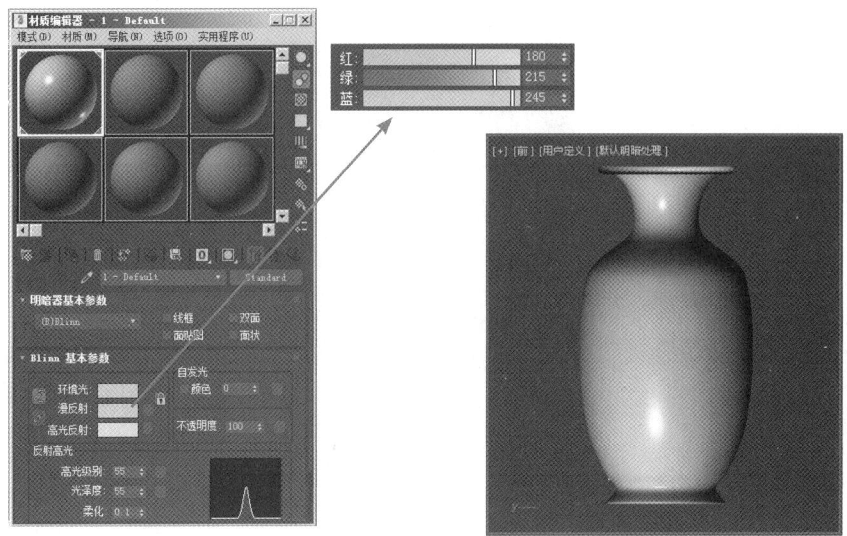


图 5-55　调整花瓶的基本颜色　　　　图 5-56　将材质赋给花瓶

3）由于花瓶表面和内部纹理不一致，下面赋给花瓶一个“双面”材质。方法：单击材质编辑器中的 Standard 按钮，在弹出的“材质 / 贴图浏览器”对话框中进行如图 5-57 所示的参数设置，然后单击“确定”按钮。接着在弹出的“替换材质”对话框中保持默认参数，如图 5-58 所示，单击“确定”按钮，这样就赋给材质球一个“双面”材质了。

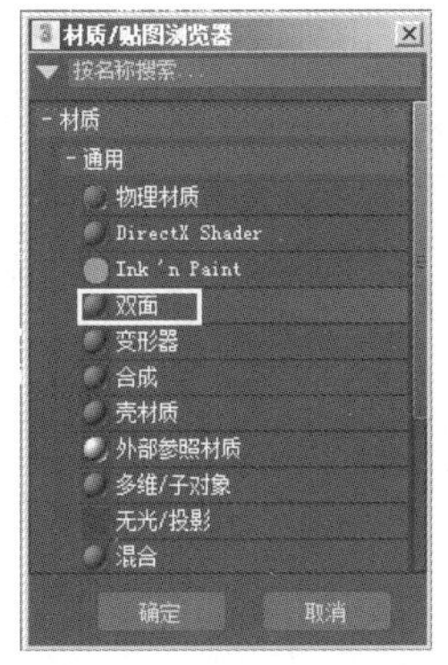


图 5-57　选择“双面”材质

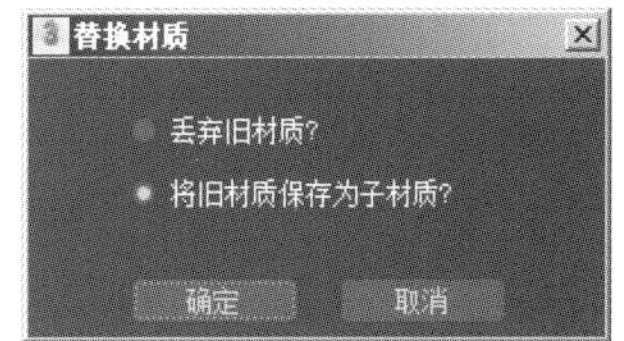


图 5-58　保持默认参数

### 3. 制作花瓶表面“多维 / 子对象”材质

花瓶表面是由青瓷、金属条纹和鲜花图案组成的，制作这种效果需要用到“多维 / 子对象”材质。

1) 单击“正面材质”旁的按钮，如图 5-59 所示，进入表面材质制作。然后单击 Standard 按钮，在弹出的“材质 / 贴图浏览器”对话框中选择“多维 / 子对象”材质，如图 5-60 所示，单击“确定”按钮。接着在弹出的“替换材质”对话框中保持默认参数，如图 5-61 所示，单击“确定”按钮，这样就赋给花瓶表面一个“多维 / 子对象”材质。

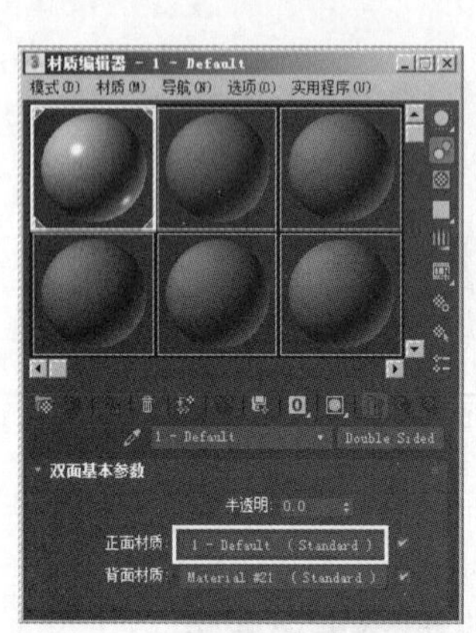
图 5-59　单击“正面材质”旁的按钮

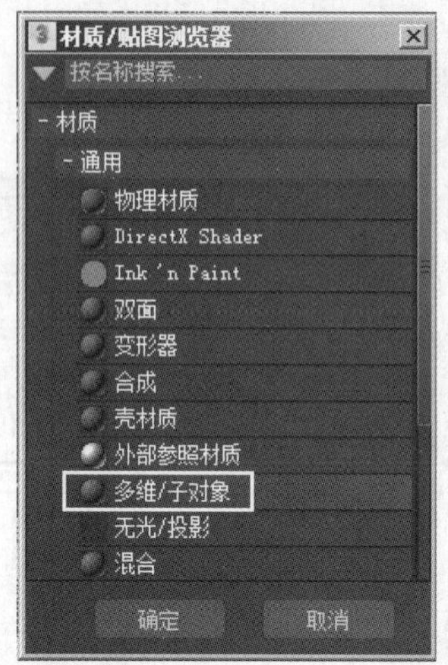
图 5-60　选择“多维 / 子对象”材质

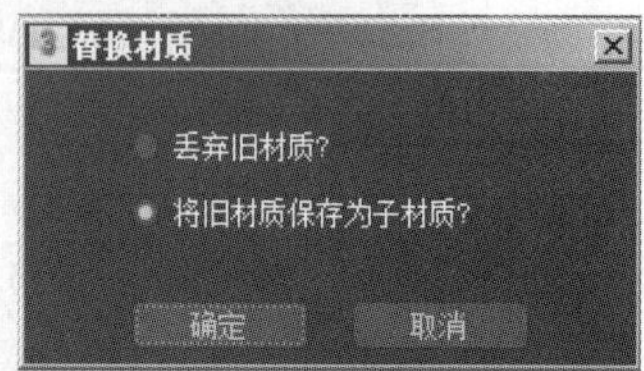
图 5-61　保持默认参数

2) 制作花瓶表面需要的 4 种材质。方法：单击“多维 / 子对象”材质面板上的 设置数量 按钮，在弹出的“设置材质数量”对话框中进行如图 5-62 所示的参数设置，如图 5-63 所示，然后单击“确定”按钮。

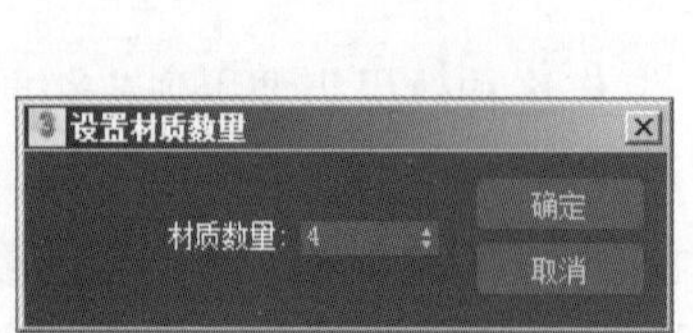
图 5-62　设置材质数量

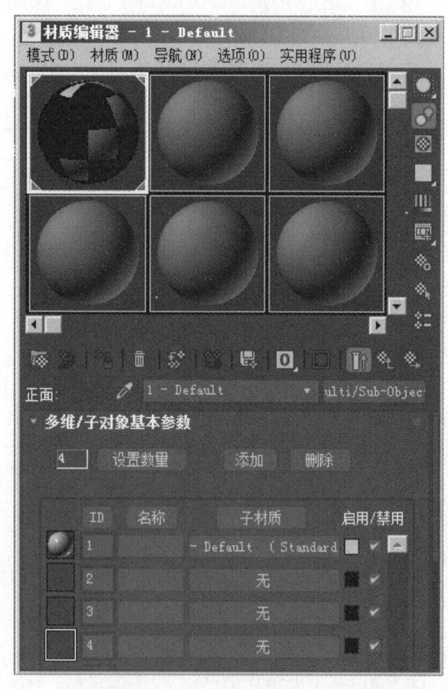
图 5-63　设置材质数量后的面板

3) 具体调节这 4 种材质。方法：首先单击 ID1 后的按钮，分别拖入 ID2 和 ID3 中，在弹出的“实例（副本）材质”对话框中进行如图 5-64 所示的设置，结果如图 5-65 所示，这样 ID1、ID2 和 ID3 中的材质就一致了。

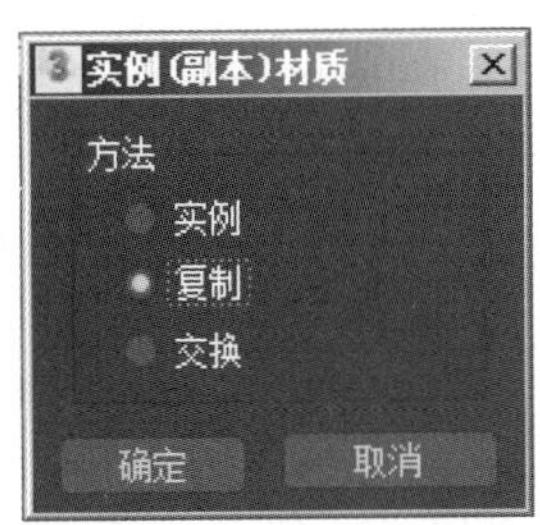

图 5-64　选择“复制”

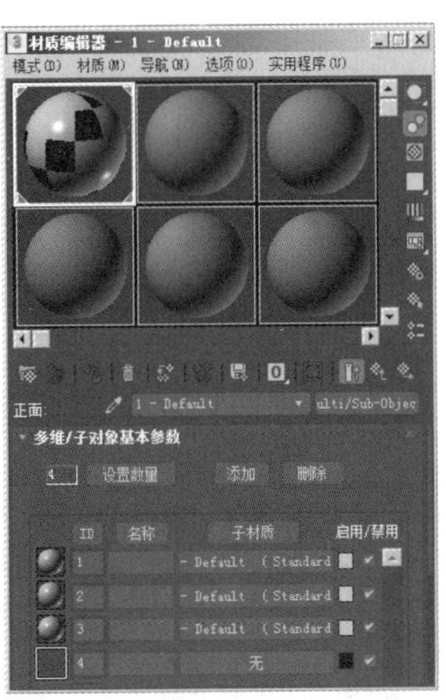

图 5-65　复制材质

单击 ID4 右侧的按钮，指定一个“标准”材质，然后如图 5-66 所示设置参数。接着展开“贴图”卷展栏，指定给“反射”右侧的按钮一个网盘中的“maps\ 云彩 .jpg”贴图，如图 5-67 所示。最后单击 (转到父对象）按钮，回到“多维 / 子对象”材质层级，此时材质编辑器如图 5-68 所示。

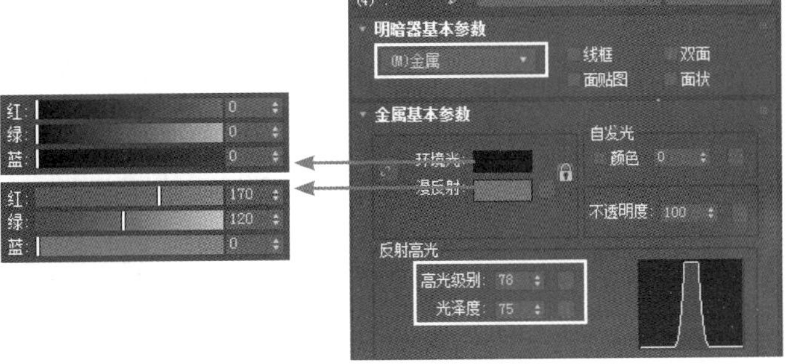

图 5-66　设置基本颜色

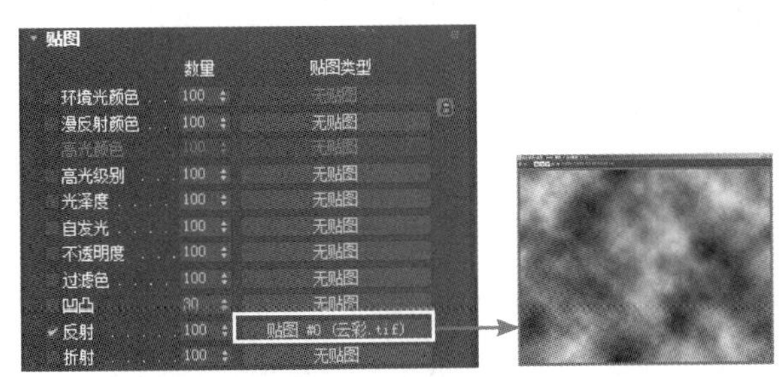

图 5-67　指定“反射”贴图

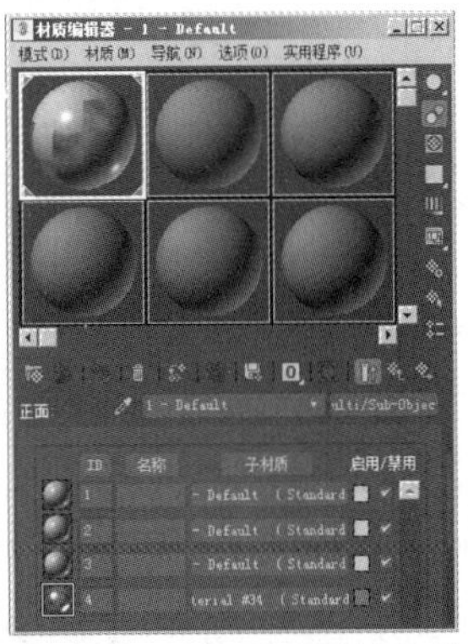

图 5-68　指定“反射”贴图后的参数面板

单击 ID2 右侧的按钮，指定给“漫反射”右侧的 按钮一个网盘中的“maps\DAISY.TIF”贴图，如图 5-69 所示，调节贴图参数如图 5-70 所示。

图 5-69　指定“漫反射”贴图

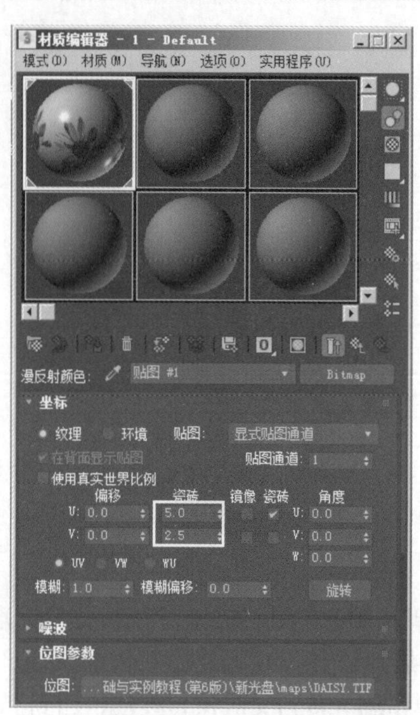


图 5-70　调节贴图参数

4）在花瓶表面放置这 4 种材质。方法：执行修改器中的“编辑网格”命令，然后进入（多边形）级别，选择工具栏中的（选择对象）按钮，框选如图 5-71 所示的多边形，赋给 ID4 金属材质，如图 5-72 所示。

图 5-71　框选多边形

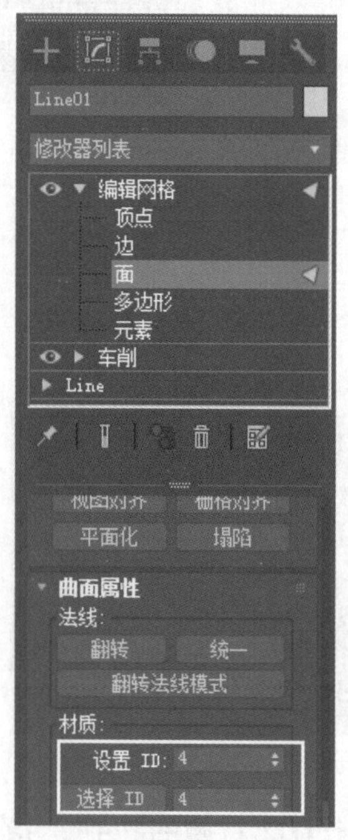


图 5-72　赋给 ID4 金属材质

接着框选如图 5-73 所示的多边形，赋给 ID2 鲜花材质，如图 5-74 所示。

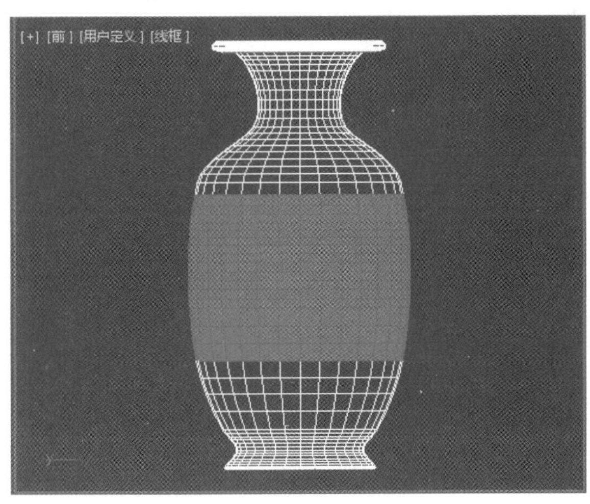

图 5-73 框选多边形

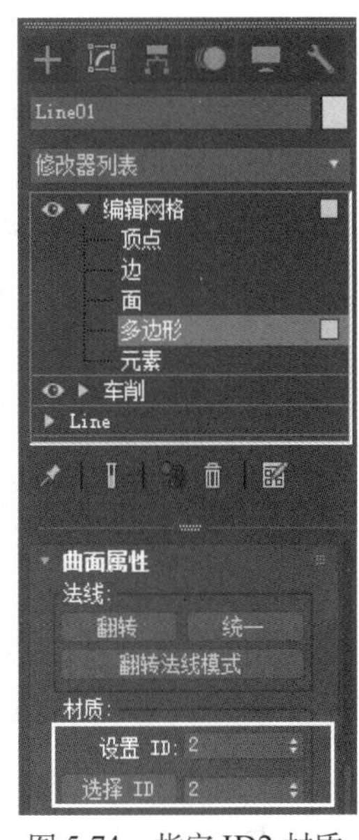


图 5-74 指定 ID2 材质

再次单击修改器“编辑网格”中的（多边形）按钮，退出编辑状态，然后执行修改器上的“UVW 贴图”命令，参数设置如图 5-75 所示，结果如图 5-76 所示。接着选择透视图，单击工具栏中的（渲染产品）按钮，渲然后的效果如图 5-77 所示。

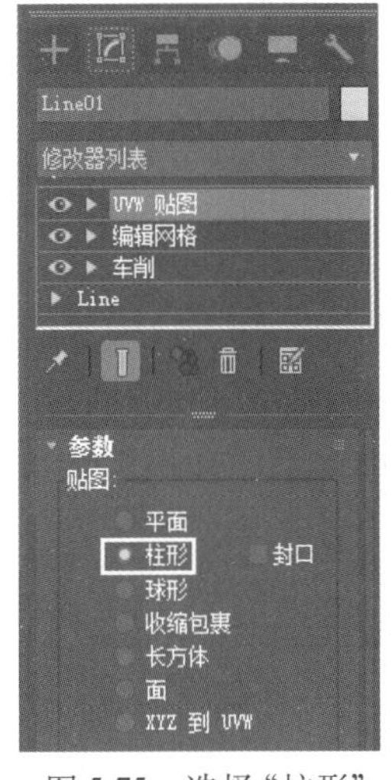


图 5-75 选择“柱形”

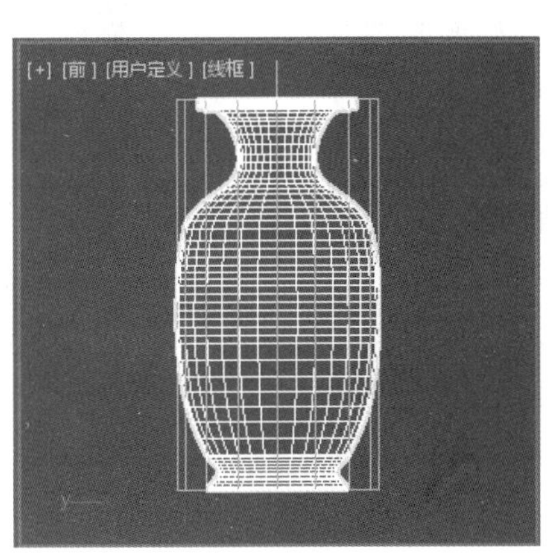


图 5-76 赋予“柱形”贴图后的效果

图 5-77 渲染后的效果

5）此时有两个问题没有解决：一个是花瓶内表面颜色不是白色，另一个就是花瓶外表面的鲜花贴图不能完全匹配花瓶表面，而是被裁剪了。下面就来解决这两个问题。首先单击材质编辑器中“双面基本参数”卷展栏中的“背面材质”右侧的按钮，参数设置如图 5-78 所示，这样，花瓶内表面颜色就会变为白色。然后进入鲜花贴图参数设定，调节贴图的“偏移”值，如图 5-79 所示，最终渲染后的效果如图 5-80 所示。

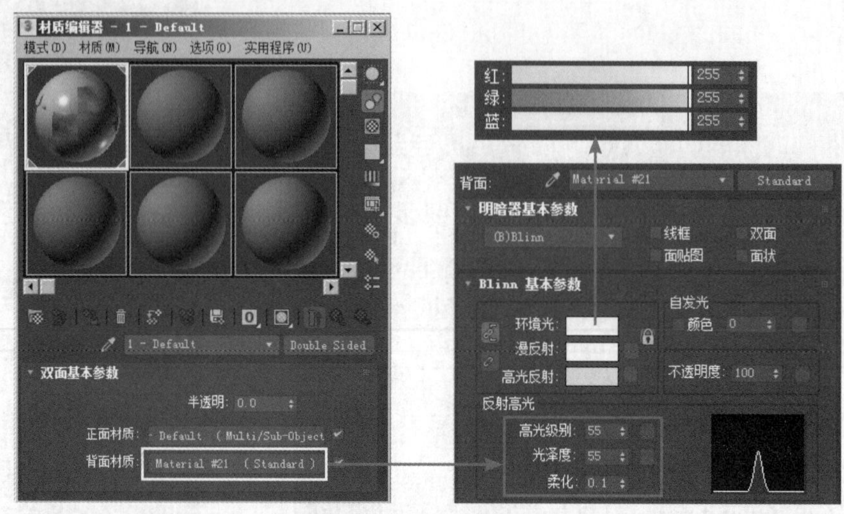

图 5-78　指定花瓶内表面为白色

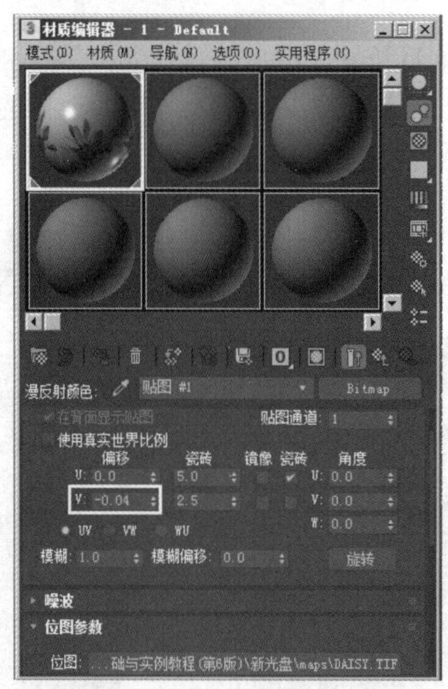

图 5-79　调节贴图参数

图 5-80　渲染后的效果

## 5.5　燃烧的蜡烛材质

**要点：**

本例将制作燃烧的蜡烛材质，结果如图 5-81 所示。学习本例，读者应掌握“混合”材质、“渐变坡度”贴图和“衰减”贴图的综合应用。

a)

b)

图 5-81　燃烧的蜡烛材质

a) 原图　b) 结果图

**操作步骤：**

### 1. 制作火焰材质

1) 执行菜单中的“文件 | 打开”命令，打开网盘中的“example\ 第 5 章　材质与贴图 \5.5 燃烧的蜡烛材质 \ 源文件 .max”文件。

2) 单击工具栏中的（材质编辑器）按钮，进入材质编辑器。然后选择一个空白的材质球，并将该材质重命名为“火焰材质”，再单击 Standard 按钮，接着在弹出的“材质 / 贴图浏览器”对话框中选择“混合”材质，如图 5-82 所示，单击“确定”按钮。接着在弹出的如图 5-83 所示的对话框中选中“将旧材质保存为子材质？”单选按钮，再单击“确定”按钮，进入“混合”材质的参数设置面板，如图 5-84 所示。

图 5-82　选择“混合”材质

图 5-83　选中“将旧材质保存为子材质？”单选按钮

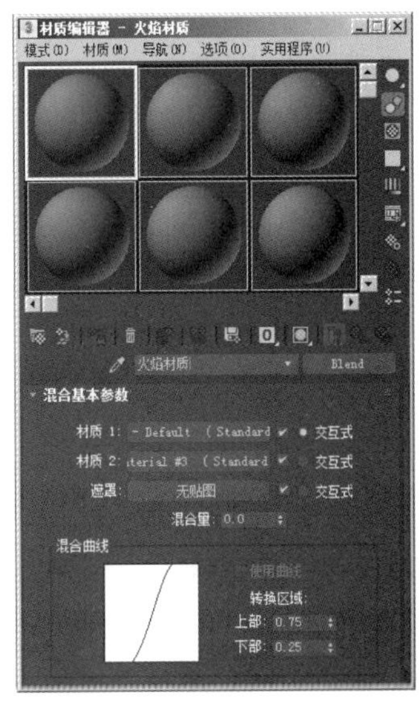



图 5-84　“混合”材质的参数设置面板

3) 制作火焰中的黄色和橘黄色部分的材质。方法：在“混合”材质的参数设置面板中，单击“材质 1”右侧的按钮，进入“材质 1”的参数设置面板，然后将该材质重命名为“黄色和橘

黄色材质”，如图 5-85 所示。再单击“漫反射”右侧的■按钮，从弹出的“材质 / 贴图浏览器”对话框中选择“渐变坡度”，如图 5-86 所示，单击“确定”按钮，进入“渐变坡度”贴图的参数设置面板，如图 5-87 所示。接着在“坐标”卷展栏中设置 U 向重复次数为 1.5，V 向重复次数为 3.0，再设置“渐变坡度参数”卷展栏中的“渐变类型”为“径向”，渐变颜色如图 5-88 所示。

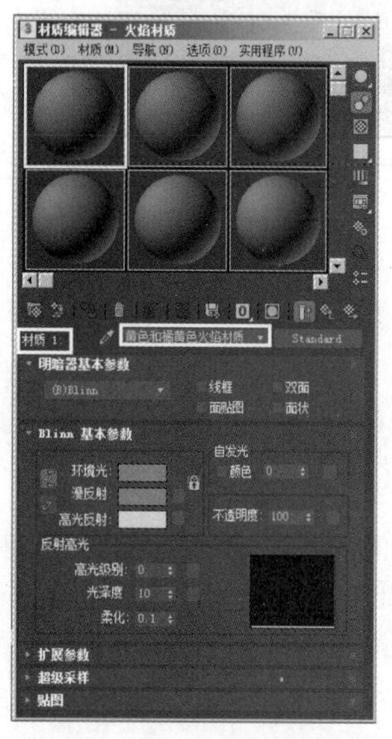


图 5-85　将“材质 1”重命名

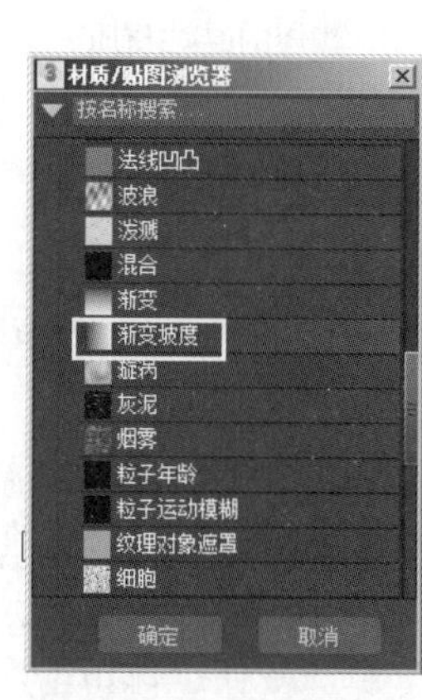


图 5-86　选择“渐变坡度”

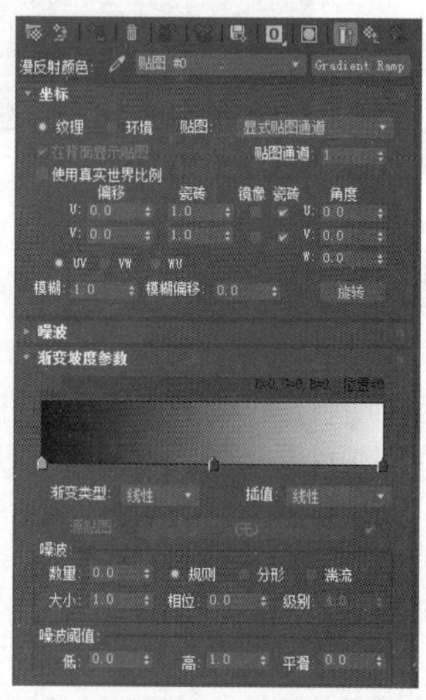


图 5-87　“渐变坡度”的参数设置面板

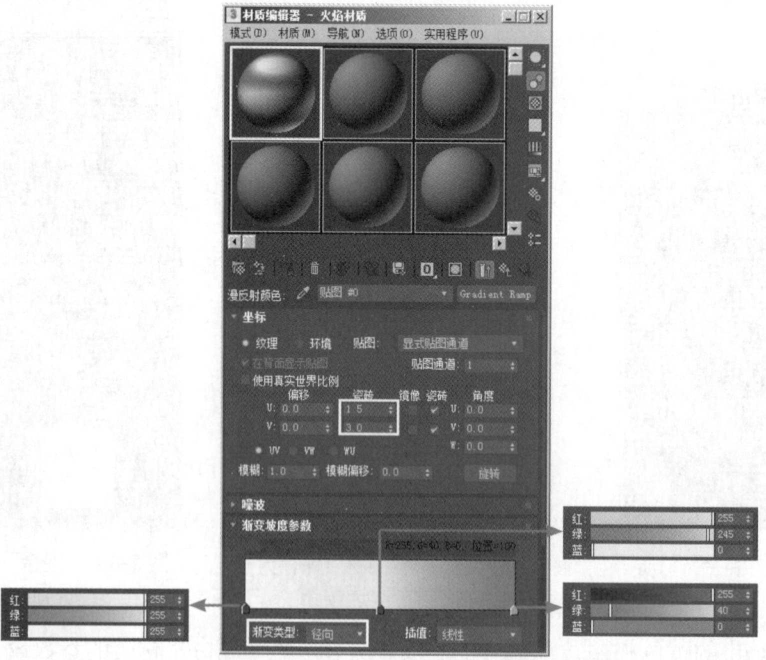


图 5-88　“渐变坡度”贴图的参数设置

4）下面将该材质球拖到视图中的火焰模型上，从而赋予火焰模型材质。然后单击工具栏中的 （渲染产品）按钮，进行渲染，此时看不到任何效果，这是因为火焰中的黄色和橘黄色部分的材质没有自发光的缘故。下面单击 按钮，回到上一级别黄色和橘黄色材质所在的“材质 1”的参数设置面板，然后将“自发光”中数值设置为 100，如图 5-89 所示，接着单击工具栏中的 （渲染产品）按钮，进行渲染，效果如图 5-90 所示。

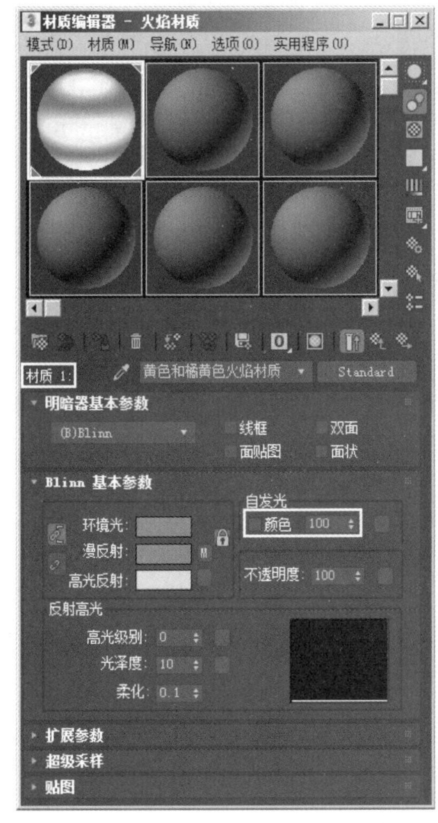


图 5-89 “材质 1”的参数设置面板

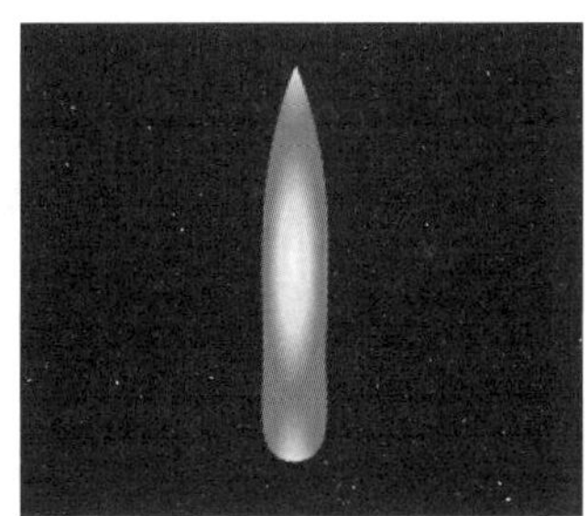

图 5-90 渲染后的效果

5）此时火焰的边缘十分生硬不柔和，下面就来解决这个问题。方法：单击“不透明度”右侧的 按钮，然后从弹出的“材质 / 贴图浏览器”对话框中选择“衰减”，如图 5-91 所示，单击“确定”按钮，进入“衰减”贴图的参数设置面板，如图 5-92 所示。接着单击“前：侧”选项组中的 （交换颜色 / 贴图）按钮，交换黑白颜色的位置，如图 5-93 所示。最后单击工具栏中的 （渲染产品）按钮，进行渲染，效果如图 5-94 所示。

6）制作火焰中的蓝色部分的材质。单击 按钮两次，回到顶层“混合”材质级别。然后单击“材质 2”右侧按钮，如图 5-95 所示，进入“材质 2”的参数设置面板。接着将该材质的名称重命名为“蓝色火焰”，并将“环境光”和“漫反射”的颜色设置为 RGB（0，130，255），将“自发光”中数值设置为 100。再指定给“不透明度”右侧的 按钮一个“衰减”贴图类型，如图 5-96 所示，并保持“衰减”贴图为默认参数。

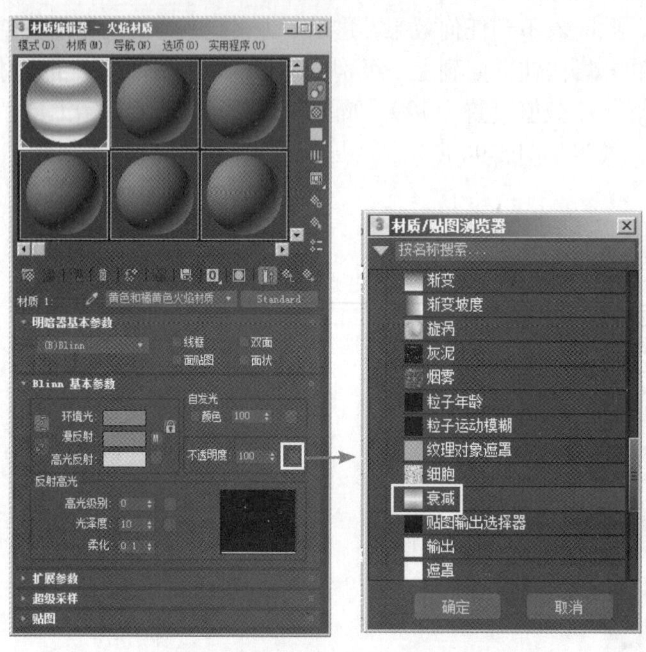


图 5-91　指定给“不透明度”一个“衰减”贴图

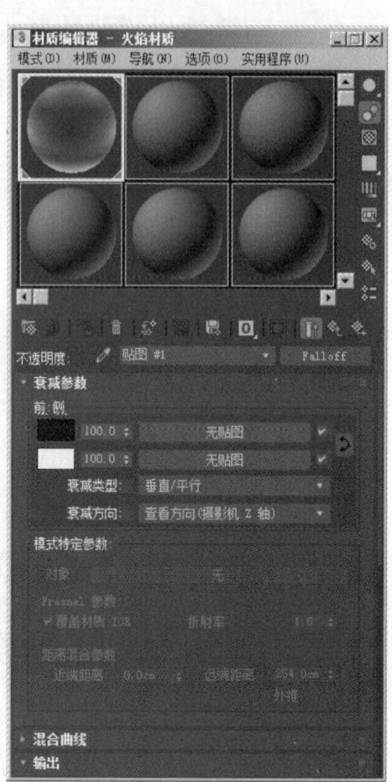


图 5-92　“衰减”贴图的参数面板

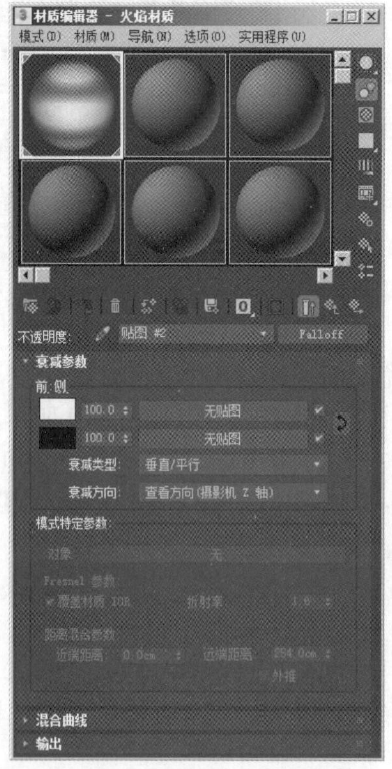


图 5-93　交换黑白颜色的位置

图 5-94　渲染后的效果

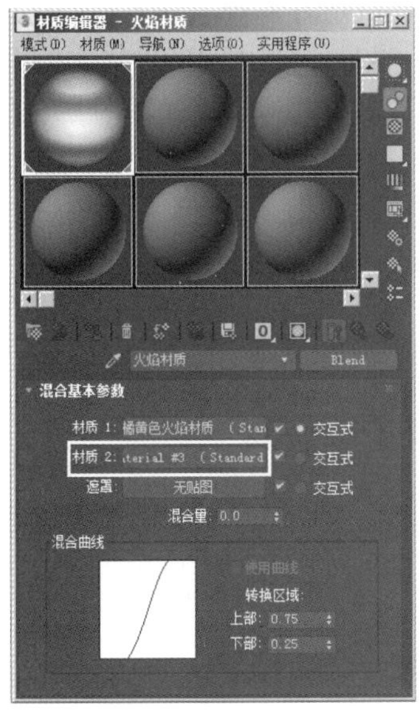


图 5-95　单击“材质 2”右侧按钮

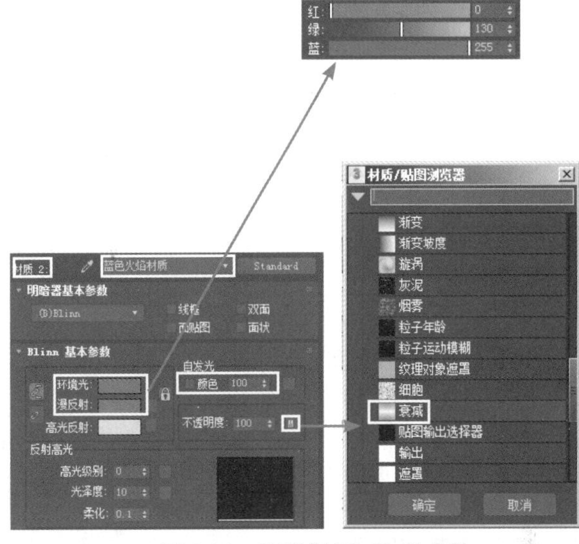


图 5-96　设置“材质 2”的参数

7）此时看不出蓝色火焰的效果，下面通过设置“混合”材质的“遮罩”显示出蓝色火焰的材质效果。方法：单击按钮，回到顶层“混合”材质级别，然后单击“遮罩”右侧按钮，从弹出的“材质 / 贴图浏览器”对话框中选择“渐变坡度”，如图 5-97 所示，单击“确定”按钮，进入“渐变坡度”贴图的参数设置面板。接着取消勾选“使用真实世界比例”复选框，再将“W:”的“角度”设置为 90.0，如图 5-98 所示，从而使蓝色火焰位于黄色和橘黄色火焰的下方。

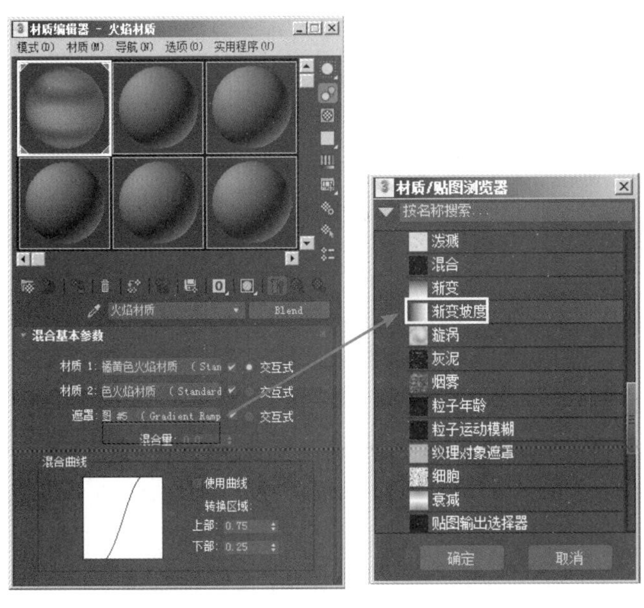


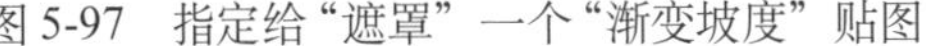

图 5-97　指定给“遮罩”一个“渐变坡度”贴图

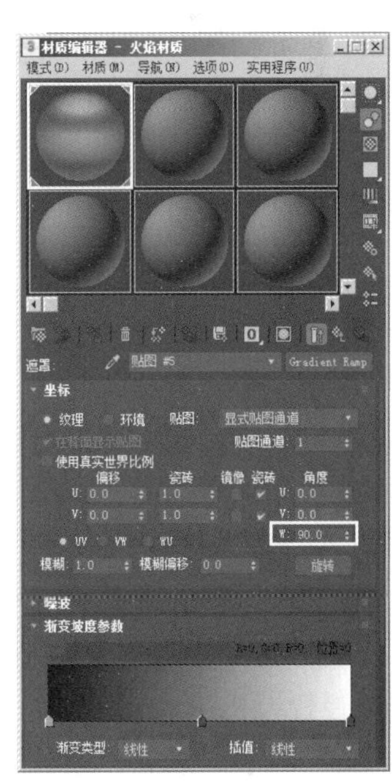


图 5-98　调节“渐变坡度”贴图的参数

8）单击工具栏中的 （渲染产品）按钮，进行渲染，效果如图 5-99 所示。此时火焰颜色的整体偏暗，下面就来解决这个问题。方法：将“渐变坡度”贴图参数面板的“渐变坡度参数”卷展栏的色带中间颜色点的颜色改为黑色，RGB（0，0，0），然后再在该颜色点右侧的色带下方单击，从而添加一个颜色点，接着将该点的颜色设置为白色，RGB（255，255，255），结果如图 5-100 所示。最后单击工具栏中的 （渲染产品）按钮，进行渲染，效果如图 5-101 所示。

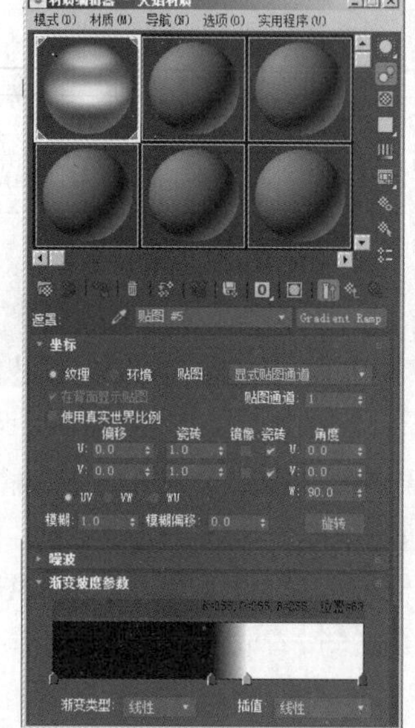

图 5-99　渲染后的效果　　图 5-100　添加并调整颜色点的颜色　　图 5-101　再次渲染后的效果

9）至此火焰材质制作完毕。下面单击材质编辑器工具栏中的 按钮，查看一下火焰材质的材质分布图，如图 5-102 所示。

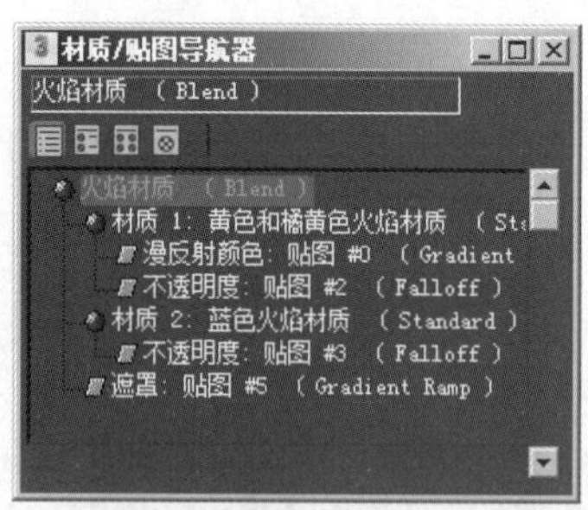


图 5-102　火焰材质的材质分布图

### 2. 制作蜡烛材质

1）选择一个空白的材质球，然后将该材质重命名为“蜡烛材质”，如图 5-103 所示。

2）将明暗器类型设置为“（T）半透明明暗器”，然后将“环境光”“漫反射”和“半透明”颜色均设置为 RGB（250，200，110），再将“高光级别”设置为 255，将“光泽度”设置为 30，如图 5-104 所示。接着将蜡烛材质拖到视图中的蜡烛模型上，再单击工具栏中的 （渲染产品）按钮，进行渲染，效果如图 5-105 所示。

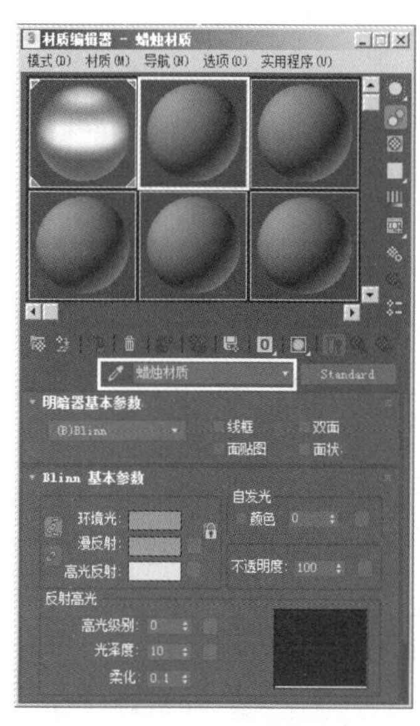


图 5-103　材质重命名

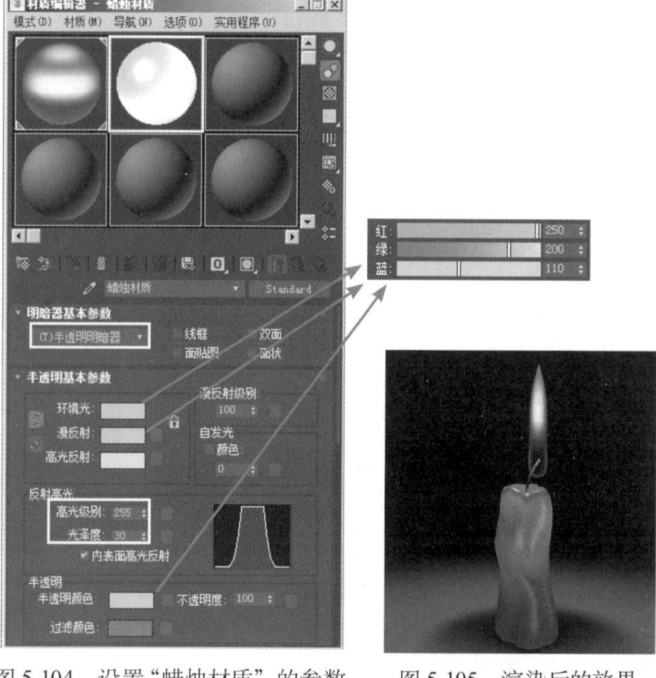


图 5-104　设置“蜡烛材质”的参数　　图 5-105　渲染后的效果

3）选择渲染后的蜡烛颜色过于暗淡，下面通过调节蜡烛的自发光参数来增亮蜡烛材质。方法：将“自发光”的数值设置为 35，如图 5-106 所示，然后再次单击工具栏中的 （渲染产品）按钮，进行渲染，效果如图 5-107 所示。

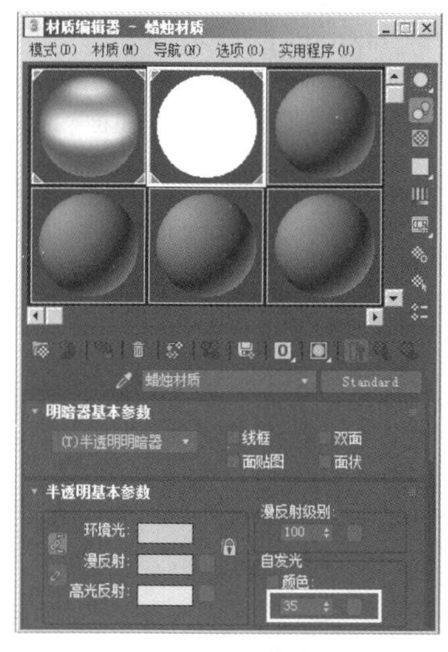


图 5-106　将“自发光”的数值设置为 35

图 5-107　再次渲染后的效果

### 3. 制作捻子材质

1）选择一个空白的材质球，然后将该材质重命名为“捻子材质”，如图 5-108 所示。

2）单击“漫反射”右侧的 按钮，选择“渐变坡度”贴图类型，然后在“渐变坡度”贴图设置面板中取消勾选“使用真实世界比例”复选框，再将“W”的“角度”设置为 90.0。接着在“渐变坡度”贴图参数面板的“渐变坡度参数”卷展栏的色带下添加两个颜色点，并将颜色点的颜色从左往右依次设置为 RGB（255，95，0）、RGB（205，175，0）、RGB（0，0，0）、RGB（25，25，25）和 RGB（255，240，210）。最后将“噪波”选项组的“数量”设置为 0.25，“大小”设置为 2.5。设置后的“渐变坡度”贴图设置面板如图 5-109 所示。

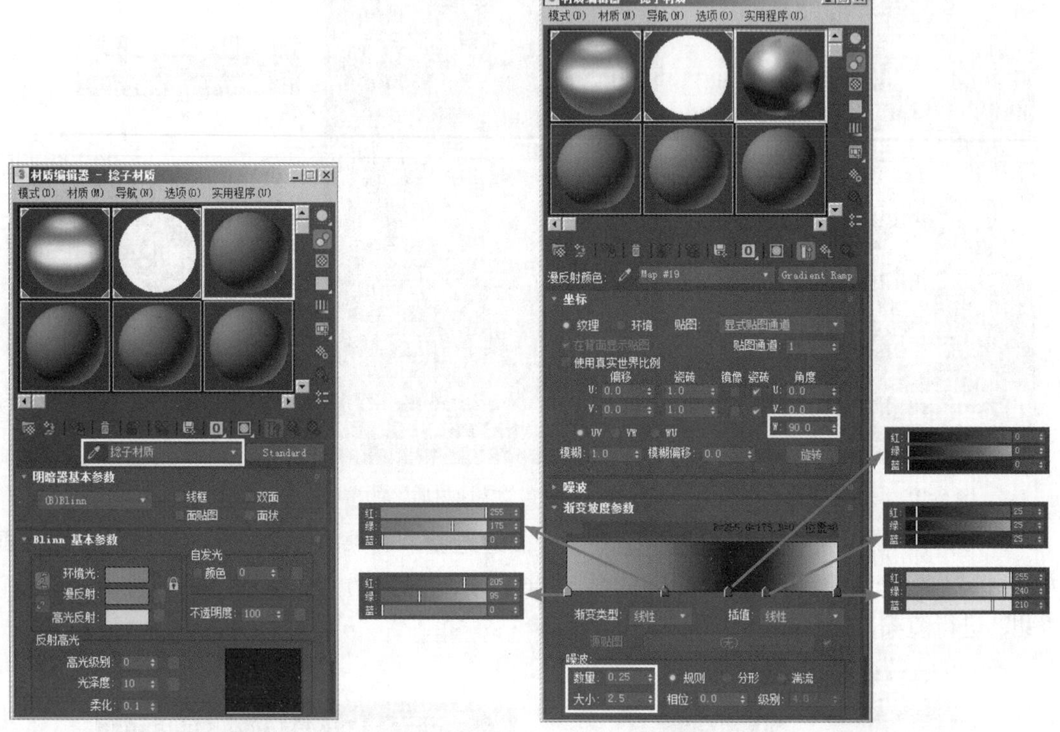


图 5-108 材质重命名 图 5-109 设置后的“渐变坡度”贴图设置面板

3）将捻子材质拖到视图中的蜡烛模型上，然后单击工具栏中的按钮，渲染后效果如图 5-110 所示。

图 5-110 渲染效果

4）至此，燃烧的蜡烛材质制作完毕。

## 5.6　雪山材质

要点：

本例将制作一座被冰雪覆盖的山脉效果，如图 5-111 所示。学习本例，读者应掌握“顶／底”材质、“噪波”贴图、“渐变”贴图和“置换”修改器的综合应用。

图 5-111　冰雪覆盖的山脉

操作步骤：

### 1. 创建山脉造型

1）执行菜单中的“文件 | 重置”命令，重置场景。

2）单击 +（创建）命令面板下 ●（几何体）中的 平面 按钮，在顶视图中创建一个平面，参数设置及结果如图 5-112 所示。

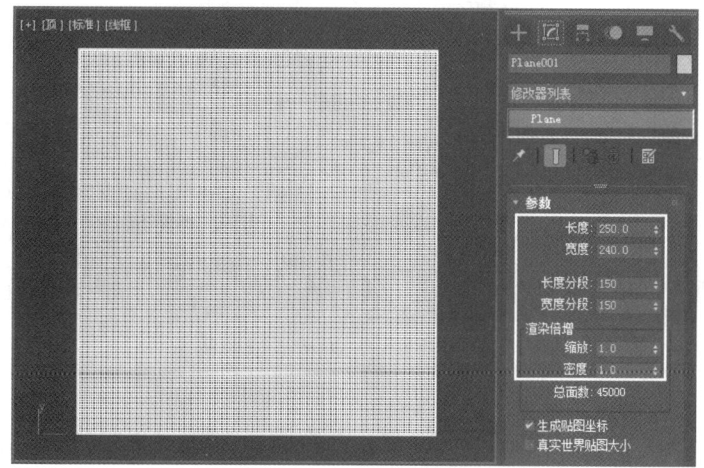


图 5-112　创建平面

3）进入（修改）面板，选择修改器下拉列表框中的“置换”命令，然后单击“位图”下

的“无”按钮，如图 5-113 所示。接着从弹出的“选择置换图像”对话框中选择网盘中的“maps\置换贴图.jpg”贴图，如图 5-114 所示，单击“打开”按钮。

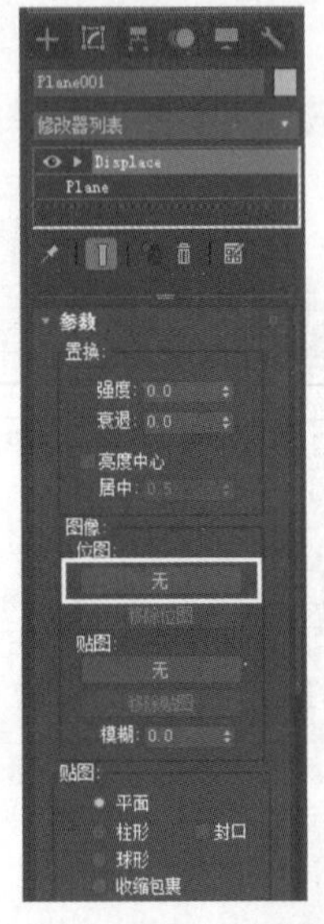


图 5-113　单击“无”按钮

图 5-114　选择“置换贴图.jpg”贴图

4）此时并看不到如何效果，这是因为“强度”为 0 的原因。下面将“强度”设置为 85，效果如图 5-115 所示。

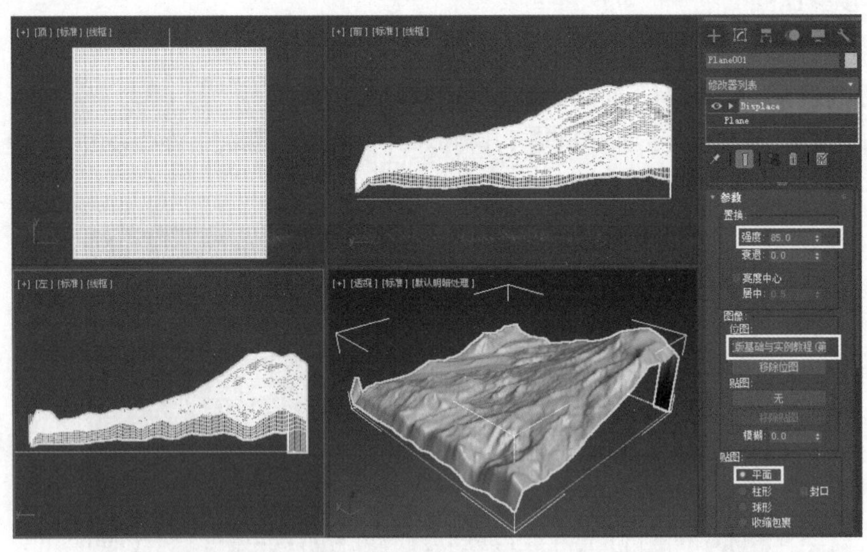


图 5-115　将“强度”设置为 85 的效果

5）架设摄影机。方法：单击 +（创建）命令面板下 ■（摄影机）中的 目标 按钮，在顶视图中创建一架目标摄影机，然后选择透视图，按键盘上的〈C〉键，将透视图转换为 Camera01 视图，接着在左视图中调整摄影机到合适角度，结果如图 5-116 所示。

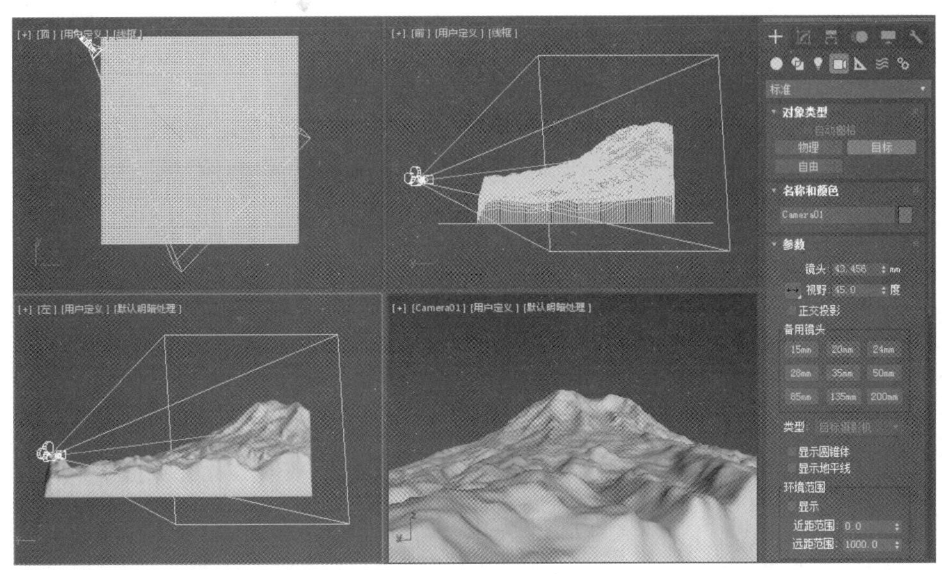


图 5-116　创建目标摄影机

6）单击工具栏中的按钮，渲染后的结果如图 5-117 所示。此时山脉缺少细节，下面就来解决这个问题。方法：单击修改器面板中的 Plane 层级，进入平面的参数设置，然后将“渲染倍增”下的“密度”由 1.0 改为 3.0，如图 5-118 所示，接着再次渲染，此时山脉的细节丰富了许多，结果如图 5-119 所示。

图 5-117　创建目标摄影机

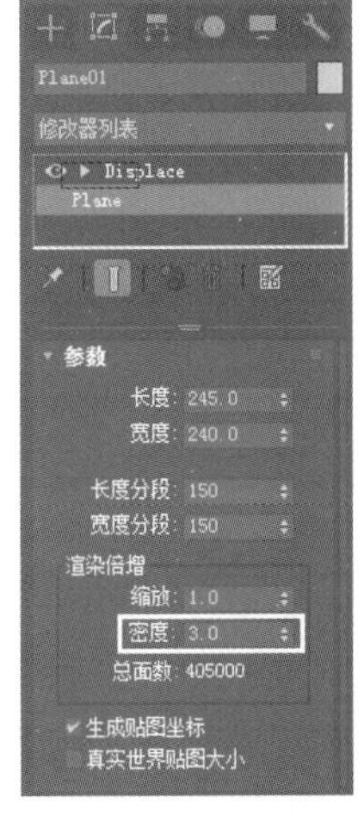


图 5-117　将“密度”改为 3.0

图 5-119　再次渲染效果

## 2. 制作山脉材质

1）单击工具栏中的（材质编辑器）按钮，进入材质编辑器。然后选择一个空白的材质球，将其命名为“场景”，将该材质拖到视图中的山脉造型上，即可将该材质赋予山脉造型。

2）指定“顶 / 底”材质。方法：单击 Standard 按钮，在弹出的“材质 / 贴图浏览器”对话框中选择“顶 / 底”，如图 5-120 所示，单击“确定”按钮，接着在弹出的“替换材质”对话框中选择“将旧材质保存为子材质？”单选按钮，如图 5-121 所示，结果如图 5-122 所示。

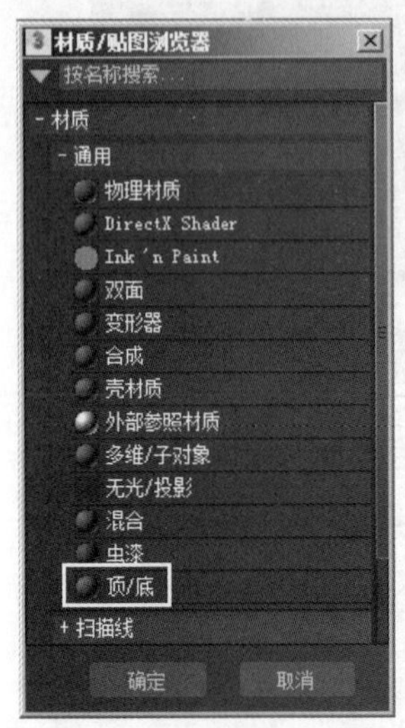


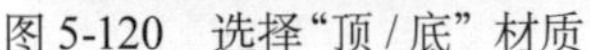

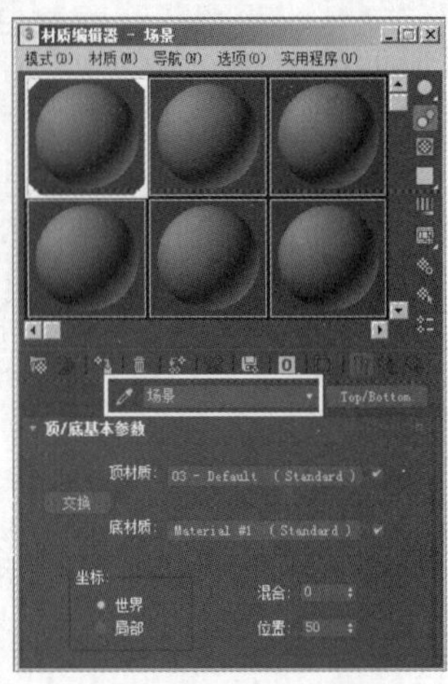


图 5-120 选择“顶 / 底”材质　　图 5-121 保持默认参数　　图 5-122 “顶 / 底”材质参数面板

3）设置“顶材质”参数。方法：单击“顶材质”右侧的按钮，进入顶材质参数设置面板。为了便于操作，下面将其命名为“雪”，然后设置参数，如图 5-123 所示。

4）设置“底材质”参数。方法：单击材质编辑器工具栏中的 （转到下一个同级顶）按钮，进入底材质参数设置面板。为了便于操作，下面将其命名为“山石”，然后设置参数，如图 5-124 所示。

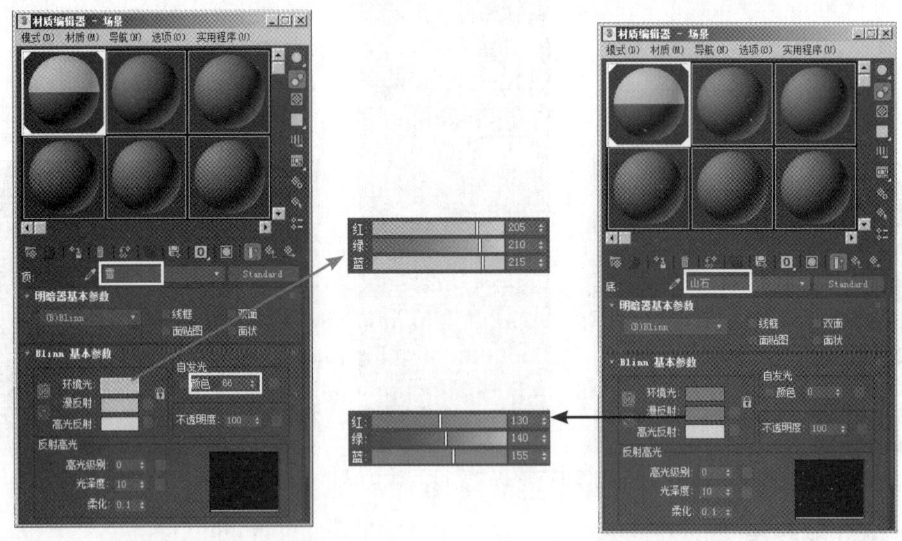


图 5-123 设置“顶材质”参数　　图 5-124 设置“底材质”参数

5）指定山石凹凸贴图。方法：展开“贴图”卷展栏，然后单击“凹凸”右侧的按钮，在弹出的“材质 / 贴图浏览器”对话框中选择“噪波”贴图，如图 5-125 所示，单击“确定”按钮。然后在弹出的“噪波”设置面板中设置参数，如图 5-126 所示。

图 5-125　指定给“凹凸”一个“噪波”贴图类型

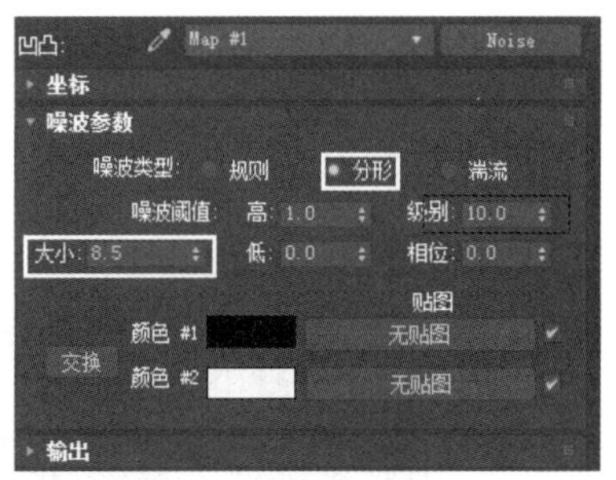

图 5-126　设置“噪波”参数

6）设置“顶材质”和“底材质”的位置和混合。方法：单击材质编辑器工具栏中的（转到父对象）按钮，回到“顶 / 底”材质最上层，然后设置参数，如图 5-127 所示。

7）至此，冰雪覆盖的山脉材质制作完毕。下面单击材质编辑器工具栏中的（材质 / 贴图导航器）按钮，查看材质分布，如图 5-128 所示。

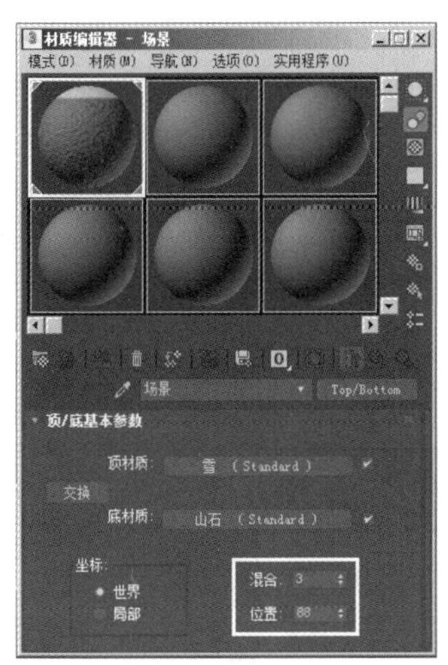

图 5-127　设置“混合”和“位置”参数

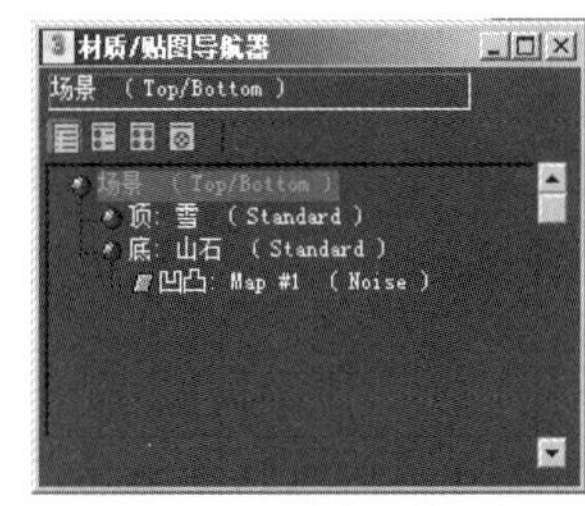

图 5-128　材质分布

## 3. 设置背景

1）执行菜单中的“渲染 | 环境”命令，在弹出的对话框中指定给“环境贴图”一个“渐变”贴图，如图 5-129 所示。

2）将其拖入材质编辑器一个空白的材质球上，在弹出的对话框中选择“实例”单选按钮，如图 5-130 所示，单击“确定”按钮。接着设置“渐变”贴图的参数，如图 5-131 所示。

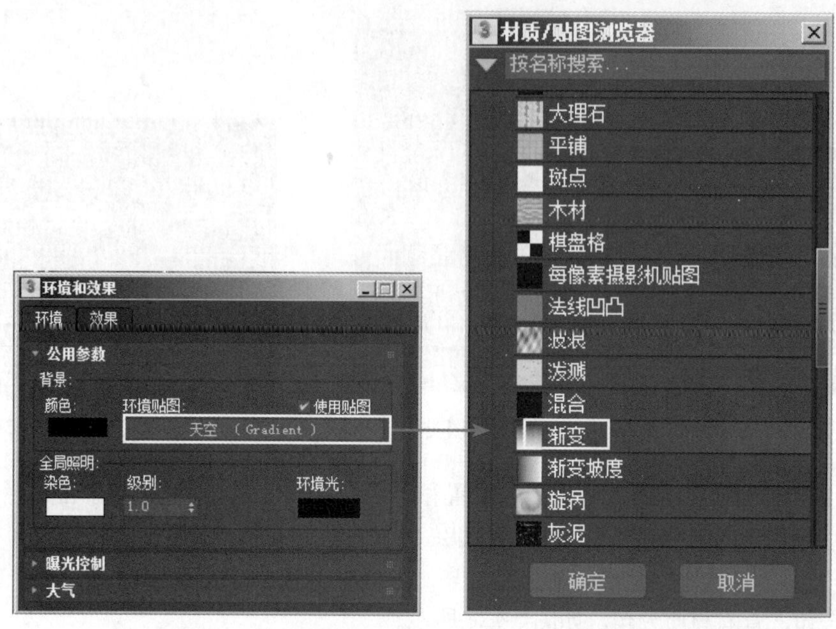


图 5-129　指定“渐变”贴图

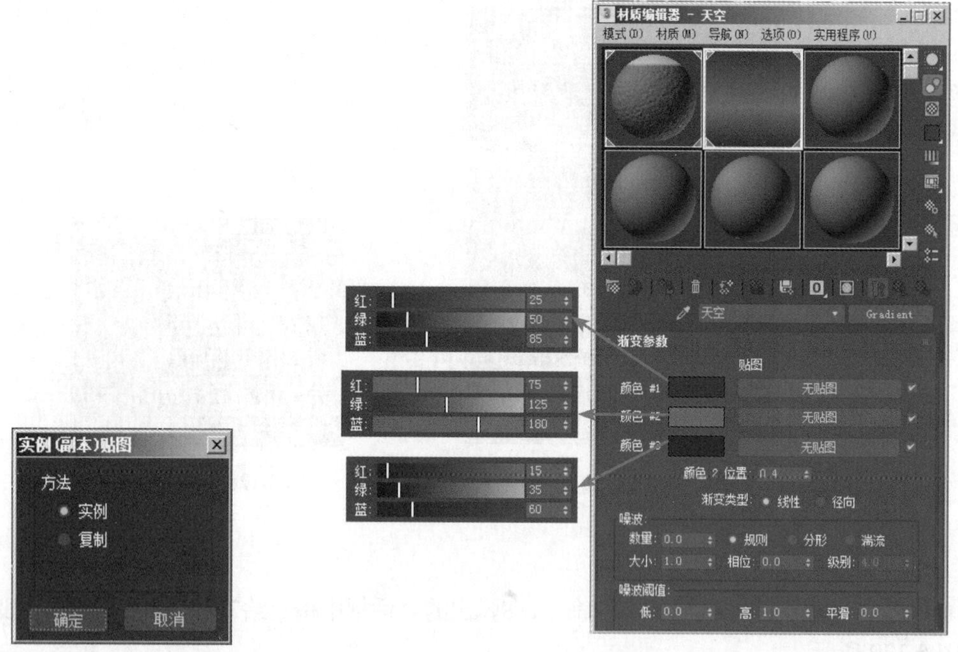


图 5-130　选择“实例”单选按钮

图 5-131　“渐变”贴图参数设置

3）为了美观，下面在视图中添加一盏目标聚光灯和天光，然后单击工具栏中的按钮进行渲染，最终效果如图 5-132 所示。

图 5-132　冰雪覆盖的山脉

## 5.7　课后练习

（1）制作玻璃杯及水材质，效果如图 5-133 所示。参数可参考网盘中的“example \ 第 5 章 材质与贴图 \5.7 课后练习 \ 练习 1\ 玻璃杯 .max”文件。

（2）制作玻璃球和金属球效果，效果如图 5-134 所示。参数可参考网盘中的“ example \ 第 5 章 材质与贴图 \5.7 课后练习 \ 练习 2\ 反射和折射 .max”文件。

图 5-133　玻璃杯效果

图 5-134　玻璃球和金属球效果

（3）利用“顶 / 底”材质和“细胞”贴图制作蛇，效果如图 5-135 所示。参数可参考网盘中的“example \ 第 5 章 材质与贴图 \5.7 课后练习 \ 练习 3\ 蛇 .max”文件。

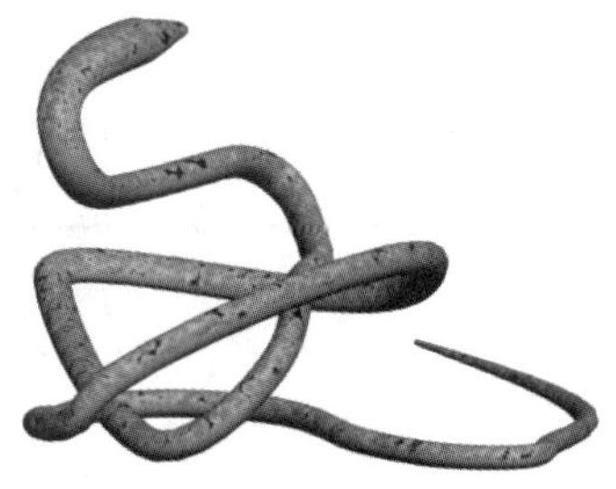

图 5-135　蛇的效果

# 第 6 章　环境与效果

## 本章重点：

3ds max 2018 中的环境概念比较广泛，用于制作各种影视中常见的雾效和火焰等效果。学习本章，读者应掌握环境效果的应用与设置方法。

## 6.1　地球光晕效果

**要点：**

本例将制作地球光晕效果，如图 6-1 所示。学习本例，读者应掌握“体积光”效果的应用。

图 6-1　地球光晕效果

**操作步骤：**

### 1. 建立场景

1）执行菜单中的“文件 | 重置”命令，重置场景。

2）单击（创建）命令面板下（几何体）中的球体按钮，在顶视图中创建一个球体。

3）单击工具栏中的（材质编辑器）按钮，进入材质编辑器。然后选择一个空白的材质球，单击“漫反射”右侧按钮，指定给它网盘中的“maps\ EarthMap. jpg”贴图。接着选中场景中创建的球体，单击（将材质指定给选定对象）按钮，将材质赋予地球模型。

4）为了便于在视图中看到贴图效果，可单击材质编辑器工具栏中的（在视口中显示真实材质）按钮，结果如图 6-2 所示。

5）在视图中创建一架目标摄像机，然后选择透视图，按键盘上的〈C〉键，将透视图切换为摄像机视图，结果如图 6-3 所示。

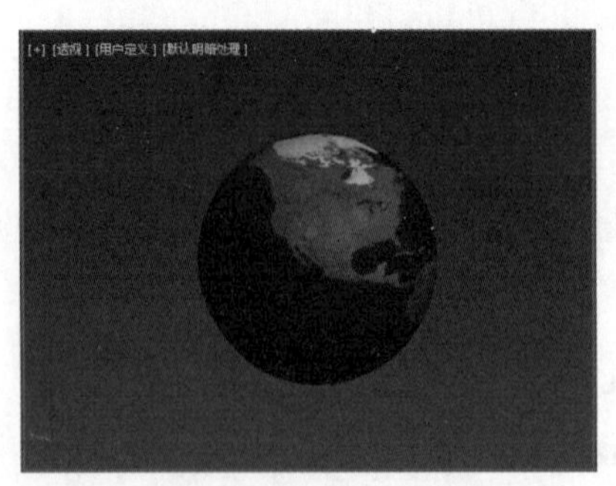

图 6-2　在视图中显示贴图

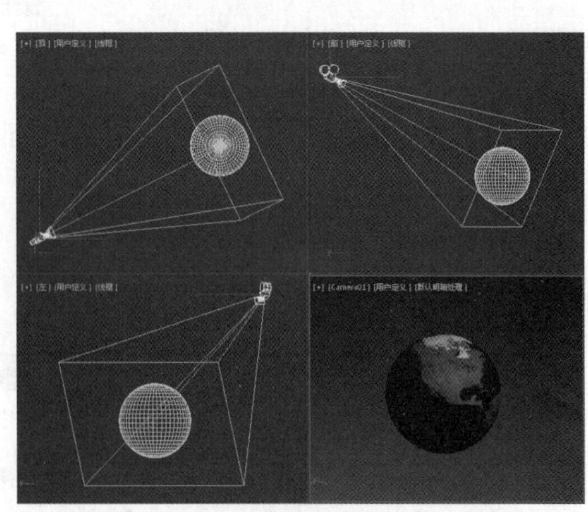

图 6-3　将透视图转换为摄像机视图

6）在视图中创建一盏泛光光源，然后利用工具栏中的（对齐）工具将其与地球模型中心对齐。进入（修改）面板，如图 6-4 所示设置参数，结果如图 6-5 所示。

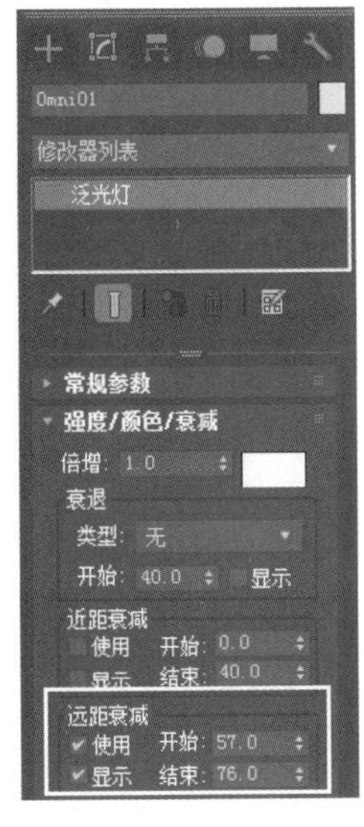


图 6-4　设置泛光灯参数

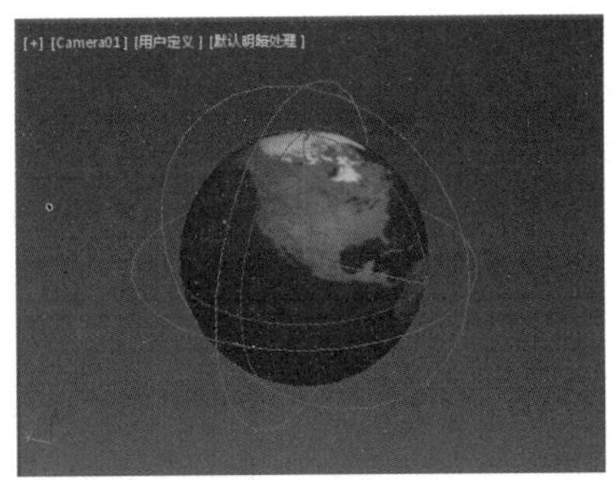


图 6-5　设置后效果

7）在视图中再放置一盏泛光灯作为补光，如图 6-6 所示。

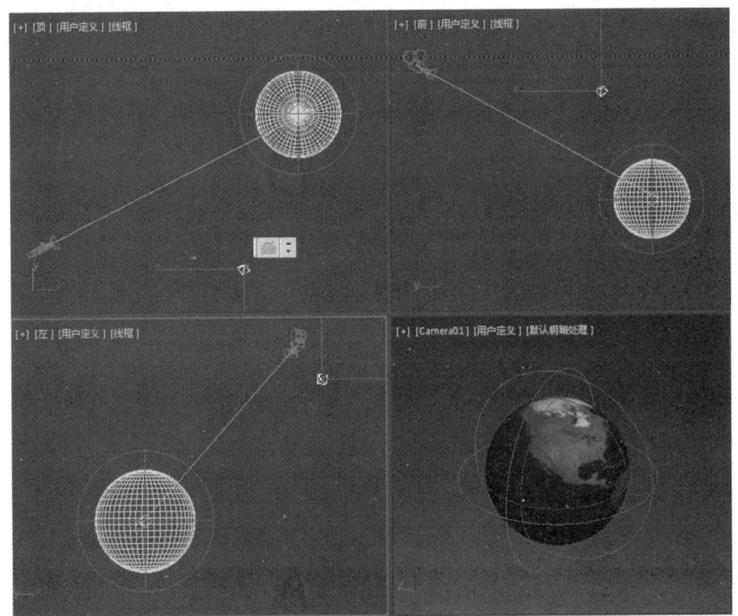


图 6-6　创建补光

## 2. 制作体积光效果

1）执行菜单中的“渲染 | 环境”命令，在弹出的“环境和效果”对话框中单击“添加”按钮，如图 6-7 所示。然后在弹出的“添加大气效果”对话框中选择“体积光”选项，如图 6-8 所示，单击“确定”按钮，结果如图 6-9 所示。

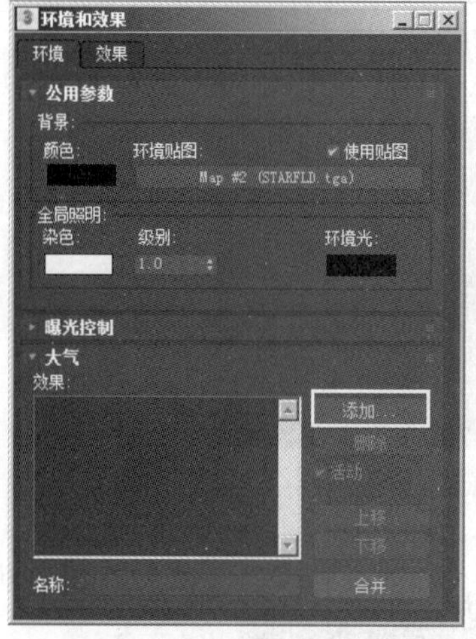


图 6-7　单击“添加”按钮

图 6-8　选择“体积光”选项

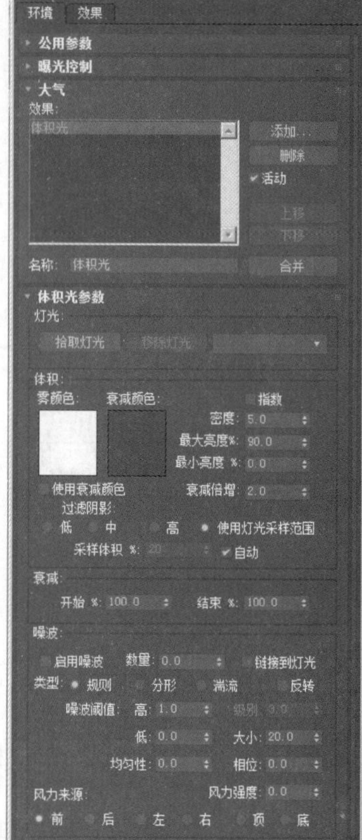


图 6-9　添加“体积光”结果

2）单击“拾取灯光”按钮后拾取视图中与地球中心对齐的泛光灯，结果如图 6-10 所示。

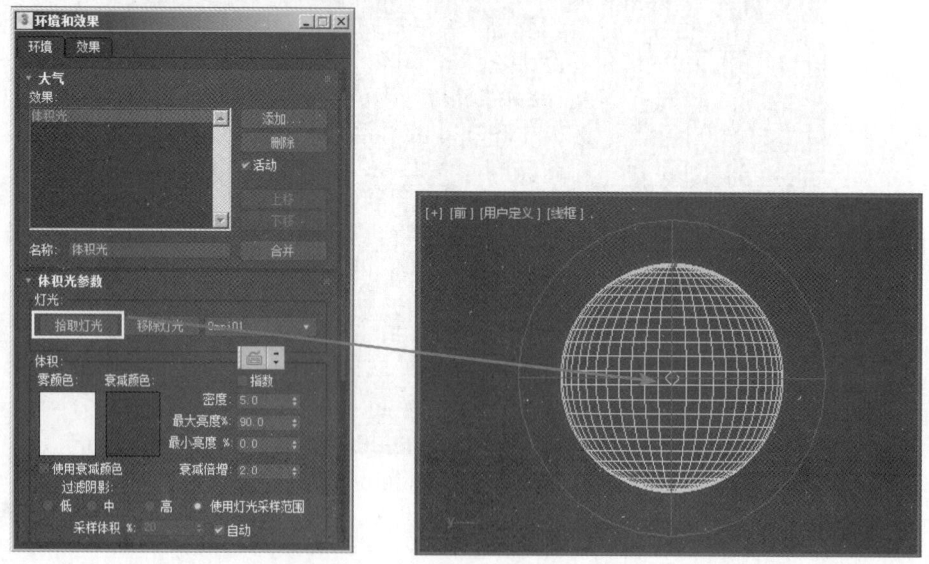


图 6-10　拾取泛光灯

3）选择摄像机视图，单击工具栏中的（渲染产品）按钮，进行渲染，结果如图 6-11 所示。

### 3. 指定背景贴图

1）在“环境和效果”对话框中单击“背景”选项组“环境贴图”下的“无”按钮，如图 6-12 所示。然后指定给它网盘中的“maps\STARFLD.tga”贴图。

2）选择 Camera01 视图，单击工具栏中的（渲染产品）按钮，进行渲染，结果如图 6-13 所示。

图 6-11　渲染后效果

图 6-12　单击“无”按钮

图 6-13　最终效果

## 6.2　晨雾下的房间

图 6-14　晨雾效果

本例将利用“体积光”制作晨雾效果，如图 6-14 所示。学习本例，读者应掌握“体积光”的使用方法。

1）执行菜单中的“文件 | 打开”命令，打开网盘中的“example\ 第 6 章 环境与效果 \6.2 晨雾下的房间 \ 晨雾下的房间源文件 .max”文件，如图 6-15 所示。渲染后的效果如图 6-16 所示。

2）执行菜单中的“渲染 | 环境”命令，在弹出的“环境和效果”对话框中单击“添加”按钮，然后在弹出的“添加大气效果”对话框中选择“体积光”，单击“确定”按钮，接着如图 6-17 所示设置“体积光”其余参数。

3）选择 Camera 视图，然后单击工具栏中的（渲染产品）按钮进行渲染，渲染后的效果如图 6-18 所示。

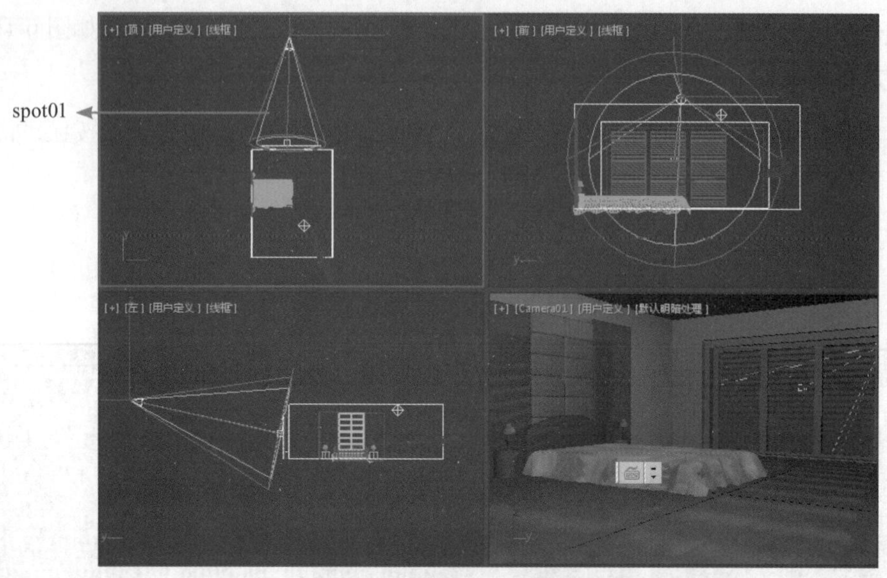


图 6-15　打开指定文件

图 6-16　渲染效果

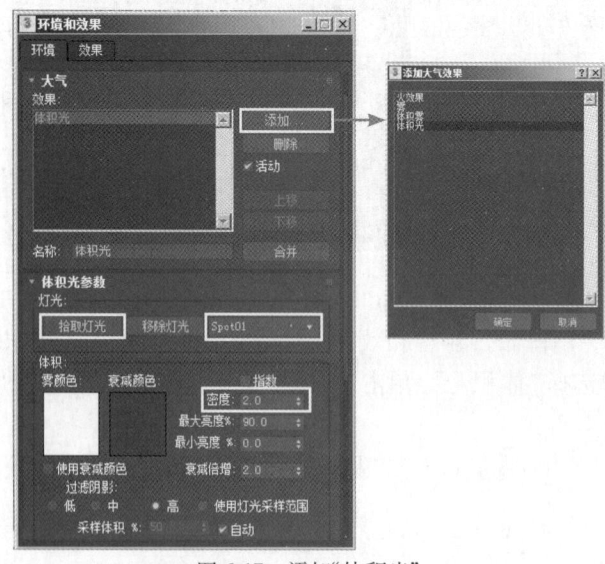


图 6-17　添加“体积光”

图 6-18　添加“体积光”后的渲染效果

## 6.3　海底

**要点：**

本例将制作海底效果，如图 6-19 所示。学习本例，读者应掌握“雾”和“体积光”的综合应用。

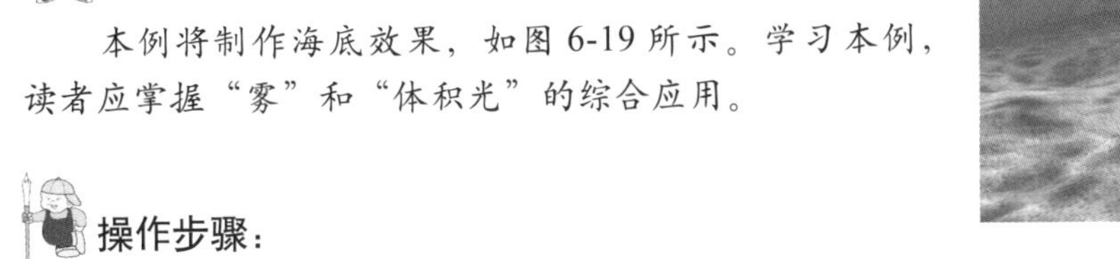

图6-19　海底效果

**操作步骤：**

### 1. 制作“雾”效果

1) 执行菜单中的“文件 | 打开”命令，打开网盘中的“example\ 第 6 章 环境与效果 \6.3 海底 \ 海底源文件 .max”文件，如图 6-20 所示，渲染后的效果如图 6-21 所示。

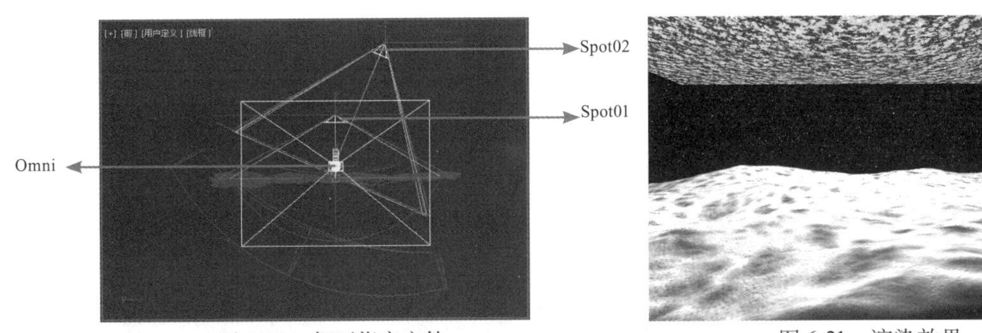


图 6-20　打开指定文件　　　　图 6-21　渲染效果

2) 执行菜单中的“渲染 | 环境”命令，在弹出的“环境和效果”对话框中单击“添加”按钮，然后在弹出的“添加大气效果”对话框中选择“雾”，单击“确定”按钮。接着指定给“环境颜色贴图”一个“渐变”贴图类型，如图 6-22 所示，单击“确定”按钮。

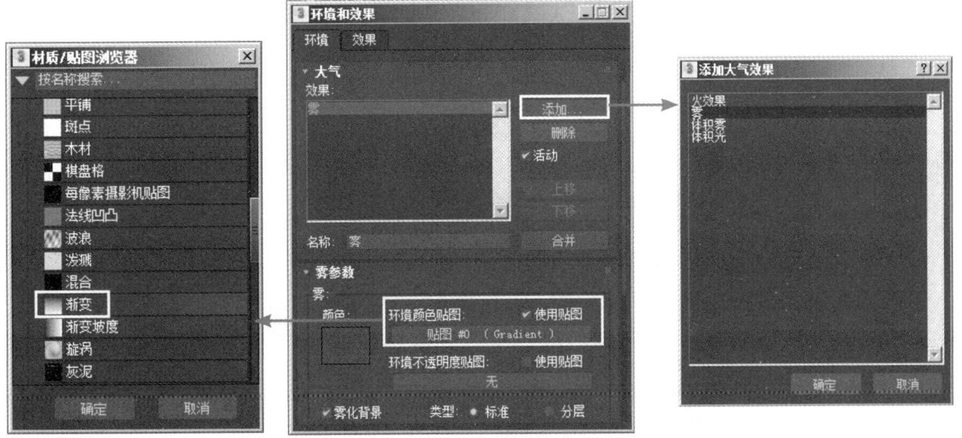


图 6-22　添加“渐变”贴图

3) 选择 Camera01 视图，单击工具栏中的 （渲染产品）按钮，渲染效果如图 6-23 所示。

图 6-23　添加“雾”后的渲染效果

## 2. 制作“体积光”效果

1）单击“环境和效果”对话框中的 添加... 按钮，添加一个“体积光”效果，参数设置如图 6-24 所示，单击“确定”按钮。

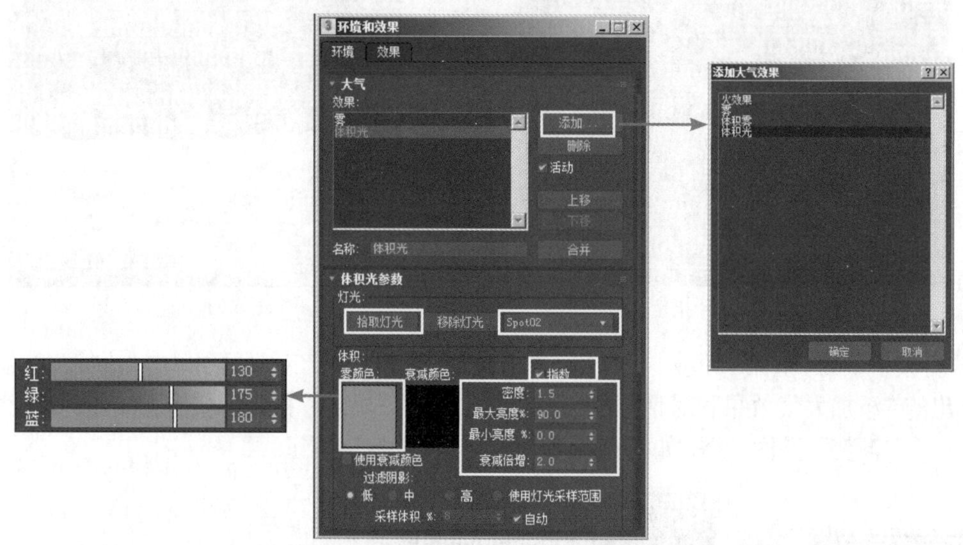


图 6-24　添加“体积光”并设置参数

2）选择 Camera 视图，单击工具栏中的（渲染产品）按钮进行渲染，渲染后的最终效果如图 6-25 所示。

图 6-25　添加“体积光”后的渲染效果

## 6.4　课后练习

（1）制作分层雾，效果如图 6-26 所示。参数可参考网盘中的“ example \ 第 6 章 环境与效果 \6.4 课后练习 \ 练习 1\ 分层雾 .max”文件。

（2）制作台灯灯光，效果如图 6-27 所示。参数可参考网盘中的“example \ 第 6 章 环境与效果 \6.4 课后练习 \ 练习 2\ 台灯灯光 .max”文件。

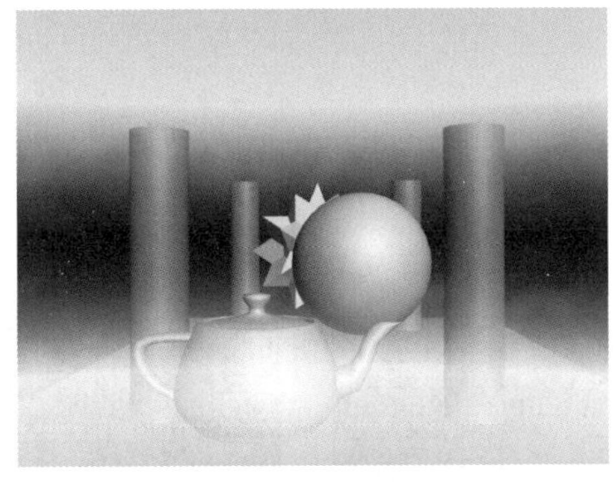

图 6-26　分层雾效果

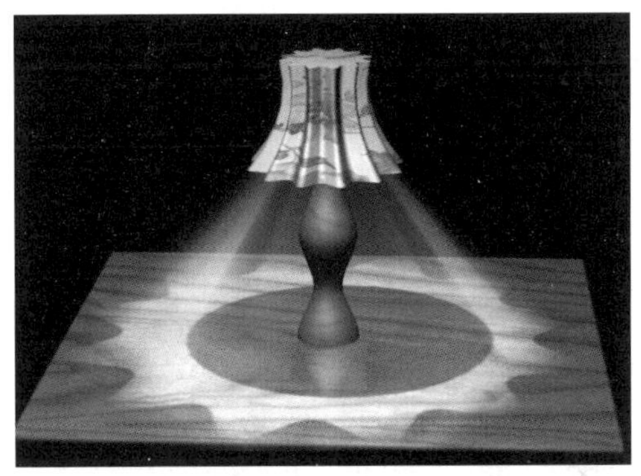

图 6-27　台灯灯光效果

（3）制作飘动的云彩，效果如图 6-28 所示。参数可参考网盘中的“example \ 第 6 章环境与效果 \6.4 课后练习 \ 练习 3\ 飘动的云彩 .max”文件。

图 6-28　飘动的云彩效果

# 第 7 章　轨 迹 视 图

## 本章重点：

通过轨迹视图（也称轨迹视窗）可以对动画轨迹和关键帧进行设置和修改，完成手工设置无法完成的动画工作。学习本章，读者应掌握利用轨迹视图来调节运动轨迹和可视性的方法。

## 7.1　弹跳的皮球

**要点：**

本例将制作弹跳的皮球效果，如图 7-1 所示。学习本例，读者应掌握轨迹视图的使用方法。

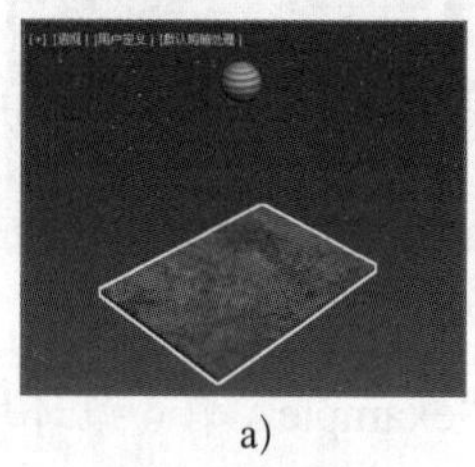

a)

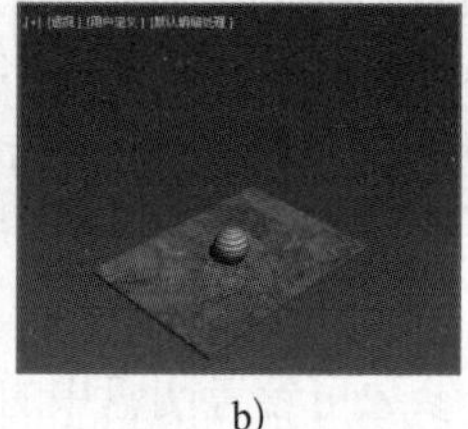

b)

c)

d)

图 7-1　弹跳的皮球效果

a）第 0 和 20 帧　b）第 8 帧　c）第 10 帧　d）第 12 帧

**操作步骤：**

### 1. 制作小球上下循环运动

1）执行菜单中的“文件 | 重置”命令，重置场景。

2）单击（创建）命令面板下（标准几何体）中的 球体 按钮，在场景中创建一个“球体”，半径设为 10，并勾选“轴心在底部”复选框，如图 7-2 所示。

3）制作球体上下运动动画。方法：激活 自动关键点 按钮，然后将时间滑块移至第 10 帧，如图 7-3 所示。接着将小球向下移动 10 个单位，如图 7-4 所示。最后选中时间线上的第 0 帧，按住键盘上的〈Shift〉键，将第 0 帧复制到第 20 帧，如图 7-5 所示。此时预览，小球已经是一个完整的上下运动过程。

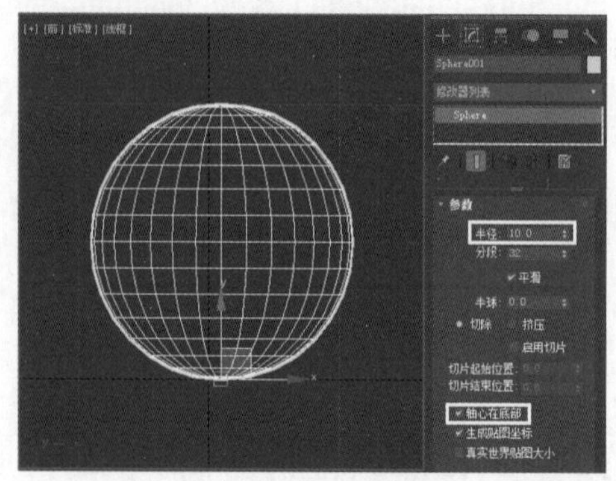


图 7-2　勾选“轴心在底部”复选框

图 7-3　将时间滑块移至第 10 帧

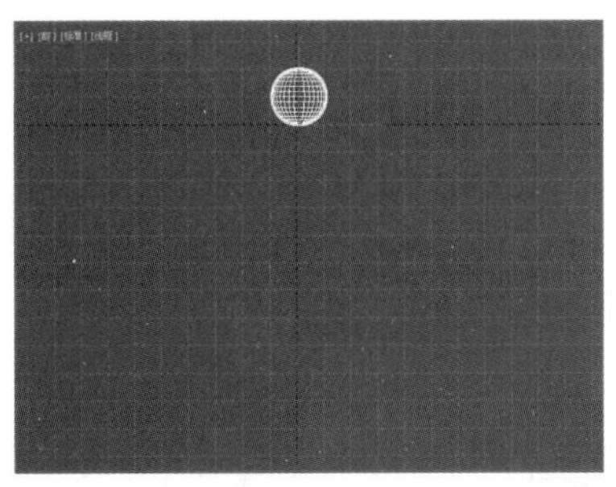

a)

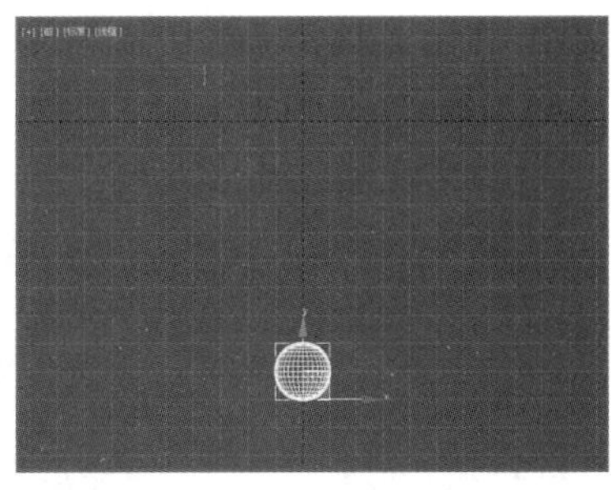

b)

图 7-4　在第 10 帧处将小球向下移动 10 个单位
a) 第 0 帧　b) 第 10 帧

图 7-5　将第 0 帧复制到第 20 帧

4）再次单击自动关键点按钮，退出动画录制状态。

5）制作球体上下循环运动动画。方法：单击工具栏中的（曲线编辑器）按钮，进入轨迹视图，如图 7-6 所示。然后执行轨迹视图菜单栏中的“编辑 | 控制器 | 超出范围类型”命令，或者单击轨迹视图上方的（参数曲线超出范围类型）按钮，在弹出的对话框中选择“循环”选项，如图 7-7 所示，单击“确定”按钮。此时小球运动为循环运动，轨迹视图如图 7-8 所示。

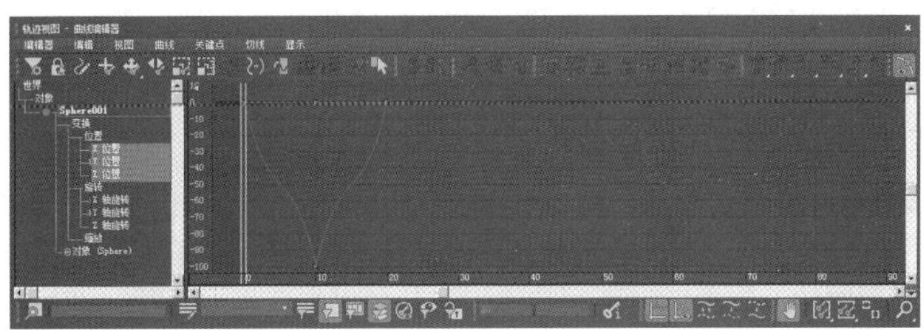

图 7-6　轨迹视图

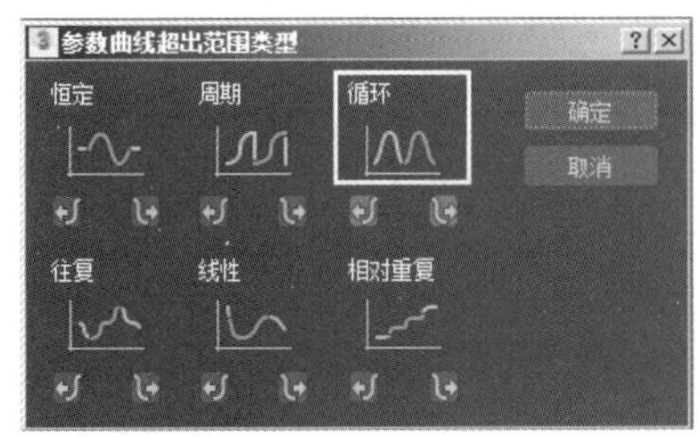


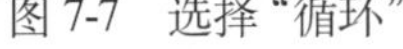

图 7-7　选择“循环”

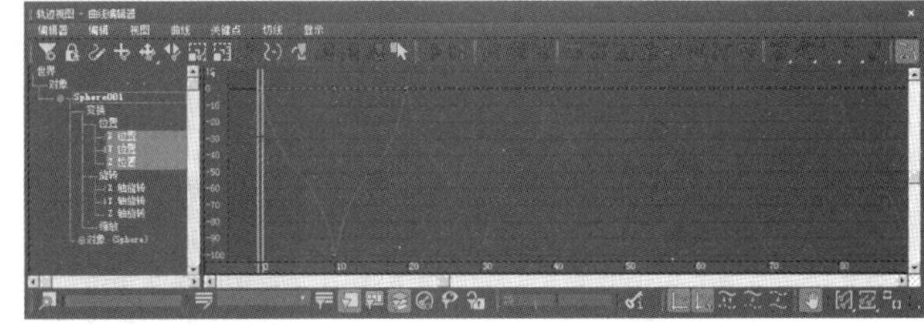

图 7-8　“循环”后的轨迹视图

### 2. 制作小球向下加速、向上减速的运动动画

此时小球上下运动不正常，为了使小球向上运动为减速运动，向下运动为加速运动，需要进一步设置。

方法：右击轨迹视图中的第 0 帧的关键帧，在弹出的对话框中进行设置，如图 7-9 所示，然后单击左上角的■按钮，切换到第 10 帧，再按照如图 7-10 所示设置参数。接着单击左上角的■按钮，切换到第 20 帧，再按照如图 7-11 所示设置参数。设置后的轨迹视图如图 7-12 所示。此时预览就可以看到小球向下加速、向上减速的循环运动效果。

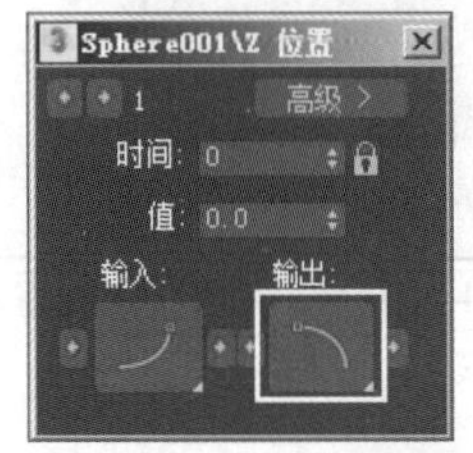


图 7-9　设置第 0 帧参数

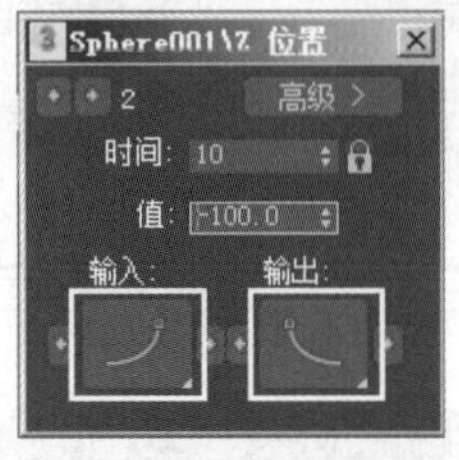


图 7-10　设置第 10 帧参数

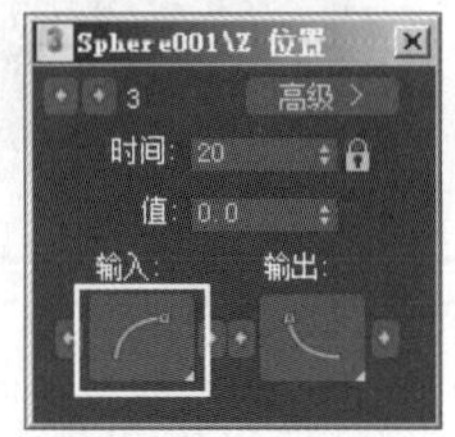


图 7-11　设置第 20 帧参数

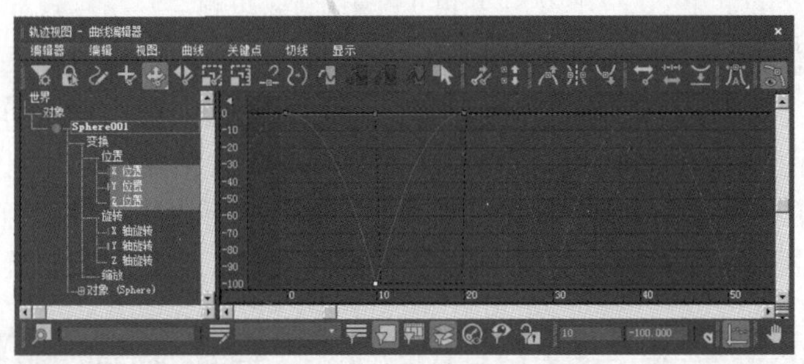


图 7-12　设置后的轨迹视图

### 3. 制作小球与地面接触时的挤压动画

1) 激活自动关键点按钮，将时间滑块移动到第 10 帧，然后单击工具栏中的▧（百分比捕捉切换）按钮，再单击▧（选择并挤压）按钮，在前视图中对球体进行挤压，挤压参数设置如图 7-13 所示。接着再次单击自动关键点按钮，退出动画录制状态。最后单击工具栏中的▧（曲线编辑器）按钮，进入轨迹视图，再执行菜单中的“编辑器 | 摄影表”命令，以摄影表的模式显示轨迹视图，如图 7-14 所示。

X: 140.0　Y: 140.0　Z: 70.0

图 7-13　挤压参数

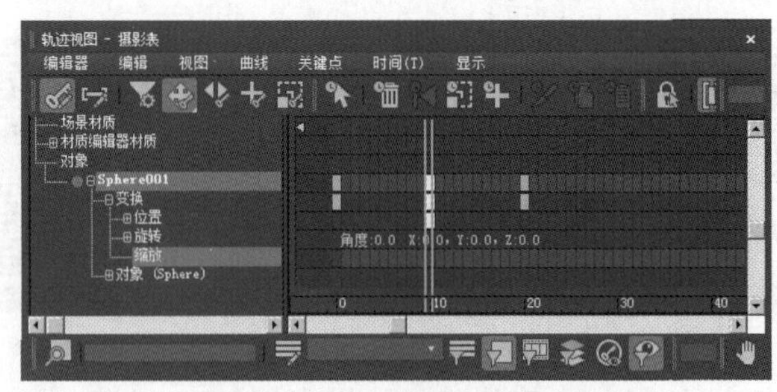


图 7-14　摄影表模式下的轨迹视图

2）在轨迹视图中选中“缩放”的第 1 帧，按住键盘上的〈Shift〉键，将第 1 帧复制到第 20 帧，如图 7-15 所示。

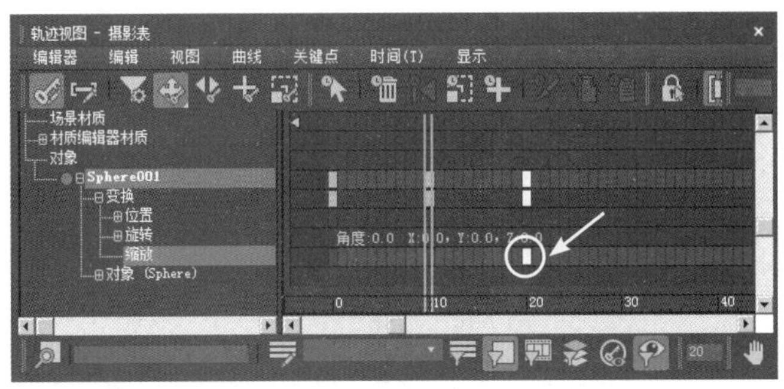

图 7-15　将“缩放”第 1 帧复制到第 20 帧

3）此时预览会发现小球向下运动时开始挤压变形，向上运动时开始恢复原状，这是不正确的。为了解决这个问题，可以将“缩放”中的第 1 帧分别复制到第 8 帧和第 12 帧，如图 7-16 所示，使小球只在第 8 ～ 12 帧之间变形。

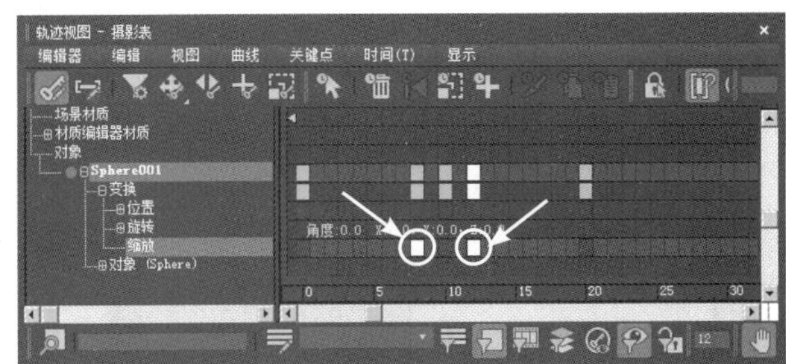

图 7-16　将“缩放”中的第 1 帧分别复制到第 8 帧和第 12 帧

4）此时小球在第 8 ～ 12 帧之间变形的同时还在运动，这也是不正确的，为此可以将“位置”下的“Z 位置”中的第 10 帧复制到第 8 帧和第 12 帧，如图 7-17 所示。

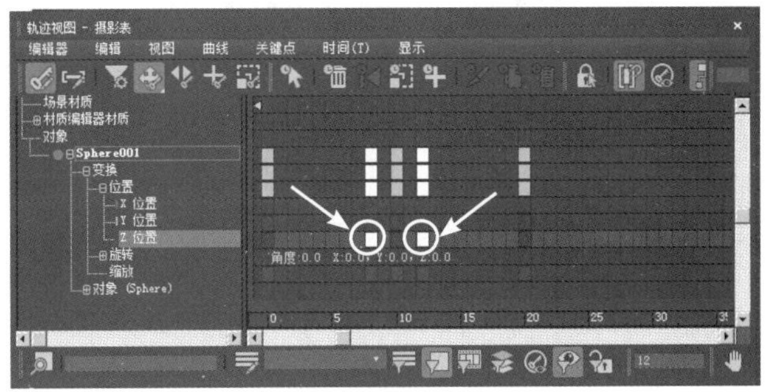

图 7-17　将“Z 位置”中的第 10 帧复 制到第 8 帧和第 12 帧

5）此时整个小球弹跳动画制作完毕，但是预览时会发现，小球挤压动画不能够自动循环，解决这个问题的方法很简单，只要执行轨迹视图菜单栏中的“编辑器 | 曲线编辑器”命令，以轨迹编辑器模式显示轨迹视图。然后执行轨迹视图菜单栏中的“编辑 | 控制器 | 超出范围类型”命令，在弹出的对话框中重新选择“循环”选项，如图 7-18 所示，单击“确定”按钮。

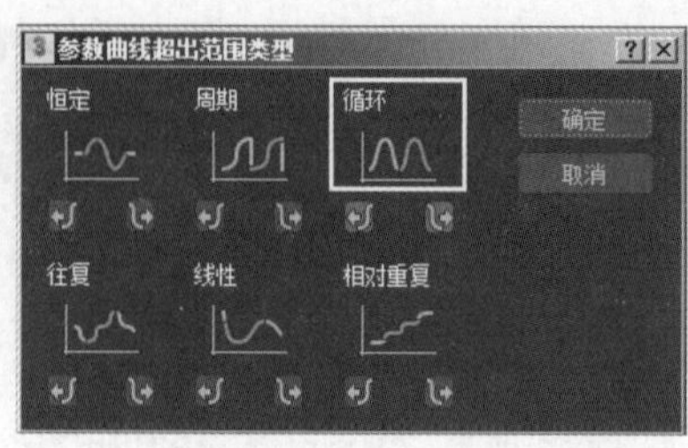


图 7-18　选择“循环”

6）赋给小球材质。方法：单击工具栏中的（材质编辑器）按钮，进入材质编辑器。然后选择一个材质球，指定给“漫反射”右侧的按钮一个网盘中的“maps\ 皮球 .jpg”贴图，如图 7-19 所示。然后选中场景中的小球，单击材质编辑器中的（将材质指定给选定对象）按钮，将材质赋给小球。

7）在第 10 帧小球的底部位置创建一个长方体作为地面，然后制作一种大理石材质赋予该模型。

8）至此整个动画制作完毕，这个动画的整个过程是：小球从第 0 帧开始向下做加速运动，在第 8 帧到达底部后开始挤压，在第 10 帧挤压到极限，在第 12 帧恢复原状，然后向上做减速运动，如图 7-20 所示。

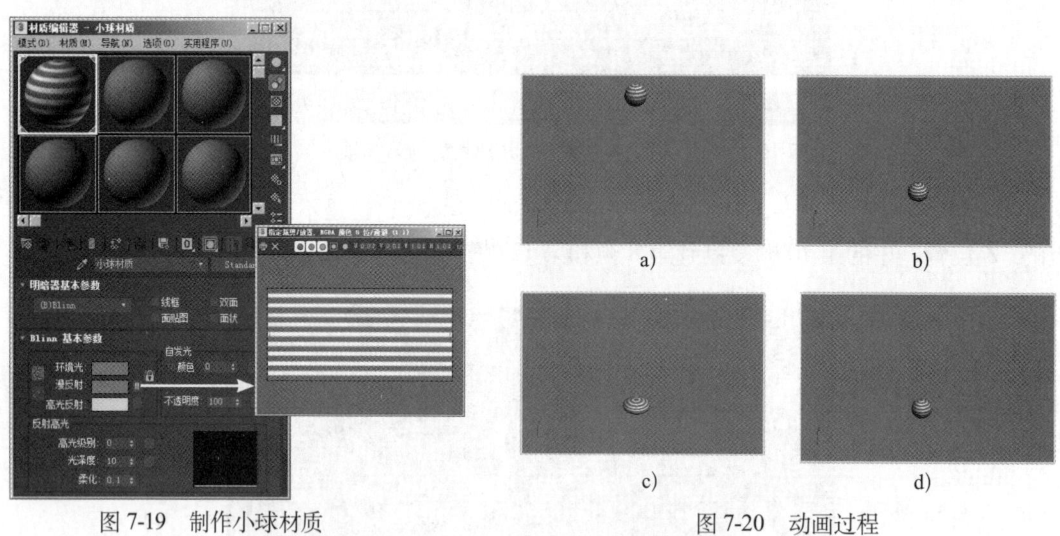


图 7-19　制作小球材质

图 7-20　动画过程

a）第 0 和 20 帧　b）第 8 帧　c）第 10 帧　d）第 12 帧

## 7.2　展开的画卷

**要点：**

本例将制作画卷飞入及展开的效果，如图 7-21 所示。学习本例，读者应掌握“弯曲”命令的动画设置，以及阴影材质和轨迹视图中可视曲线的综合应用。

图 7-21　展开的画卷效果

**操作步骤：**

1）执行菜单中的“文件 | 重置”命令，重置场景。

2）单击（创建）命令面板下（几何体）中的 平面 按钮，在顶视图中创建一个平面，参数设置及结果如图 7-22 所示。

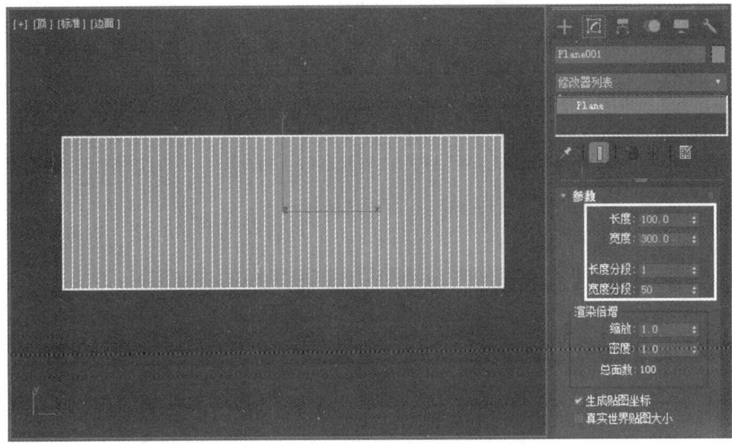


图 7-22　创建平面及参数设置

3）进入（修改）命令面板，执行“修改器列表”下拉列表框中的“弯曲”命令，参数设置如图 7-23 所示，并激活 Gizmo 中的“中心”，制作动画使画卷逐渐展开。

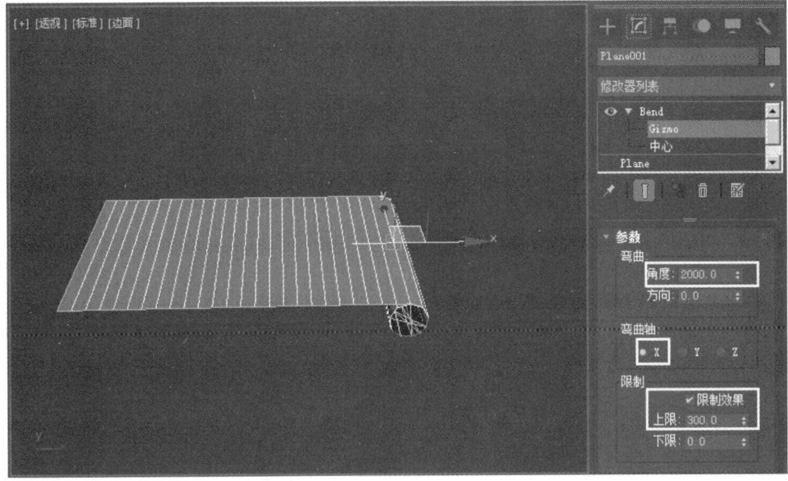


图 7-23　“弯曲”命令的参数设置

4）制作画卷材质。方法：单击工具箱上的（材质编辑器）按钮，进入材质编辑器。然后选择一个空白的材质球，指定给“漫发射”右侧按钮一个“细胞”贴图，如图 7-24 所示。接着设置“细胞”贴图的具体参数如图 7-25 所示。最后将该材质指定给作为画卷的平面，效果如图 7-26 所示。

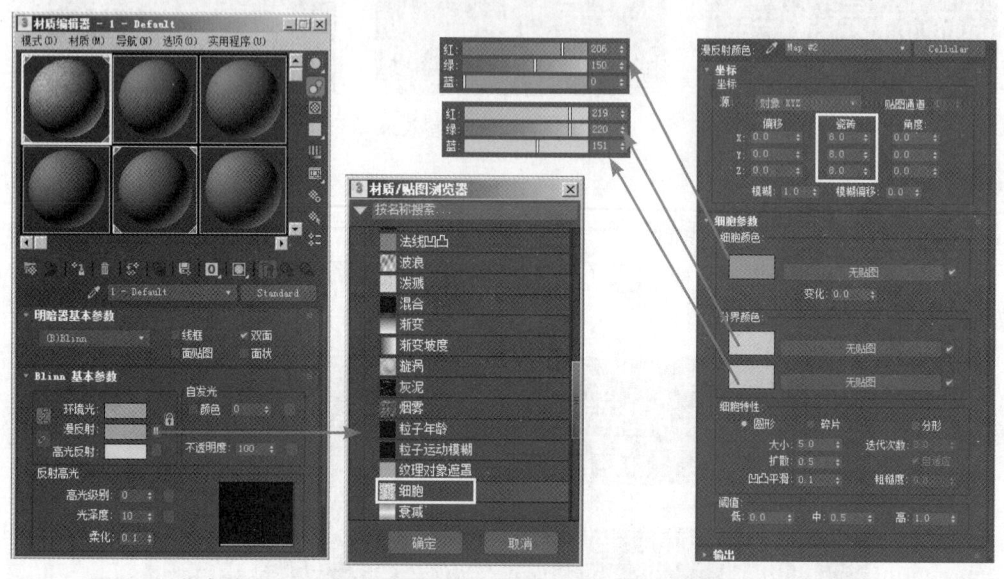


图 7-24　指定给“漫反射”一个“细胞”贴图　　　　图 7-25　设置“细胞”贴图的参数

图 7-26　指定画卷材质后的效果

5）制作画布材质。方法：为了便于观看，下面在透视图中旋转画卷，然后在顶视图中创建一个平面作为画布，并赋给其网盘中的“maps\zhuqiang.tif”贴图，效果如图 7-27 所示。

图 7-27　指定画布材质后的效果

6）在顶视图中，利用 线 工具，创建曲线作为画轴旋转时的二维图形，如图 7-28 所示。

7）执行修改器下拉列表中的“车削”命令，从而形成画轴模型，如图 7-29 所示。

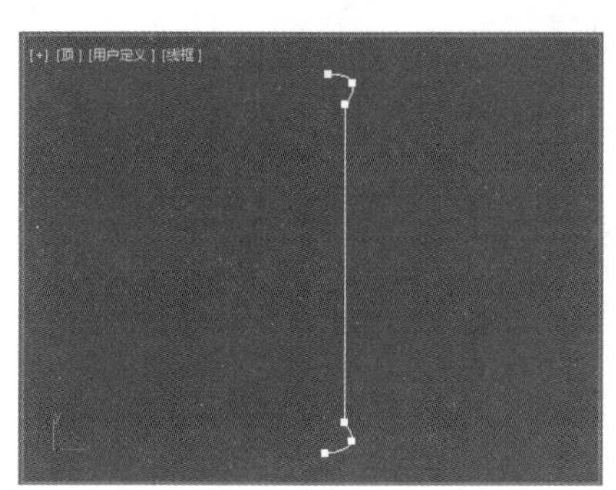

图 7-28　创建二维图形

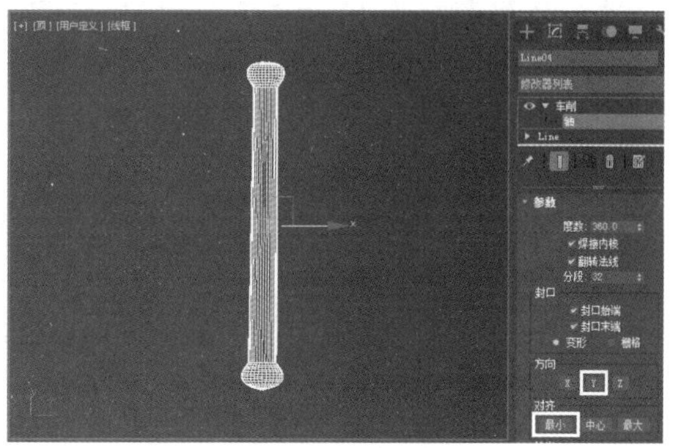

图 7-29　“车削”效果

8）在前视图中创建一个圆柱体，作为左侧画轴，参数设置如图 7-30 所示，放置位置如图 7-31 所示。然后赋予其画卷材质，效果如图 7-32 所示。

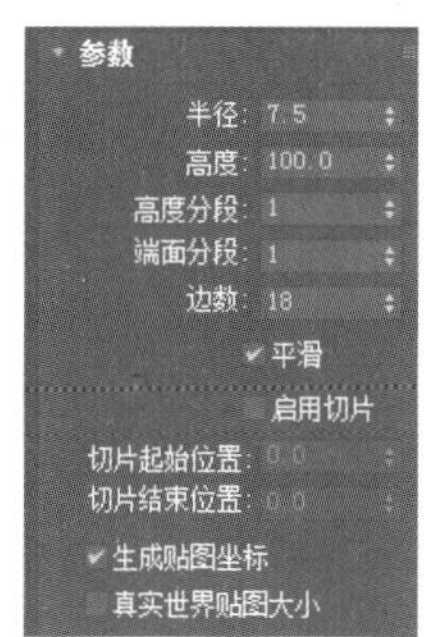


图 7-30　设置“圆柱体”参数

图 7-31　圆柱体放置位置

图 7-32　指定给圆柱体画卷材质的效果

9）复制一个画轴模型，然后将复制后的画轴模型和原画轴模型分别放置到画卷两侧，如图 7-33 所示。

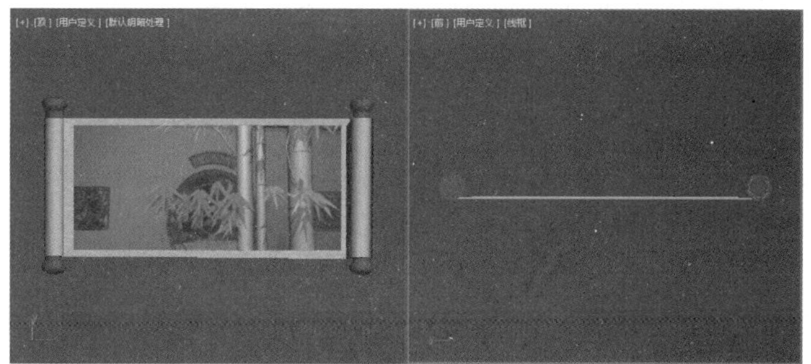

图 7-33　将复制后的画轴模型和原画轴模型分别放置到画卷两侧

10) 在顶视图中创建一个长方体，放置位置如图 7-34 所示。

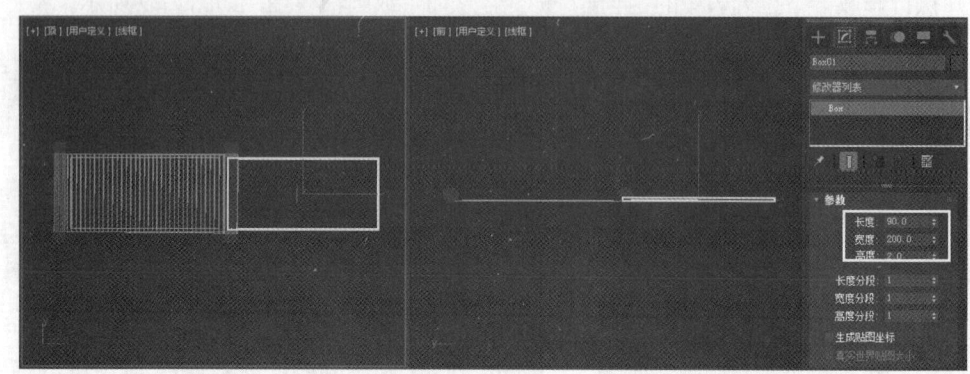

图 7-34　创建长方体

11) 单击工具箱上的（材质编辑器）按钮，进入材质编辑器。然后选择一个空白的材质球，单击 Standard 按钮，指定给它“无光 / 阴影”材质，参数设置如图 7-35 所示。接着将材质赋给长方体。

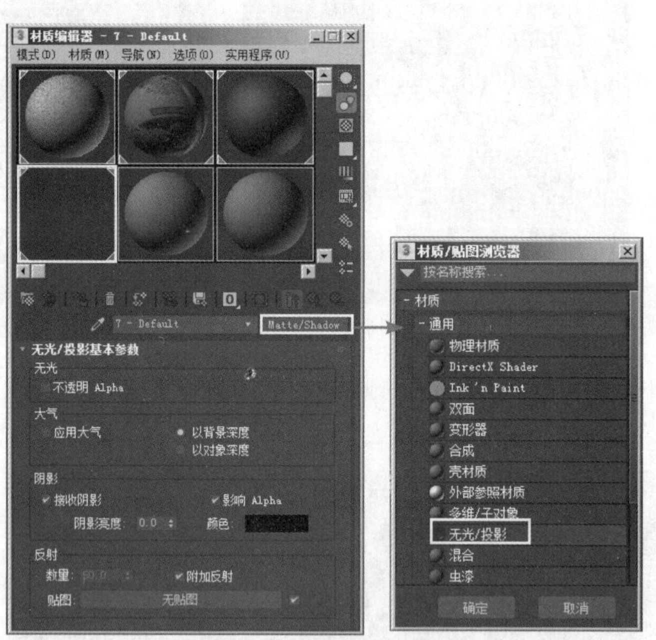

图 7-35　指定“无光 / 阴影”材质

12) 激活自动关键点按钮，录制画卷逐渐打开动画，如图 7-36 所示。

提示：在制作动画的过程中，为了保持各个物体运动的一致性，需要进入轨迹视图，将画轴、赋给阴影材质的长方体及画卷的运动均设置为“线性”。

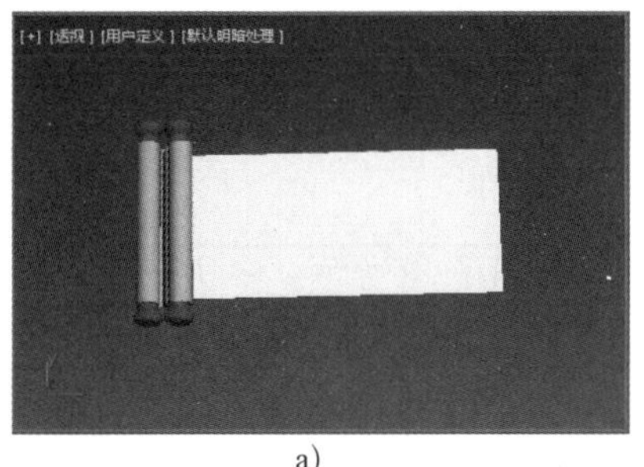

a)

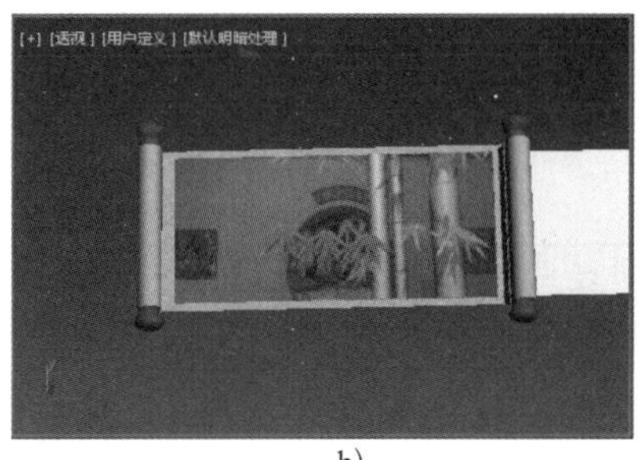

b)

图 7-36　播放动画效果
a）第 0 帧　b）第 100 帧

13）此时动画到达 100 帧后立即消失，显得很不自然。为了解决这个问题，可以单击（时间设置）按钮，在弹出的“时间配置”对话框中将时间长度由 100 帧延长为 120 帧，如图 7-37 所示。

14）如果要设置画卷从场景外飞入后展开的效果，可将时间再由 120 帧延长到 200 帧。

15）执行菜单中的“组 | 成组”命令，然后执行菜单中的“编辑 | 克隆”命令，克隆出一个组作为飞入时的画卷。

16）为了使画卷飞入后才开始展开，下面单击工具栏上的（曲线编辑器）按钮，可进入轨迹视图。然后将所有物体由第 1 ～ 100 帧移至第 80 ～ 180 帧，并用可视曲线将要展开的画卷在 80 帧之前隐藏，设置如图 7-38 所示。接着制作画卷在第 0 ～ 80 帧飞入场景的动画，最终动画效果如图 7-39 所示。

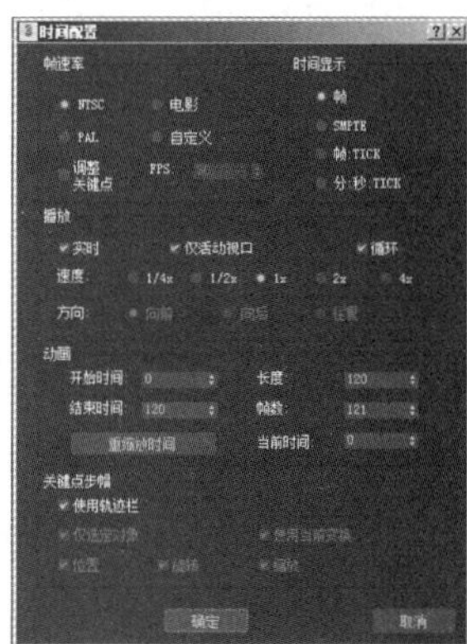

图 7-37　延长时间长度

提示：在轨迹视图中执行菜单中的“编辑 | 可见性轨迹 | 添加”命令，可以添加可见性轨迹。

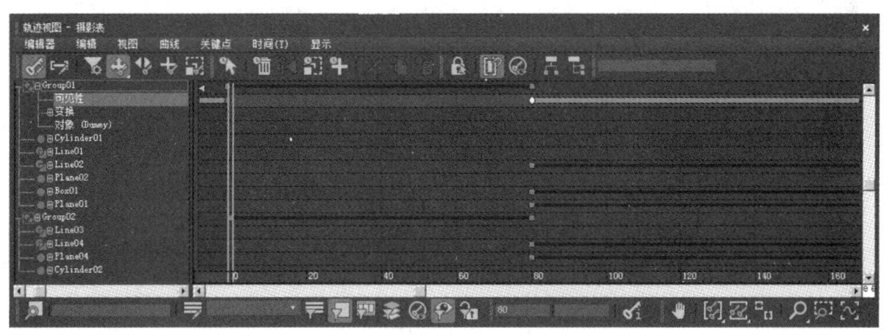

图 7-38　隐藏前 80 帧

a)

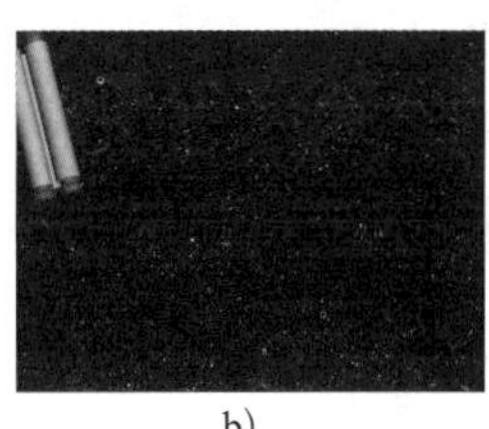

b)

c)

d)

图 7-39　最终动画效果
a）第 0 帧　b）第 40 帧　c）第 120 帧　d）第 200 帧

## 7.3 翻跟头

 **要点：**

本例将通过两种方法制作X形物体翻跟头的效果，如图7-40所示。学习本例，读者应重点掌握轨迹视图中（将切线设置为阶梯式）、（参数曲线超出范围类型）和“添加可见性轨迹”的应用。

图7-40　翻跟头效果

 **操作步骤：**

### 方法一：利用（将切线设置为阶梯式）和（参数曲线超出范围类型）制作动画

1）执行菜单中的“文件 | 重置”命令，重置场景。

2）制作一个X形物体，并将轴心点设置在底部，如图7-41所示。

提示：X形物体是通过直线和圆放样制作完成的。需要注意的是，X形物体中间是两个重叠的圆而不是一个圆。

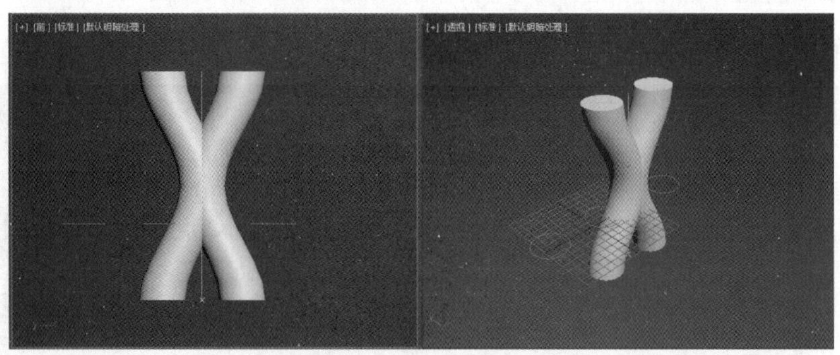

图7-41　制作X形物体

3）在动画控制区中将新建关键点的默认类型设置为新建关键点的默认入/出切线（样条线），如图7-42所示。

图7-42　将新建关键点的默认类型设置为新建关键点的默认入/出切线（样条线）

4）进入（修改）命令面板，执行修改器中的“弯曲”命令，参数设置如图7-43所示。

5）将时间滑块放置到第 20 帧，激活自动关键点按钮，设置“弯曲”参数，如图 7-44 所示。

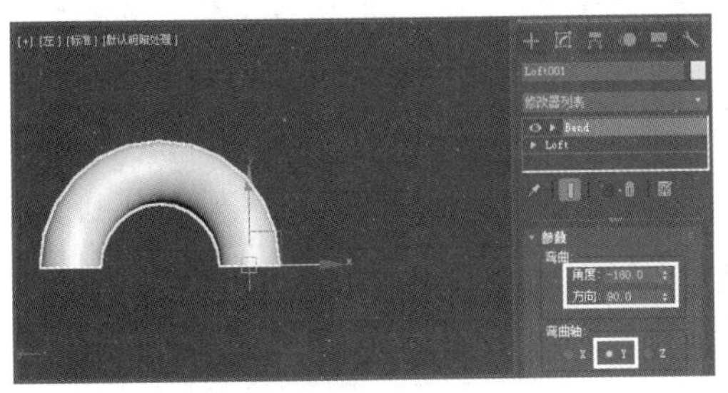

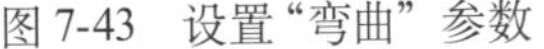
图 7-43　设置“弯曲”参数

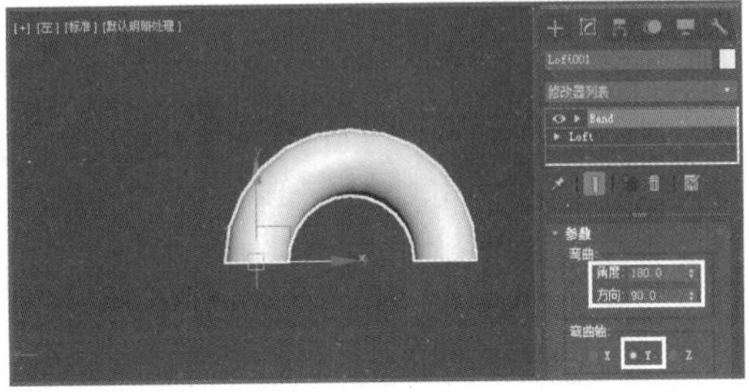
图 7-44　在第 20 帧设置“弯曲”参数

6）为了 X 形物体能够正确地翻跟头，需调整第 20 帧时 X 形物体的轴心点。方法：利用（选择并移动工具）将第 20 帧的 X 形物体向右移动，使起点与原来的终点重合，如图 7-45 所示。然后利用（选择并旋转工具）将其沿 Y 轴旋转 180°，结果如图 7-46 所示。接着关闭自动关键点按钮，停止录制动画。

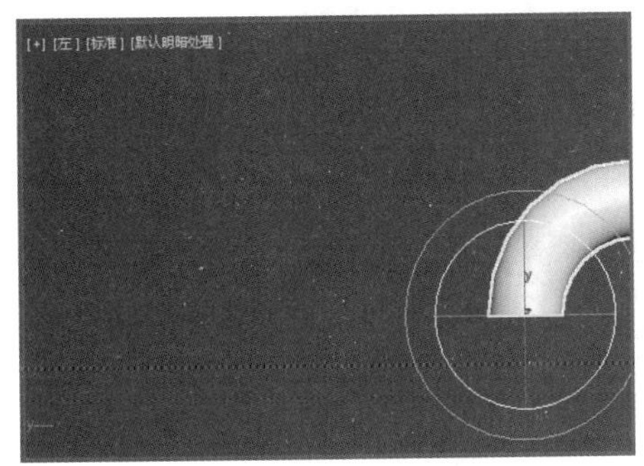
图 7-45　将第 20 帧向右移动

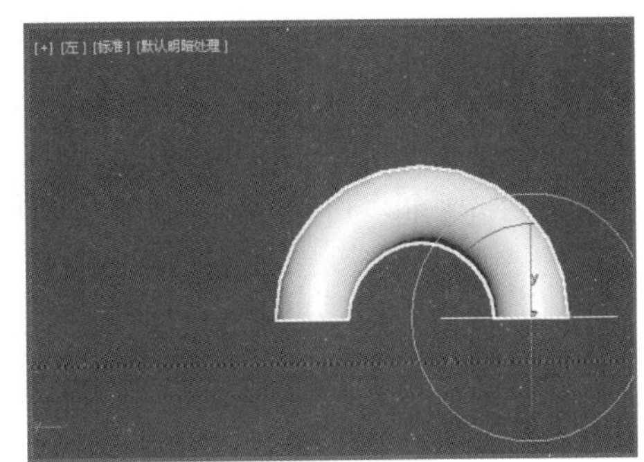
图 7-46　将其沿 Y 轴旋转 180°

7）设置 X 形物体位移的循环。方法：单击工具栏中的按钮，进入轨迹视图。然后找到“Y 位置”，如图 7-47 所示。此时只要 X 形物体的位移结果，不要中间过程，为此需选择两个控制点并单击轨迹视图上方的（将切线设置为阶梯式）按钮，结果如图 7-48 所示。

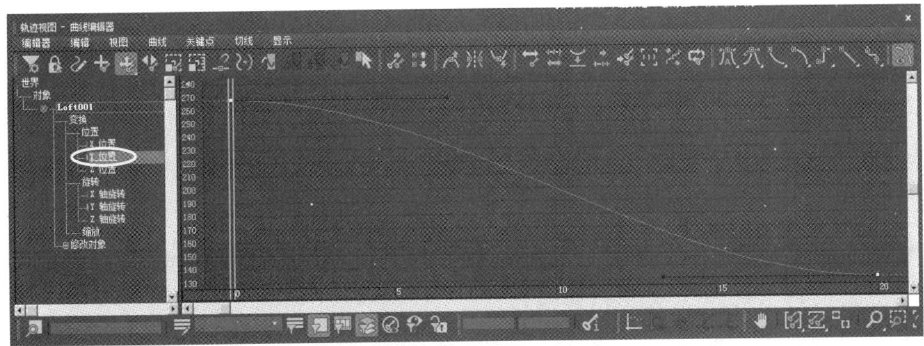
图 7-47　选择“Y 位置”

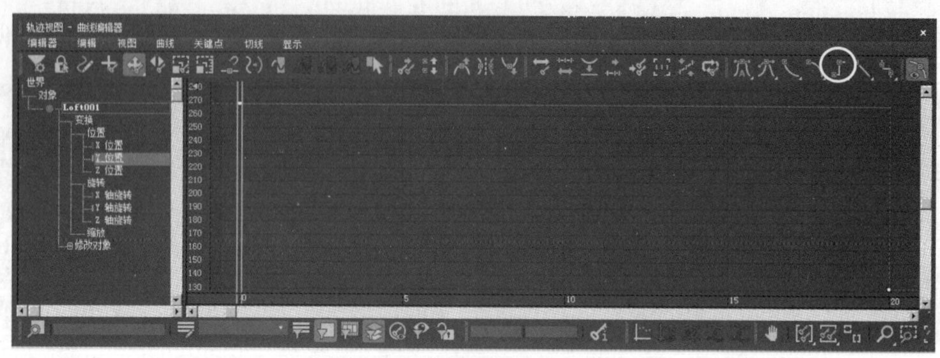


图 7-48　将切线设置为阶梯式

为了让这种位移持续下去，下面执行轨迹视图菜单栏中的“控制器 | 超出范围类型”命令，并在弹出的对话框中选择“相对重复”方式，如图 7-49 所示。

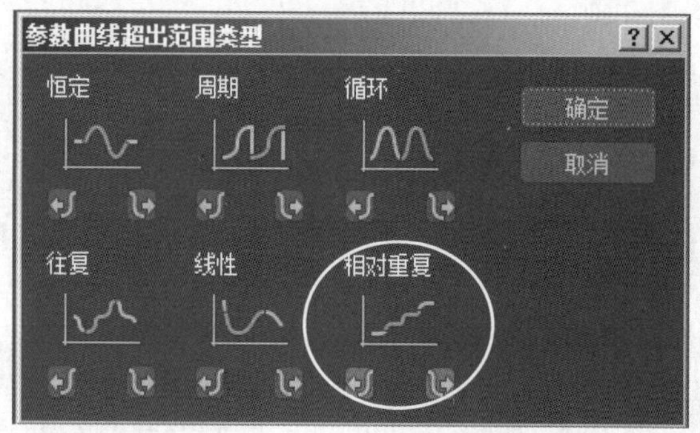


图 7-49　选择“相对重复”方式

8）设置 X 形物体轴心点移动的循环。方法：在轨迹视图中找到“Z 轴旋转”，如图 7-50 所示。此时只要 X 形物体的轴心点移动后的结果，不要中间过程，为此需选择两个控制点并单击■（将切线设置为阶梯式）按钮，结果如图 7-51 所示。为了让这种运动持续下去，下面执行轨迹视图菜单栏中的“控制器 | 超出范围类型”命令，再在弹出的对话框中选择“相对重复”方式即可。

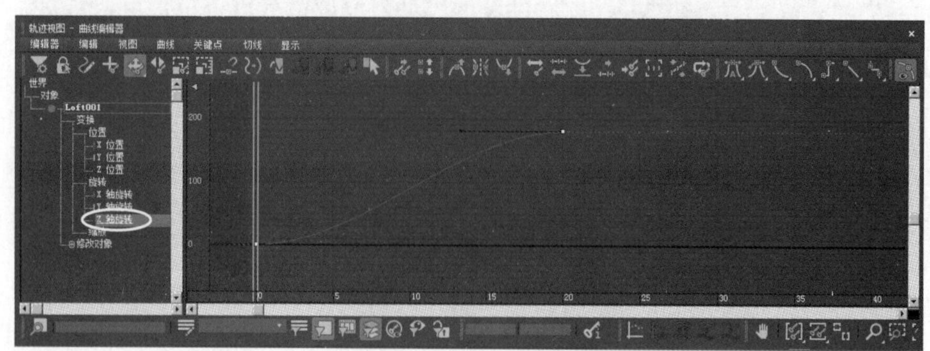


图 7-50　选择“Z 轴旋转”

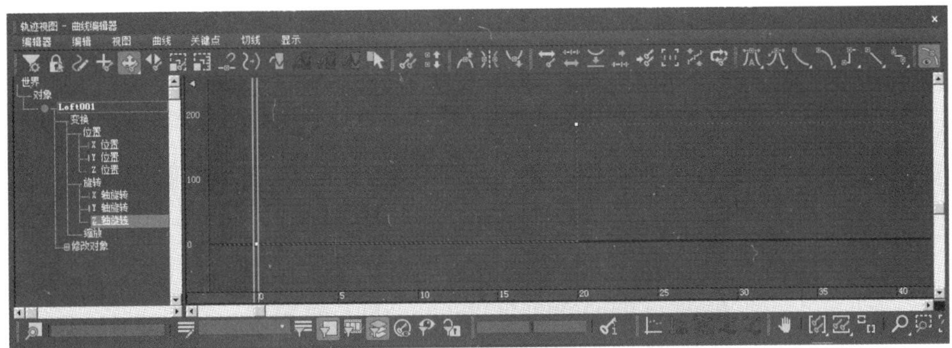


图 7-51　将切线设置为阶梯式

9）设置 X 形物体翻跟头的循环。方法：在轨迹视图中找到“角度”，如图 7-52 所示。然后执行轨迹视图菜单栏中的“控制器 | 超出范围类型”命令，在弹出的对话框中选择“往复”方式，如图 7-53 所示，结果如图 7-54 所示。

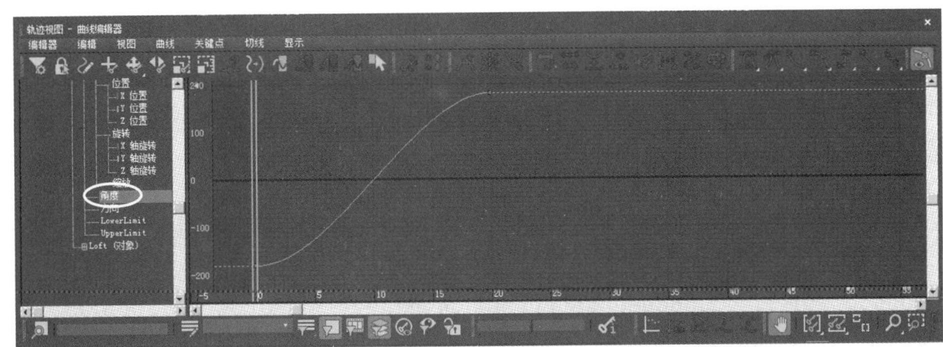


图 7-52　选择“角度”

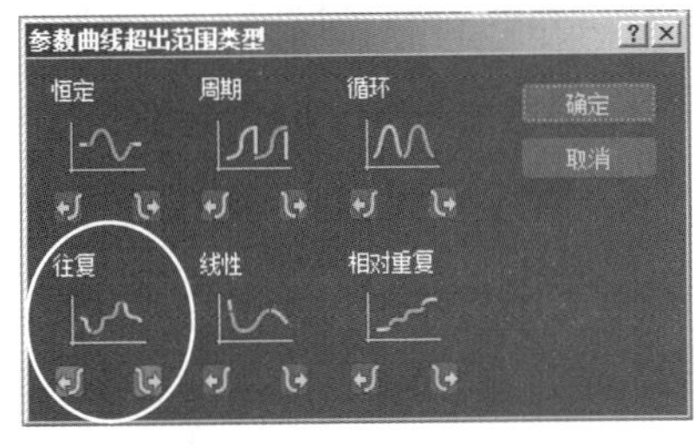


图 7-53　选择“往复”方式

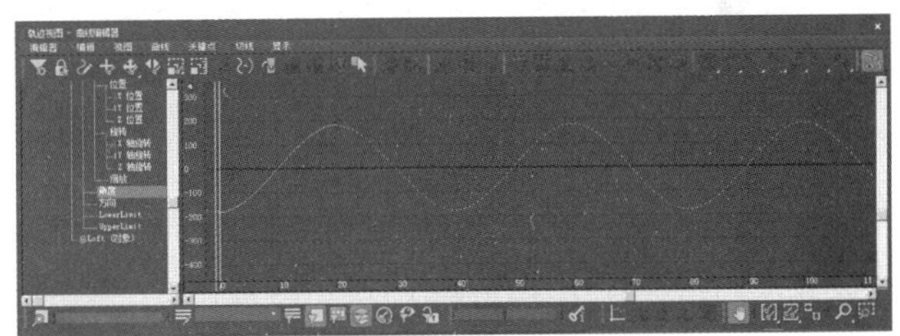

图 7-54　“往复”效果

10）为了美观，下面给场景添加灯光和背景，渲染后的效果如图 7-55 所示。

图 7-55　渲染后的效果

## 方法二：利用“添加可见性轨迹”制作动画

1）执行菜单中的“文件 | 重置”命令，重置场景。

2）制作一个X形物体，然后将其转换为可编辑的多边形，并将轴心点设置在底部。

提示：此时一定要将X形物体转换为可编辑的多边形物体，否则后面复制时会出现如图7-56所示的错误情况。

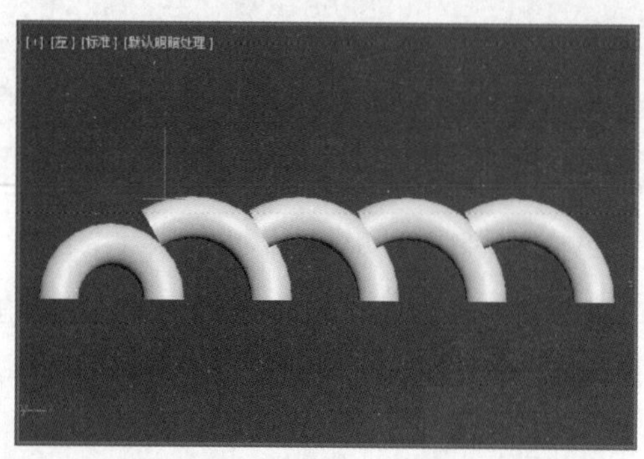

图7-56　直接复制时出现的错误

3）进入（修改）命令面板，执行修改器中的“弯曲”命令，并设置参数，如图7-57所示。

4）将时间滑块放置到第20帧，激活自动关键点按钮，参数设置如图7-58所示。然后关闭自动关键点按钮，停止制作动画。

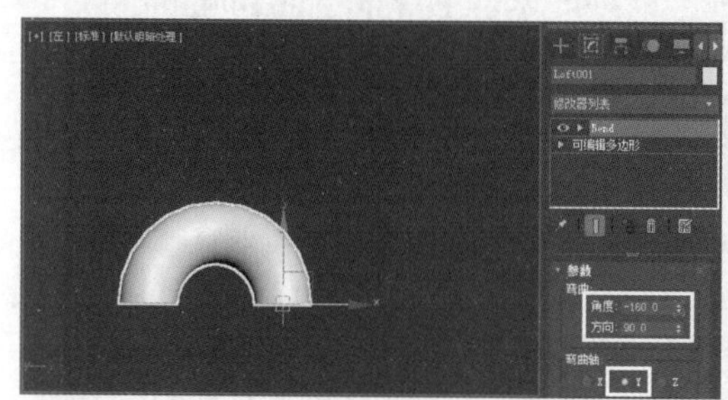

图7-57　设置“弯曲”参数

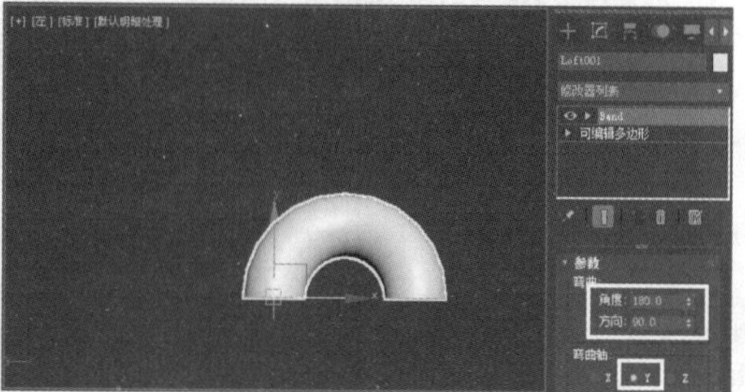

图7-58　在第20帧录制“弯曲”动画

5）回到第0帧，在左视图中配合〈Shift〉键水平复制4个X形物体，在弹出的对话框中进行设置，如图7-59所示，单击“确定”按钮，结果如图7-60所示。

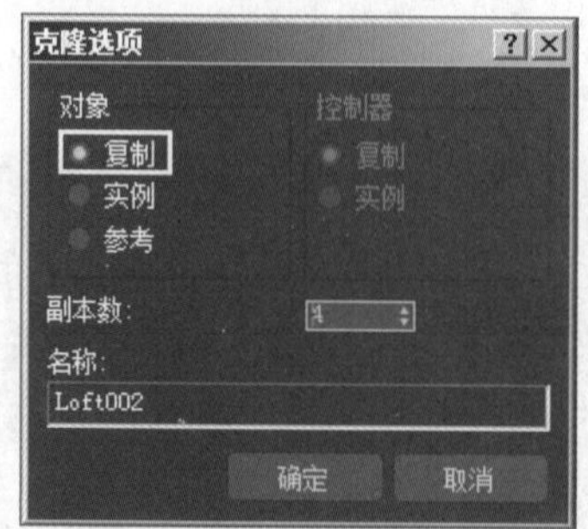


图7-59　选择“复制”单选按钮

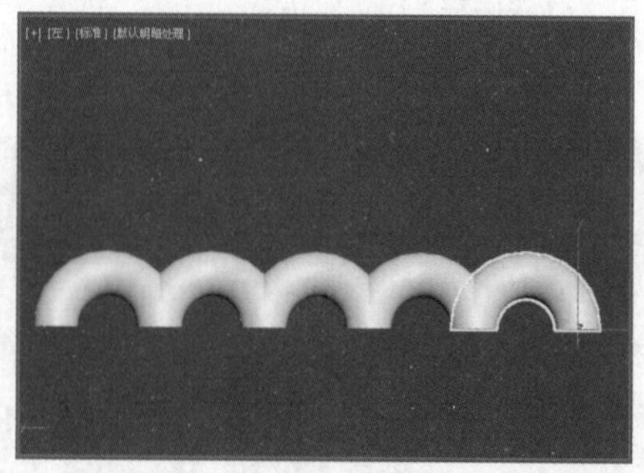

图7-60　复制后的效果

6）单击工具栏中的（曲线编辑器）按钮，进入轨迹视图。然后执行菜单中的“编辑器 | 摄影表”命令，切换到摄影表模式。接着选择视图中的 Loft001 ～ Loft005，如图 7-61 所示，执行菜单中的“编辑 | 可见性轨迹 | 添加”命令，给它们添加可见性轨迹，如图 7-62 所示。

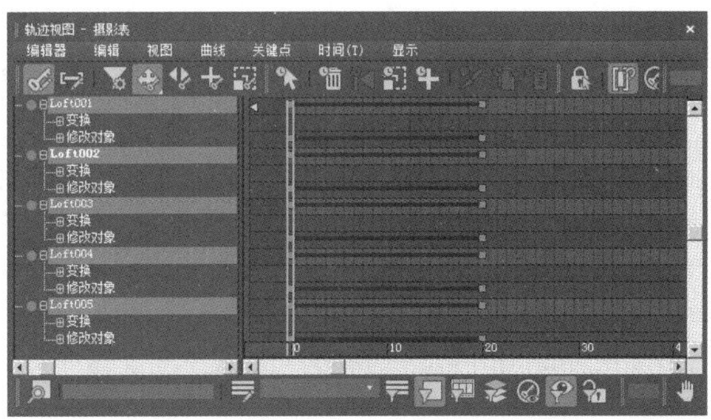

图 7-61　选择 Loft001 ～ Loft005

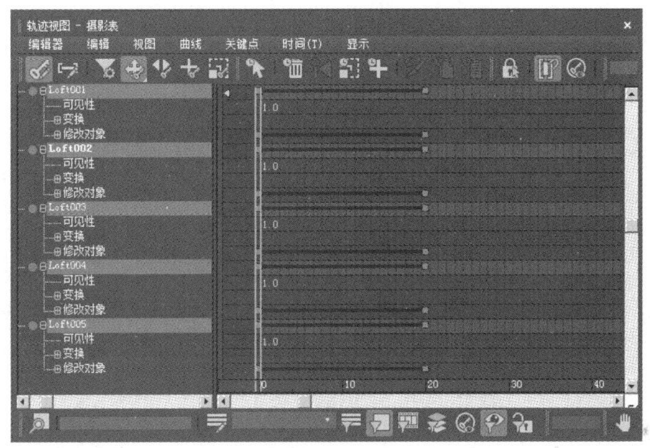

图 7-62　添加可见性轨迹

7）配合键盘上的〈Ctrl〉键，同时选中 Loft001 ～ Loft005 的“可见性”选项，然后单击右键，从弹出的快捷菜单中选择“指定控制器”命令，接着在弹出的对话框中选择“启用 / 禁用”选项，如图 7-63 所示，单击“确定”按钮，显示出可见曲线，如图 7-64 所示。

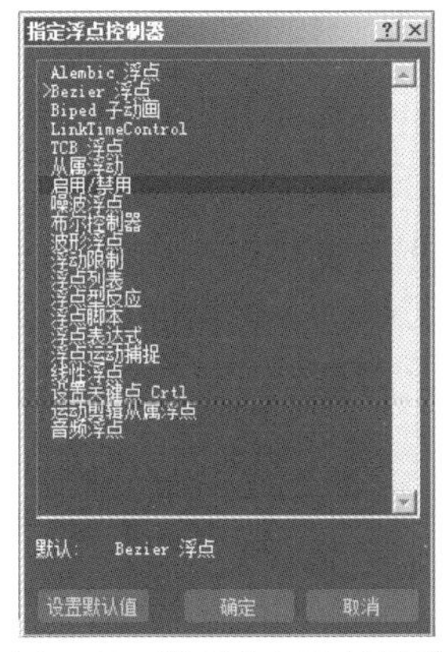

图 7-63　选择“启用 / 禁用”

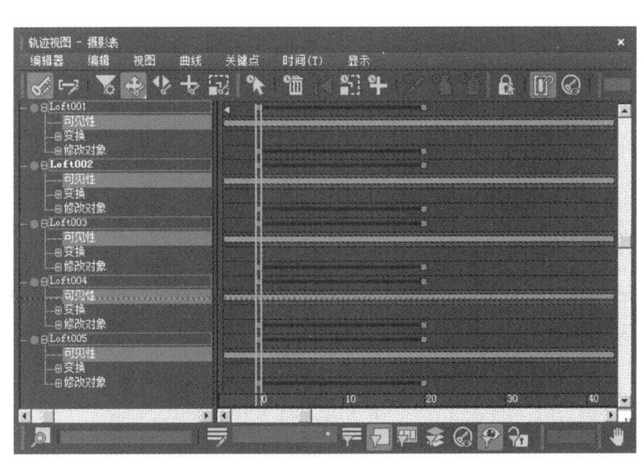

图 7-64　显示出可见曲线

8）利用工具栏中的 （滑动关键点）按钮，将 Loft002 的轨迹移动到第 20 ～ 40 帧，将 Loft003 的轨迹移动到第 40 ～ 60 帧，将 Loft003 的轨迹移动到第 60 ～ 80 帧，将 Loft004 的轨迹移动到第 80 ～100 帧，如图 7-65 所示。

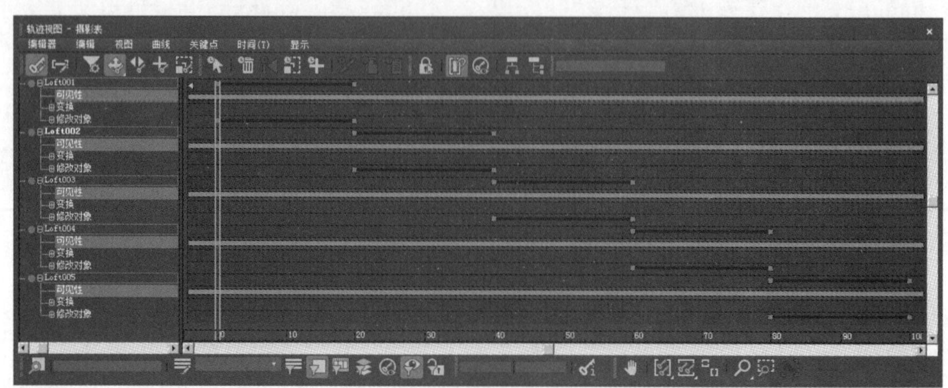


图 7-65　移动轨迹

9）利用工具栏中的 （添加 / 移除关键点）工具处理可见性轨迹，结果如图 7-66 所示。

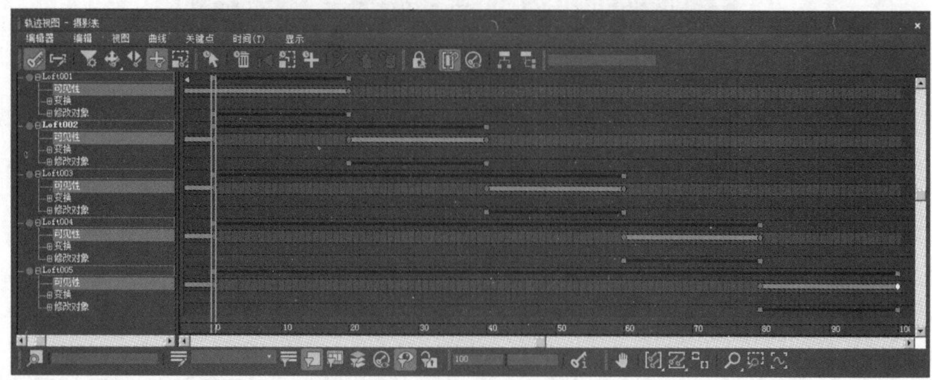


图 7-66　处理可见性轨迹

10）至此，整个动画制作完毕，下面拖动时间滑块即可看到效果。

## 7.4　课后练习

（1）制作文字动画，效果如图 7-67 所示。参数可参考网盘中的“ example\ 第 7 章 轨迹视图 \7.4 课后练习 \ 练习 1\ 大宝剧场 .max” 文件。

（2）制作画布随小球滚动而变形的动画，效果如图 7-68 所示，参数可参考网盘中的“example\ 第 7 章 轨迹视图 \7.4 课后练习 \ 练习 2\ 滚动的玻璃球 .max” 文件。

（3）制作会走的卡通口袋动画，效果如图 7-69 所示。参数可参考网盘中的“example \ 第 7 章 轨迹视图 \7.4 课后练习 \ 练习 3\ 会走的卡通口袋 .max” 文件。

（4）制作变形的水管动画，效果如图 7-70 所示。参数可参考网盘中的“ example \ 第 7 章 轨迹视图 \7.4 课后练习 \ 练习 4\ 变形的水管 .max” 文件。

图 7-67　大宝剧场动画效果　　　　图 7-68　随小球滚动而变形的画布效果

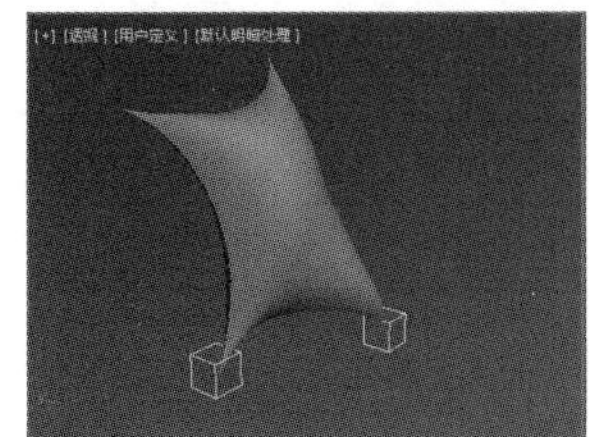
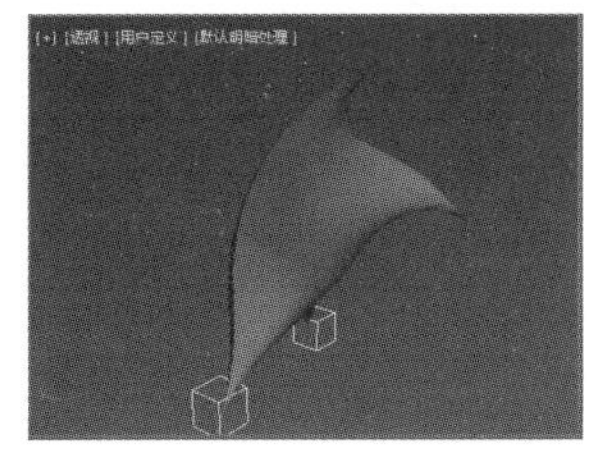
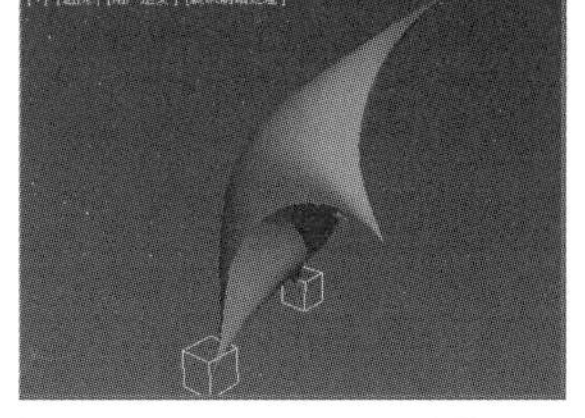

图 7-69　会走的卡通口袋效果

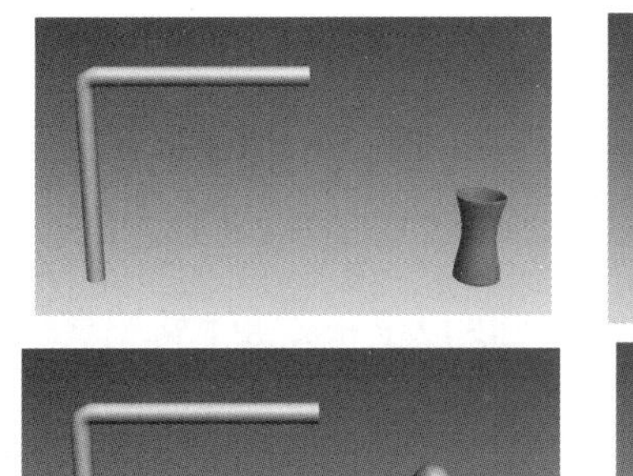
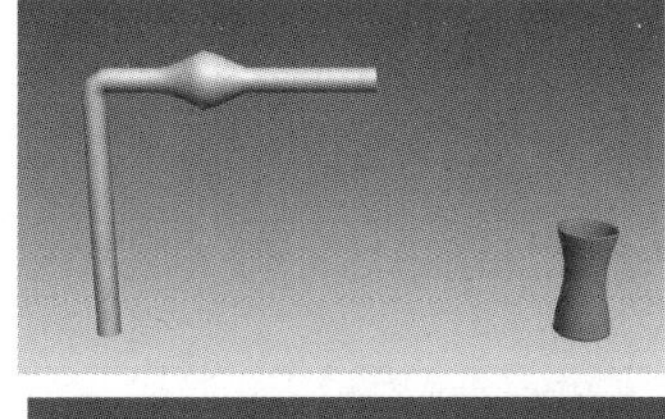
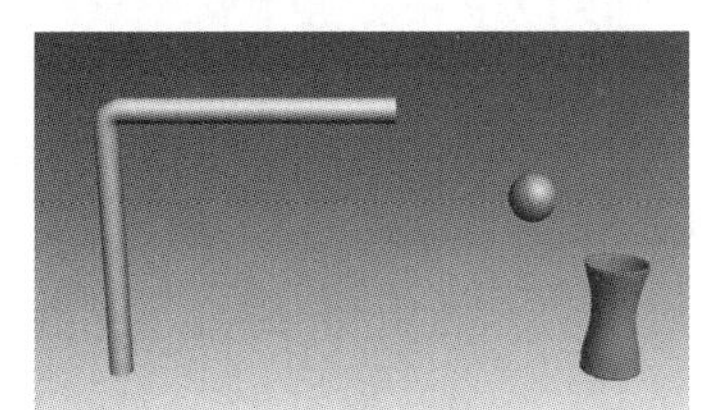
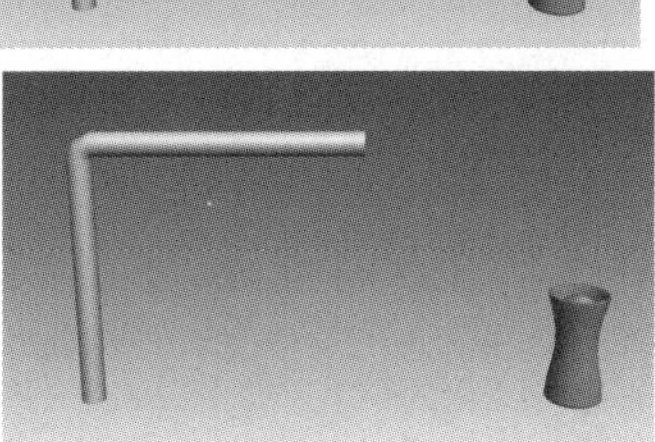

图 7-70　变形的水管动画效果

# 第 8 章　空间扭曲与粒子系统

## 本章重点：

学习本章，读者应掌握利用空间扭曲和粒子系统来制作动画的方法。

## 8.1　动感十足的喷泉效果

**要点：**

本例将制作一个动感十足的喷泉效果，如图 8-1 所示。学习本例，读者应掌握利用“噪波”修改器制作水波荡漾的效果，利用“喷射”粒子系统制作喷泉，利用“属性”对话框设置喷泉的运动模糊效果，以及利用“重力”和“导向板”对“喷射”粒子进行控制的方法。

图 8-1　喷泉效果

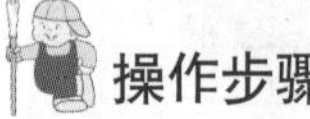

**操作步骤：**

### 1. 制作水池造型

1）执行菜单中的“文件 | 重置”命令，重置场景。

2）单击（创建）命令面板下（图形）中的星形按钮，然后在顶视图中创建一个“星形”图形。接着进入（修改）命令面板，参数设置及结果如图 8-2 所示。

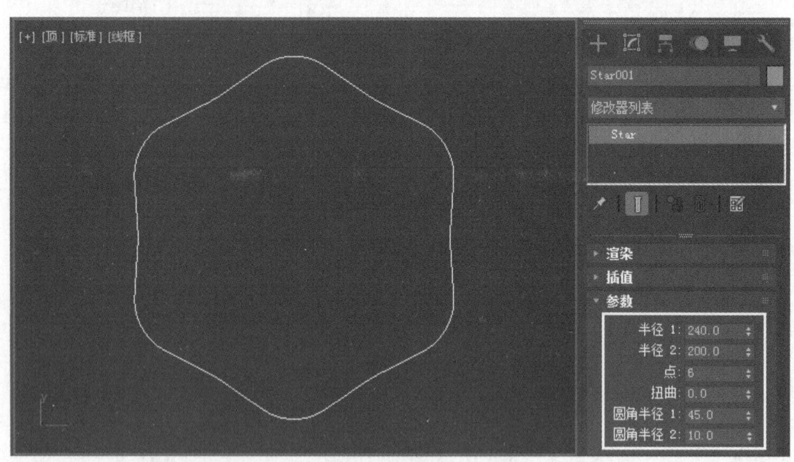


图 8-2　创建星形

3）为了方便后面制作水池底部，配合键盘上的〈Shift〉键复制一个星形。

4）制作外围水池边缘部分。方法：选择一个星形，进入（修改）命令面板，执行修改器中的“编辑样条线”命令，然后进入“样条线”层级，对其进行轮廓处理，参数设置及效果如图 8-3 所示。

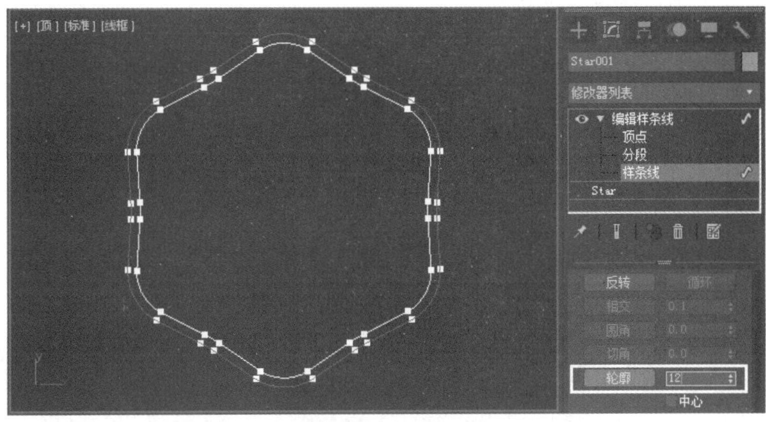


图 8-3　轮廓效果

执行修改器中的“挤出”命令，参数设置及效果如图 8-4 所示。然后利用工具箱中的▣（选择并匀称缩放）工具，配合键盘上的〈Shift〉键，复制并缩小挤出后的模型，接着将挤出“数量”改为 20，如图 8-5 所示。

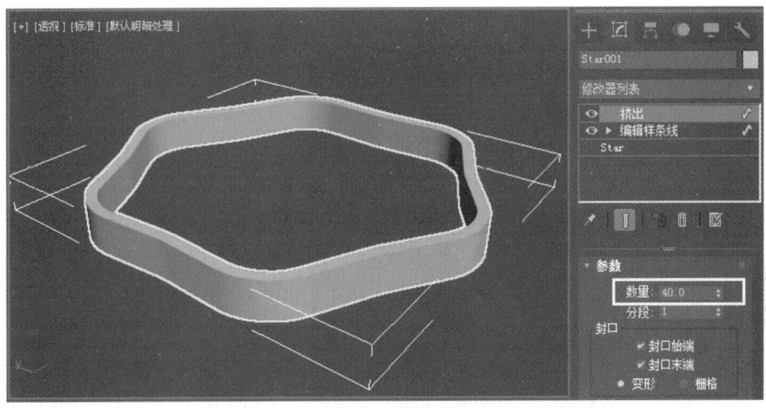


图 8-4　“挤出”效果

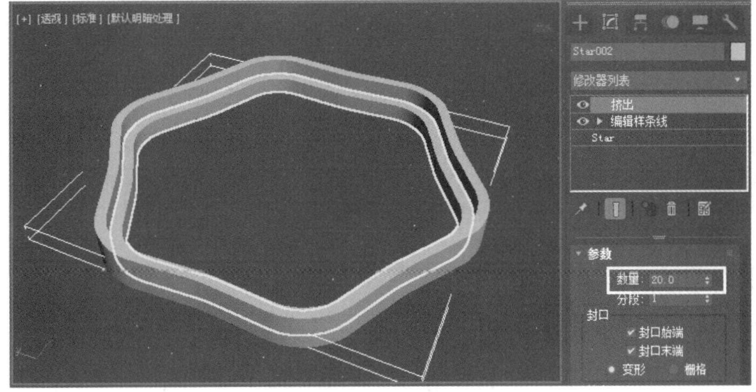


图 8-5　复制并缩小挤出后的模型

5）制作水池底部。方法：选择前面复制后的“星形”图形，执行修改器中的“挤出”命令，参数设置及结果如图 8-6 所示。

6）制作中心水池造型。方法：利用 线 工具创建如图 8-7 所示的二维截面图形，执行修改器中的“车削”命令，将其转换为三维造型，参数设置及结果如图 8-8 所示。

7）利用制作外围水池边缘的方法制作中心水池边缘，结果如图 8-9 所示。至此，整个水池造型制作完毕。

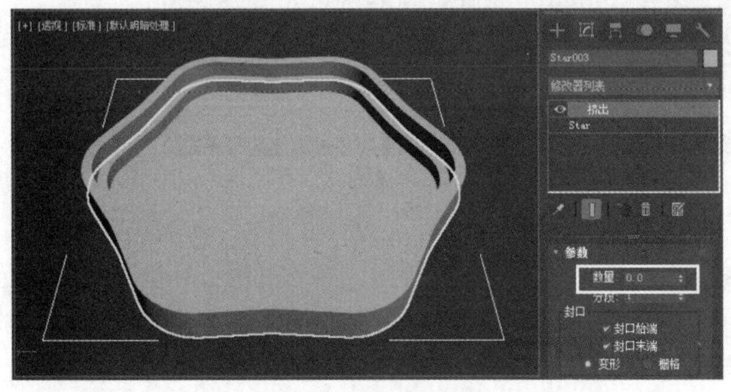

图 8-6　制作水池底部

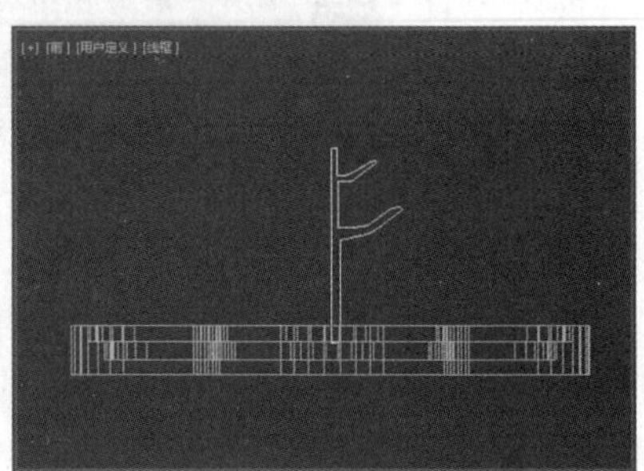

图 8-7　创建二维截面图形

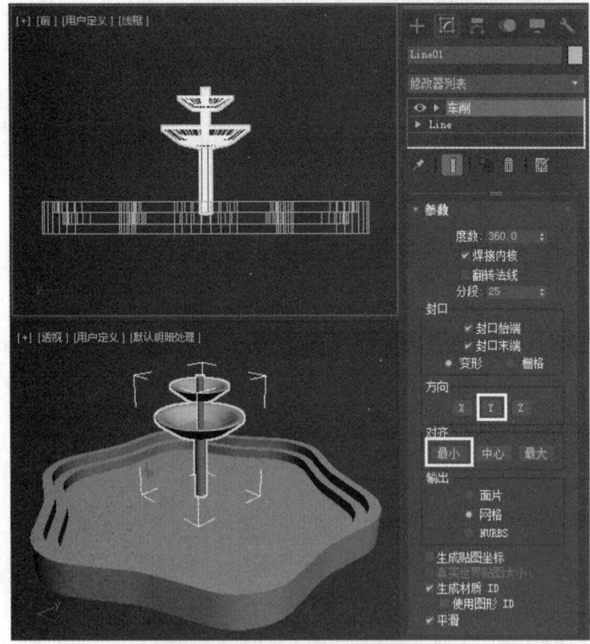

图 8-8　“车削”效果

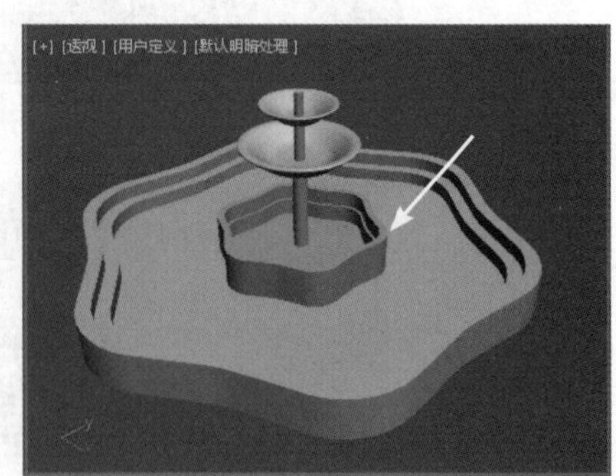

图 8-9　制作中心水池边缘

## 2. 制作水波荡漾的效果

1）单击（创建）命令面板下（图形）中的 星形 按钮，然后在顶视图中创建一个星形。接着进入（修改）命令面板，参数设置及结果如图 8-10 所示。

2）执行修改器中的“挤出”命令，将其“挤出”为三维造型，参数设置及结果如图 8-11 所示。

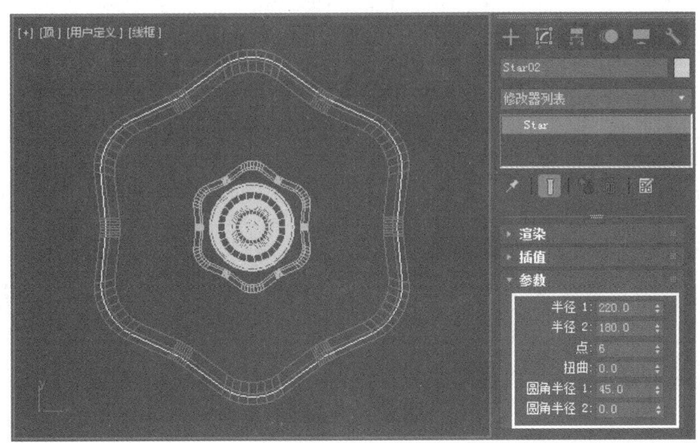


图 8-10　创建星形

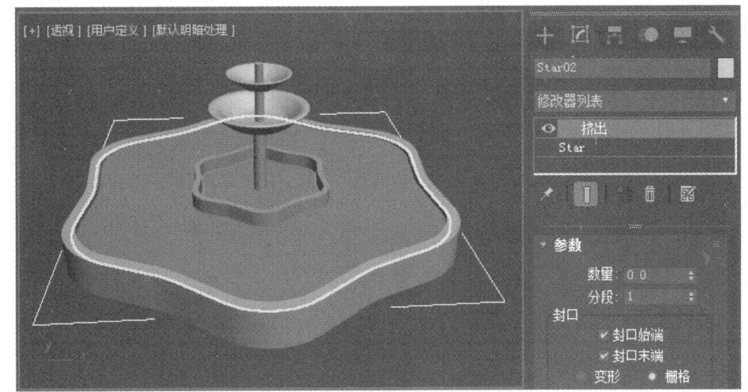


图 8-11　“挤出”效果

3）执行修改器中的“噪波”命令，参数设置及结果如图 8-12 所示。

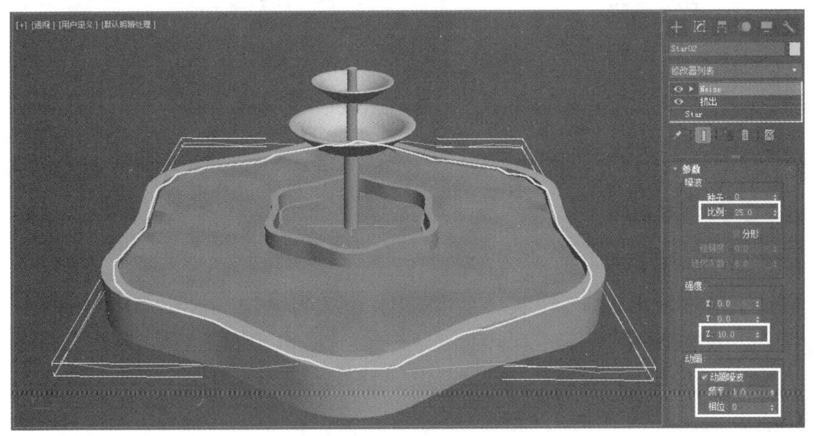


图 8-12　“噪波”效果

4）激活自动关键点按钮，将时间滑块移到最后一帧（第 100 帧），将“相位”值改为 100，从而形成水波荡漾的效果，如图 8-13 所示。

图 8-13　在第 100 帧将“相位”值改为 100

### 3. 制作喷泉效果

1）制作中心喷泉。方法：单击 ＋（创建）命令面板中的 ●（几何体）按钮，从下拉列表中选择“粒子系统”选项，然后单击 喷射 按钮，如图 8-14 所示，接着在视图中创建一个“喷射”粒子系统，参数设置及结果如图 8-15 所示。

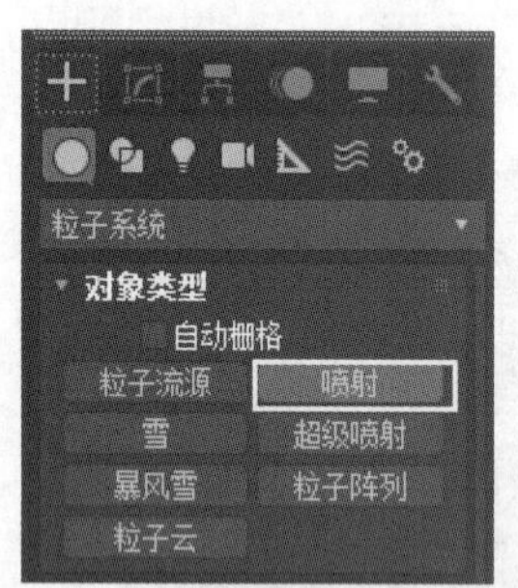


图 8-14　单击“喷射”按钮

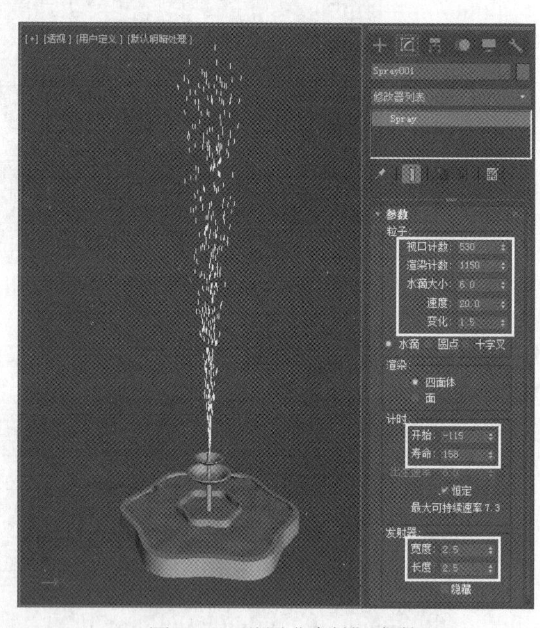


图 8-15　设置“喷射”参数

2）此时中心喷泉始终向上喷射，这是不正确的，下面将利用“重力”来解决这个问题。方法：单击 重力 按钮，如图 8-16 所示，在视图中创建一个“重力”系统。接着利用（绑定到空间扭曲）工具，将重力绑定到“喷射”粒子系统，重力参数设置及绑定后的效果如图 8-17 所示。

3）此时中心喷泉喷射后受重力影响向下穿过水池，这是不正确的，下面利用“导向板”来解决这个问题。方法：单击 导向板 按钮，如图 8-18 所示，然后在顶视图中创建一个导向板。接着利用（绑定到空间扭曲）工具，将导向板绑定到“喷射”粒子系统，导向板放置位置、参数设置及绑定后的效果如图 8-19 所示。

图 8-16　单击“重力”按钮

图 8-18　单击“导向板”按钮

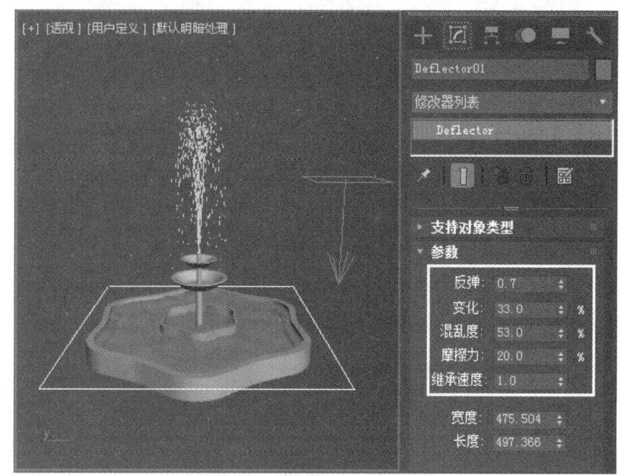


图 8-17　重力参数设置及绑定后的效果

图 8-19　导向板参数设置及绑定后的效果

4）制作四周喷泉。方法：单击 + （创建）命令面板中的 ● （几何体）按钮，从下拉列表中选择“粒子系统”选项，然后单击 喷射 按钮，在顶视图中创建一个喷射粒子系统，参数设置如图 8-20 所示。接着将其旋转一定的角度，再利用“重力”和“导向板”对其进行约束，结果如图 8-21 所示。

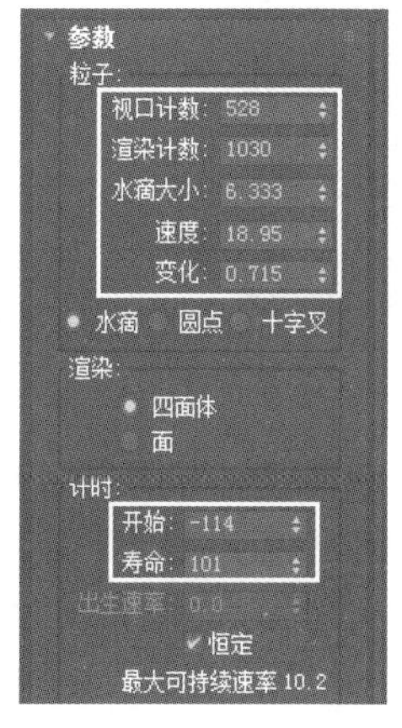


图 8-20　“喷射”参数设置

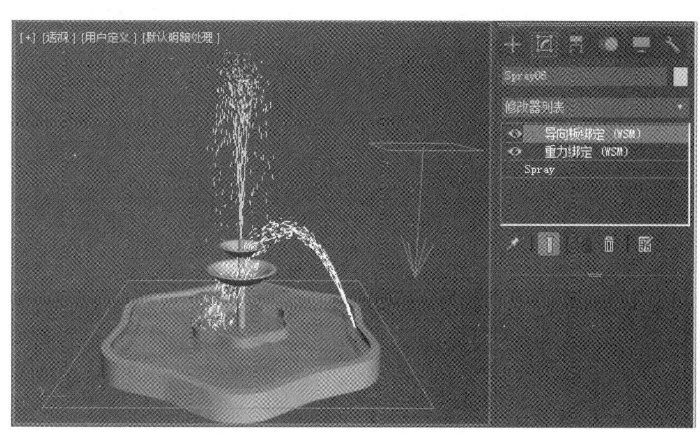


图 8-21　利用“重力”和“导向板”对其进行约束

5）在顶视图中利用（阵列）工具阵列出其他 5 个喷泉，结果如图 8-22 所示。

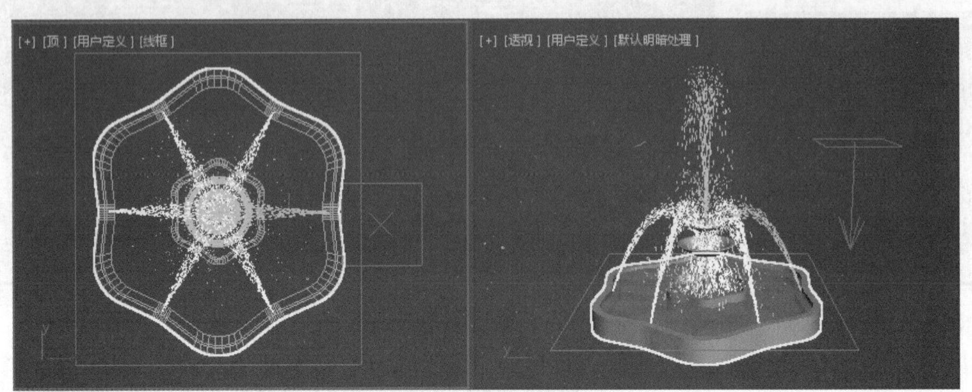


图 8-22　阵列出其他 5 个喷泉

**4. 制作地面并架设摄影机**

1）单击（创建）命令面板下（几何体）中的 平面 按钮，在顶视图中创建一个“平面”造型作为地面。

2）单击（创建）命令面板下（摄影机）中的 目标 按钮，在顶视图中创建一个目标摄影机，然后在视图中调整它的位置。接着选择透视图并按键盘上的〈C〉键，将透视图切换为 Camera01 视图，结果如图 8-23 所示。

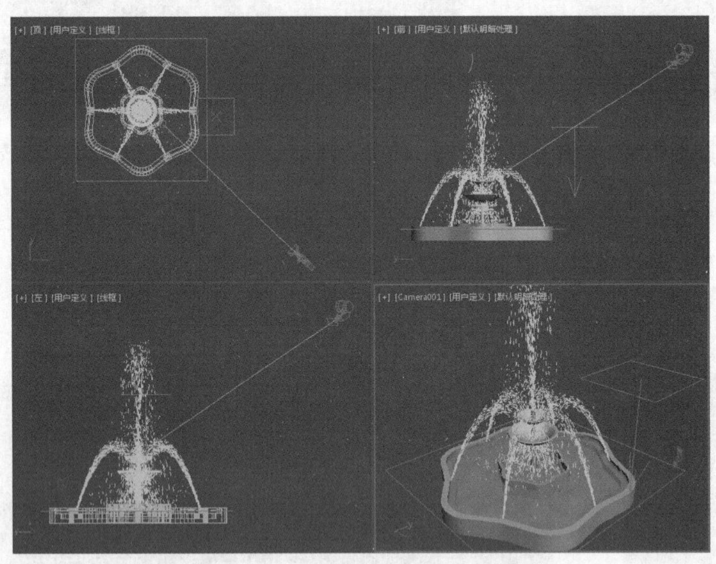

图 8-23　将透视图切换为 Camera01 视图

**5. 制作并赋予模型材质**

1）制作喷泉材质。方法：单击工具箱上的按钮，进入材质编辑器。然后选择一个空白的材质球，将“环境光”和“漫反射”的颜色改为纯白色，RGB（255，255，255），自发光的数值设为 80，如图 8-24 所示。接着将其赋予视图中的所有“喷射”粒子。最后单击工具栏上的（渲染产品）按钮，渲染后的效果如图 8-25 所示。

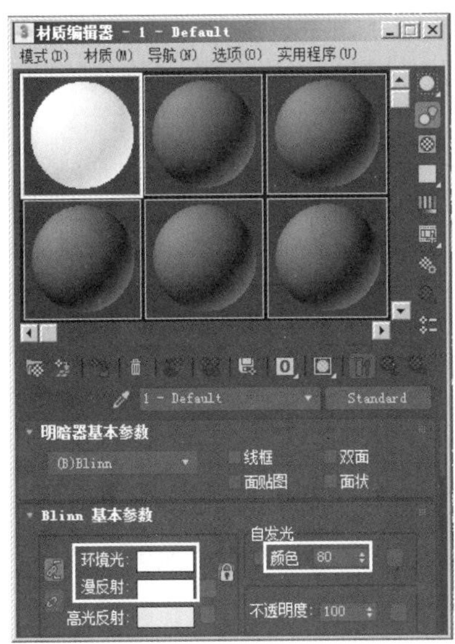


图 8-24　设置材质参数

图 8-25　渲染效果

2）此时喷泉不太真实，没有喷射时的模糊效果，下面就来解决这个问题。方法：选择视图中的一个“喷泉”粒子系统并右击，在弹出的快捷菜单中选择“对象属性”命令，然后在弹出的“对象属性”对话框中设置参数，如图 8-26 所示，单击“确定”按钮。

3）同理，对其余“喷射”粒子进行处理，最后单击工具栏上的（渲染产品）按钮，渲染后的效果如图 8-27 所示。

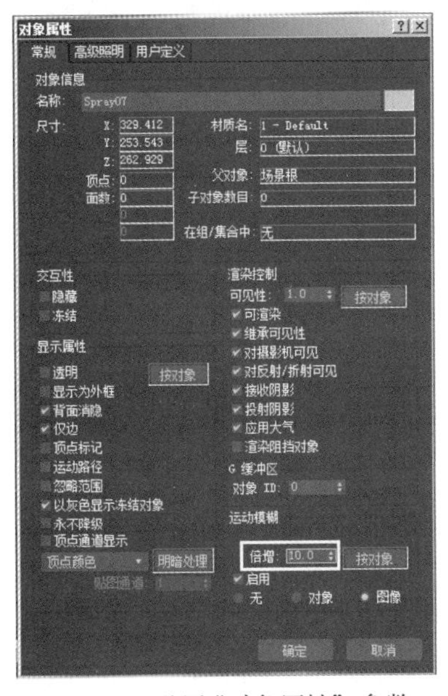


图 8-26　设置“对象属性”参数

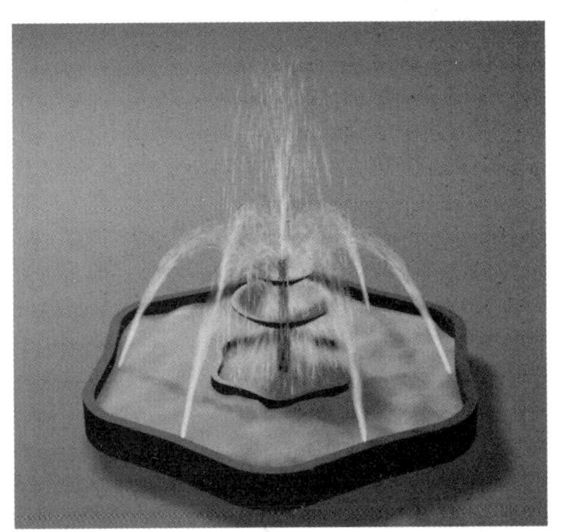

图 8-27　渲染效果

4）制作水池材质。方法：选择一个空白的材质球，将“环境光”和“漫反射”的颜色改为乳黄色，RGB（250，250，220），然后将其赋予视图中的水池模型。

5）制作水面材质。方法：选择一个空白的材质球，如图 8-28 所示设置材质参数。然后将其赋予视图中的水面模型。最后单击工具栏上的（渲染产品）按钮，渲染后的效果如图 8-29 所示。

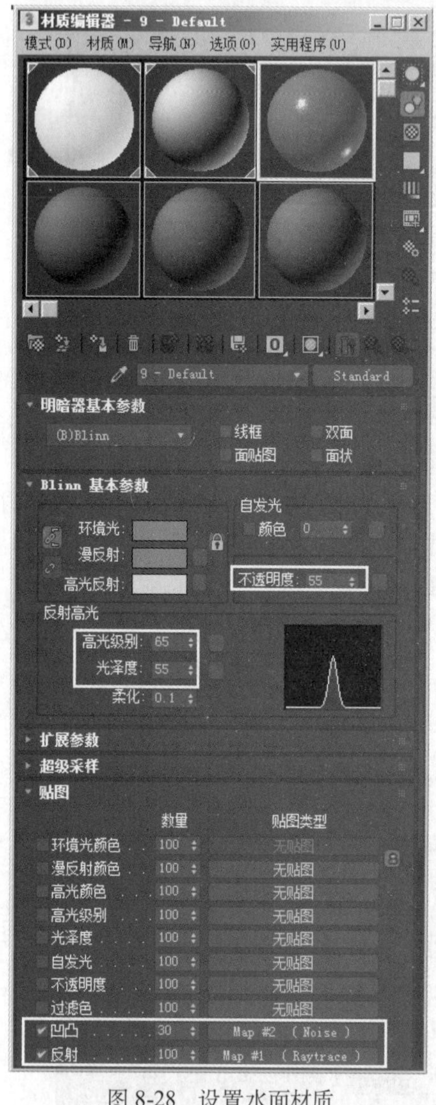

图 8-28　设置水面材质

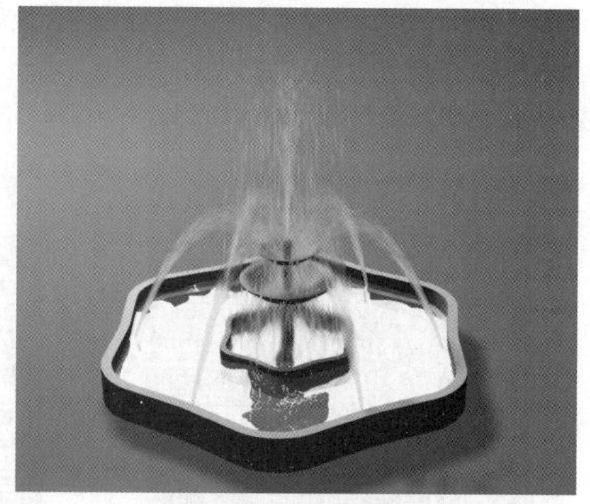
图 8-29　渲染效果

6）此时水面颜色为白色，下面对其进行处理，使其变为浅蓝色。方法：执行菜单中的“渲染 | 环境”命令，在弹出的“环境和效果”对话框中设置颜色，如图 8-30 所示。然后单击工具栏上的（渲染产品）按钮，渲染后的效果如图 8-31 所示。

7）制作地面材质。方法：选择一个空白的材质球，指定给“漫反射颜色”一个“噪波”贴图，如图 8-32 所示。

8）至此整个动画制作完毕。下面执行菜单中的“渲染 | 渲染”命令，将文件渲染输出为“动感十足的喷泉效果 .avi”文件。

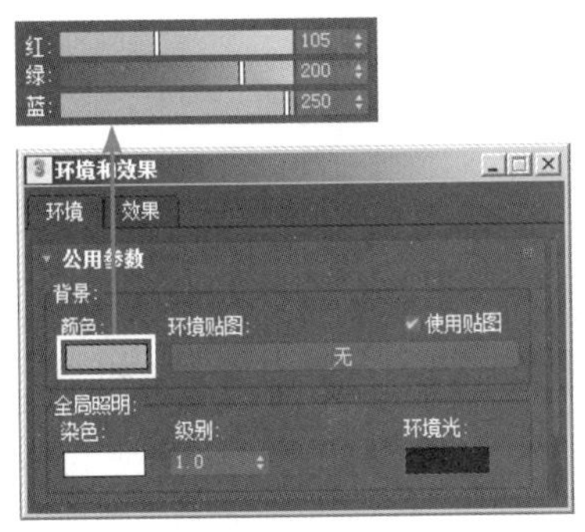

图 8-30　设置颜色

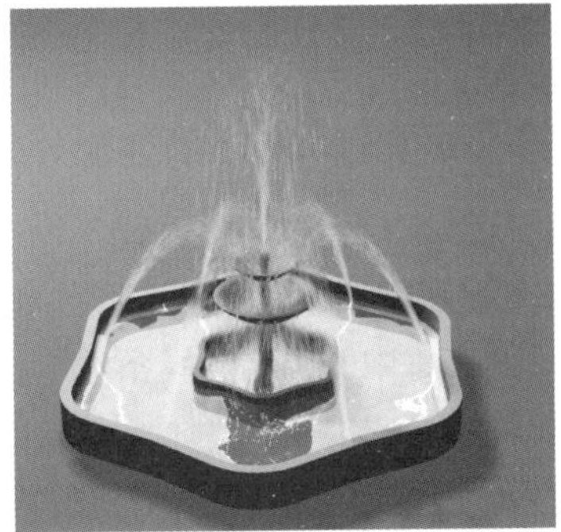

图 8-31　渲染效果

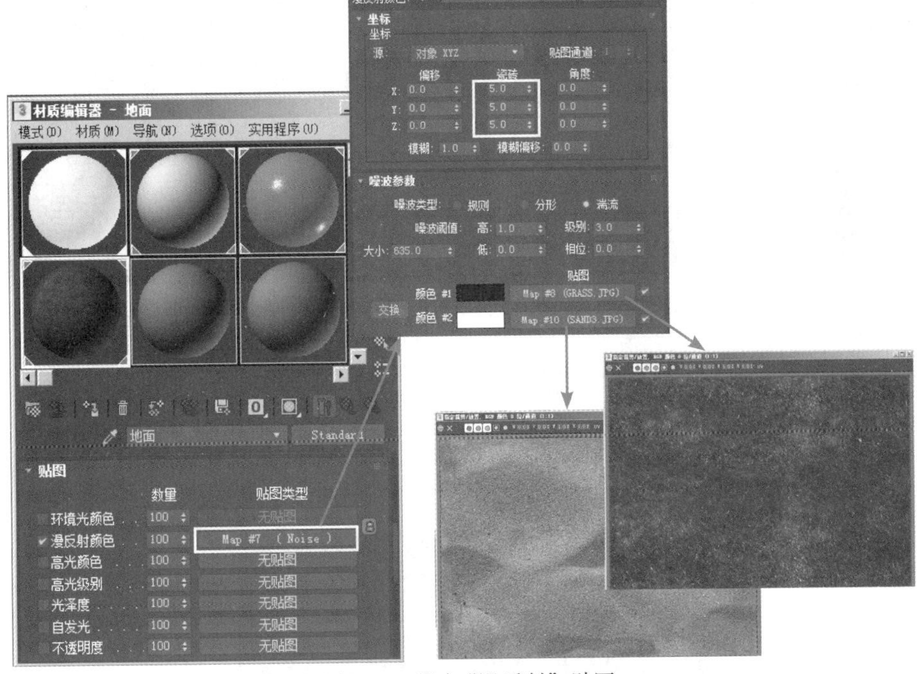

图 8-32　指定“漫反射”贴图

## 8.2　小球穿过木板时变形，穿过后爆炸

**要点：**

本例将制作小球穿过木板时变形，穿过后爆炸的效果，如图 8-33 所示。学习本例，读者应掌握“FFD（圆柱体）”和“爆炸”的使用。

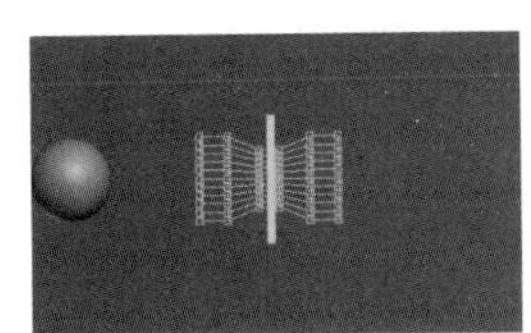
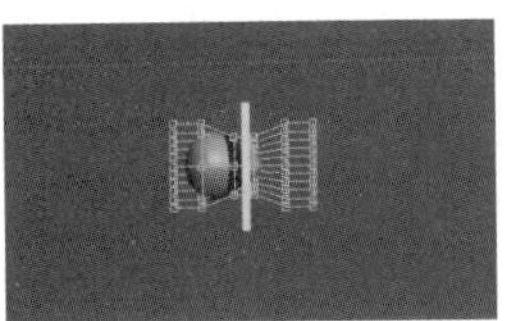

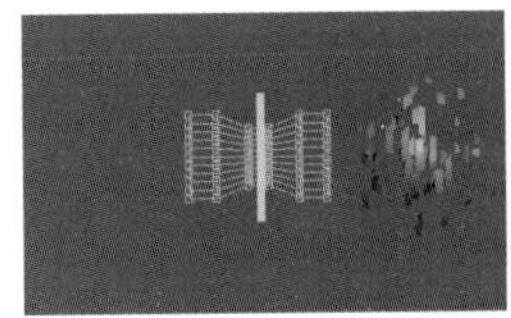

图 8-33　动画效果

**操作步骤：**

## 1. 制作小球穿过木板时的变形效果

1）执行菜单中的“文件 | 重置”命令，重置场景。

2）在左视图中创建一个“矩形”和一个“圆”。然后选择视图中的“矩形”，执行“修改器列表”下拉列表框中的“编辑样条线”命令，单击 附加 按钮后再单击场景中的“圆”，这样，矩形和圆环就结合成了一个整体，结果如图 8-34 所示。

3）进入（修改）命令面板，执行修改器中的“挤出”命令，参数设置及结果如图 8-35 所示。

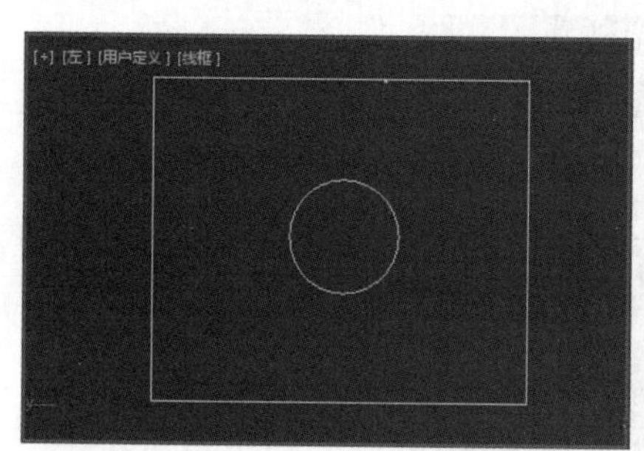

图 8-34　创建圆环和矩形的结合体

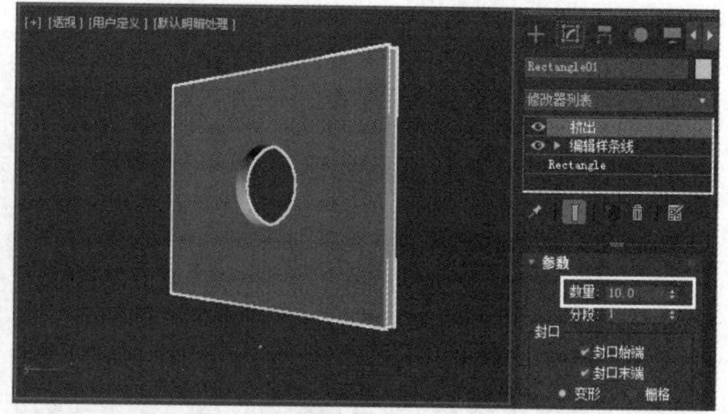

图 8-35 “挤出”效果

4）单击（创建）命令面板下（几何体）中的 球体 按钮，在视图中创建一个球体，如图 8-36 所示。

提示：需要注意的是，球体大小应该大于木板的小洞。

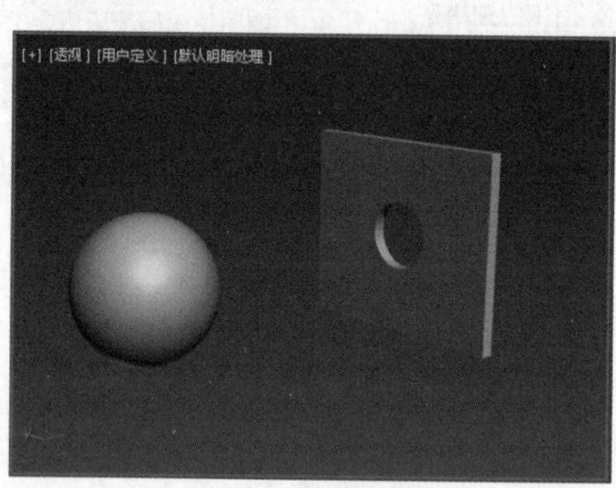

图 8-36　创建球体

5）制作小球穿过木板时的变形。小球变形是因为 FFD（圆柱体）的影响，因此需要先建立一个 FFD（圆柱体）。方法：单击（创建）下（空间变形）中 几何/可变形 列表内的 FFD(圆柱体) 按钮，如图 8-37 所示。然后在左视图中进行拖动，从而创建一个 FFD（圆柱体），如图 8-38 所示。

6）进入（修改）命令面板重新设置控制点的数目。方法：单击 设置点数 按钮，在弹出的对话框中进行设置，如图 8-39 所示，单击“确定”按钮，结果如图 8-40 所示。

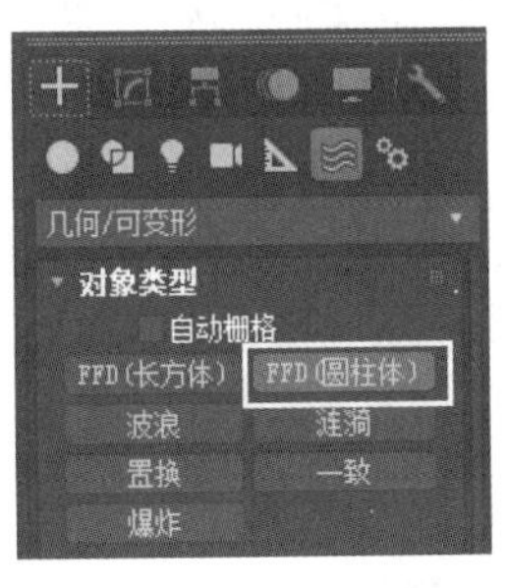

图 8-37　单击“FFD (圆柱体)”按钮

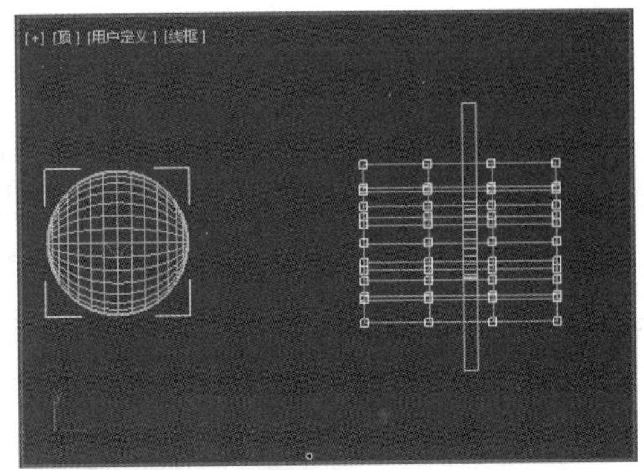
图 8-38　创建“FFD (圆柱体)”

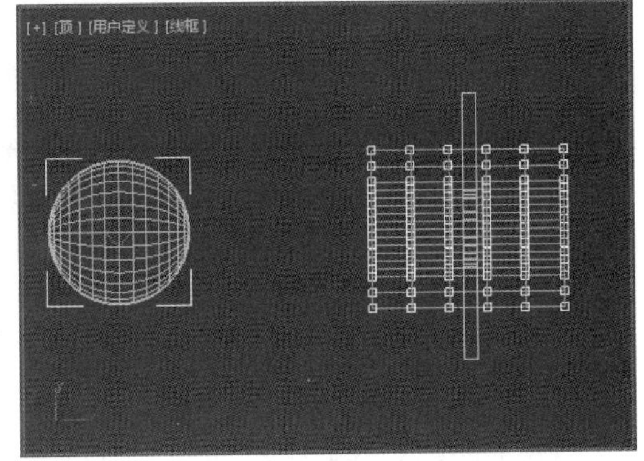

图 8-39　设置控制点数量

图 8-40　设置后的效果

7) 进入 (修改) 命令面板的“控制点”级别，如图 8-41 所示。然后利用 (选择对象) 工具选取如图 8-42 所示的控制点，接着利用 (选择并匀称缩放) 工具缩放控制点，使其与小洞等大，如图 8-43 所示。

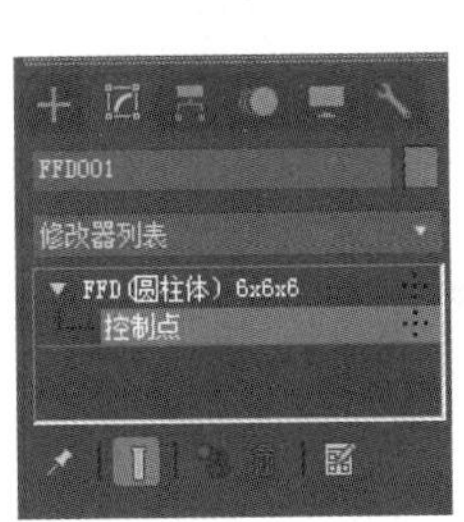
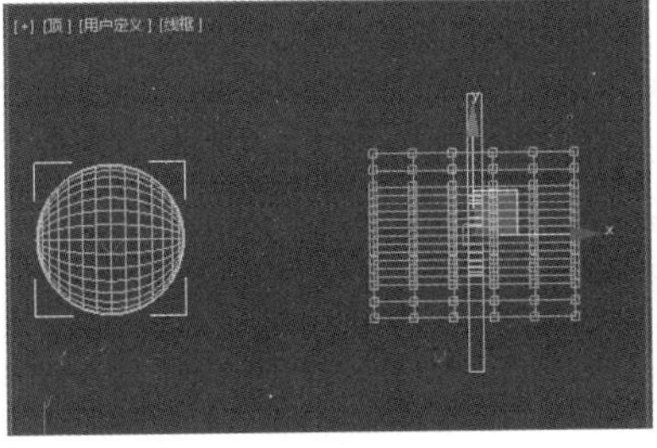
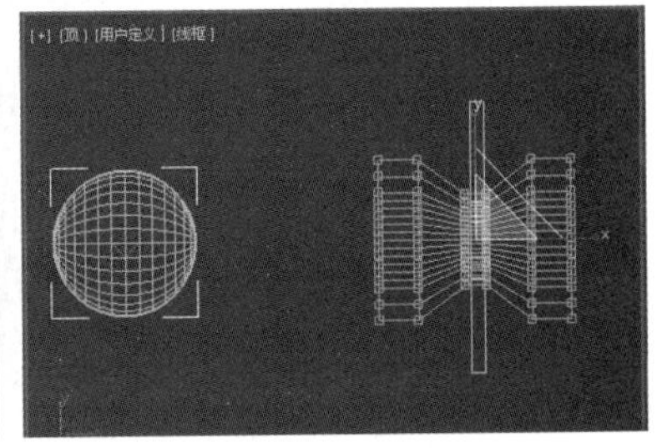
图 8-41　选择“控制点”级别　　图 8-42　选择控制点　　图 8-43　缩放效果

8) 选中场景中创建的 FFD (圆柱体)，单击 (绑定到空间扭曲) 按钮，然后拖动到小球上，这样小球就受到了 FFD (圆柱体) 的约束。

9) 制作小球运动动画。方法：激活自动关键点按钮，在第 0 帧移动小球到如图 8-44 所示的位置，在第 50 帧移动小球到如图 8-45 所示的位置，然后关闭自动关键点按钮。

此时移动时间滑块，可以清楚地看到小球穿过木板时的变形效果，如图 8-46 所示。

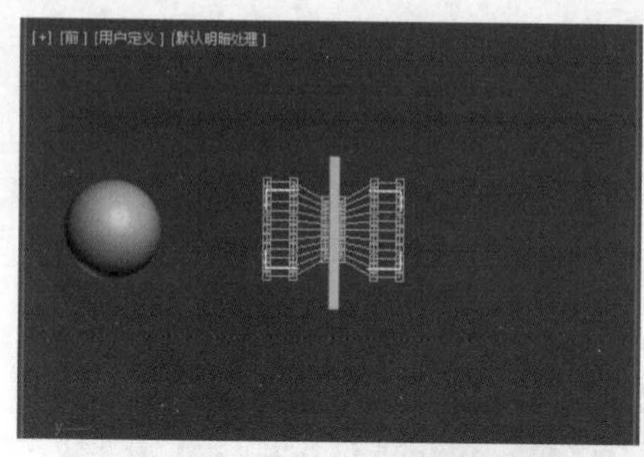


图 8-44　在第 0 帧放置小球

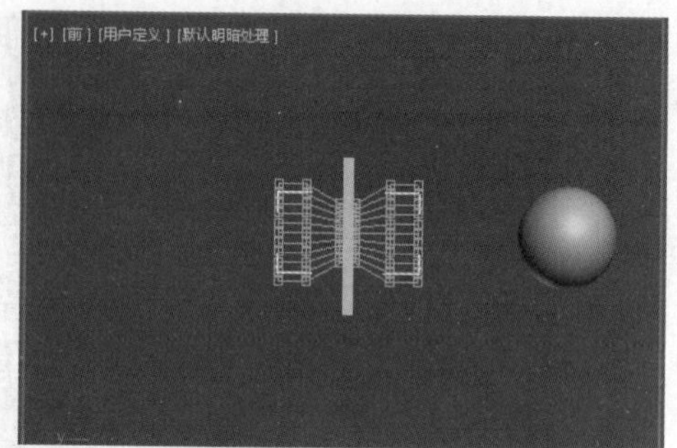


图 8-45　在第 50 帧放置小球

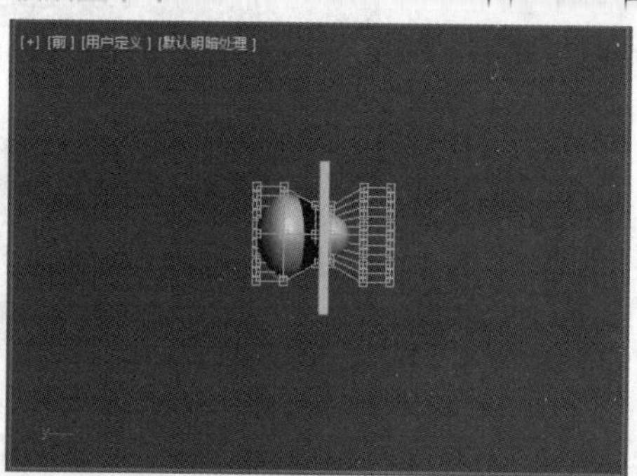


图 8-46　小球穿过木板时的变形效果

## 2. 制作小球穿过木板后的爆炸效果

1）单击（创建）下（空间变形）中 几何/可变形 列表内的 爆炸 按钮，如图 8-47 所示。然后在场景中单击鼠标，从而创建一个“爆炸”，如图 8-48 所示。

2）为了便于观看，下面选中场景中的“爆炸”，利用工具栏中的（对齐）工具，将创建的“爆炸”与球体中心对齐，结果如图 8-49 所示。

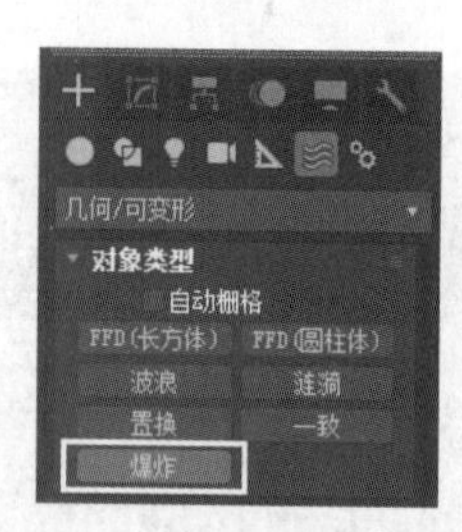


图 8-47　单击“爆炸”按钮

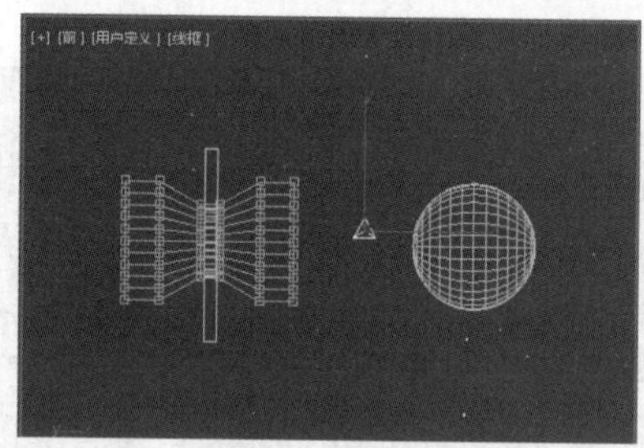


图 8-48　创建“爆炸”

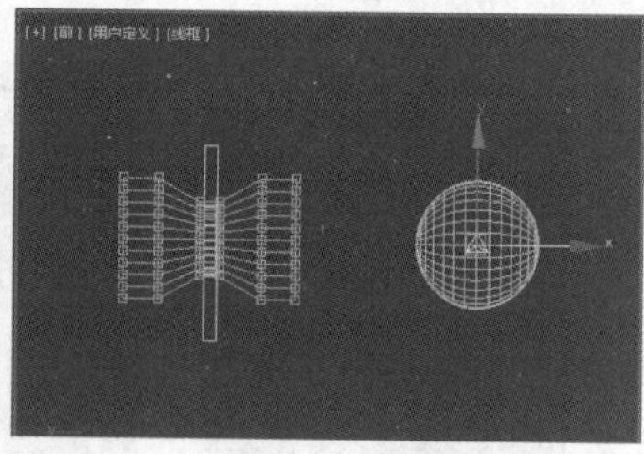


图 8-49　将“爆炸”与小球中心对齐

3）选中“爆炸”，利用工具栏中的（选择并链接）工具将“爆炸”链接到小球上，此时就可以保证“爆炸”和小球同时移动。

4）制作小球爆炸效果。方法：选中“爆炸”，单击（绑定到空间扭曲）按钮，拖动“爆炸”到小球上，这样“爆炸”即可约束小球。

5）但此时小球爆炸是从第 0 帧开始的，且碎片大小一致，方向十分有规律，明显受重力影响。为了解决这个问题，选择场景中的“爆炸”，进入（修改）命令面板，参数设置如图 8-50 所示，结果如图 8-51 所示。

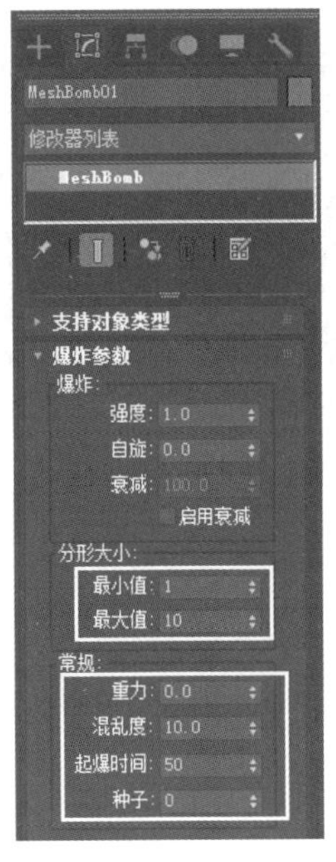

图 8-50　设置“爆炸”参数

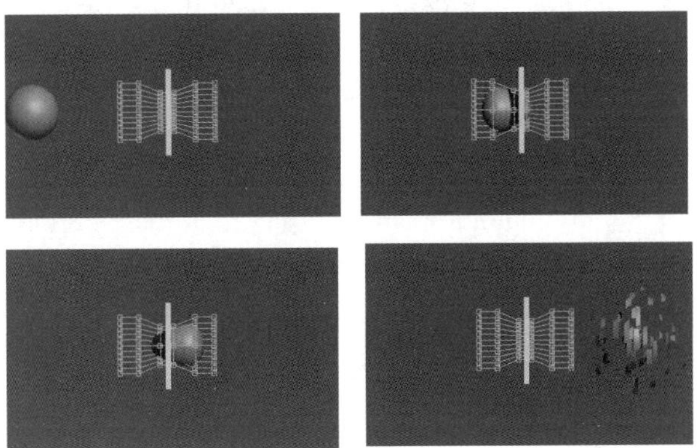

图 8-51　爆炸效果

提示：“重力”设为 0，表示不受重力影响；“混乱”设为 10，表示爆炸后的碎片是无规律地炸开；“起爆时间”设为 50，表示球体在第 50 帧开始起爆。设置“分形大小”选项组中的“最大值”为 10，“最小值”为 1，从而产生碎片大小不一致的变化。

## 8.3　课后练习

（1）制作小球撞击茶壶的动画，效果如图 8-52 所示。参数可参考网盘中的“example \ 第 8 章 空间扭曲与粒子系统 \8.3 课后练习 \ 练习 1\ 小球撞击茶壶 .max”文件。

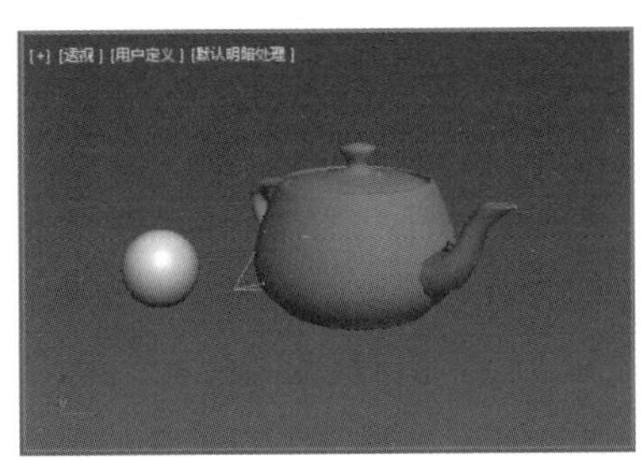

图 8-52　小球撞击茶壶效果

（2）制作流淌的水滴动画，效果如图 8-53 所示。参数可参考网盘中的“ example\ 第 8 章 空间扭曲与粒子系统 \8.3 课后练习 \ 练习 2\ 流淌的水滴 .max”文件。

（3）制作胶囊打开，各色颗粒飞出动画，效果如图 8-54 所示。参数可参考网盘中的“example\ 第 8 章 空间扭曲与粒子系统 \8.3 课后练习 \ 练习 3\ 感冒胶囊 .max”文件。

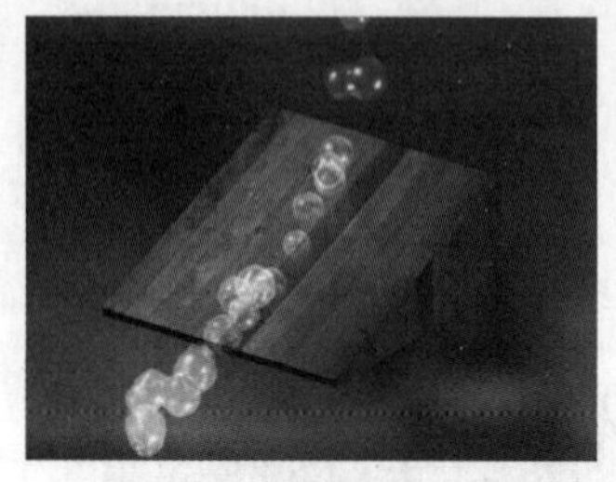

图 8-53　流淌的水滴效果

图 8-54　感冒胶囊动画效果

# 第 9 章　动画控制器

## 本章重点：

3ds max 2018 之所以具有强大的动画设计能力，在很大程度上得力于动画控制器的功能。所谓动画控制器，顾名思义，是用来控制物体运动规律的功能模块，能够决定各项动画参数在动画各帧中的数值，以及在整个动画过程中这些参数的变化规律。学习本章，读者应掌握常用的动画控制器的功能及其使用方法。

## 9.1　飞旋的飞机效果

**要点：**

本例将制作在天空中飞旋的飞机效果，如图 9-1 所示。学习本例，读者应掌握“路径约束”控制器的使用方法。

图 9-1　飞旋的飞机效果

**操作步骤：**

1) 执行菜单中的“文件 | 打开”命令，打开网盘中的“example\ 第 9 章　动画控制器 \9.1 飞旋的飞机效果 \ 飞机源文件 .max”文件，如图 9-2 所示。

图 9-2　打开指定源文件

2) 单击 （创建）命令面板下 （图形）中的 线 按钮，然后在视图中绘制出飞机飞行的路径，如图 9-3 所示。

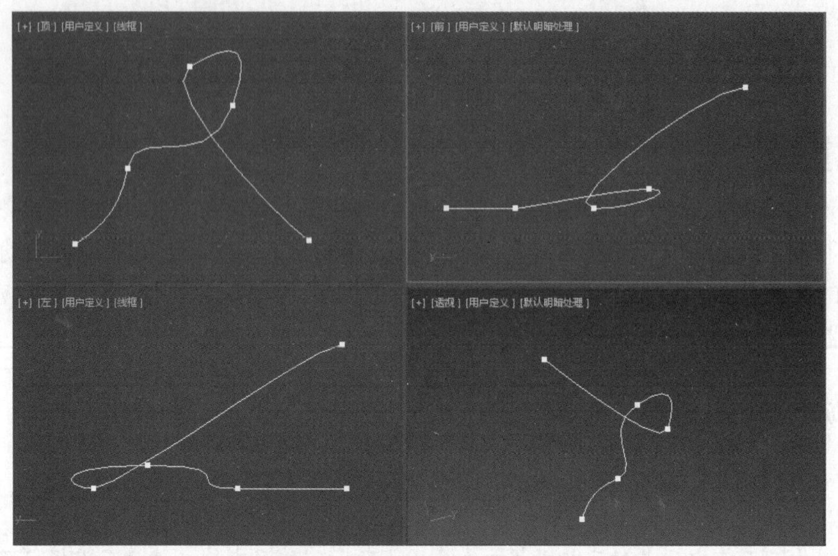

图 9-3　绘制出飞机飞行的路径

3）选择场景中的飞机模型，单击（运动）按钮，进入运动面板。然后选择“位置：位置 XYZ”，如图 9-4 所示，单击（指定控制器）按钮。接着在弹出的“指定位置控制器”对话框中选择“路径约束”，如图 9-5 所示，单击“确定”按钮。最后单击“添加路径”按钮后在视图中拾取前面绘制的线，即可将飞机的运动加载到路径上，此时运动面板如图 9-6 所示。

图 9-4　选择“位置：位置 XYZ”

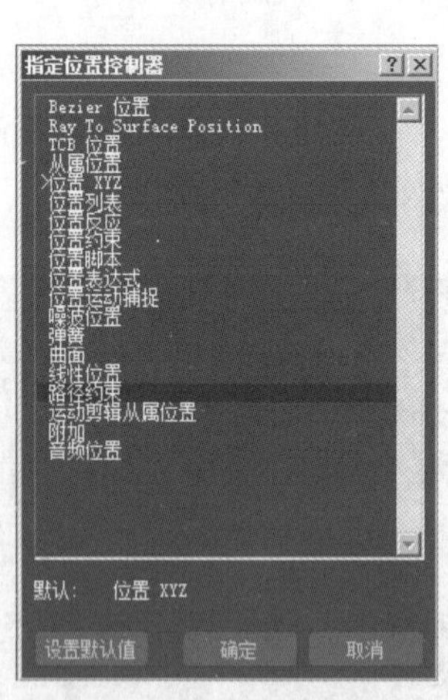


图 9-5　选择“路径约束”

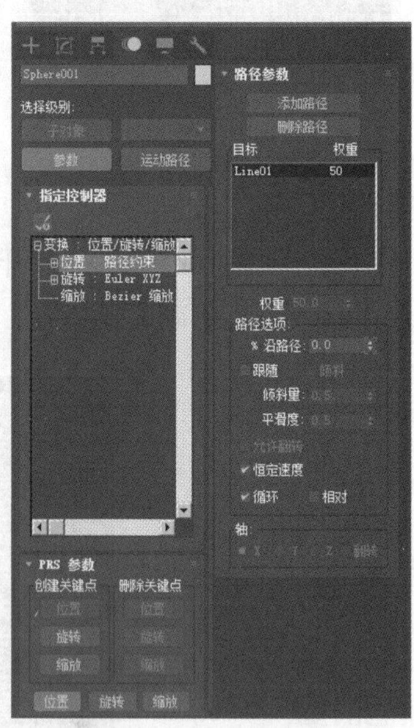


图 9-6　运动面板

4）此时播放动画可以看到飞机并没有按照路径的方向飞行，如图 9-7 所示，下面就来解决这个问题。方法：勾选“路径选项”选项组中的“跟随”复选框，这样可以使飞机在路径转弯时跟着转弯。然后在“轴”选项组中单击“Y”，并勾选“翻转”复选框，如图 9-8 所示，此时飞机的飞行方向就正确了。

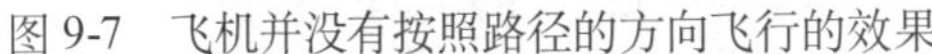

图 9-7　飞机并没有按照路径的方向飞行的效果

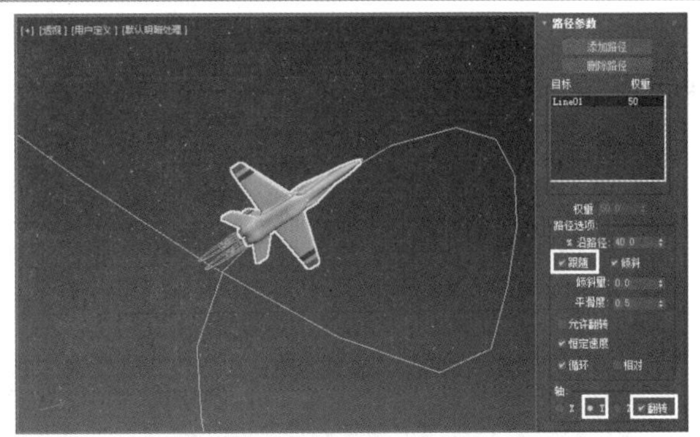

图 9-8　设置飞机沿路径飞行的参数

5）制作飞机在转弯时倾斜的效果。方法：在“路径选项”选项组中勾选“倾斜”复选框，然后将“倾斜量”的数值设置为 5.0，如图 9-9 所示，效果如图 9-10 所示。至此，整个动画制作完毕。

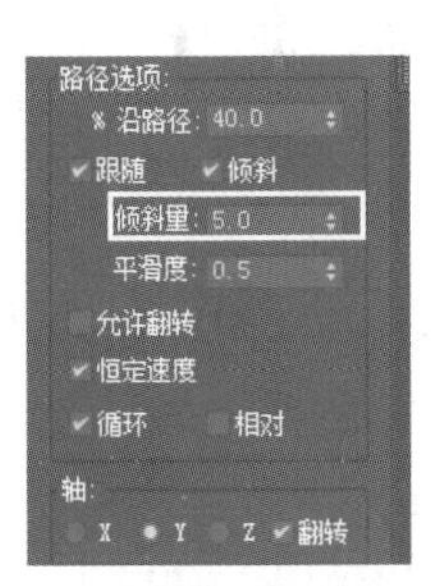


图 9-9　设置飞机的倾斜参数

图 9-10　飞机沿路径倾斜的效果

## 9.2　旋转落地的硬币效果

**要点：**

本例将制作一个旋转落地的硬币效果，如图 9-11 所示。学习本例，读者应掌握多行建模、“涡轮平滑”修改器、“路径约束”和“注视约束”控制器，以及利用虚拟对象和点来控制对象的综合应用。

图 9-11　旋转落地的硬币效果

## 操作步骤：

### 1. 制作硬币造型

1）执行菜单中的“文件 | 重置”命令，重置场景。

2）在顶视图中创建一个圆柱体，并按键盘上的〈F4〉键将其边面显示，参数设置及结果如图 9-12 所示。

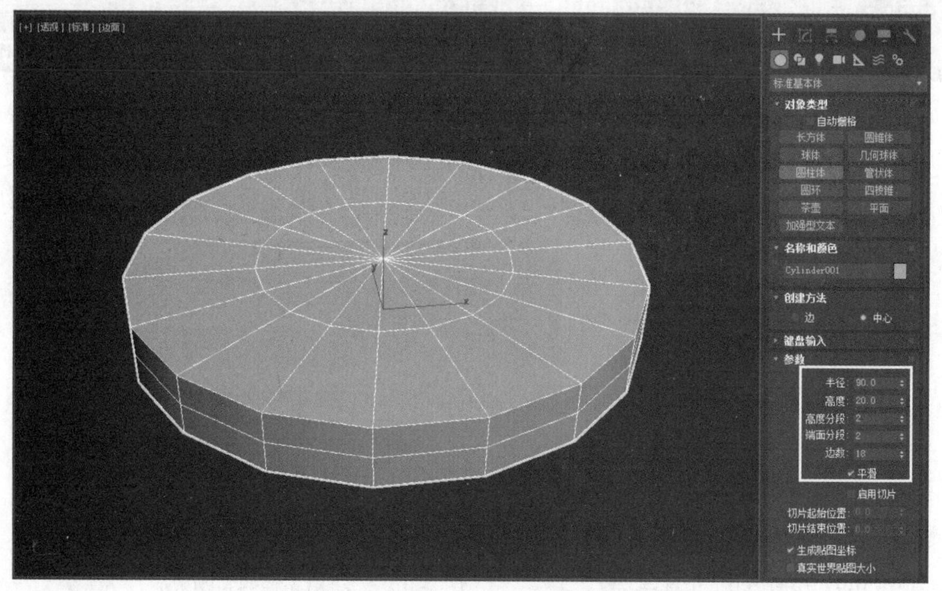


图 9-12　创建圆柱体并以边面显示

3）为了便于操作，下面将圆柱体的轴心点定在其中心位置。方法：选择视图中的圆柱体模型，进入（层次）面板，单击 仅影响轴 按钮后单击 居中到对象 按钮即可，结果如图 9-13 所示。然后再次单击 仅影响轴 按钮，退出编辑状态。

4）将中心点的坐标定为原点。方法：右击工具栏中的工具，在弹出的对话框中进行设置，如图 9-14 所示。

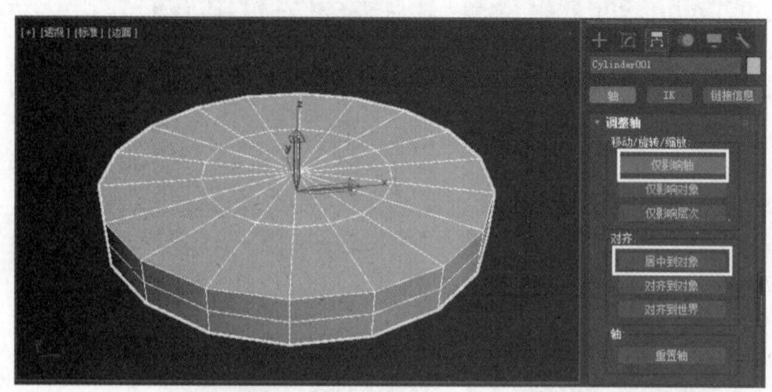


图 9-13　将圆柱体的轴心点定在其中心位置

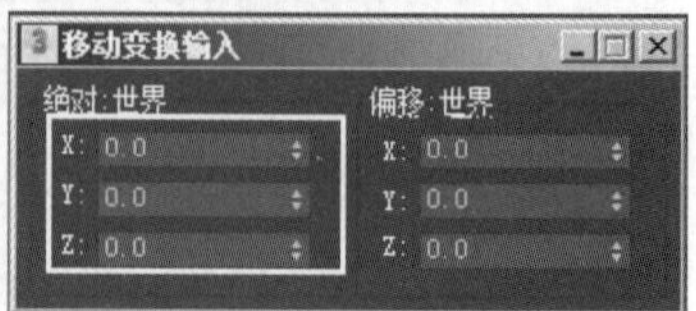


图 9-14　将中心点的坐标定为原点

5）右击视图中的圆柱体，在弹出的快捷菜单中执行“转换为 | 转换为可编辑多边形”命令，从而将圆柱体转换为可编辑的多边形。

6）进入（修改）命令面板的可编辑多边形的（顶点）级别，然后利用工具栏中的（选择对象）工具在顶视图中框选如图 9-15 所示的顶点，接着右击鼠标，在弹出的快捷菜单中执行“转换到面”命令，如图 9-16 所示，从而选中如图 9-17 所示的面。

提示：利用工具栏中的（选择对象）工具栏选定点的目的是为了将同一位置的前后两个顶点一起选中。

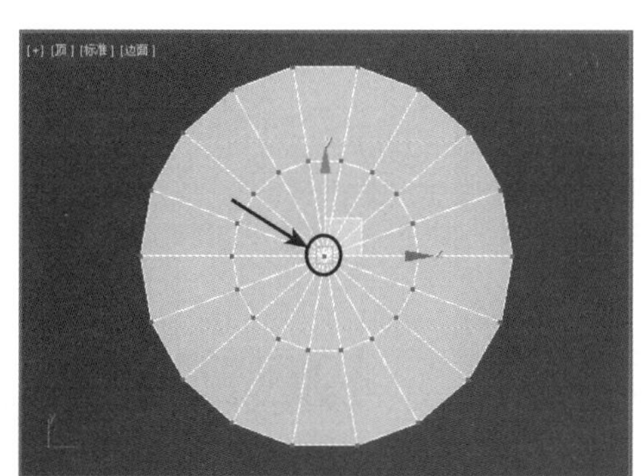


图 9-15　框选顶点

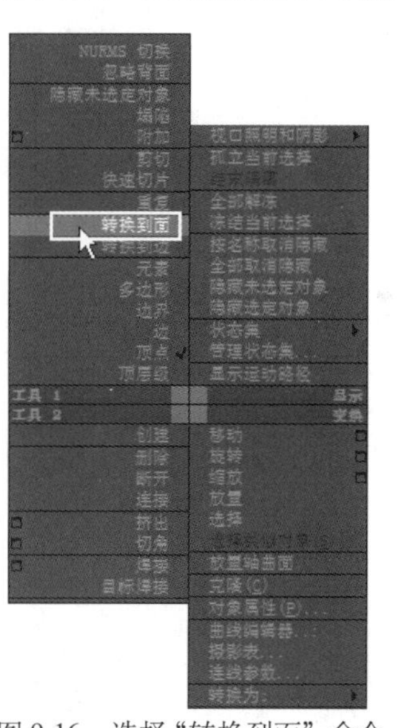


图 9-16　选择“转换到面”命令

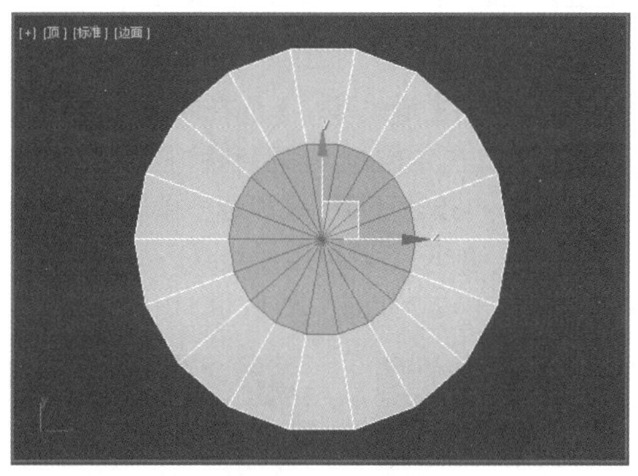


图 9-17　选中面

7）制作硬币中间的凹陷部分。方法：利用工具栏中的（选择并匀称缩放）工具缩放选中的面，如图 9-18 所示，然后单击“挤出”右侧按钮，在弹出的面板中设置参数，如图 9-19 所示，单击按钮，确认操作。

8）为了以后在凹陷处能够制作正确的平滑效果，下面将挤出后的多边形进行分离。方法：单击“分离”按钮，如图 9-20 所示，然后在弹出的“分离”对话框中进行设置，如图 9-21 所示，单击“确定”按钮即可。

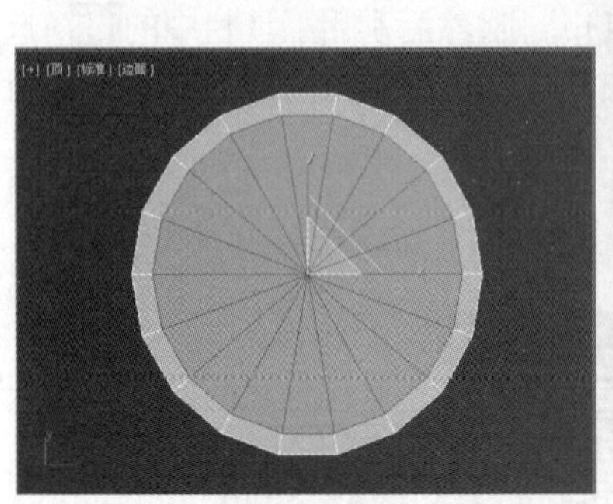


图 9-18　缩放选中的面

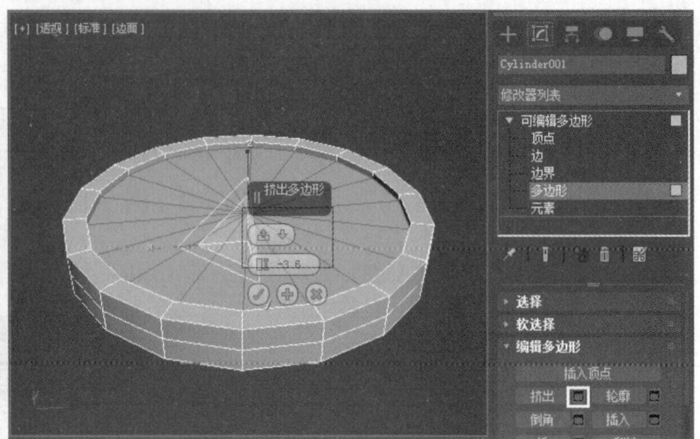


图 9-19　挤出多边形后的效果

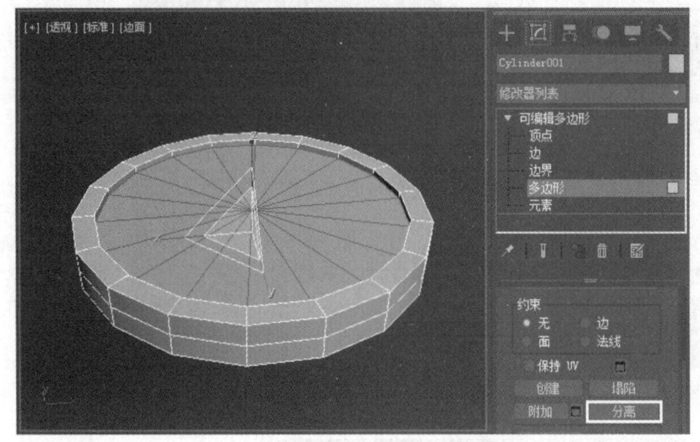


图 9-20　单击“分离” 按钮

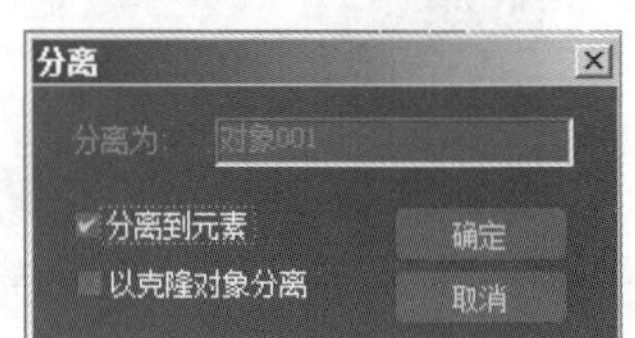


图 9-21　设置“分离” 参数

9）为了能在硬币边缘产生正确的平滑效果，下面在硬币边缘添加边。方法：进入可编辑多边形的（边）级别，选择图 9-22 所示的边，然后利用视图控制区中的（环绕子对象）工具旋转硬币，从而显示出硬币背面，再按住〈Ctrl〉键加选一条硬币背面边缘的边，如图 9-23 所示。接着单击“环形” 按钮（快捷键为〈Alt+R〉），既可选择如图 9-24 所示的环形边。最后单击“连接” 按钮，即可在硬币边缘添加一圈环形边，如图 9-25 所示。

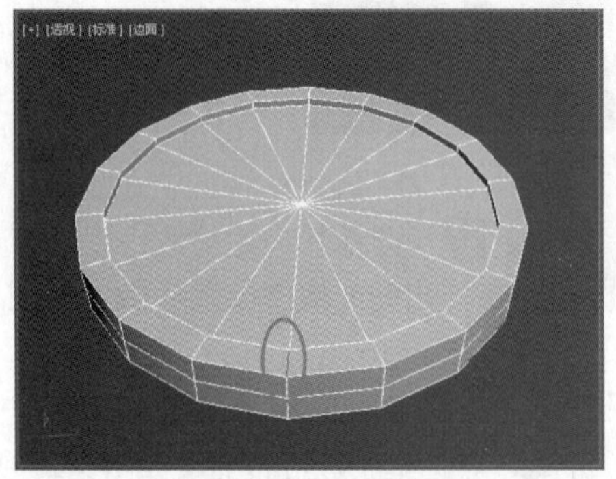


图 9-22　选择边

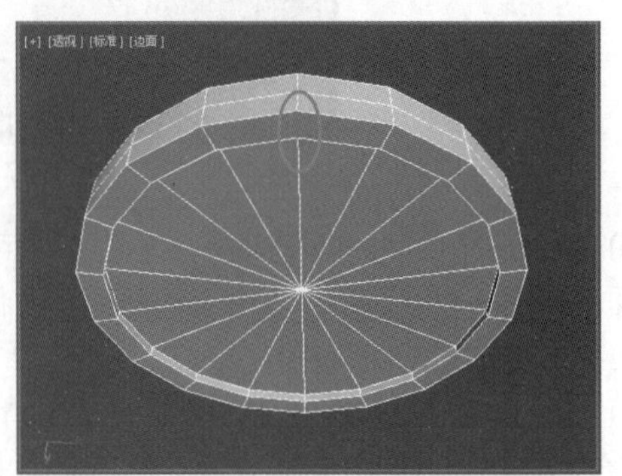


图 9-23　选择背面硬币边缘的一条边

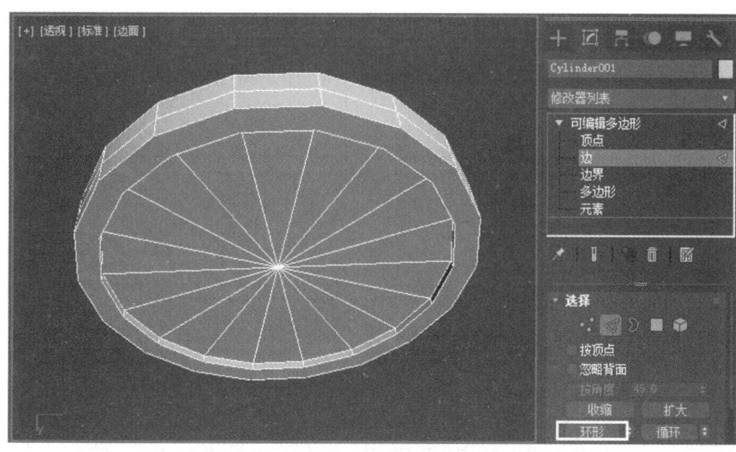

图 9-24　选择环形边

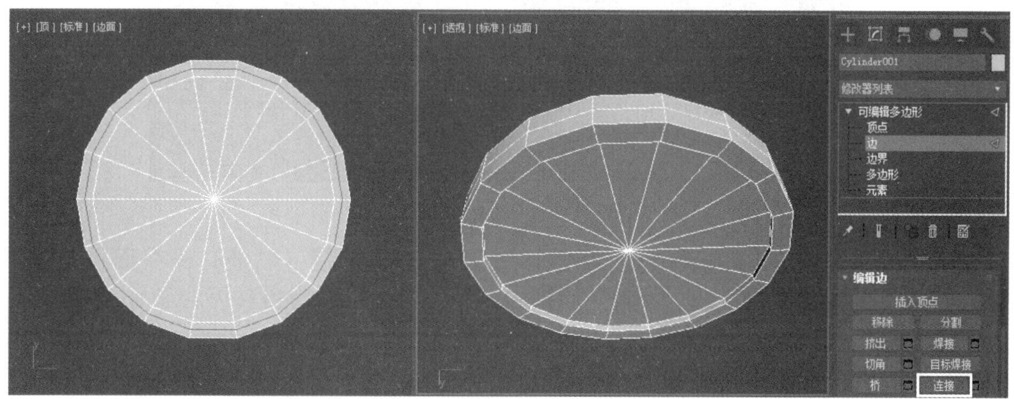

图 9-25　添加一圈环形边

10) 对硬币进行平滑处理。方法：在修改器列表中单击“可编辑多边形”，退出次对象级别，然后执行修改器下拉列表框中的“涡轮平滑”命令，参数设置及效果如图 9-26 所示。

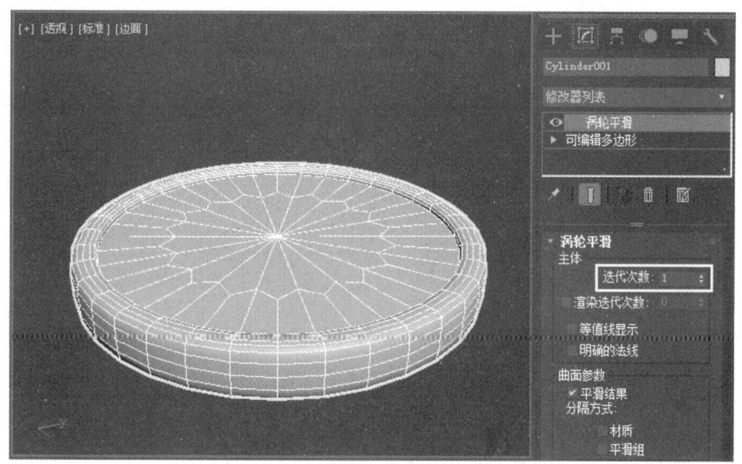

图 9-26　涡轮平滑参数设置及效果

### 2. 制作旋转落地的动画

1) 创建控制硬币旋转的路径。方法：在顶视图中创建一个螺旋线，参数设置及效果如图 9-27 所示，然后将其中心点定位为原点。

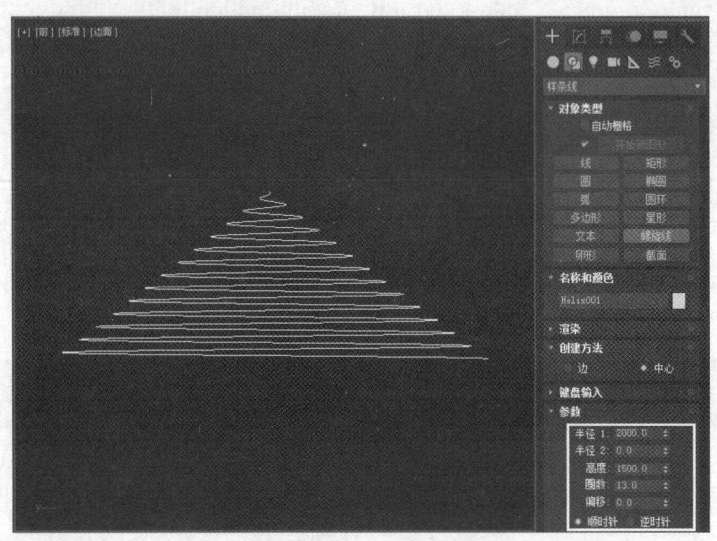


图 9-27　创建螺旋线

2) 创建点辅助对象沿螺旋线运动的效果。方法：单击 （创建）命令面板下 （辅助对象）中的点按钮，然后在视图中创建一个点对象，参数设置及效果如图 9-28 所示。接着单击 （运动）按钮，进入运动面板，然后选择“位置：位置 XYZ”选项，单击 （指定控制器）按钮，如图 9-29 所示。在弹出的“指定位置控制器”对话框中选择“路径约束”选项，如图 9-30 所示，单击“确定”按钮。最后单击“添加路径”按钮，如图 9-31 所示，再拾取视图中的螺旋线，此时在第 1 帧和第 100 帧会自动产生两个关键点，如图 9-32 所示。播放动画会看到点沿螺旋线运动的效果。

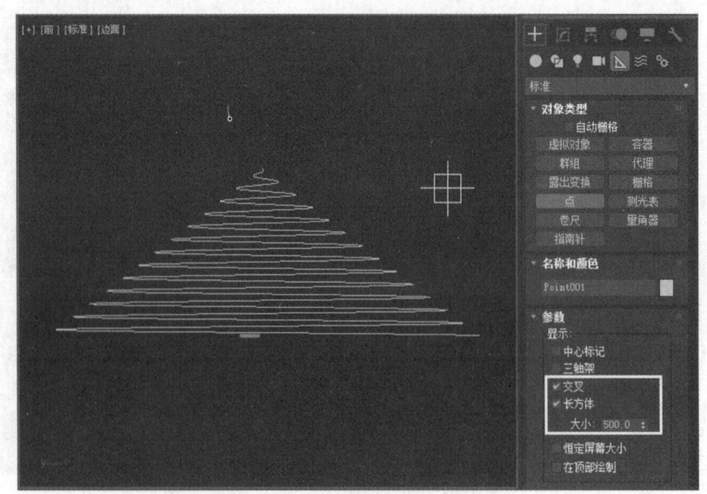


图 9-28　创建点对象

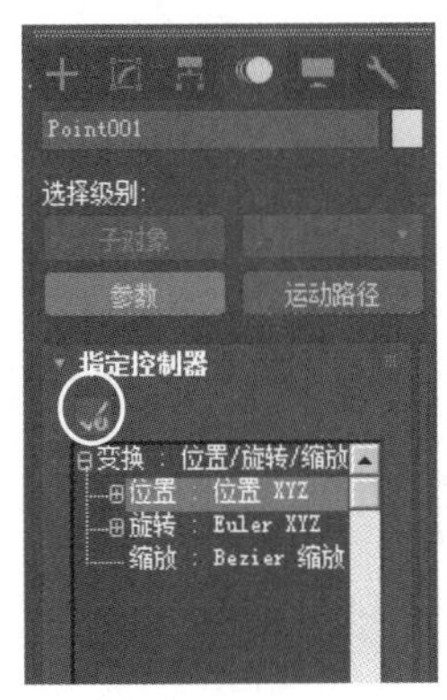


图 9-29　单击（指定控制器）按钮

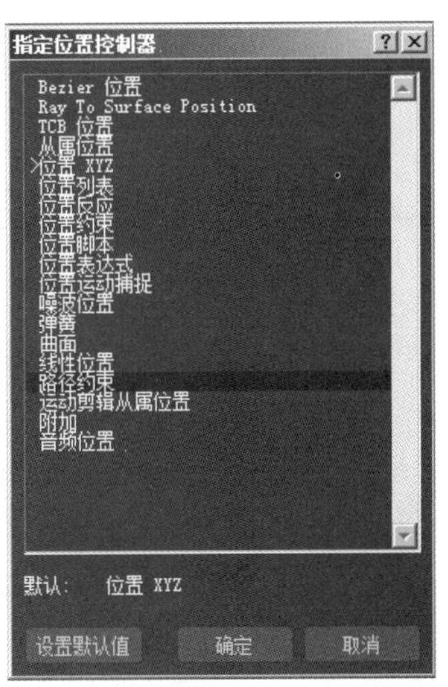


图 9-30　选择“路径约束”

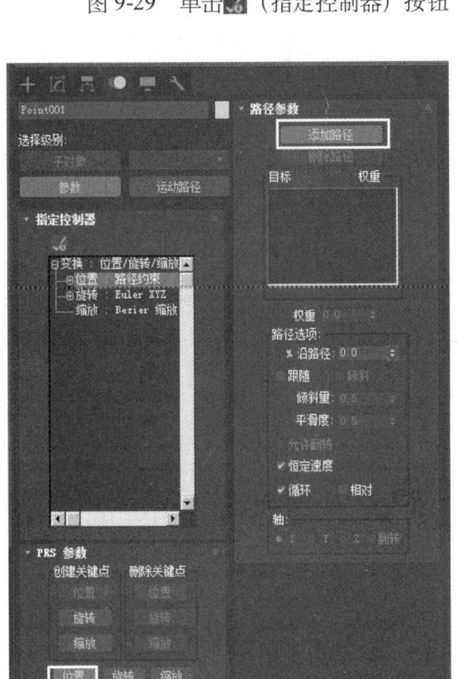


图 9-31　单击“添加路径”按钮后拾取螺旋线

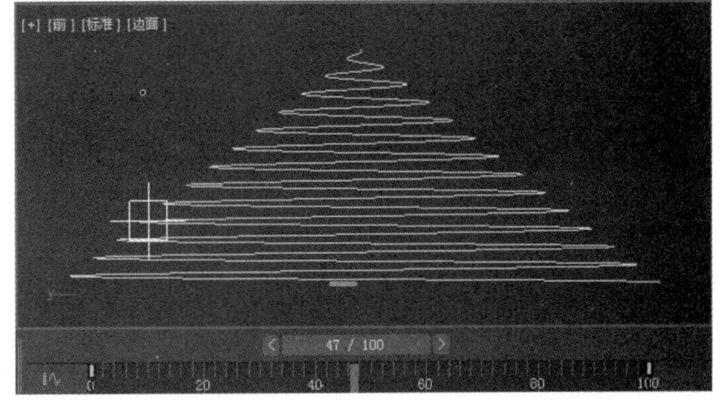


图 9-32　在第 1 帧和第 100 帧会自动产生两个关键点

3) 制作硬币注视点辅助对象的效果。方法：选择视图中的硬币模型，然后单击（运动）按钮，进入运动面板。接着选择“旋转：Eluer XYZ”选项，如图 9-33 所示，单击（指定控制器）按钮，在弹出的“指定旋转控制器”对话框中选择“注视约束”选项，如图 9-34 所示，单击“确定”按钮。最后激活“添加注视目标”按钮后拾取视图中的点辅助对象，如图 9-35 所示。此时播放动画会看到硬币从地面逐渐旋转着立起来的效果，如图 9-36 所示。

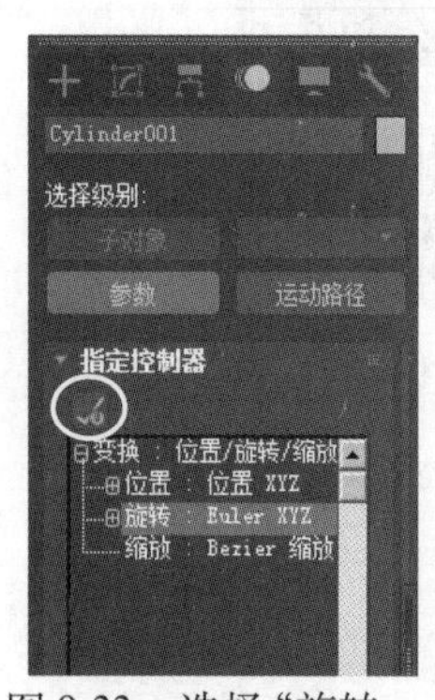


图 9-33　选择“旋转：Eluer XYZ”

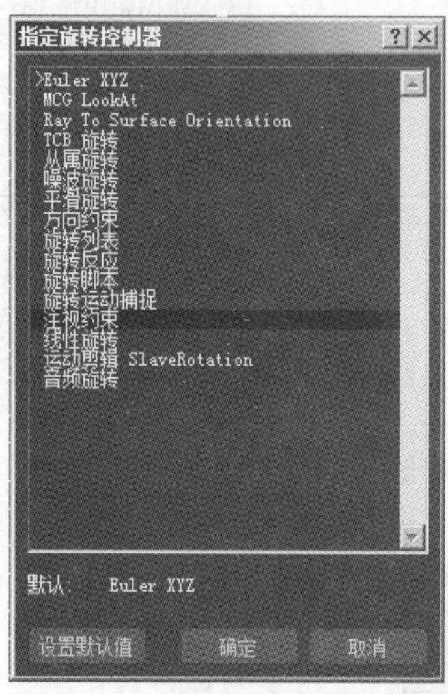


图 9-34　选择“注视约束”

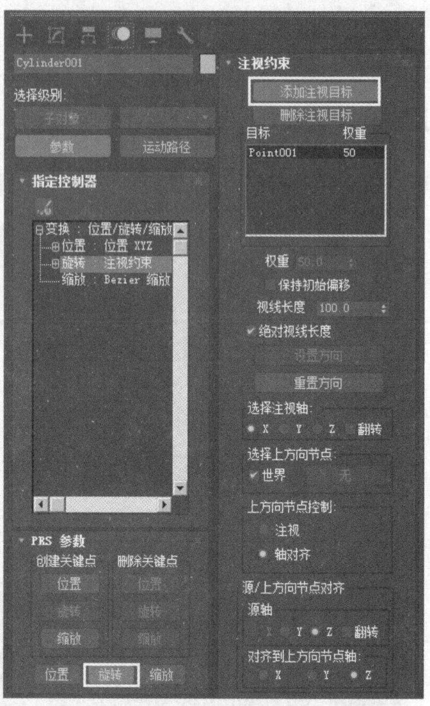


图 9-35　单击“添加注视目标”按钮后拾取点辅助对象

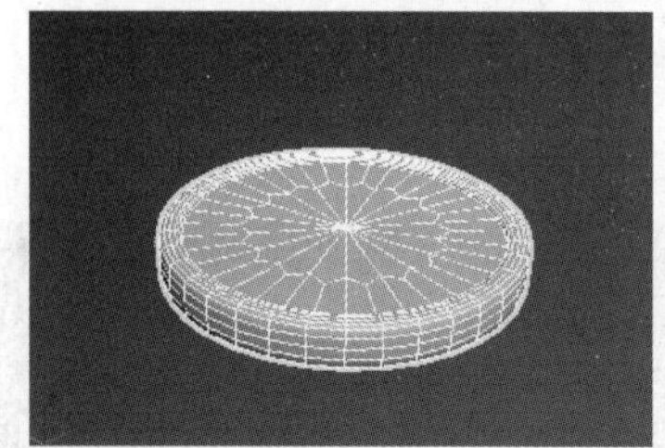
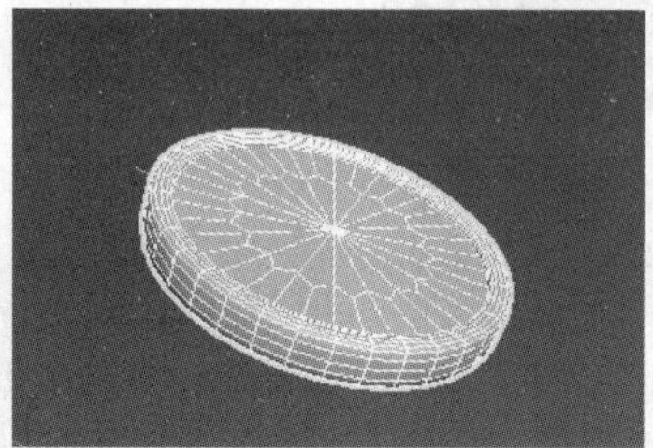
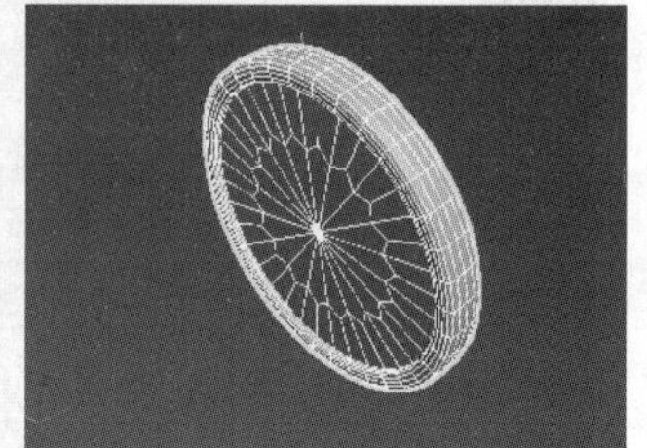

图 9-36　硬币从地面逐渐旋转着立起来的效果

4）这种效果是不正确的，我们需要的是硬币旋转着倒下的效果，由于硬币是随点辅助对象进行运动的，下面通过调整点辅助对象的关键点来完成设置。方法：选择视图中的点辅助对象，然后将第 100 帧移动到第 30 帧，将第 0 帧移动到第 100 帧即可，此时时间线如图 9-37 所示。此时播放动画会看到硬币旋转着逐渐倒下的效果，如图 9-38 所示。

提示：将第 100 帧移动到第 30 帧，而不是第 0 帧，是因为硬币不是在刚开始就逐渐倒下，而是在第 0 ~ 30 帧有一个快速旋转的过程，然后在 30 帧后才开始逐渐旋转着倒地。

图 9-37　时间线

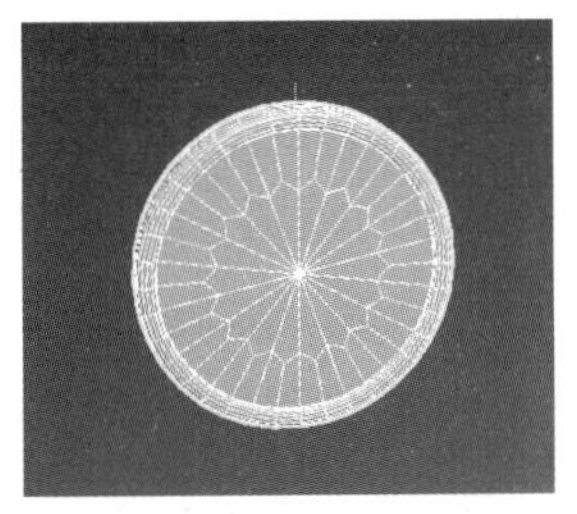
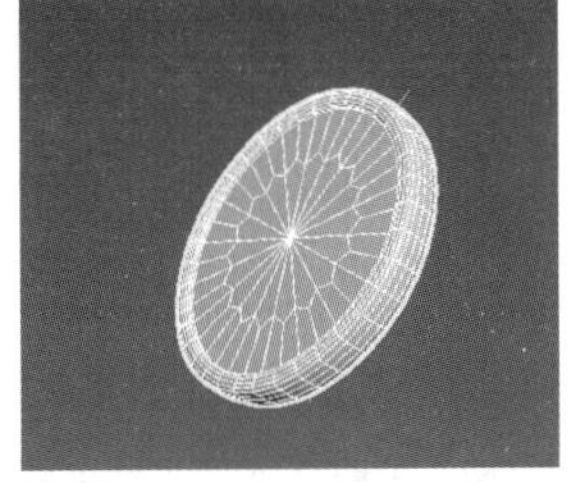
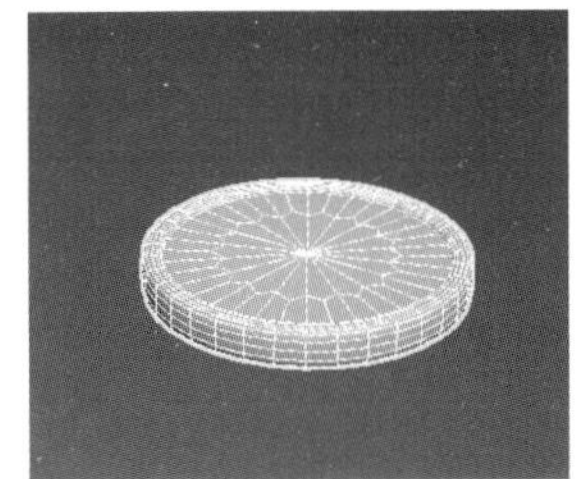

图 9-38　硬币旋转着逐渐倒下的效果

5）制作硬币在第 30 帧之前的快速旋转效果。由于此时硬币已经受到“注视约束”控制器的约束，因此不能通过直接对其进行旋转来完成此操作，而是将硬币链接到虚拟体上，通过旋转虚拟体来控制硬币在 30 帧前的旋转。方法：单击 +（创建）命令面板下 （辅助对象）中的 虚拟对象 按钮，然后在视图中创建一个虚拟对象，如图 9-39 所示。接着单击工具栏中的 （对齐）按钮后拾取视图中的硬币，然后在弹出的对话框中进行如图 9-40 所示的设置，单击“确定”按钮。

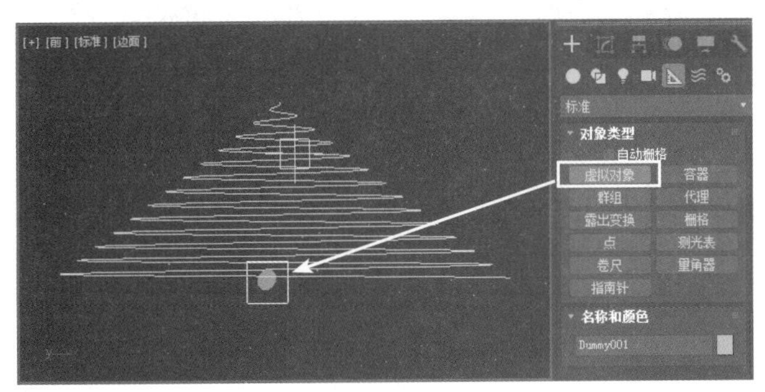


图 9-39　创建一个虚拟对象

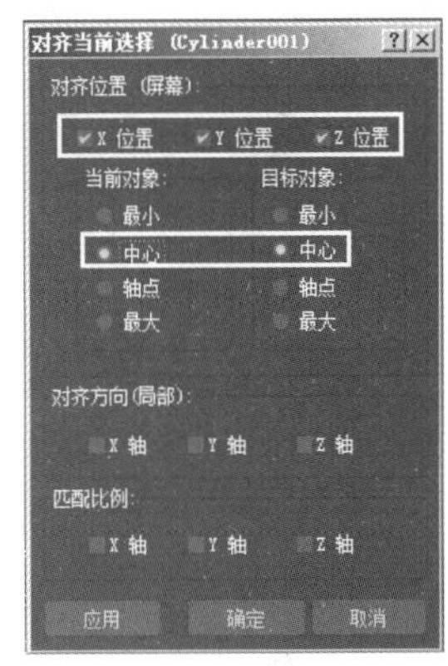


图 9-40　将虚拟体与硬币中心对齐

6）选择视图中的硬币模型，单击工具栏中的 （选择并链接）按钮，将其拖动到虚拟体上建立链接，如图 9-41 所示。

7）激活动画控制器中的 自动关键点 按钮（快捷键〈N〉），然后将时间滑块移动到第 30 帧，在前视图中将虚拟体沿 Y 轴旋转一定角度（此时旋转 –2000°），如图 9-42 所示。此时播放动画即可看到硬币在第 0～30 帧进行旋转，第 30 帧后逐渐旋转着倒下的效果。

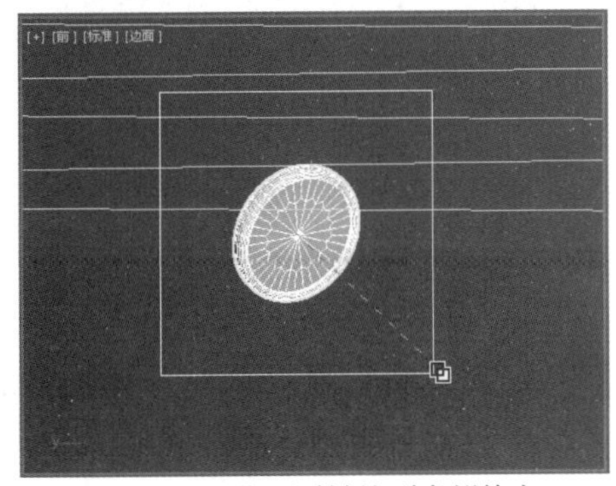


图 9-41　将硬币链接到虚拟体上

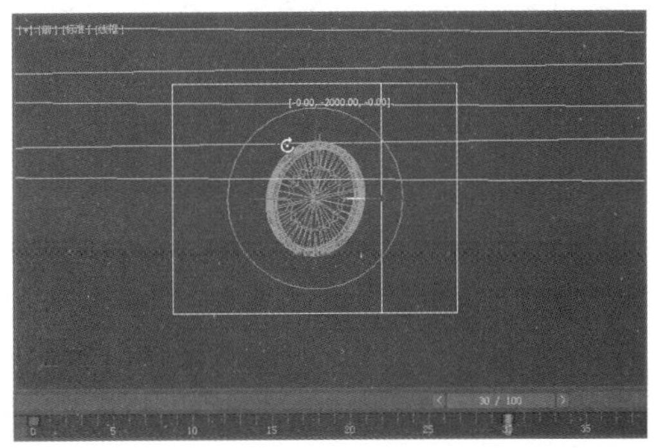


图 9-42　在第 30 帧将虚拟体沿 Y 轴旋转 –2000°

8）为了便于观看，下面隐藏辅助对象和螺旋线。方法：单击 （显示）按钮，进入显示面板，然后选中“图形”和“辅助对象”选项，如图 9-43 所示，即可隐藏辅助对象和螺旋线。

9）至此，这个动画制作完毕。下面为了美观，赋予硬币材质后进行渲染，结果如图 9-44 所示。

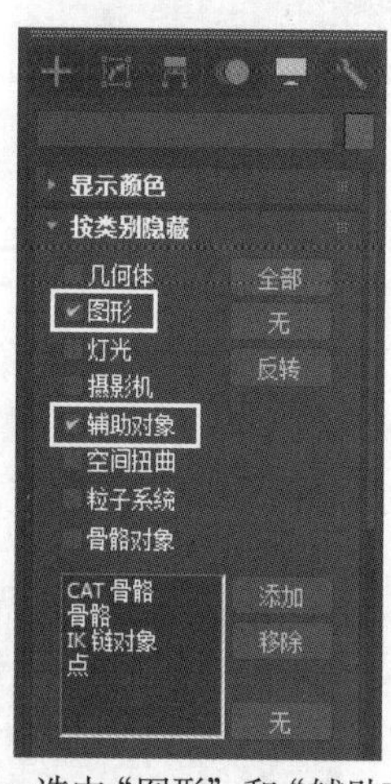


图 9-43 选中“图形”和“辅助对象”选项

图 9-44 最终渲染效果

## 9.3 坦克运动中瞄准目标动画

**要点：**

本例将制作坦克运动中瞄准目标的动画效果，如图 9-45 所示。学习本例，读者应掌握“点”对象和“注视约束”控制器的综合运用。

图 9-45 坦克运动中瞄准目标的动画效果

**操作步骤：**

1）执行菜单中的“文件 | 打开”命令，打开网盘中的“example\ 第 9 章 动画控制器 \9.3 坦克运动中瞄准目标动画 \ 坦克运动中瞄准目标动画源文件 .max”文件。

2）创建一个“点”物体作为坦克炮塔瞄准对象。方法：单击 （创建）命令面板下 （辅助对象）中的 点 按钮，然后在视图中创建一个点对象，参数设置及效果如图 9-46 所示。

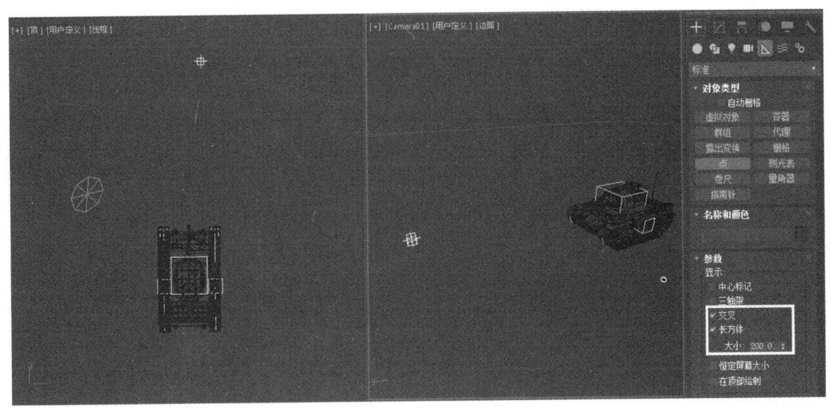

图 9-46　在视图中创建一个点对象

3）指定“注视约束”控制器。方法：选择炮塔模型，如图 9-47 所示，然后进入（运动）面板，选择“旋转：Euler XYZ”选项，如图 9-48 所示。接着单击（指定控制器）按钮，在弹出的“指定旋转控制器”对话框中选择“注视约束”选项，如图 9-49 所示，单击“确定”按钮。

4）单击“添加注视目标”按钮，然后拾取视图中的点对象作为注视目标，并勾选“保持初始偏移”复选框，如图 9-50 所示。

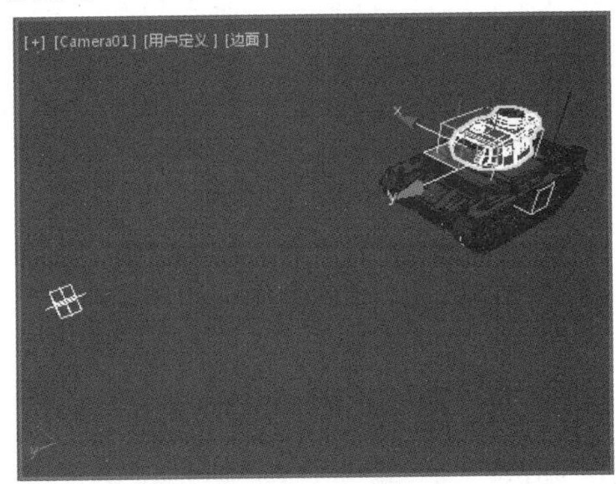


图 9-47　选择炮塔模型

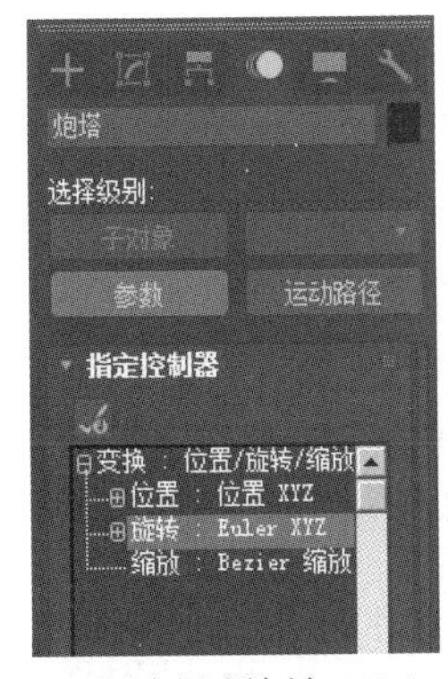


图 9-48　选择“旋转：Euler XYZ”选项

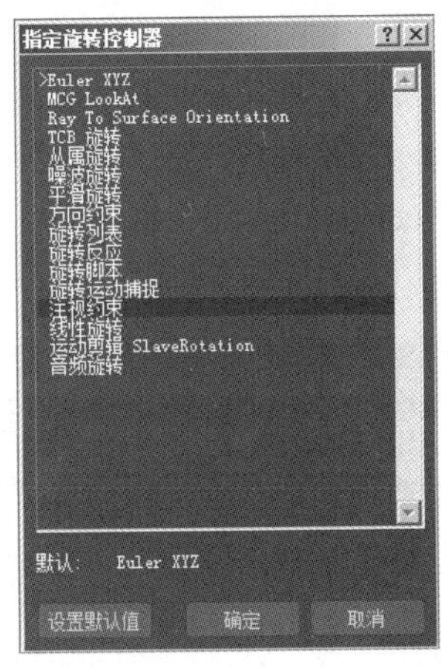


图 9-49　选择“注视约束”选项

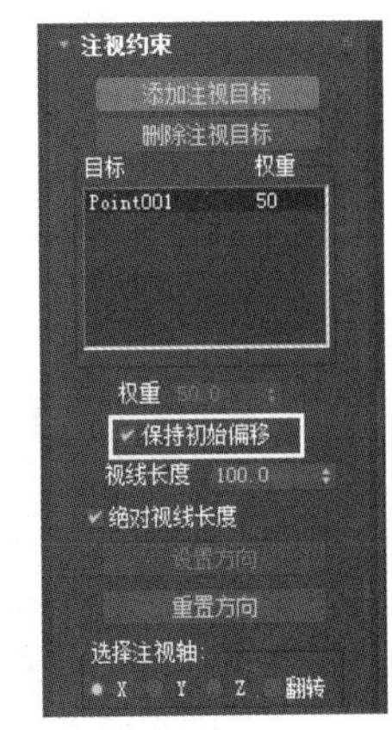


图 9-50　勾选“保持初始偏移”复选框

5）至此，整个动画制作完毕。为了美观，给场景添加背景，然后执行菜单中的“渲染 | 渲染”命令，将文件保存为 .avi 格式后输出，即可看到坦克运动中始终瞄准目标的动画，如图 9-51 所示。

图 9-51　最终渲染效果

## 9.4　课后练习

（1）制作对眼动画，效果如图 9-52 所示。参数可参考网盘中的“example\ 第 9 章 动画控制器 \9.4 课后练习 \ 练习 1\ 对眼 .max”文件。

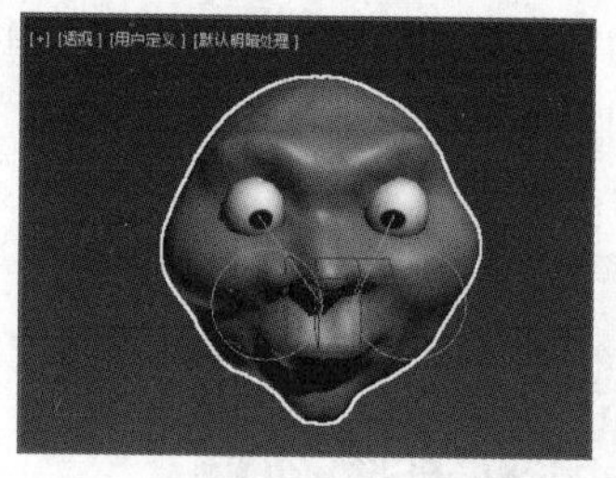
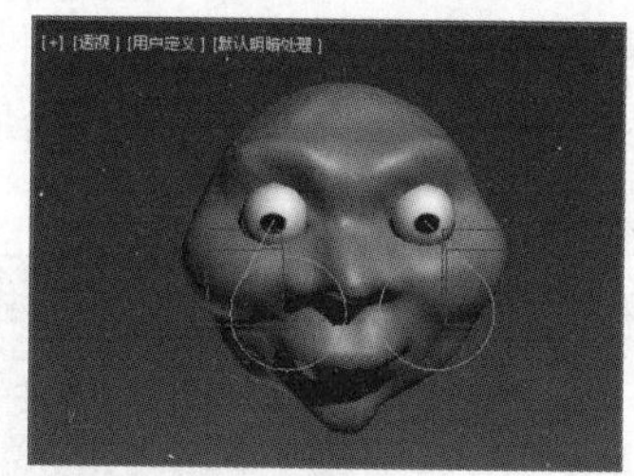

图 9-52　对眼动画效果

（2）制作小球传递动画，效果如图 9-53 所示。参数可参考网盘中的“example\ 第 9 章 动画控制器 \9.4 课后练习 \ 练习 2\ 小球传递动画 .max”文件。

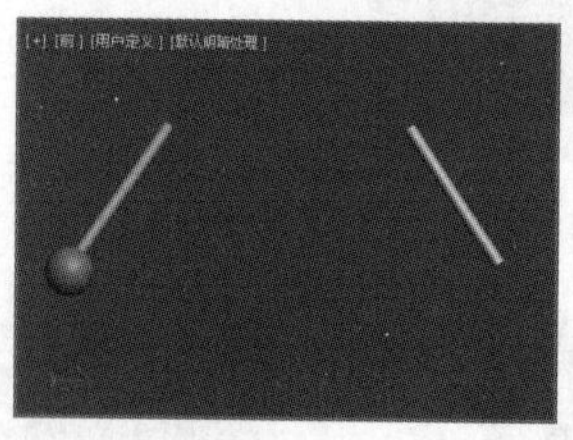

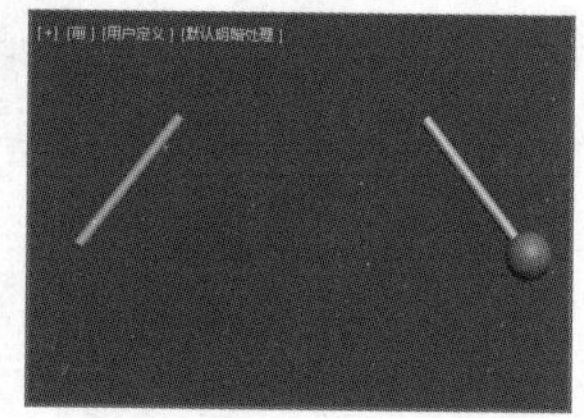

图 9-53　小球传递动画效果

（3）制作魔方旋转动画，如图 9-54 所示。参数可参考网盘中的“example\ 第 9 章 动画控制器 \9.4 课后练习 \ 练习 3\ 魔方 .max”文件。

图 9-54　魔方效果

（4）制作小球沿螺旋线运动，中途停下来，到最后抖动的效果，如图 9-55 所示。参数可参考网盘中的“example\ 第 9 章 动画控制器 \9.4 课后练习 \ 练习 4\ 小球沿螺旋线运动 .max”文件。

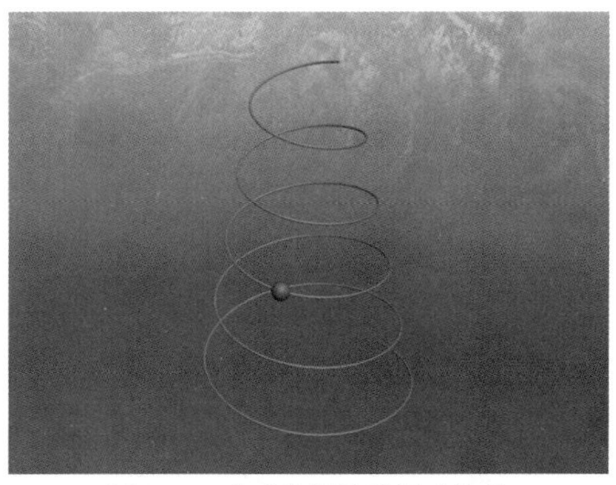

图 9-55　小球沿螺旋线运动效果

# 第 10 章　视频特效

## 本章重点：

学习本章，读者应掌握“镜头效果光晕”“镜头效果高光”及“镜头效果光斑”视频特效的使用方法。

## 10.1　星光效果

**要点：**

本例将制作星光效果，如图 10-1 所示。学习本例，读者应掌握“镜头效果光斑”和“镜头效果高光”的综合应用。

图 10-1　星光效果

**操作步骤：**

### 1. 制作作为高光效果的雪粒子系统

1）执行菜单中的“文件 | 重置”命令，重置场景。

2）单击 （创建）命令面板中的 （几何体）按钮，从下拉列表中选择“粒子系统”选项，然后单击 雪 按钮。在前视图中创建一个雪粒子系统，如图 10-2 所示。接着设置雪粒子参数，如图 10-3 所示。

3）为了制作高光效果，需要指定给雪粒子系统一个物体通道。方法：右击场景中创建的雪粒子系统，在弹出的快捷菜单中选择“对象属性”命令，然后在弹出的对话框中设定“对象 ID”为 1，如图 10-4 所示，单击“确定”按钮。

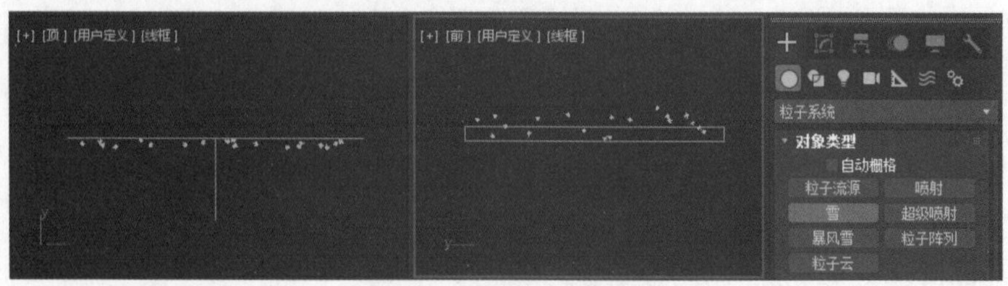


图 10-2　创建“雪”粒子

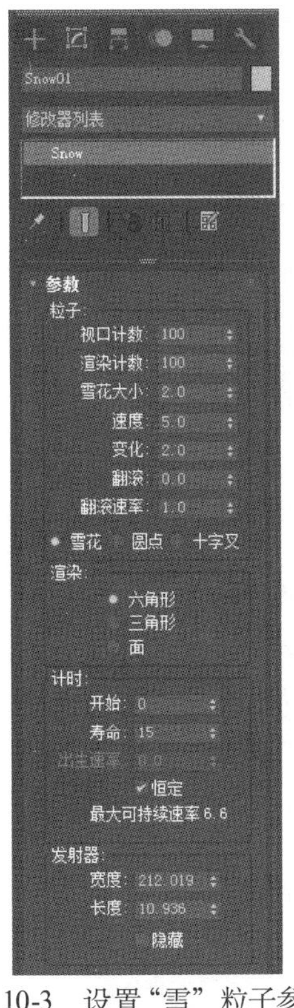


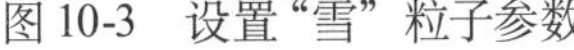
图 10-3　设置“雪”粒子参数

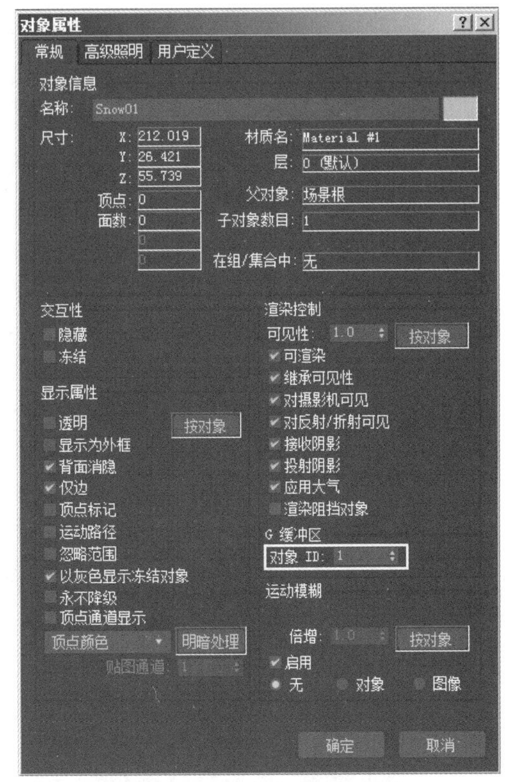


图 10-4　设定“对象 ID”为 1

## 2. 放置作为镜头光晕的“泛光灯”光源和摄影机并录制雪粒子运动动画

1) 单击命令面板中的 泛光 按钮，然后在场景中添加一盏“泛光”光源，放置位置如图 10-5 所示。

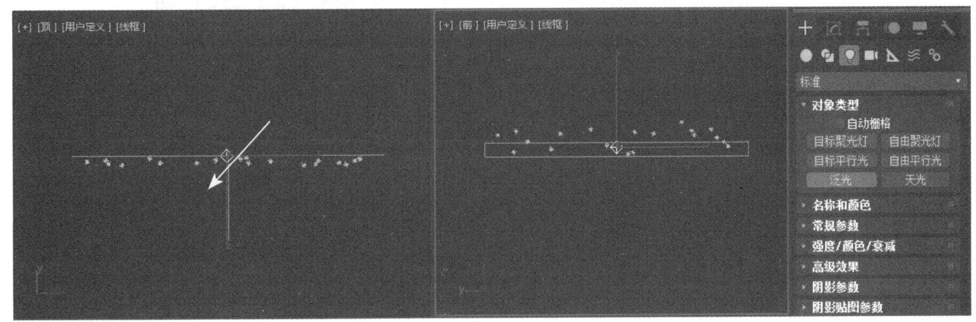


图 10-5　创建泛光灯

2) 单击命令面板中的 目标 按钮，然后在顶视图中架设一架目标摄影机。

3) 选择透视图，按键盘上的〈C〉键，从而将透视图切换为 Camera01 视图。

4) 为了使“泛光”和“雪”粒子系统一起移动，下面选择场景中创建的“泛光”光源，通过工具箱上的（选择并链接）按钮，将二者链接。

5) 将时间线总长度设置为 50 帧，然后激活 自动关键点 按钮，在第 0 帧放置“雪”粒子系统，位置如图 10-6 所示。在第 50 帧调整“雪”粒子系统的位置如图 10-7 所示。

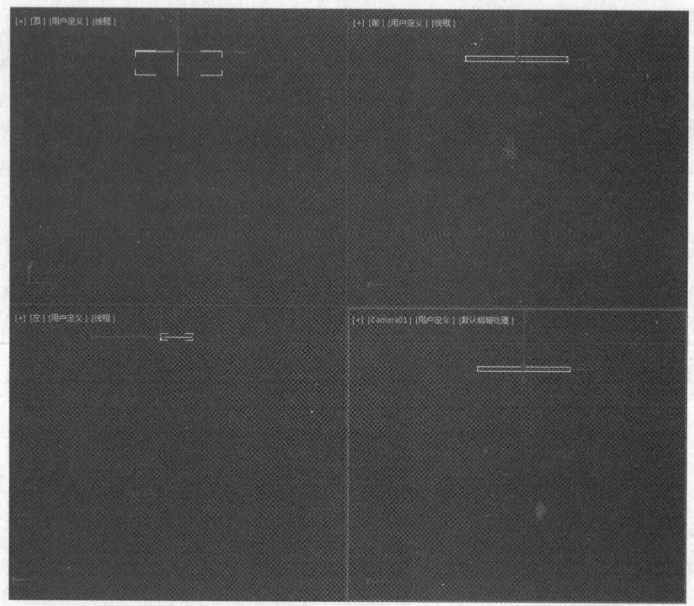

图 10-6　在第 0 帧放置“雪”粒子系统位置

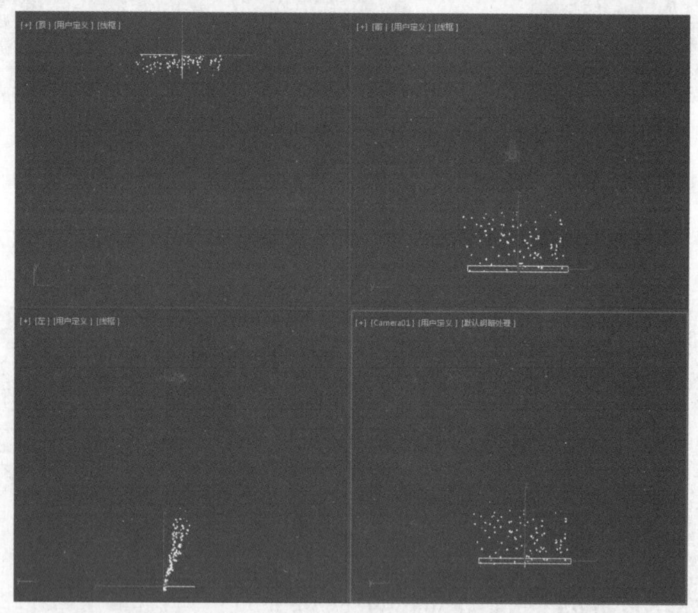

图 10-7　在第 50 帧调整“雪”粒子系统位置

### 3. 制作特效

1）制作“镜头效果光斑”特效。方法：执行菜单中的“渲染 | 视频后期处理”命令，弹出如图 10-8 所示的“视频后期处理”窗口。

2）单击“视频后期处理”窗口中的 （添加场景事件）按钮，在弹出的“添加场景事件”对话框中进行如图 10-9 所示的设置，单击“确定”按钮，结果如图 10-10 所示。

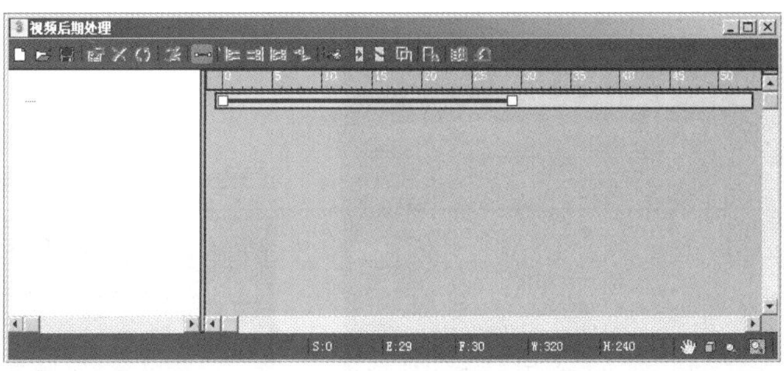


图 10-8　“视频后期处理” 窗口

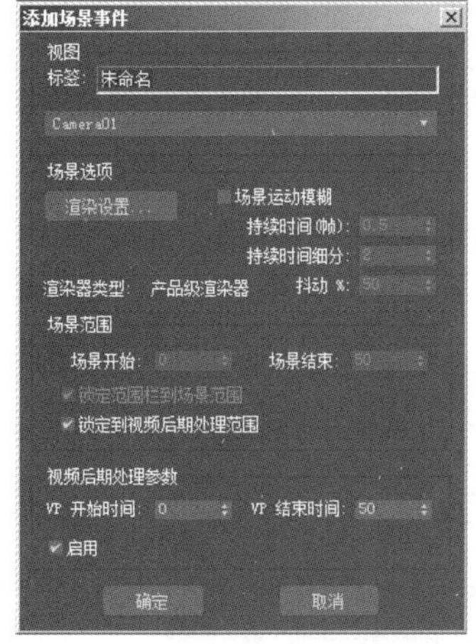


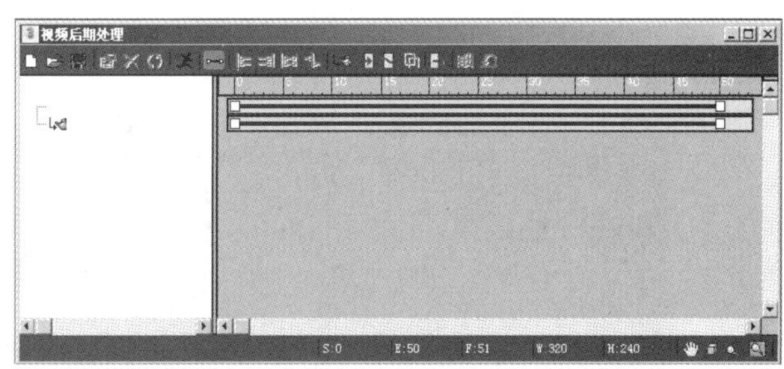


图 10-9　设置“添加场景事件”

图 10-10　添加场景事件后的效果

3）单击“视频后期处理” 窗口中的（添加图像过滤事件）按钮，然后在弹出的“添加图像过滤事件” 对话框中进行如图 10-11 所示的设置，单击“确定” 按钮，结果如图 10-12 所示。

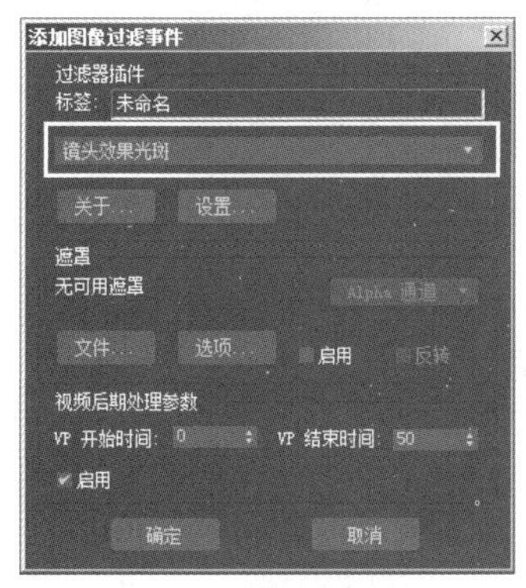

图 10-11　设置“添加图像过滤事件” 对话框

图 10-12　添加图像过滤事件后的效果

4）双击“视频后期处理” 窗口中左侧项目窗口内的“镜头效果光斑” 选项，在弹出的“编辑图像过滤事件” 对话框中单击 设置... 按钮，弹出“镜头效果光斑” 对话框，如图 10-13 所示。

5）单击 节点源 按钮，在弹出的如图 10-14 所示的对话框中选择 Omni01，然后单击“确定” 按钮，这样 Omni01 就成为作为镜头光晕的光源。

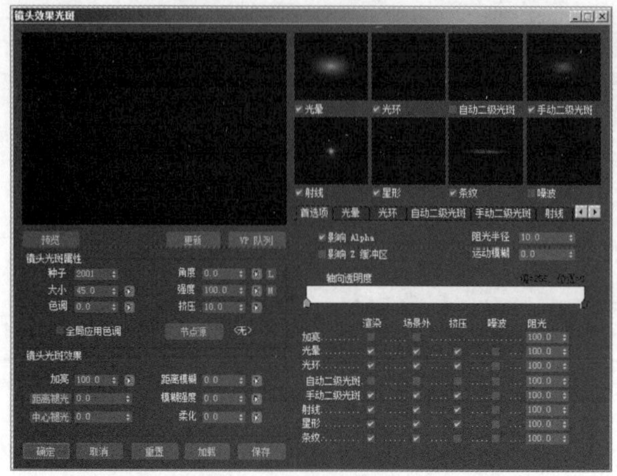

图 10-13 “镜头效果光斑”对话框

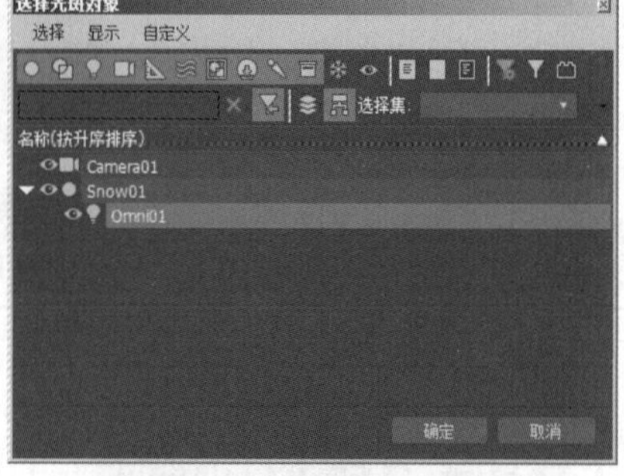

图 10-14 选择 Omni01

6）此时看不到效果，是因为没有更新预览。下面单击 VP 队列 和 预览 按钮，结果如图 10-15 所示。

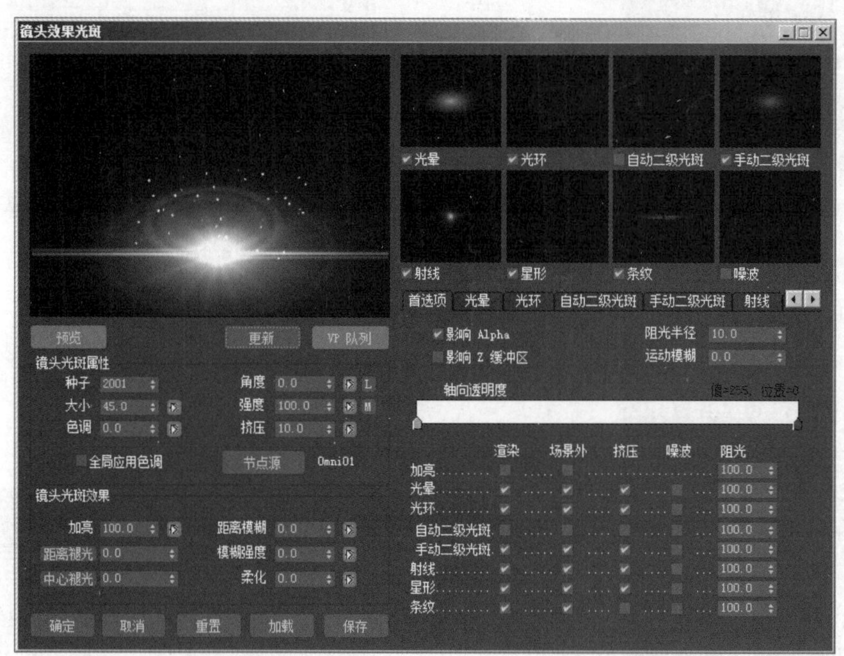

图 10-15 单击“VP 队列”和“预览”按钮

7）此时光斑效果过强，下面将“大小”设置为 20，然后单击 更新 按钮，进行更新，效果如图 10-16 所示。接着单击“确定”按钮，确认操作，返回“视频后期处理”窗口。

8）制作“镜头效果高光”特效。方法：单击“视频后期处理”窗口中的（添加图像过滤事件）按钮，在弹出的“添加图像过滤事件”对话框中进行如图 10-17 所示的设置，然后单击“确定”按钮，此时“视频后期处理”窗口如图 10-18 所示。

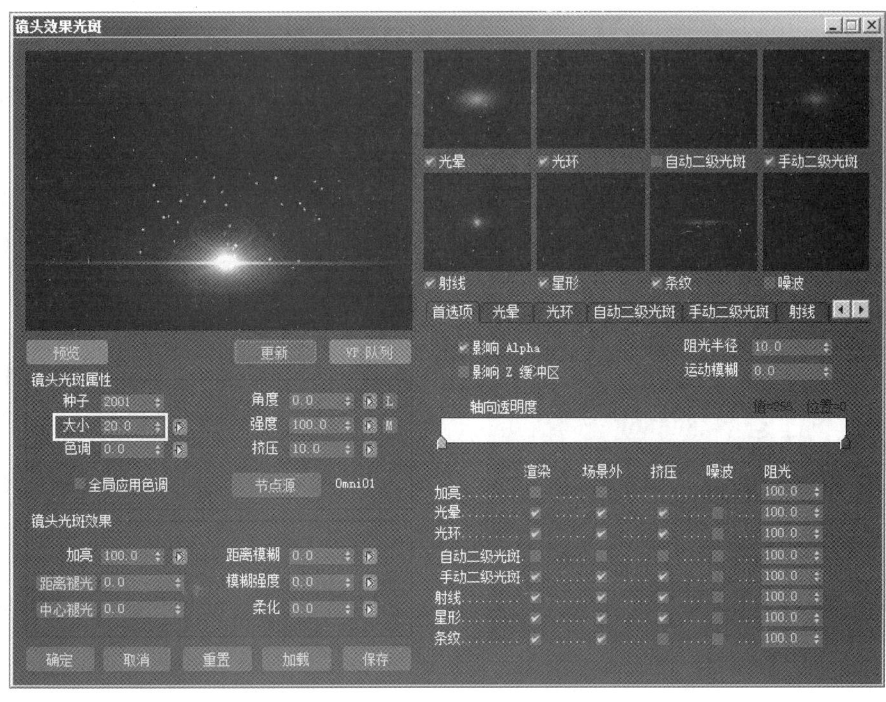


图 10-16　单击“更新”按钮后的效果

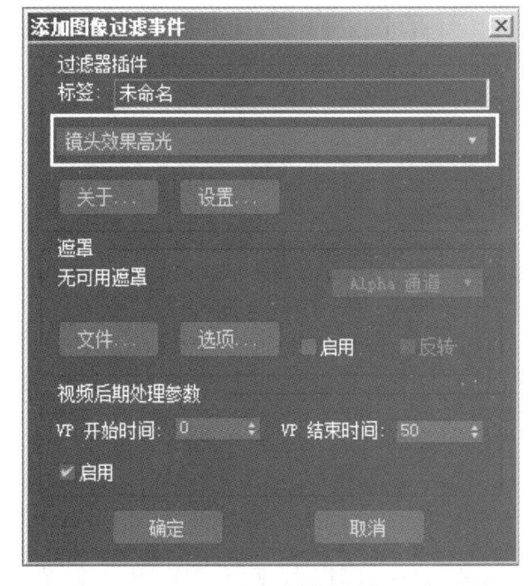


图 10-17　设置“镜头效果高光”

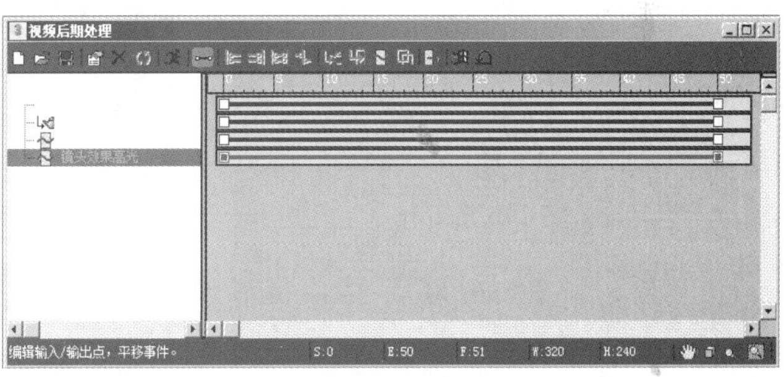


图 10-18　添加图像过滤事件后的效果

9）双击“视频后期处理”窗口中左侧项目窗口内的“镜头效果高光”特效，在弹出的对话框中单击 设置... 按钮，弹出“镜头效果高光”对话框。然后单击 VP 队列 和 预览 按钮进行预览，结果如图 10-19 所示。

10）此时雪粒子高光效果不明显，下面切换到“首选项”选项卡，如图 10-20 所示设置参数，然后单击“确定”按钮，确认操作，返回“视频后期处理”窗口。

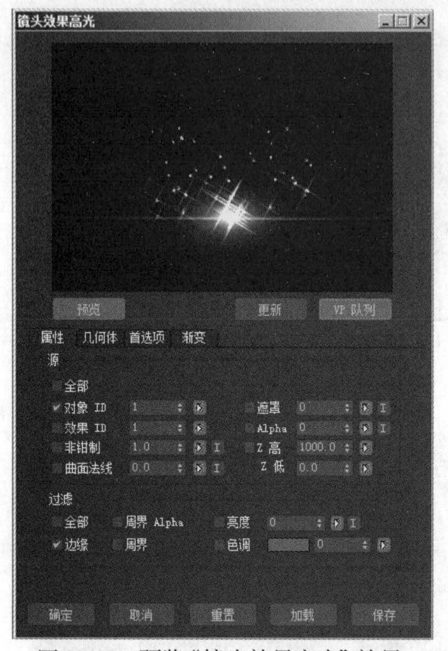


图 10-19　预览“镜头效果高光”效果

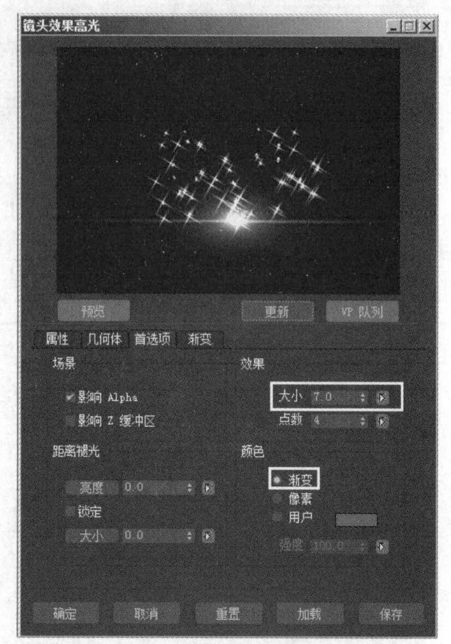


图 10-20　设置“首选项”参数后的效果

11）单击“视频后期处理”窗口中的（添加图像输出事件）按钮，在弹出的对话框中单击文件...按钮，如图 10-21 所示，然后在弹出的对话框中设置文件保存的路径和格式，如图 10-22 所示，单击“保存”按钮，返回“添加场景输出事件”对话框，再单击“确定”按钮，确认操作，返回“视频后期处理”窗口，如图 10-23 所示。

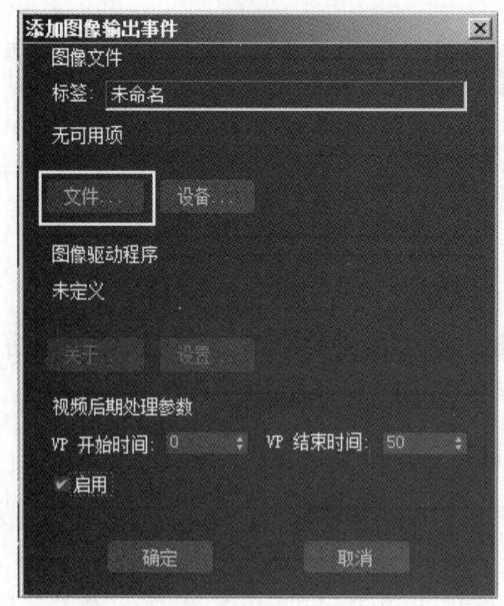


图 10-21　单击“文件”按钮

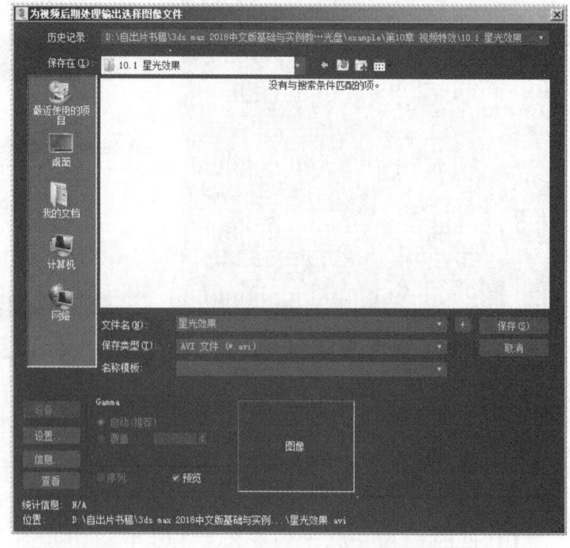


图 10-22　设置文件保存的路径和格式

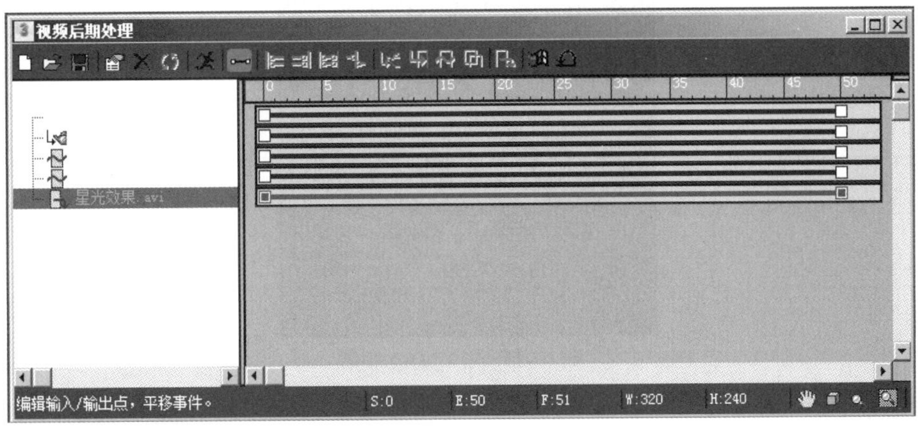


图 10-23　返回“视频后期处理”窗口

12）单击“视频后期处理”窗口中的（执行序列）按钮，在弹出的对话框中设置输出帧的范围和输出尺寸，如图 10-24 所示，然后单击 渲染 按钮，即可输出文件。

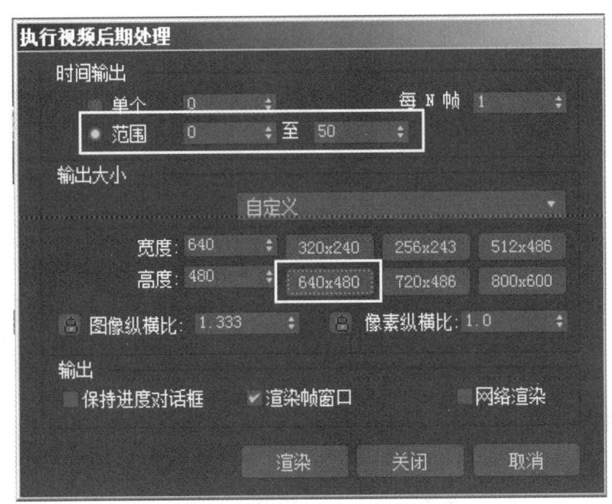


图 10-24　设置输出帧的范围和尺寸

## 10.2　礼花绽放效果

**要点：**

本例将制作礼花绽放的效果，如图 10-25 所示。学习本例，读者应掌握视频后期处理中的“镜头效果光晕”特效以及针对粒子的“粒子年龄”材质。另外需要注意的是，在使用视频特效之前必须赋给对象一个物体通道。

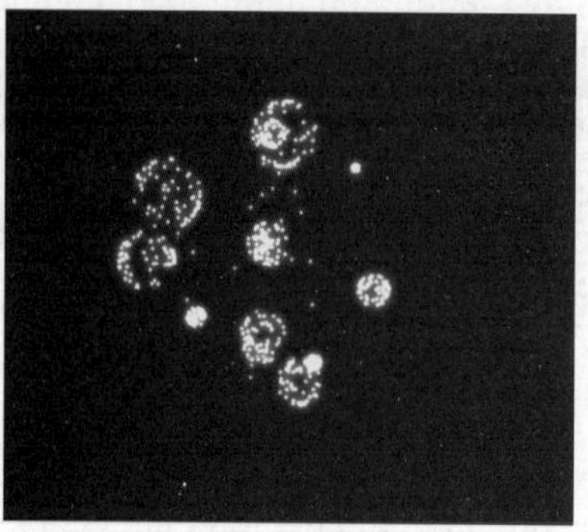

图 10-25　礼花绽放效果

**操作步骤：**

## 1. 利用“超级喷射”制作礼花颗粒

1）执行菜单中的“文件 | 重置”命令，重置场景。

2）在顶视图中单击“超级喷射”按钮，如图 10-26 所示，然后在视图中创建一个“超级喷射”。

3）进入 (修改) 命令面板，参数设置如图 10-27 所示。

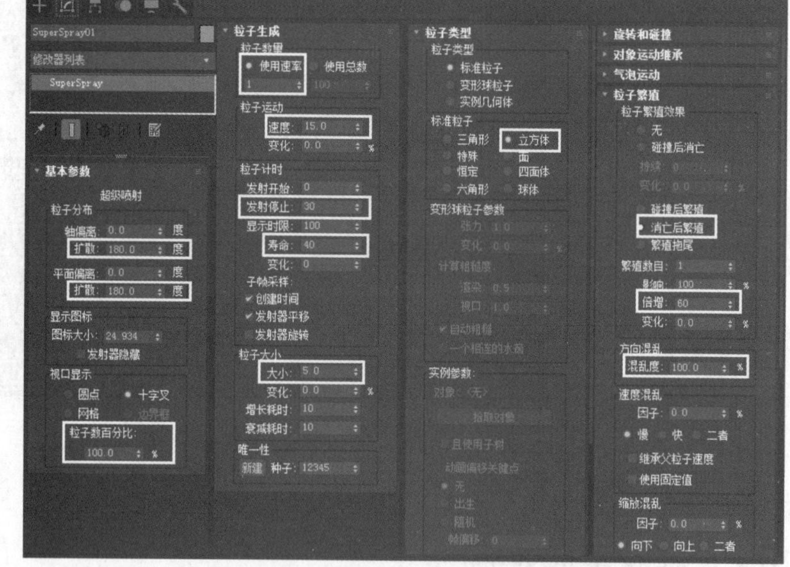


图 10-26　单击“超级喷射”按钮

图 10-27　设置“超级喷射”参数

下面重点说明形成礼花的几个重要参数。

“扩散”均设为 180°，使礼花粒子沿 180° 方向喷射；“粒子数百分比”为 100%，使粒子在场景中 100% 显示；“使用速率”设为 1，即每帧发射一个粒子；“速度”设为 15；“粒子大小”选项组下设定“大小”为 5；“标准粒子”选项组下选择“立方体”单选按钮，使“超级喷射”喷射出的是立方体的颗粒；“粒子繁殖效果”选项组下选择“消亡后繁殖”单选按钮，使单个粒子在消失时产生大量喷射粒子；将“粒子繁殖效果”选项组下的“倍增”设为 60；将“方向混乱”选项组下的“混乱度”设为 100%，使粒子发射没有规律；将“粒子计时”选项组下的“发射停止”设为 30，使单个粒子在 30 帧后停止喷射；将“寿命”设为 40，使单个粒子在喷射 40 帧后消失。如图 10-28 为第 45 帧时粒子喷射的效果。

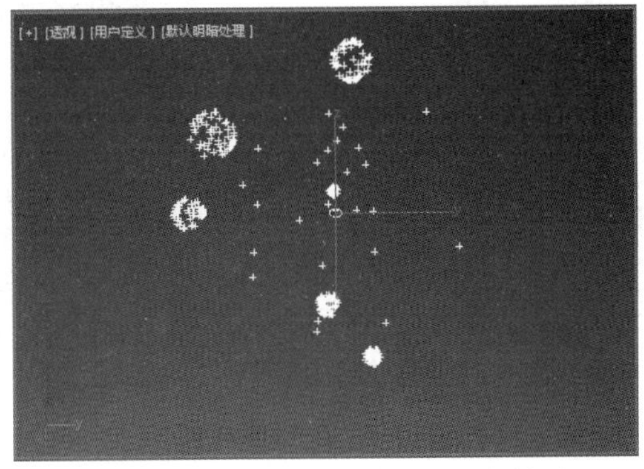

图 10-28　第 45 帧时粒子喷射的效果

### 2. 利用视频后期处理制作礼花绽放效果

1）指定给“超级喷射”一个物体通道。方法：右击场景中的“超级喷射”，在弹出的快捷菜单中选择“对象属性”命令，在弹出的对话框中设定“对象 ID”为 1，如图 10-29 所示。

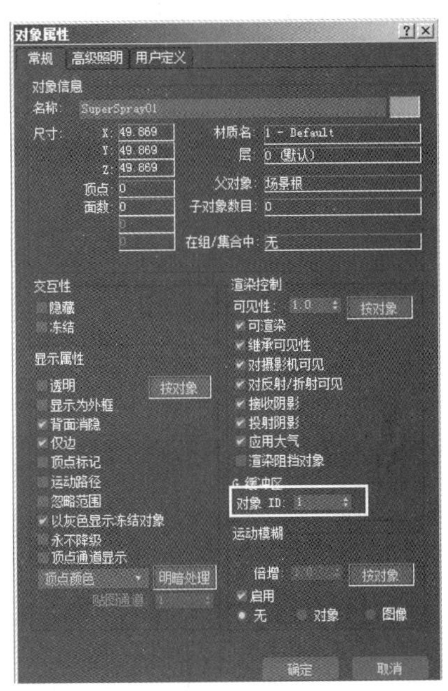

图 10-29　设定“对象 ID”为 1

2）制作礼花材质。方法：单击工具栏上的按钮，进入材质编辑器。单击“漫反射”右侧的按钮，在弹出的对话框中选择“粒子年龄”，如图 10-30 所示。单击“确定”按钮后进入“粒子年龄”贴图设置。设置“颜色 #1”为 RGB（155，215，75），“颜色 #2”为 RGB（250，85，35），“颜色 #3”为 RGB（0，100，220），结果如图 10-31 所示。

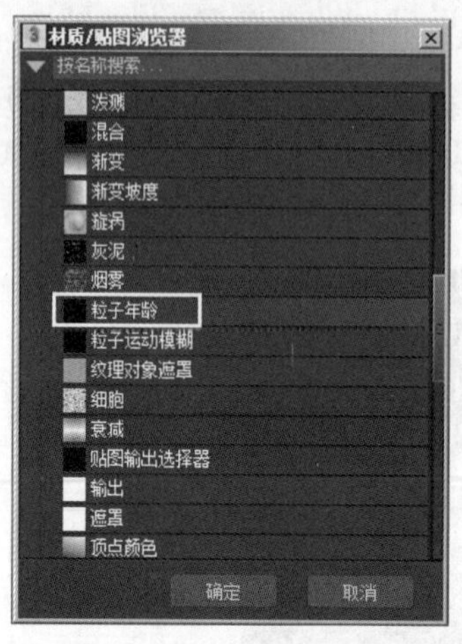


图 10-30 选择“粒子年龄”贴图

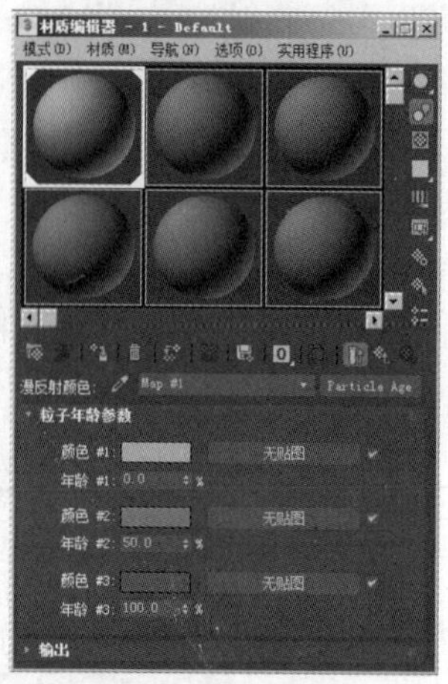

图 10-31 设置“粒子年龄”参数

3）选中场景中的“超级喷射”，将调好的礼花材质赋给它。

4）制作礼花发光效果。方法：执行菜单中的“渲染 | 视频后期处理”命令，弹出如图 10-32 所示的“视频后期处理”窗口。

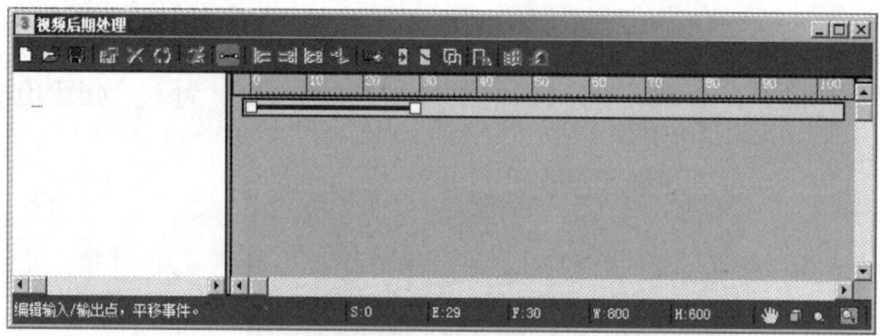

图 10-32 “视频后期处理”窗口

5）单击“视频后期处理”窗口工具栏上的（添加场景事件）按钮，然后在弹出的对话框中进行设置，如图 10-33 所示，单击“确定”按钮，此时“视频后期处理”窗口如图 10-34 所示。

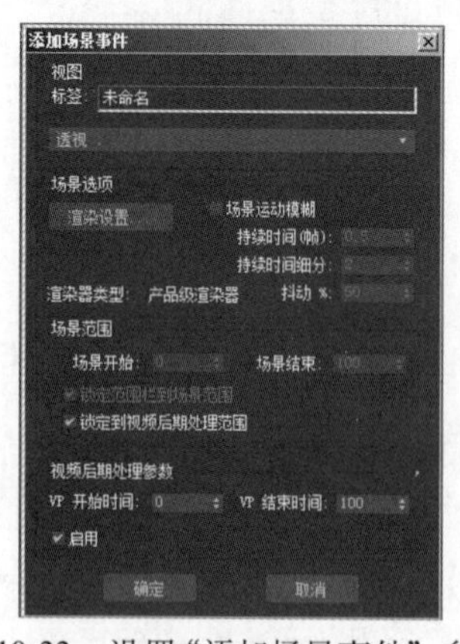

图 10-33 设置“添加场景事件”参数

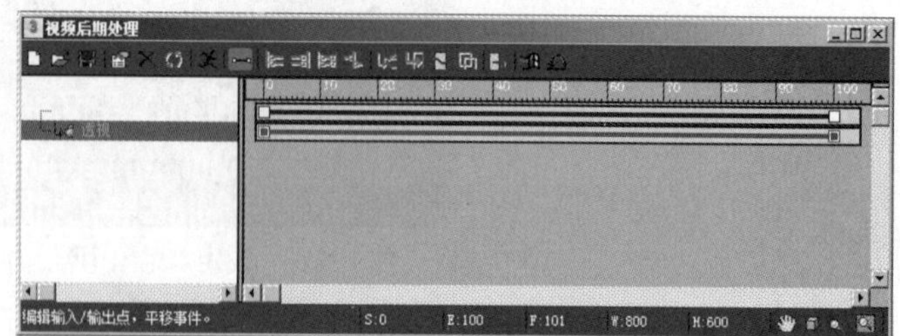

图 10-34 添加场景事件后的效果

6）单击（添加图像过滤事件）按钮，在弹出的“添加图像过滤事件”对话框中如图 10-35 所示设置参数，单击“确定”按钮，从而添加一个“镜头效果光晕”效果，此时“视频后期处理”窗口如图 10-36 所示。

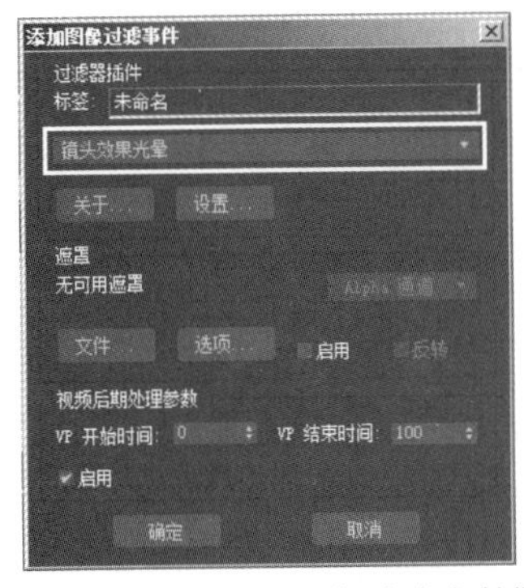


图 10-35　设置“添加图像过滤事件”参数

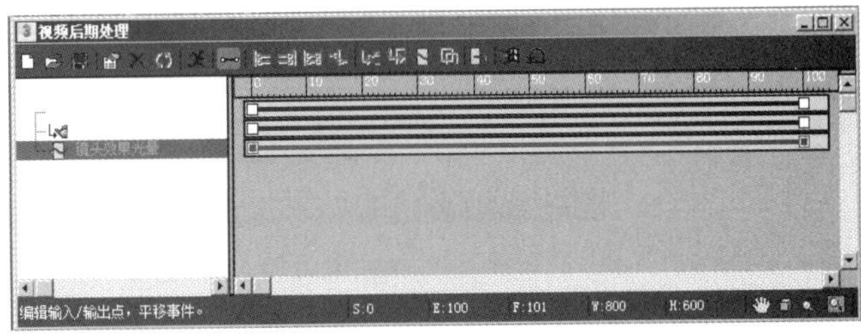


图 10-36　添加“镜头效果光晕”效果

7）设置“镜头效果光晕”的参数。双击“视频后期处理”窗口中项目编辑窗口内的“镜头效果光晕”特效，在弹出的“编辑过滤事件”对话框中单击设置按钮，然后在弹出的“镜头效果光晕”对话框中单击VP 队列和预览按钮，预览效果，如图 10-37 所示。

8）此时礼花光晕过于柔和，下面进入“首选项”选项卡，调整参数后，单击更新按钮，更新预览，效果如图 10-38 所示。

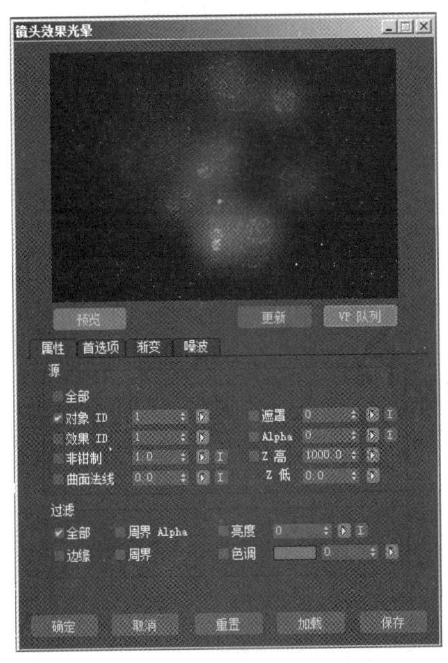


图 10-37　预览施加了发光特效后的礼花

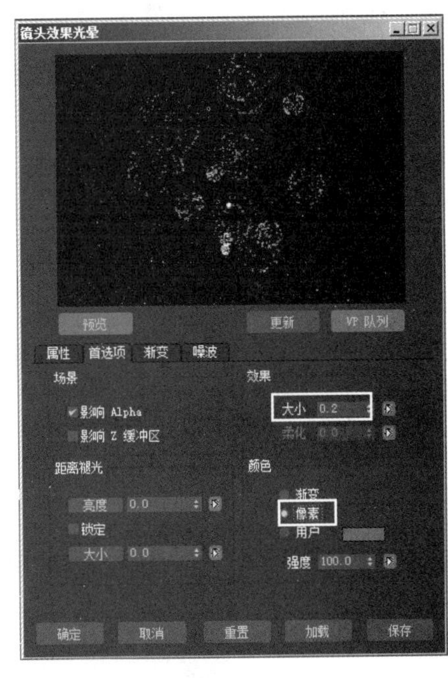


图 10-38　调整参数更新预览效果

9）为了增加发光效果，下面再在“视频后期处理”窗口添加一个“镜头效果光晕”效果，如图 10-39 所示。

10）双击项目窗口中后添加的“镜头效果光晕”特效，然后在弹出的对话框中设置参数，如图 10-40 所示，单击“确定”按钮。

11）接下来需要将文件输出。单击“视频后期处理”窗口中的（添加图像输出事件）按钮，弹出如图 10-41 所示的对话框，然后单击文件...按钮，将输出文件保存为“礼花 .avi”。

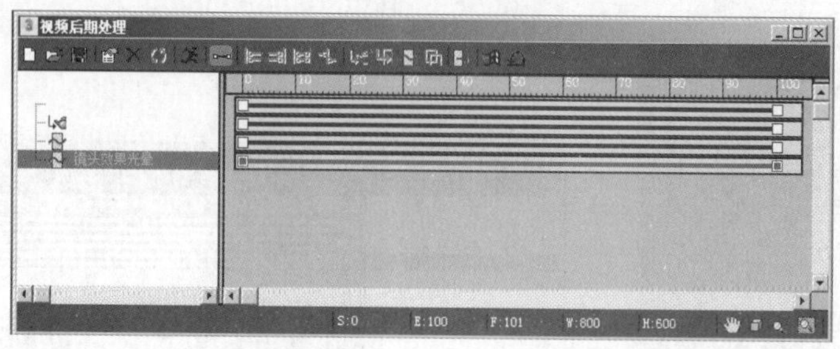


图 10-39　添加“镜头效果光晕” 效果

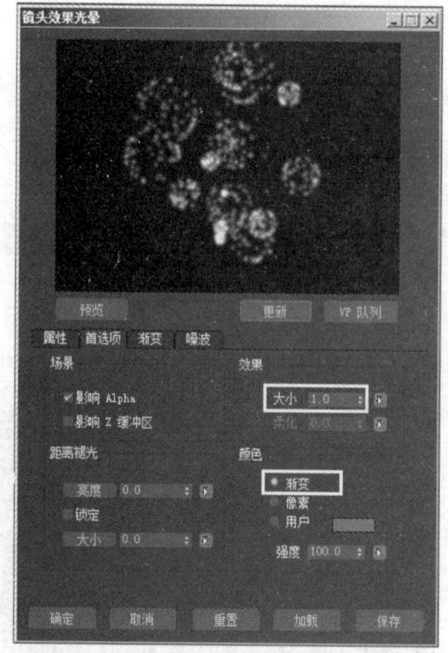


图 10-40　设置第 2 个“镜头效果光晕” 参数

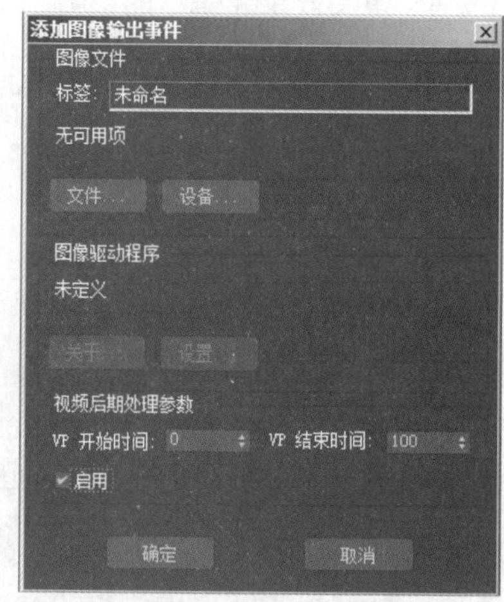


图 10-41　添加图像输出事件

12）单击“视频后期处理” 窗口中的（执行序列）按钮，在弹出的对话框中设置输出帧的范围和输出大小，如图 10-42 所示，然后单击 渲染 按钮，即可输出文件。

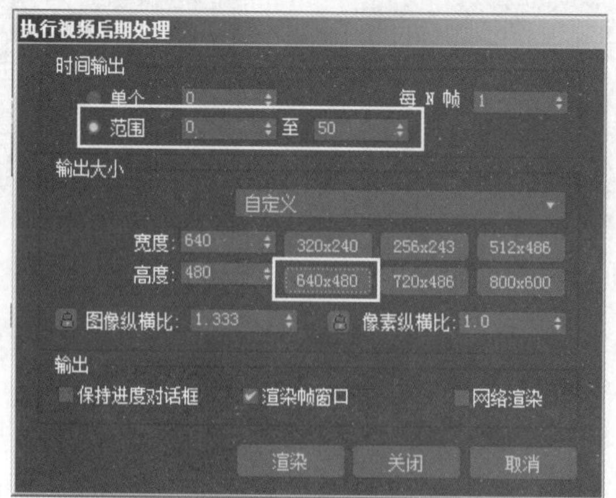


图 10-42　设置输出帧的范围和尺寸

## 10.3　宇宙场景

**要点：**

本例将制作一个宇宙场景，如图 10-43 所示。学习本例，读者应掌握“快照”“噪波”修改器、FFD（长方体）修改器、“混合”材质、“噪波”贴图、“镜头效果高光”和“镜头效果光斑”滤镜的综合应用。

图 10-43　宇宙场景

**操作步骤：**

### 1. 制作地面

1）执行菜单中的“文件 | 重置”命令，重置场景。

2）单击 （创建）命令面板下 （几何体）中的 平面 按钮，在顶视图中创建一个平面，参数设置及结果如图 10-44 所示。

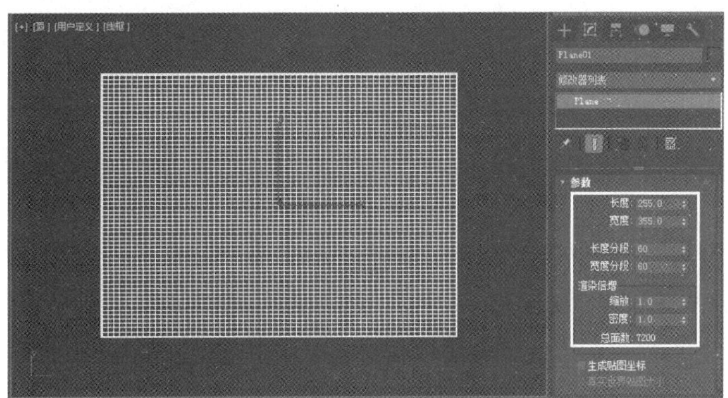


图 10-44　创建平面

3）选择视图中创建的平面，执行修改器下拉列表中的“噪波”命令，参数设置及结果如图 10-45 所示。

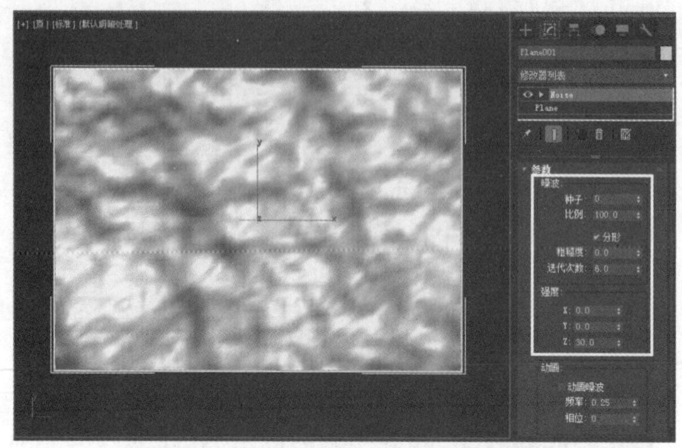

图 10-45　添加“噪波”修改器

4）单击 (创建) 命令面板下 (摄影机) 中的 目标 按钮，在视图中创建一架目标摄像机。然后选择透视图，单击键盘上的〈C〉键，将透视图切换为摄像机视图，结果如图 10-46 所示。

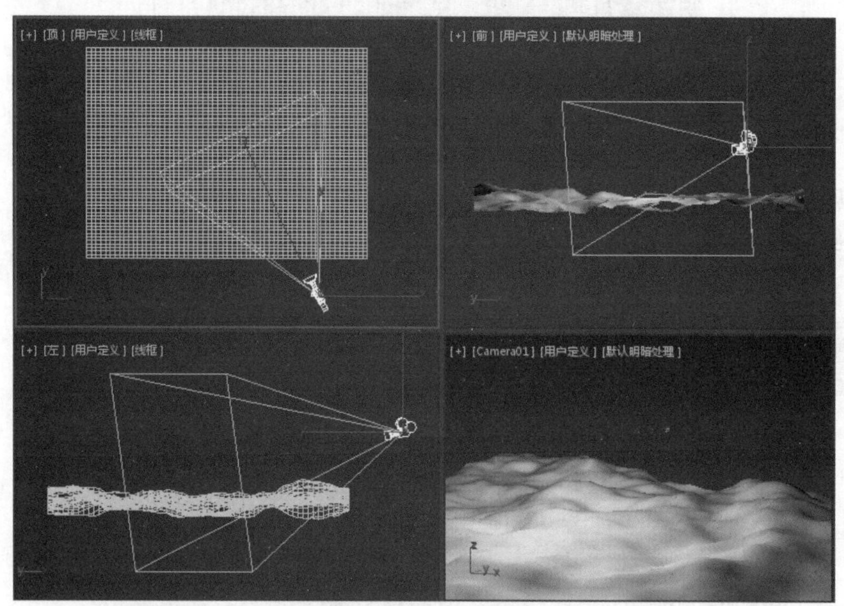


图 10-46　添加摄像机

5）选择视图中创建的平面，执行修改器下拉列表中的“FFD (长方体)”命令，然后单击“设置点数”按钮，再在弹出的“设置 FFD 尺寸”对话框中如图 10-47 所示设置参数，单击“确定”按钮。接着进入“控制点”层级，调整控制点的位置如图 10-48 所示。

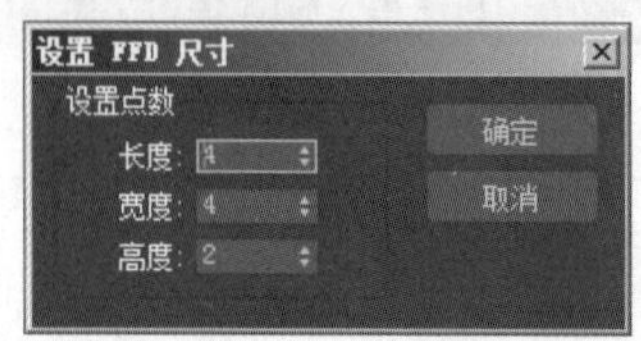


图 10-47　设置 FFD 控制点的数量

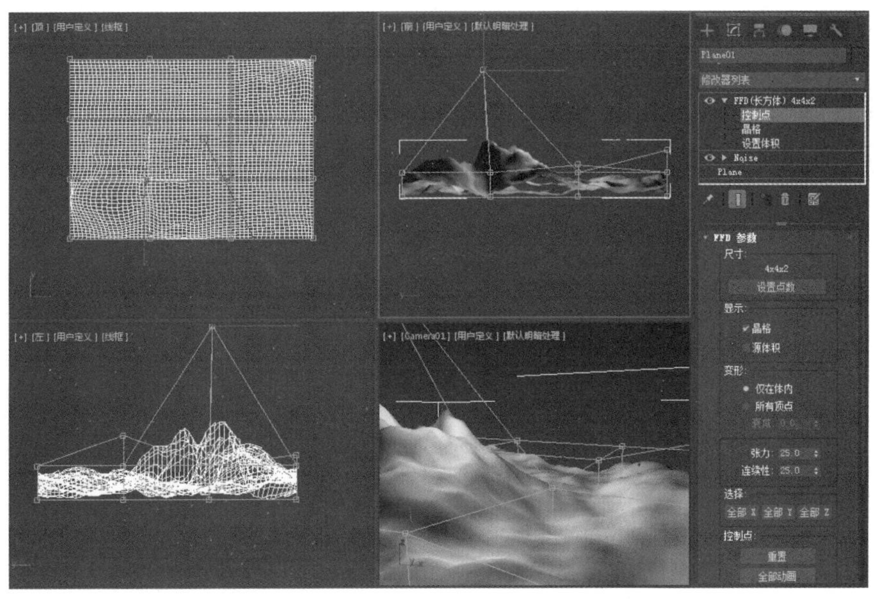


图 10-48　添加“FFD（长方体）”修改器

6）单击工具栏中的 （材质编辑器）按钮，进入材质编辑器。然后选择一个空白的材质球，将其命名为“地面”，接着单击 Standard 按钮，在弹出的对话框中选择“混合”，如图 10-49 所示，单击“确定”按钮。最后在弹出的对话框中如图 10-50 所示进行设置，单击“确定”按钮，结果如图 10-51 所示。

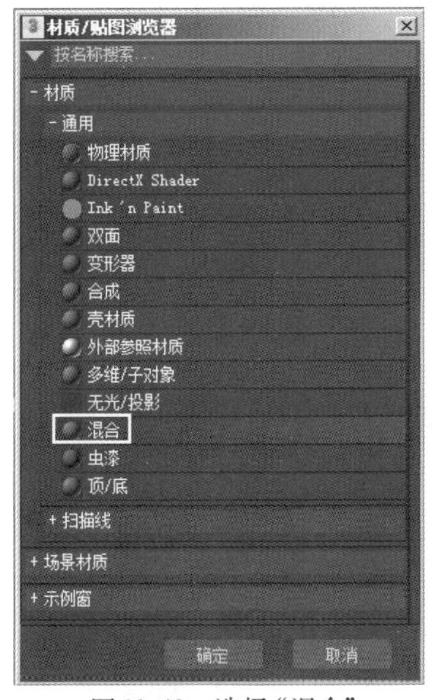


图 10-49　选择“混合”

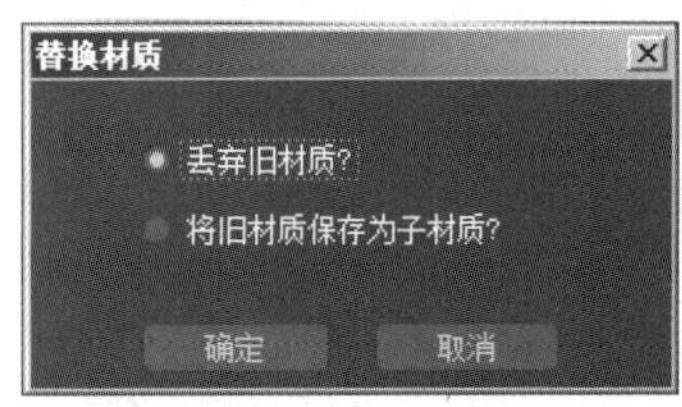


图 10-50　选择“丢弃旧材质”

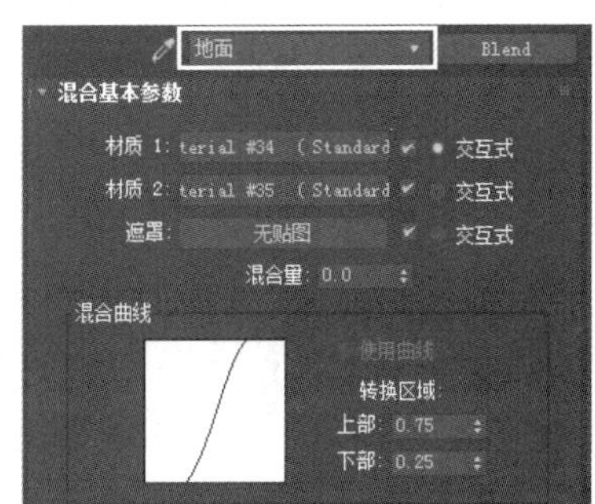


图 10-51　“混合”材质面板

7）单击“材质 1”右侧按钮，进入“材质 1”参数设置。然后单击“漫反射”右侧按钮，指定给它一个“渐变坡度”贴图类型，如图 10-52 所示。

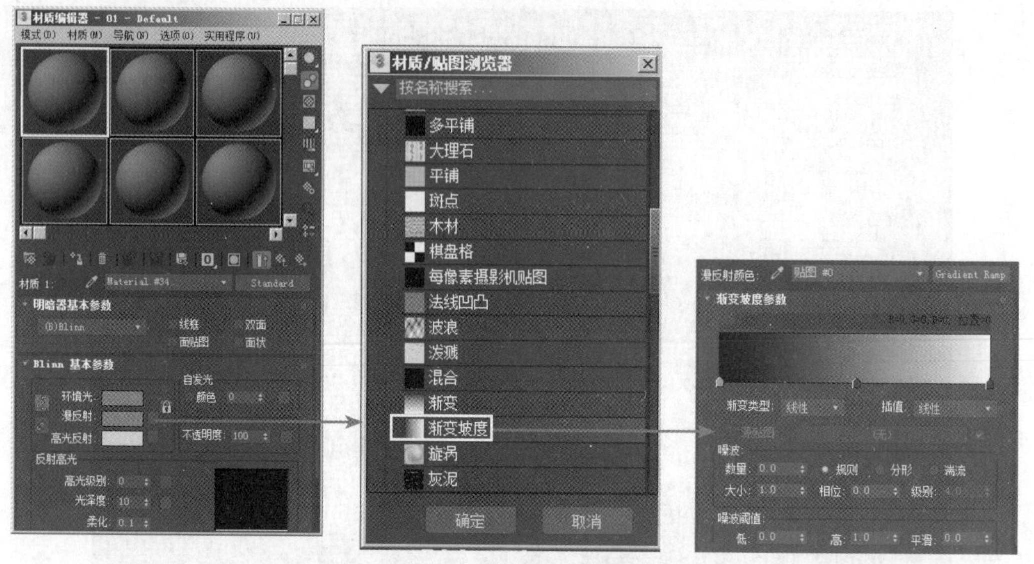


图 10-52　指定“渐变坡度”贴图类型

8）右键单击“渐变坡度”贴图左侧第 1 个色块，在弹出的快捷菜单中选择“编辑属性”命令，如图 10-53 所示。然后在弹出的“标志属性”对话框中指定“纹理”下按钮一个“噪波”贴图类型，如图 10-54 所示。“噪波”贴图类型参数设置如图 10-55 所示。

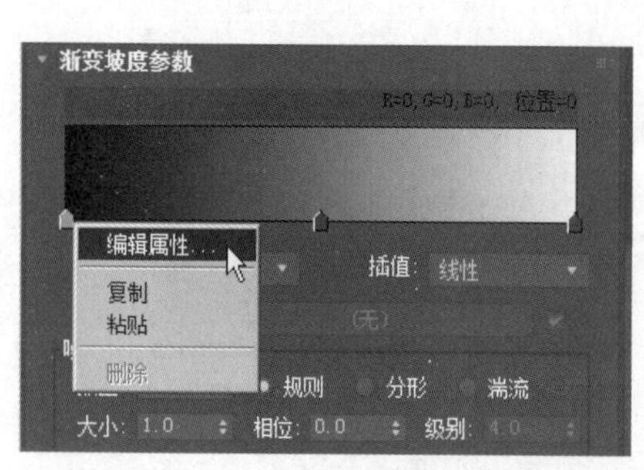


图 10-53　选择“编辑属性”命令

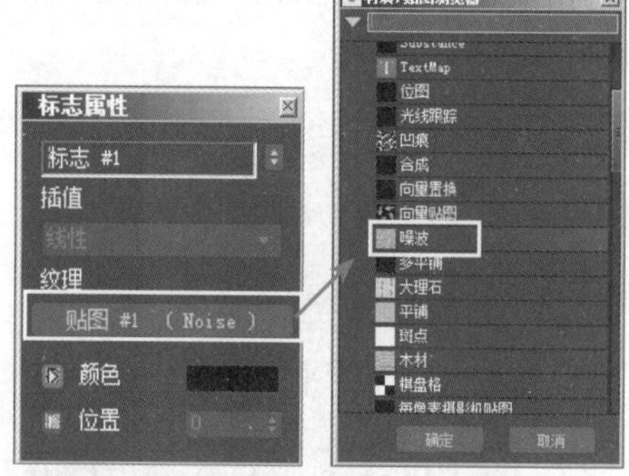


图 10-54　指定给“纹理”一个“噪波”贴图

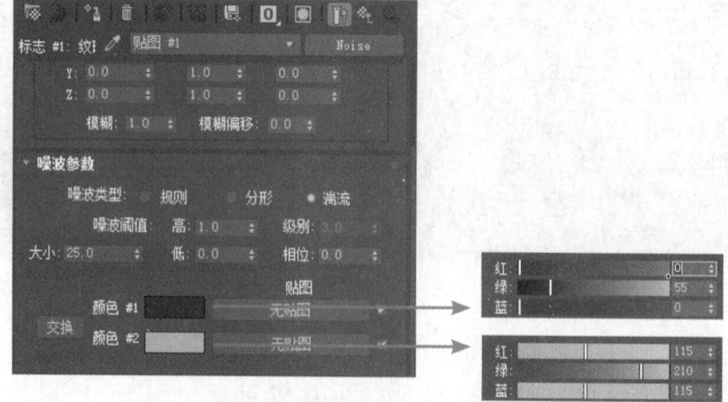


图 10-55　“噪波”贴图参数设置

9）单击（转到父对象）按钮，回到“渐变坡度”贴图层级。同理，对第 2 个和第 3 个色块进行处理，如图 10-56 所示。

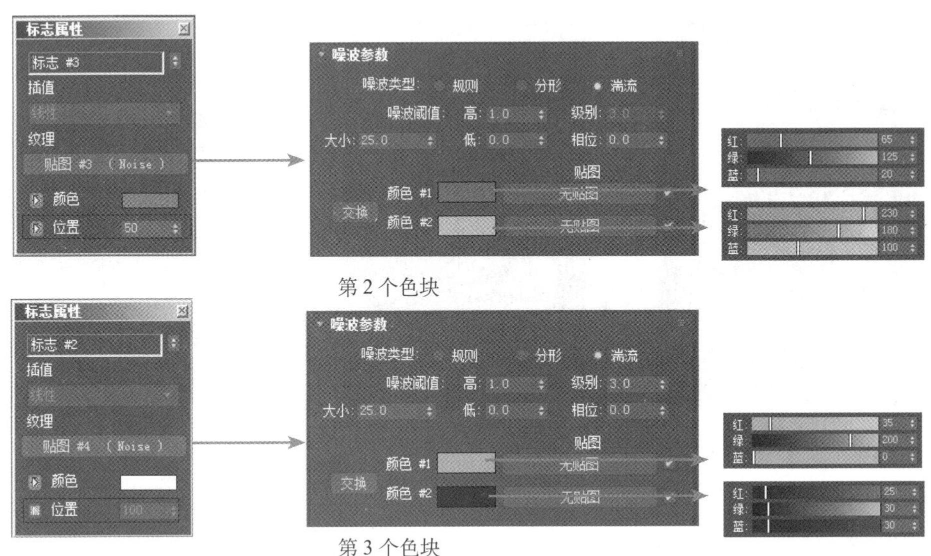

图 10-56　“渐变坡度”贴图中第 2 个和第 3 个色块参数设置

10）为了让材质有一定的凹凸感，下面单击（转到父对象）按钮，回到“混合”材质的“材质 1”层级，然后指定给“材质 1”的“凹凸”一个“烟雾”贴图类型，如图 10-57 所示。

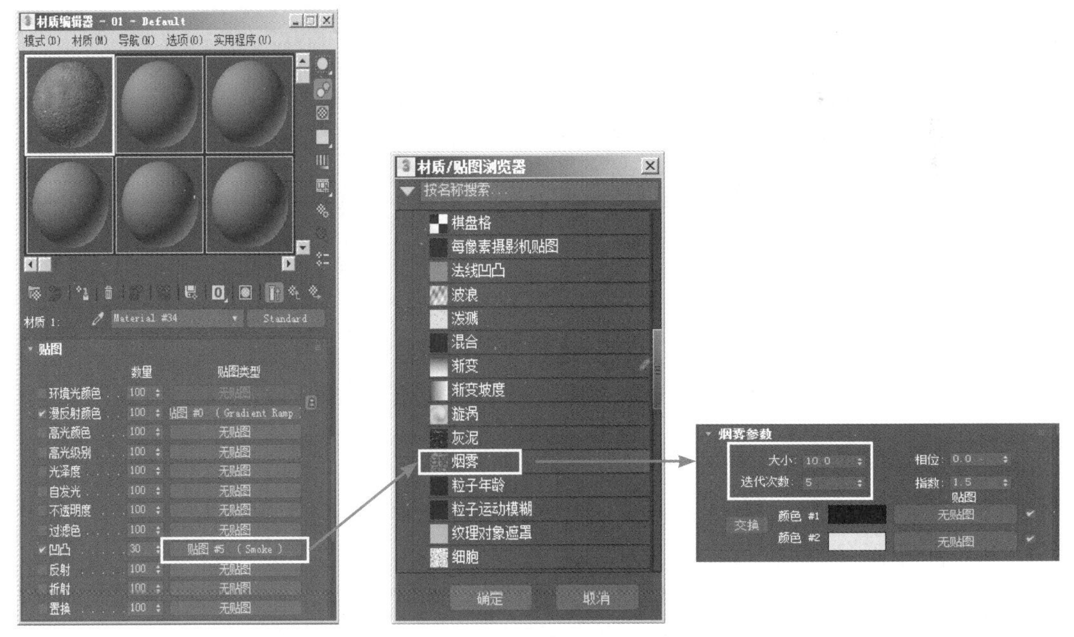

图 10-57　指定给“材质 1”的“凹凸”一个“烟雾”贴图类型

11）单击（转到父对象）按钮，回到“混合”材质。然后单击“材质 2”右侧按钮，进入“材质 2”参数设置。接着单击“漫反射”右侧按钮，指定给它一个“大理石”贴图类型，如图 10-58 所示。

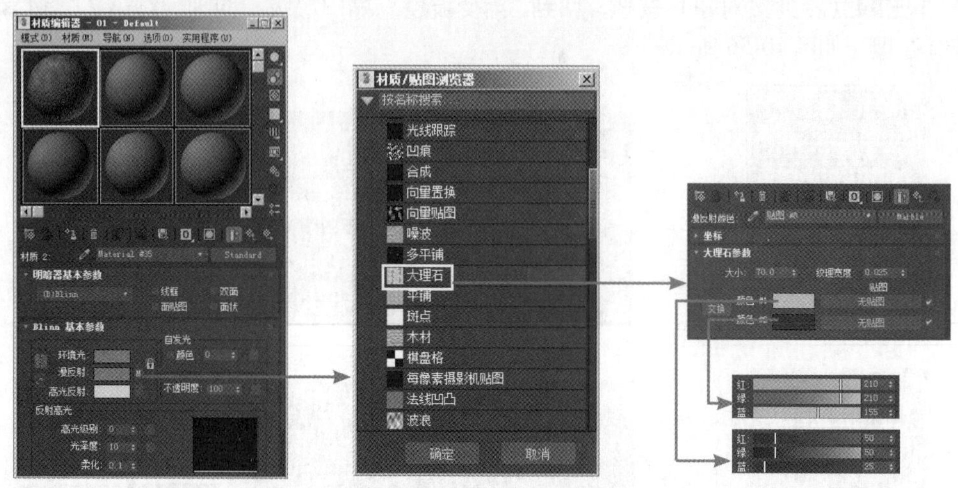

图 10-58 “材质 2”参数设置

12）单击 (转到父对象）按钮两次，回到“混合”材质。指定给“遮罩”一个“噪波”贴图类型，参数默认，结果如图 10-59 所示。

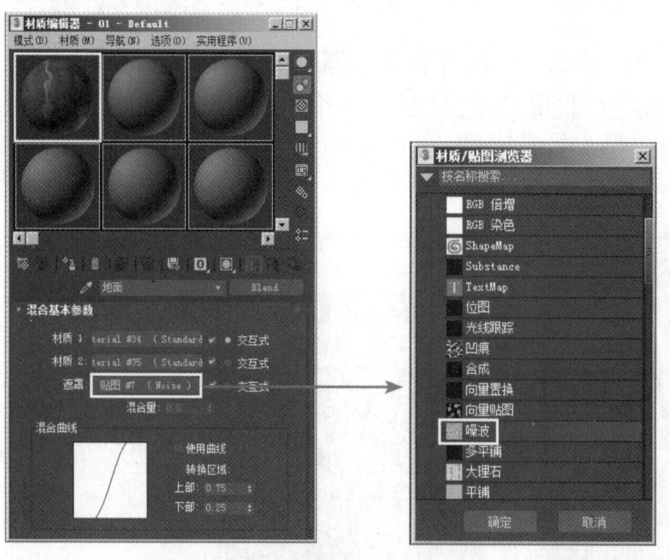

图 10-59 “遮罩”一个“噪波”贴图类型

13）选择场景中的地面模型，然后单击材质编辑器工具栏中的 (将材质指定给选定对象）按钮，从而将制作好的地面材质赋予地面模型。

**2. 制作星球**

1）单击 (创建）命令面板下 (几何体）中的 球体 按钮，在顶视图中创建一个球体，参数设置及结果如图 10-60 所示。

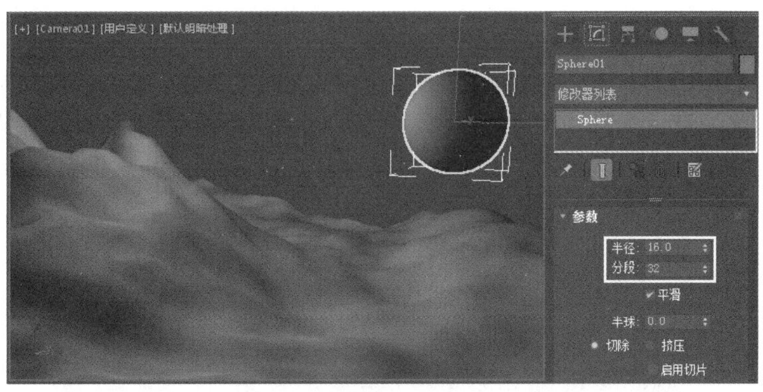


图 10-60　创建球体

2）单击工具栏中的（材质编辑器）按钮，进入材质编辑器。然后拖动“地面”材质球到一个空白材质球上，从而复制一个地面材质。接着将该材质命名为“星球”，再调整“材质 1”中“漫反射”右侧“渐变坡度”内的色块颜色，如图 10-61 所示。

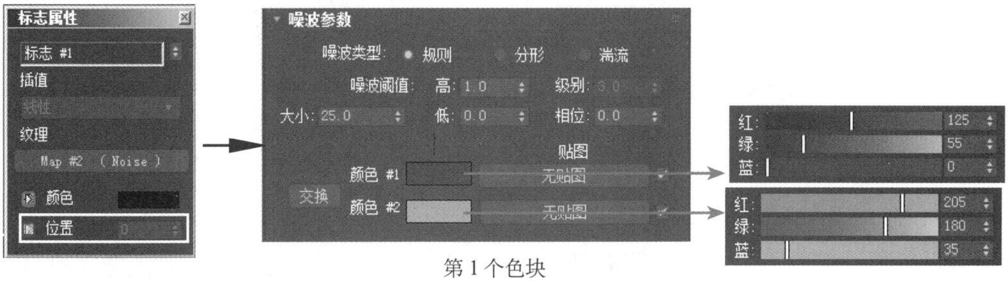

第 1 个色块

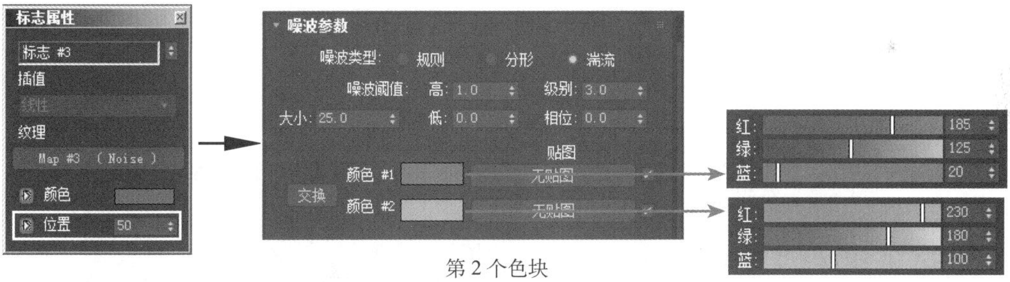

第 2 个色块

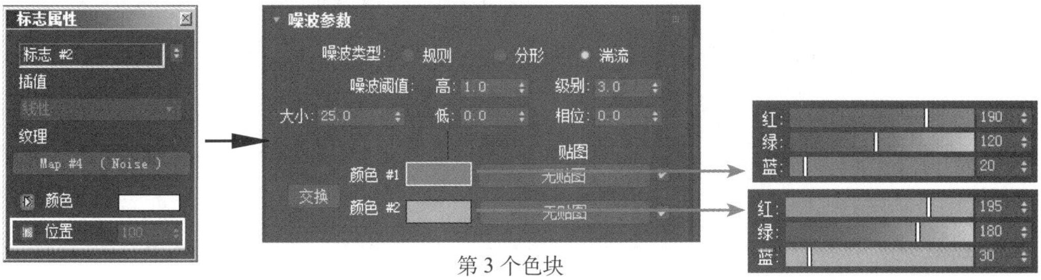

第 3 个色块

图 10-61　“渐变坡度”贴图参数设置

3）选择场景中的星球模型，然后单击材质编辑器工具栏中的（将材质指定给选定对象）按钮，从而将制作好的星球材质赋予星球模型。

### 3. 制作星星

1）单击（创建）命令面板中的（几何体）按钮，从下拉列表中选择“粒子系统”选项，然后单击超级喷射按钮。接着在顶视图中创建一个“超级喷射”粒子系统，参数设置及结果如图 10-62 所示。

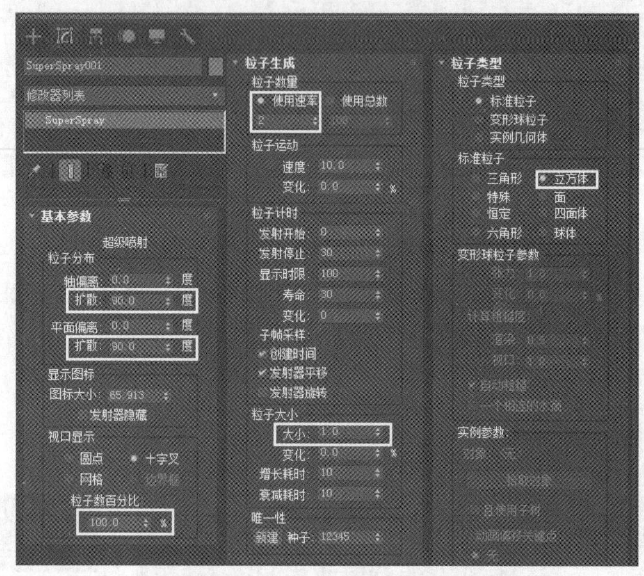


图 10-62 “超级喷射”参数设置

2）调整“超级喷射”到适合的帧数，然后执行菜单中的“工具 | 快照”命令，在弹出的“快照”对话框中如图 10-63 所示设置，单击“确定”按钮。接着删除场景中的“超级喷射”粒子系统，只保留快照，结果如图 10-64 所示。

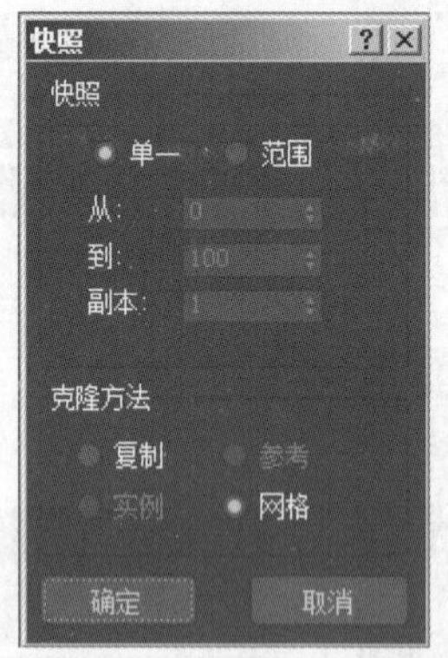


图 10-63 设置快照参数

图 10-64 快照后效果

3）在场景中放置一盏泛光光源，如图 10-65 所示，作为下面视频后期处理“镜头效果光斑”滤镜的“节点源”。

4）右击场景中快照后的粒子，在弹出的快捷菜单中选择“对象属性”命令，然后在弹出的对话框中设定“对象 ID ”为 1，单击“确定”按钮。至此整个场景制作完毕。

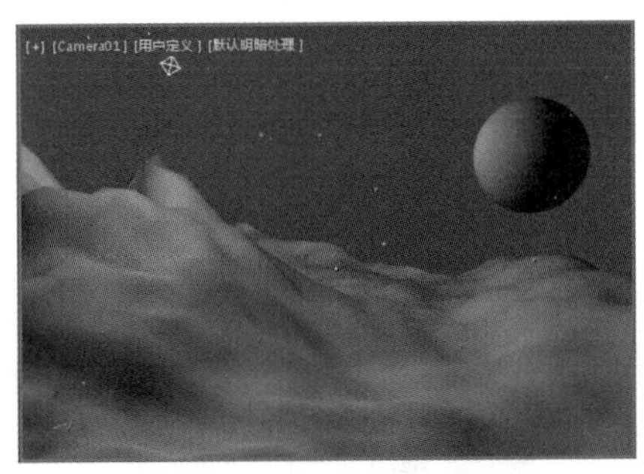

图 10-65　放置一盏泛光光源

## 4. 制作高光效果

1) 执行菜单中的“渲染 | 视频后期处理”命令，在弹出的“视频后期处理”窗口中单击（添加场景事件）按钮，然后在弹出的“添加场景事件”对话框中如图 10-66 所示设置，单击“确定”按钮，此时“视频后期处理”窗口如图 10-67 所示。

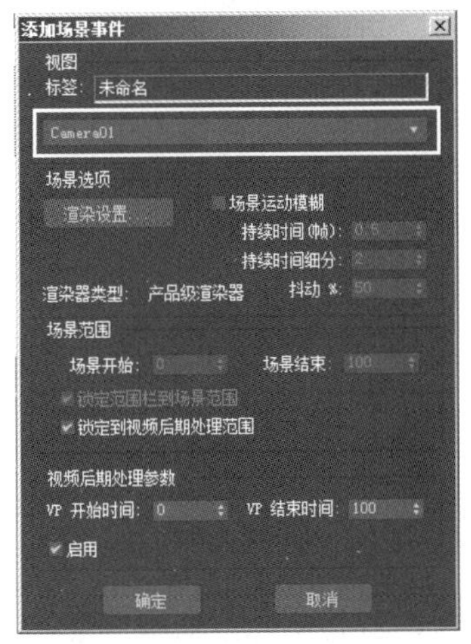


图 10-66 “添加场景事件”对话框

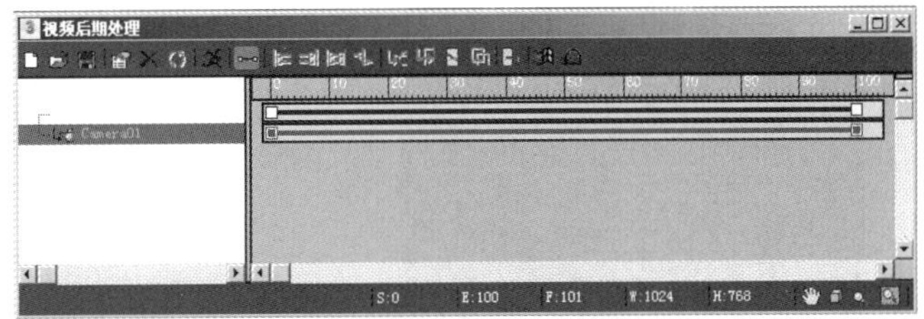


图 10-67 “视频后期处理”窗口

2) 单击视频后期处理工具栏中的（添加图像过滤事件）按钮，在弹出的“添加场景事件”对话框中如图 10-68 所示设置，单击“确定”按钮，此时“视频后期处理”窗口如图 10-69 所示。

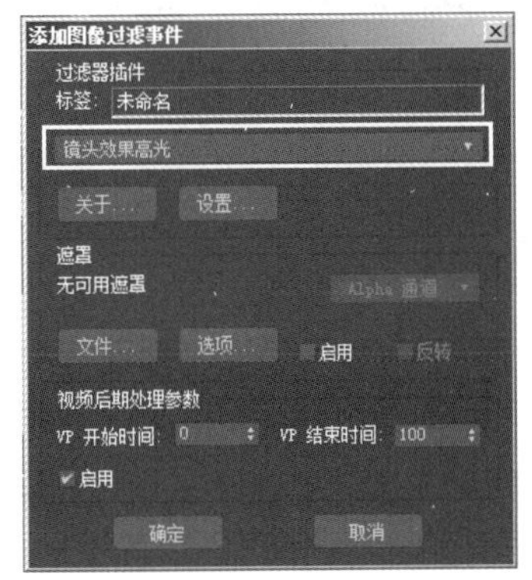


图 10-68 “添加图像过滤事件”对话框

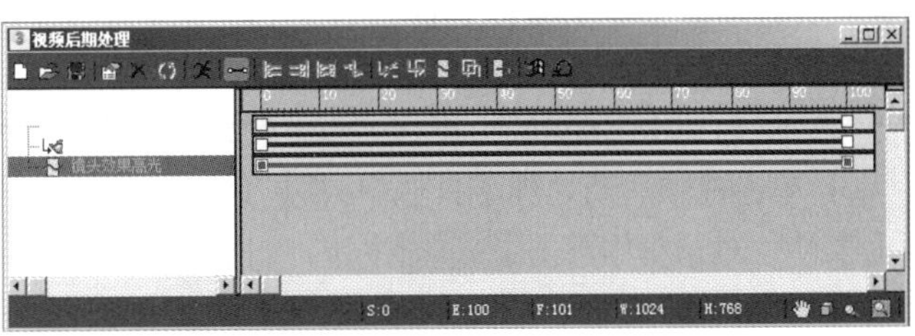


图 10-69　添加“镜头效果高光”效果

3）双击添加的“镜头效果高光”特效，进入“编辑过滤事件”对话框。然后单击 设置... 按钮，在弹出的“镜头效果高光”对话框中单击 VP 队列 和 预览 按钮，进行预览，接着如图 10-70 所示设置，再单击“确定”按钮，确认操作，返回“视频后期处理”窗口。

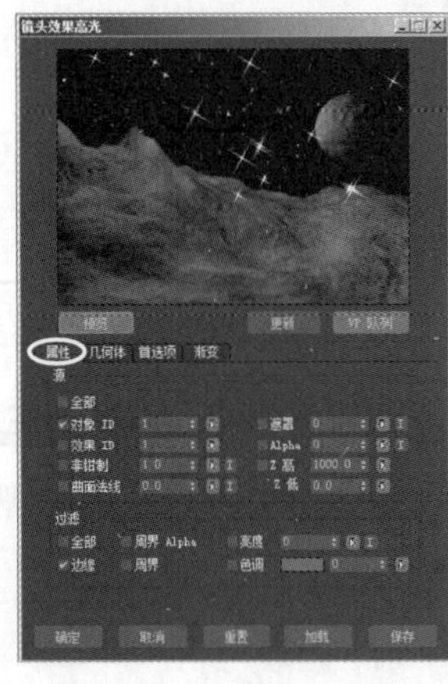

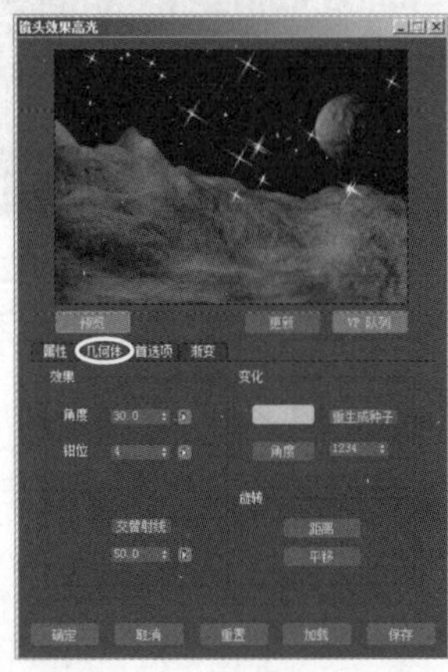

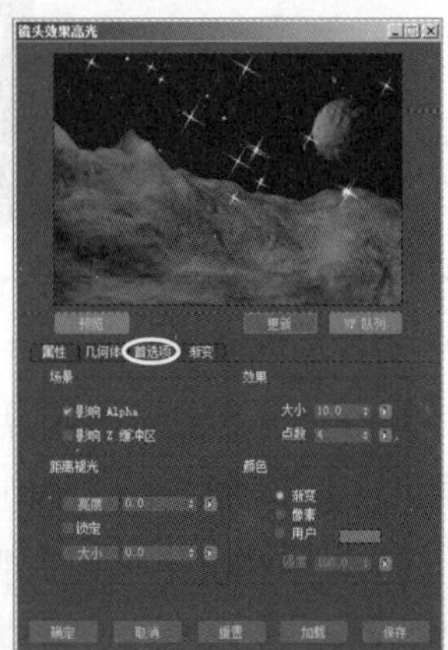

图 10-70 设置“镜头效果高光”参数

## 5. 制作光斑效果

1）单击视频后期处理工具栏中的 （添加图像过滤事件）按钮，在弹出的“添加场景事件”对话框中如图 10-71 所示设置，单击“确定”按钮，结果如图 10-72 所示。

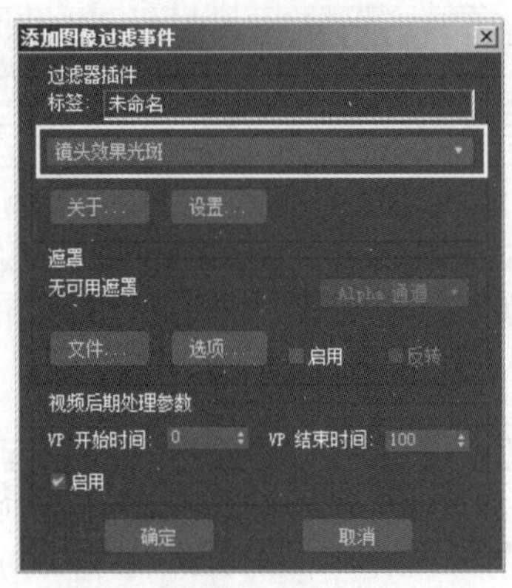


图 10-71 “添加图像过滤事件”对话框

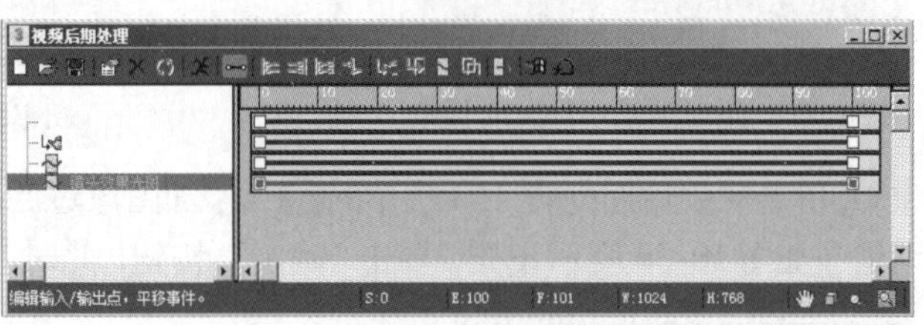


图 10-72 添加“镜头效果光斑”效果

2）双击添加的“镜头效果光斑”滤镜，进入“编辑过滤事件”对话框。然后单击 设置... 按钮，在弹出的“镜头效果光斑”对话框中单击 节点源 按钮，接着在弹出的“选择光斑对象”对话框中选择创建泛光光源 Omni01，如图 10-73 所示，单击“确定”按钮，回到“镜头效果光斑”对话框。最后单击 预览 和 VP 队列 按钮，预览效果，如图 10-74 所示，最后单击“确定”按钮。

3）单击视频后期处理工具栏中的 （添加图像输出事件）按钮，然后在弹出的“添加图像输出事件”对话框中单击 文件... 按钮，如图 10-75 所示。接着在弹出的对话框中输入文件名称并选择输出类型，如图 10-76 所示，单击“确定”按钮，此时“视频后期处理”窗口如图 10-77 所示。

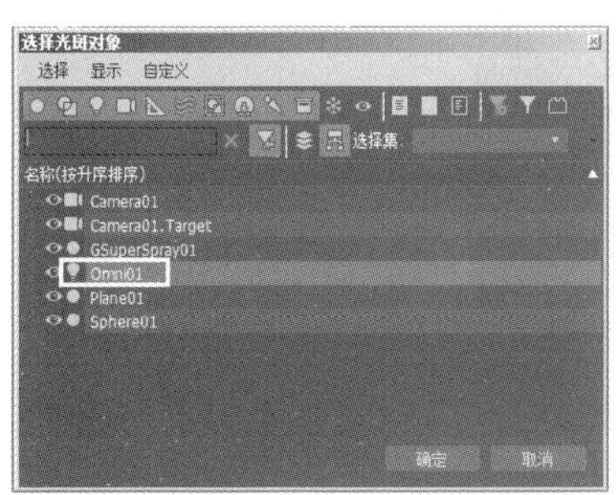


图 10-73　选择 Omni01

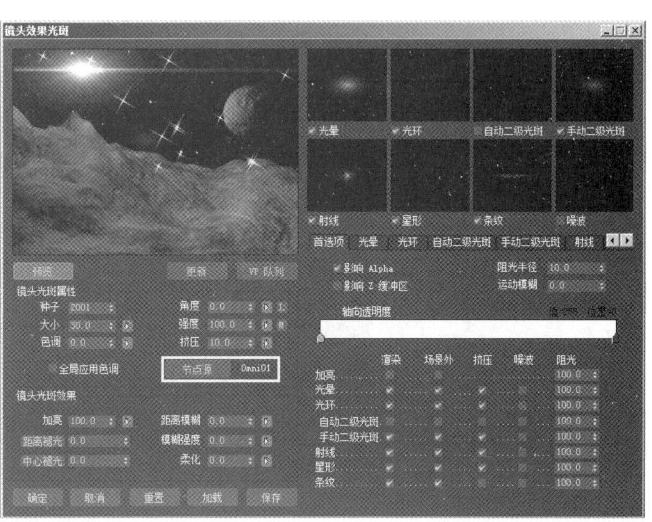


图 10-74　设置“镜头效果光斑”参数

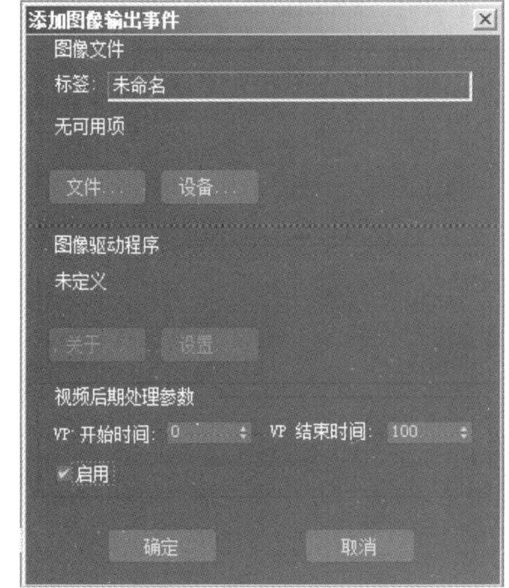


图 10-75 “添加图像输出事件”对话框

图 10-76　输入文件名称并选择输出类型

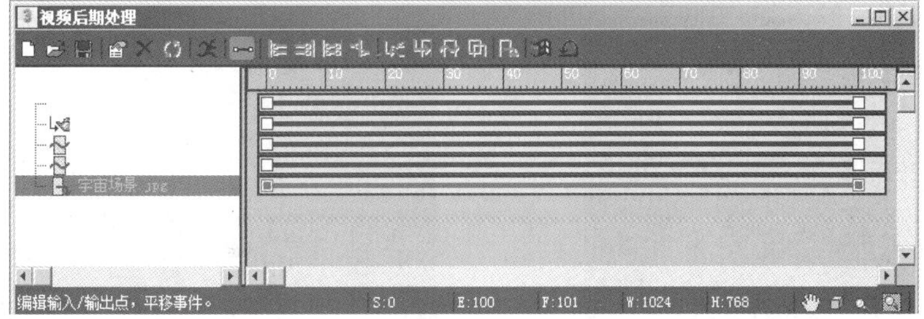


图 10-77 “视频后期处理”窗口

4) 单击“视频后期处理”窗口中的（执行序列）按钮，在弹出的的对话框中设置输出帧的范围和输出尺寸，如图 10-78 所示，然后单击渲染按钮，即可输出文件。

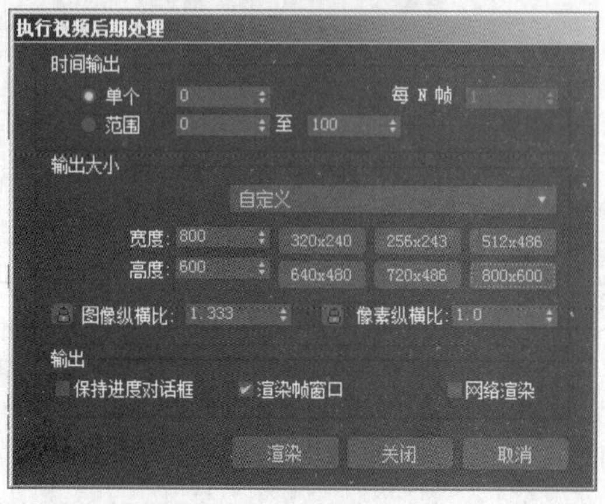


图 10-78　设置输出帧的范围和尺寸

## 10.4　课后练习

（1）制作玻璃管道，效果如图 10-79 所示。参数可参考网盘中的“example \ 第 10 章 视频特效 \10.4 课后练习 \ 练习 1\ 玻璃管道 .max” 文件。

图 10-79　玻璃管道效果

（2）制作海上生明月动画，效果如图 10-80 所示。参数可参考网盘中的“ example\ 第 10 章 视频特效 \10.4 课后练习 \ 练习 2\ 海上生明月 .max” 文件。

图 10-80　海上生明月效果

# 第 3 部分　综合实例演练

■ 第 11 章　综合实例——飞舞的蝴蝶效果

# 第 11 章　综合实例——飞舞的蝴蝶效果

## 本章重点：

学习本章，读者应掌握创建动画的基本思路，并培养综合使用 3ds max 2018 提供的各方面的动画功能来制作动画的能力。

要点：

本例将制作一个在花丛中飞舞的蝴蝶效果，如图 11-1 所示。学习本例，读者应掌握材质、“路径约束”动画控制器、“喷射”粒子、轨迹视图和视频后期处理的综合应用。

图 11-1　飞舞的蝴蝶效果

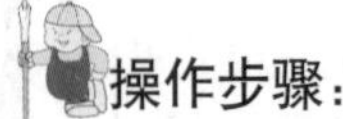

操作步骤：

## 11.1　创建蝴蝶造型

1）执行菜单中的“文件 | 重置”命令，重置场景。

2）单击（创建）命令面板下（图形）中的 线 按钮，然后在顶视图中创建封闭图形作为蝴蝶一侧的翅膀，如图 11-2 所示。

3）进入（修改）面板，在“修改器列表”下拉列表中选择“挤出”选项，将二维图形转换为三维物体，如图 11-3 所示。

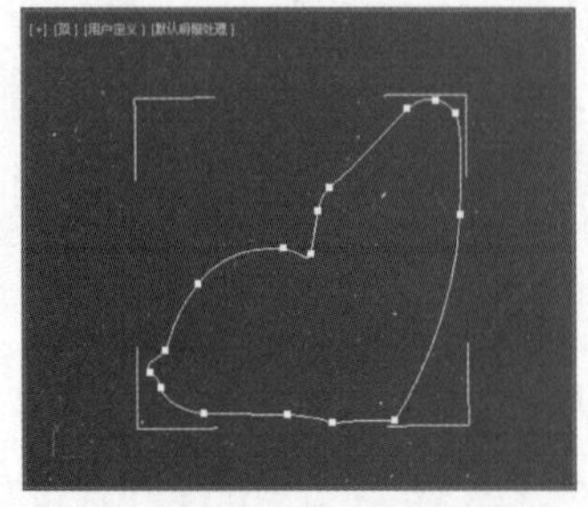

图 11-2　创建蝴蝶一侧的封闭图形

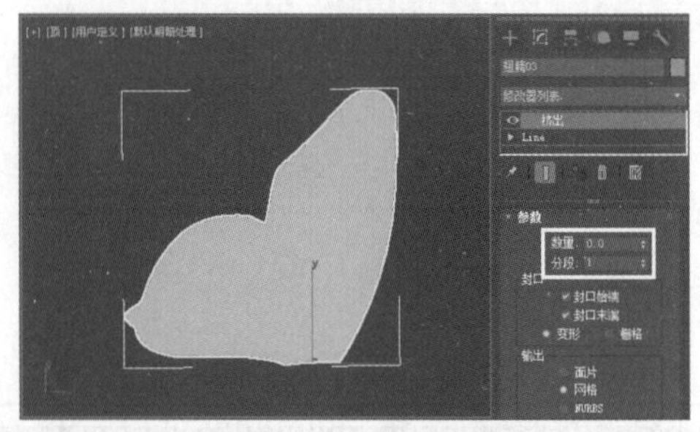



图 11-3　“挤出”效果

4）镜像出另一侧的翅膀。方法：在顶视图中选择翅膀造型，然后单击工具栏中的（镜像）工具，在弹出的对话框中如图 11-4 所示设置参数，单击“确定”按钮，结果如图 11-5 所示。

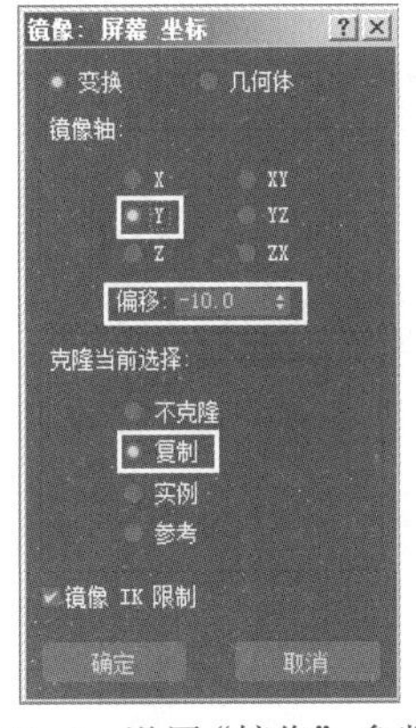


图 11-4　设置“镜像”参数

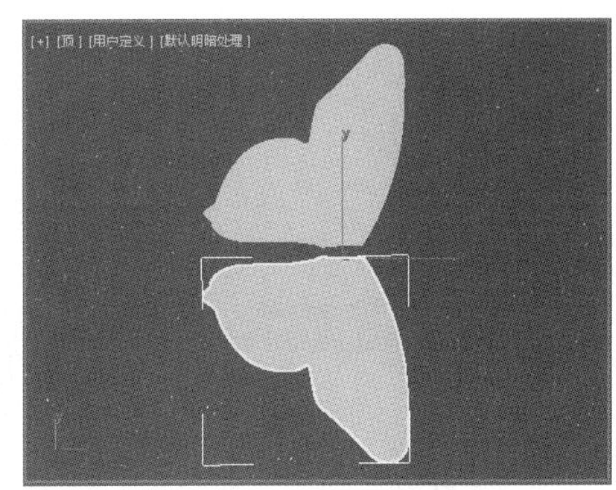


图 11-5　“镜像”效果

5）制作蝴蝶的躯体。方法：首先在顶视图中创建一个“矩形”，然后进入（修改）面板，执行修改器下拉列表中的“编辑样条线”命令。接着进入（顶点）层级，单击“优化”按钮后在矩形上添加顶点，并调整形状，结果如图 11-6 所示。最后执行修改器下拉列表中的“车削”命令，参数设置及结果如图 11-7 所示。

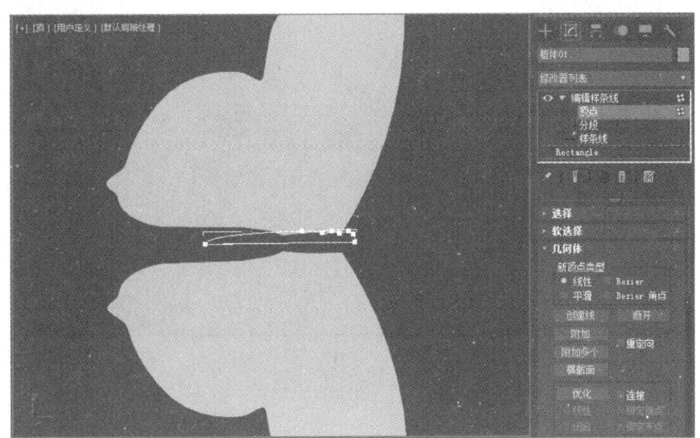


图 11-6　创建矩形并调整形状

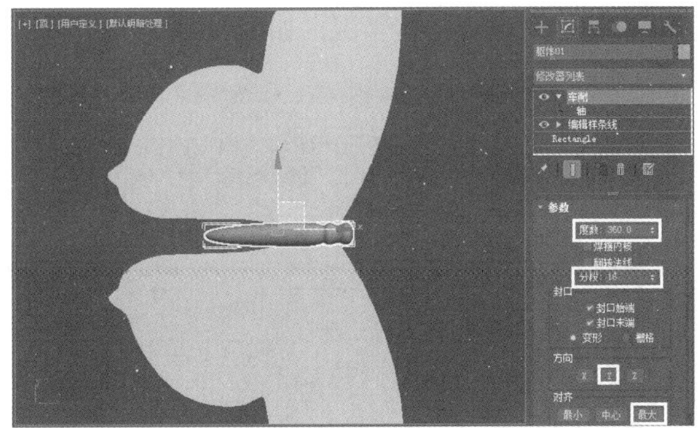


图 11-7　“车削”效果

6）制作蝴蝶的触角。方法：首先使用“线”工具在顶视图中绘制曲线，并勾选“在渲染中起启用”和“在视口中启用”两个复选框，以便在渲染和视图中均可看到效果，如图 11-8 所示。然后利用工具栏中的（镜像）工具镜像出另一侧的触角，结果如图 11-9 所示。

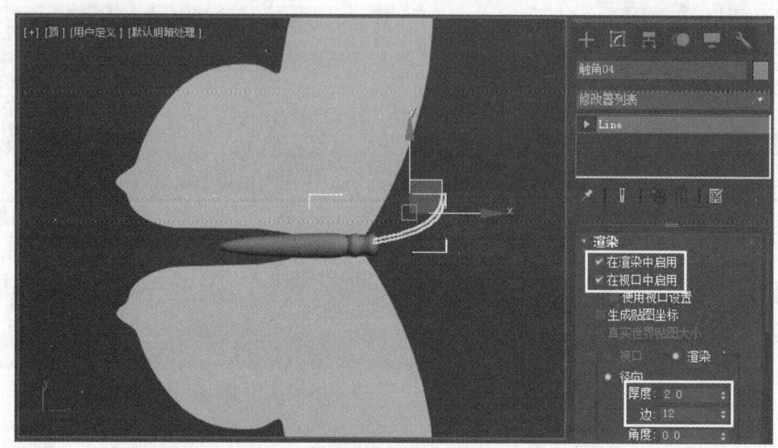


图 11-8　设置“镜像”参数

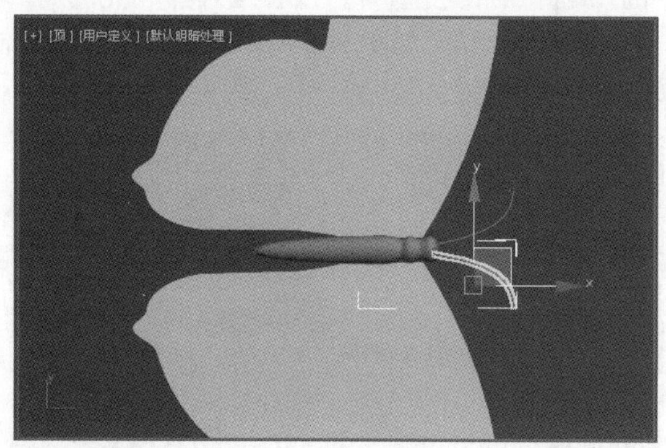


图 11-9　“镜像”效果

7）至此，整个蝴蝶造型制作完毕，为了使蝴蝶的翅膀、触角与躯体一起运动，下面利用工具栏中的（选择并链接）工具将翅膀和触角链接到蝴蝶躯体上。此时可以通过单击工具栏中的（按名称选择）按钮，来查看链接情况，如图 11-10 所示。

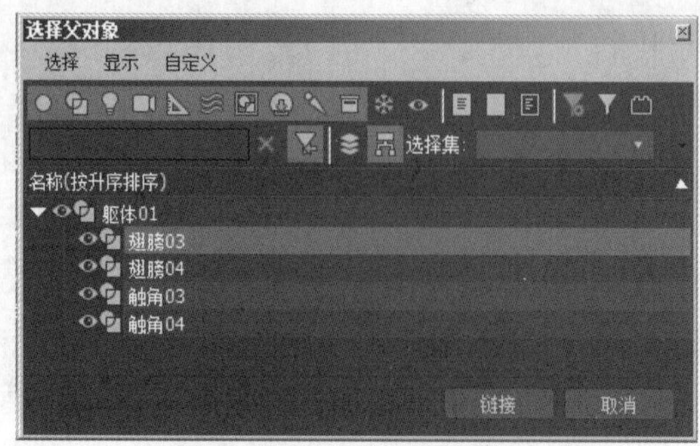


图 11-10　查看链接情况

## 11.2　制作蝴蝶原地扇动翅膀动画

1) 激活自动关键点按钮(快捷键〈N〉),然后将时间轴滑块定位到第 4 帧,利用工具栏中的（选择并旋转）工具，在左视图中沿 Y 轴旋转 45°。同理对另一侧的翅膀进行同样的处理，结果如图 11-11 所示。

2) 在时间轴上按键盘上的〈Shift〉键，分别将蝴蝶两侧翅膀的第 0 帧复制到第 8 帧，如图 11-12 所示。此时播放动画即可看到蝴蝶翅膀扇动的效果。

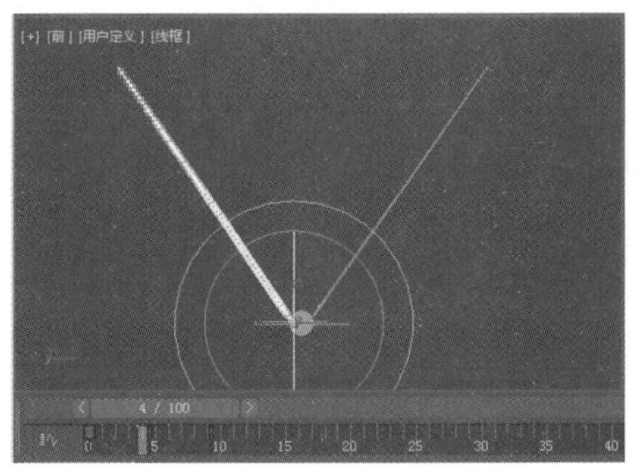

图 11-11　在第 4 帧旋转两侧翅膀

图 11-12　将蝴蝶翅膀的第 0 帧复制到第 8 帧

3) 制作蝴蝶躯体随扇动翅膀而上下运动动画。方法：确认激活自动关键点按钮(快捷键〈N〉),然后选择视图中蝴蝶的躯体造型,在第 0 帧左视图中将其向上移动,如图 11-13 所示。接着在第 4 帧在左视图中将其向下移动，如图 11-14 所示。最后再次单击自动关键点按钮，停止录制。

4) 在时间轴上按键盘上的〈Shift〉键，将第 0 帧复制到第 8 帧。

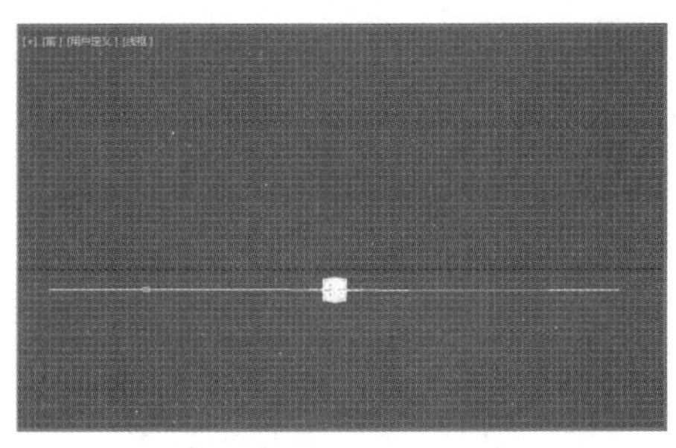

图 11-13　在第 0 帧左视图中将其向上移动

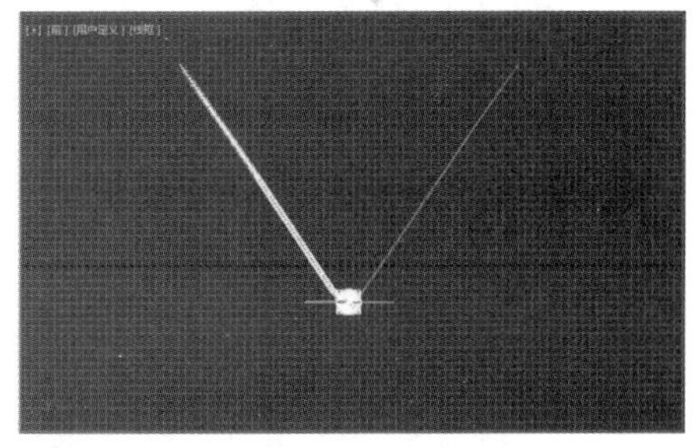

图 11-14　在第 4 帧在左视图中将其向下移动

5) 此时蝴蝶只是在第 0 ~ 8 帧扇动翅膀和躯干运动，之后就静止了，下面利用轨迹视图制作循环动画。方法：选中视图中蝴蝶躯体造型，然后执行菜单中的“图形编辑器 | 轨迹视图 - 曲线编辑器”按钮,进入轨迹视图,如图 11-15 所示。接着执行（参数曲线超出范围类型）按钮，在弹出的对话框中选择“循环”，如图 11-16 所示，单击“确定”按钮，结果如图 11-17 所示。最后分别选择蝴蝶两侧的翅膀，也将其设置为“循环”方式。

6) 播放动画，即可看到蝴蝶原地循环扇动翅膀的效果。

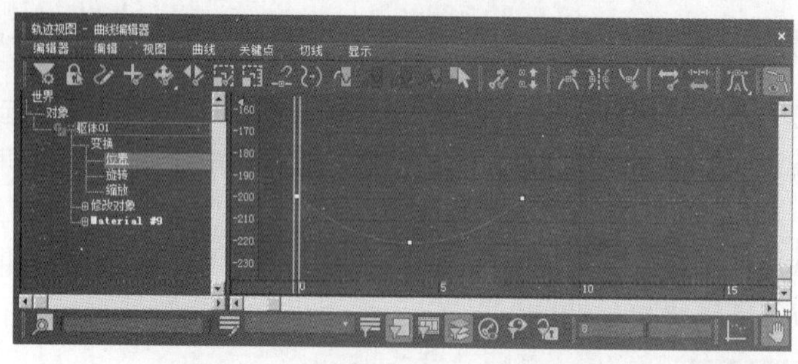

图 11-15　选择蝴蝶躯体进入轨迹视图

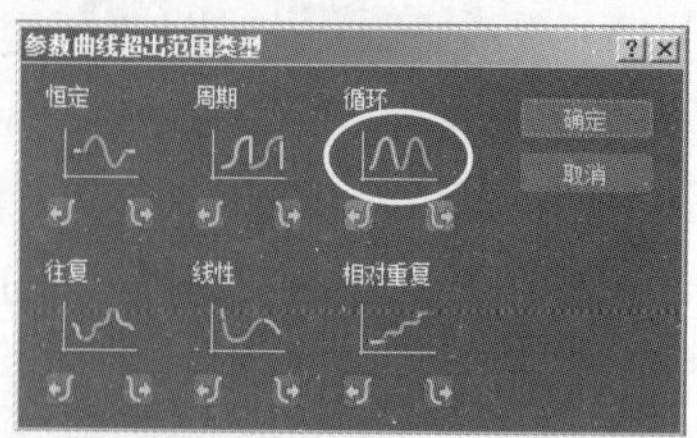


图 11-16　选择“循环”

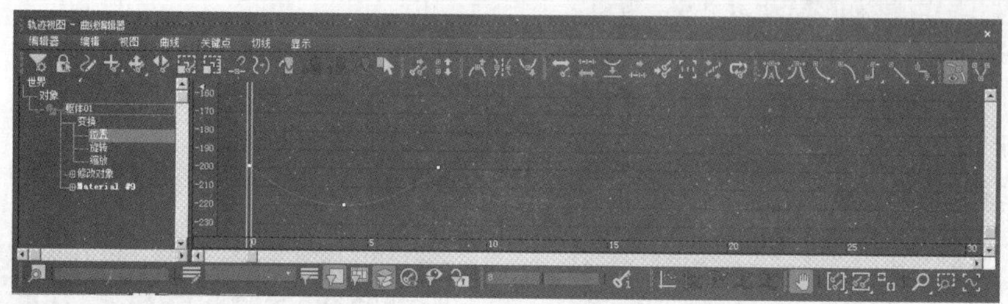


图 11-17　“循环” 曲线效果

## 11.3　制作蝴蝶沿路径运动效果

1）利用“线” 工具在视图中创建路径，如图 11-18 所示。

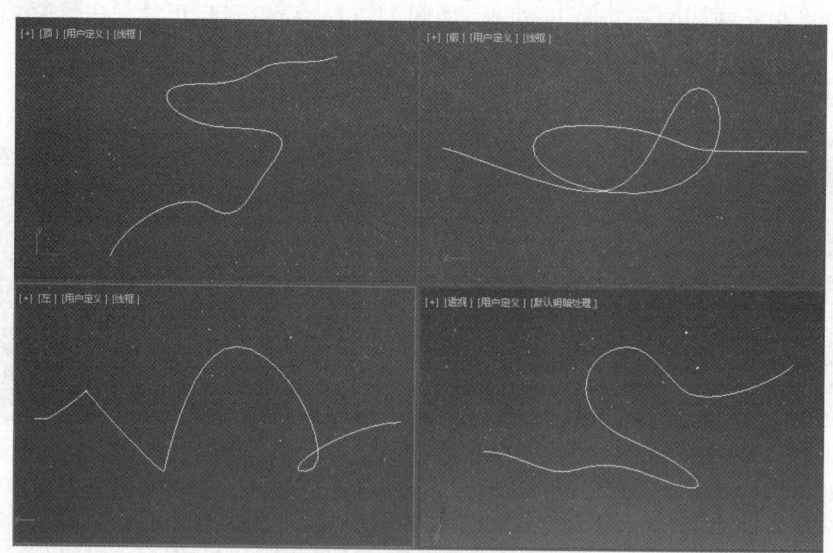


图 11-18　创建曲线路径

2）选择蝴蝶躯体，进入 （运动） 面板，然后选择“位置”，单击 （指定控制器） 按钮，如图 11-19 所示，接着在弹出的对话框中选择“路径约束”，如图 11-20 所示。最后单击“添加路径” 按钮，如图 11-21 所示，再拾取视图中的路径，此时播放动画即可看到蝴蝶沿路径运动的效果。

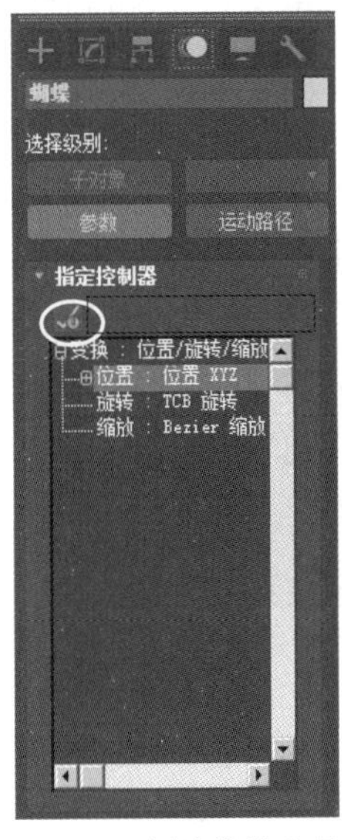

图 11-19　创建曲线路径

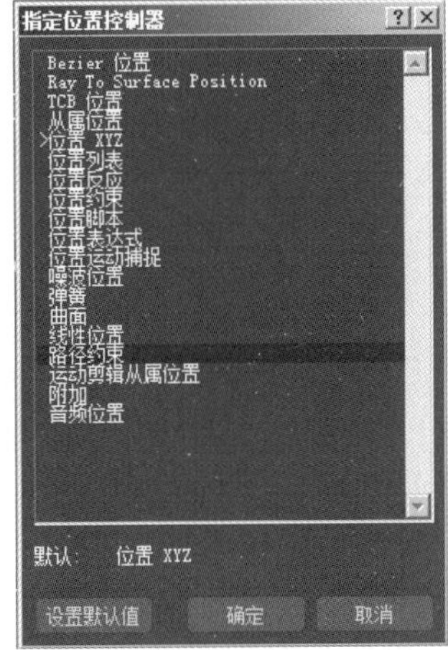

图 11-20　选择“路径约束”选项

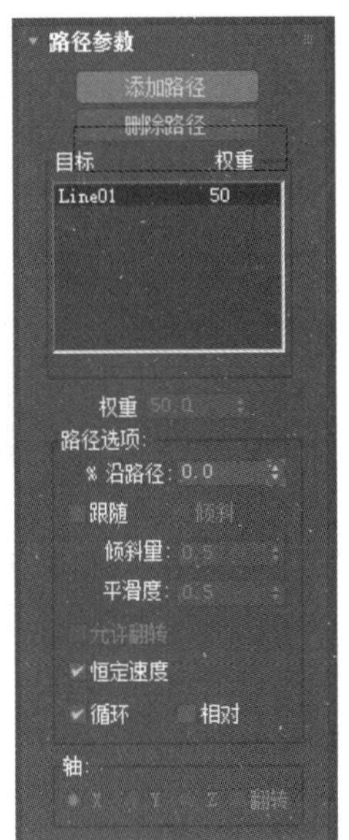

图 11-21　单击“添加路径”按钮

3）此时蝴蝶沿路径运动的方向不正确，下面进一步设置路径参数，如图 11-22 所示。然后播放动画即可看到蝴蝶沿路径的方向进行运动的效果，如图 11-23 所示。

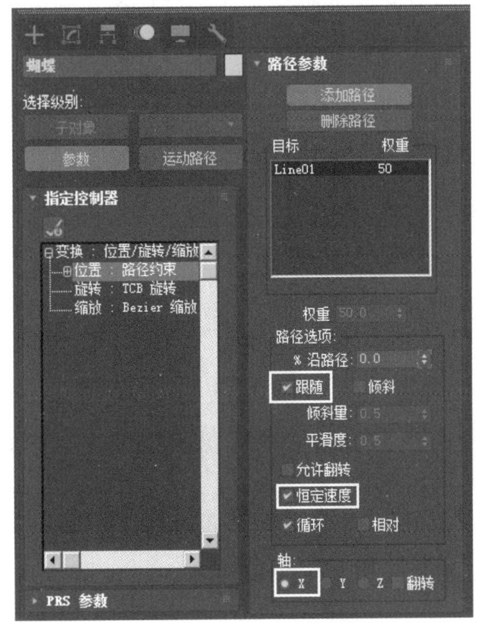

图 11-22　设置路径参数

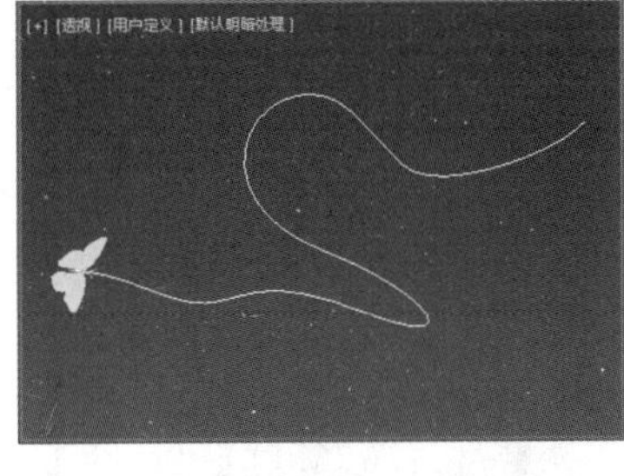

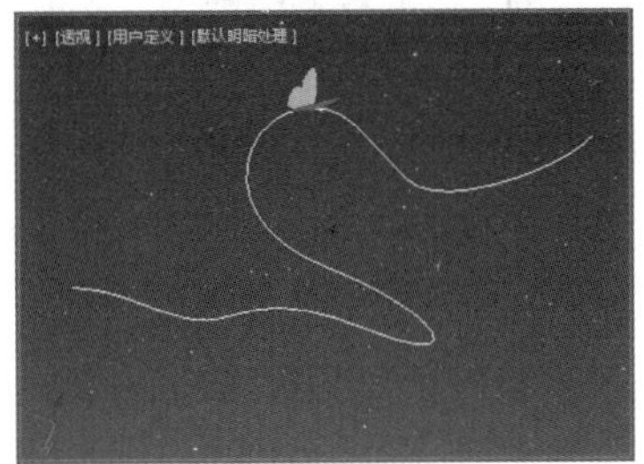

图 11-23　蝴蝶沿路径运动效果

## 11.4　制作粒子随蝴蝶运动的动画

1）单击 + （创建）命令面板下 ● （几何体）中 粒子系统 列表中的 喷射 按钮，如图 11-24 所示。然后在顶视图中创建一个“喷射”粒子系统，参数设置及结果如图 11-25 所示。

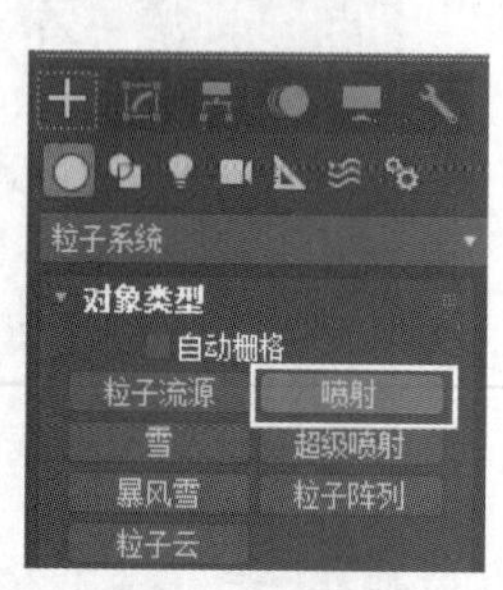


图 11-24 单击“喷射”按钮

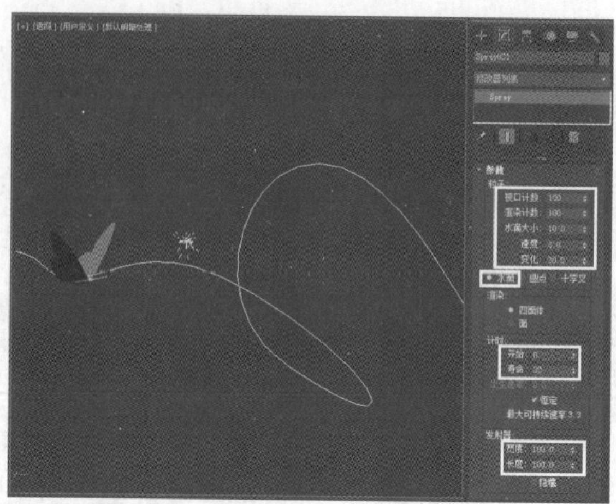

图 11-25 创建“喷射”粒子系统

2）在第 0 帧，将“喷射”粒子系统移动到图 11-26 所示的位置，然后利用工具栏中的（选择并链接）工具，将“喷射”粒子系统链接到蝴蝶躯体上，然后播放动画，即可看到粒子随蝴蝶运动的效果，如图 11-27 所示。

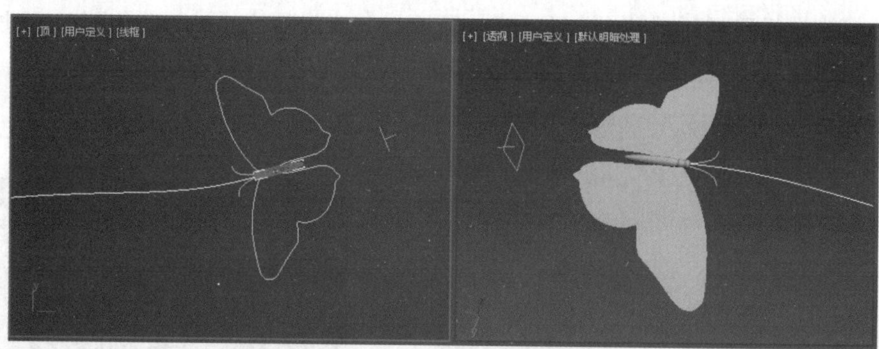

图 11-26 第 0 帧“喷射”粒子的位置

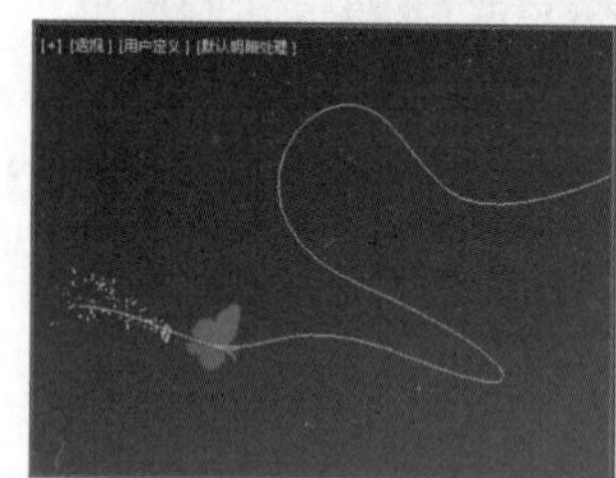
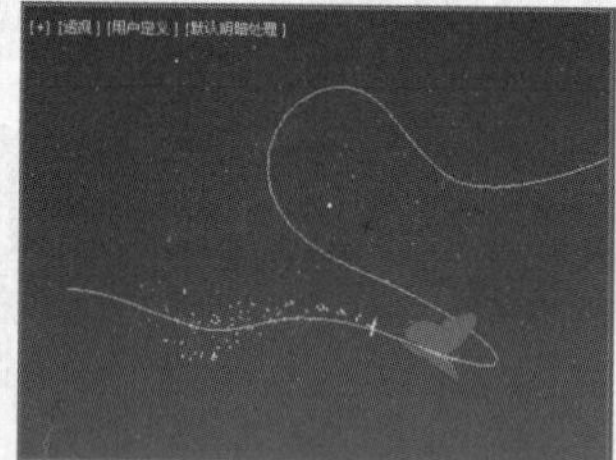
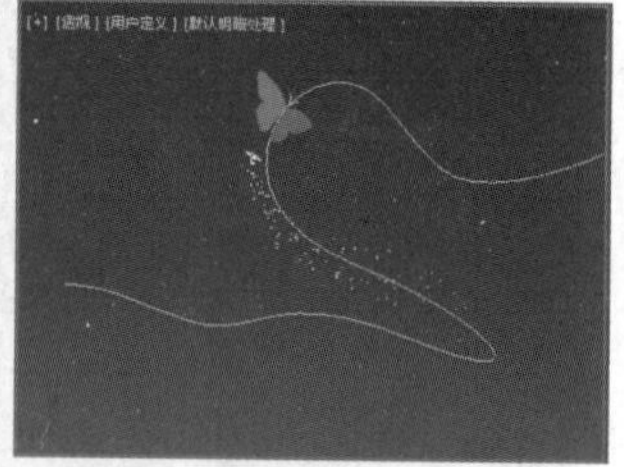

图 11-27 粒子随蝴蝶运动的效果

## 11.5 赋予蝴蝶材质

单击工具栏中的（材质编辑器）按钮，进入材质编辑器。然后选择一个空白的材质球，指定给“漫反射颜色”右侧按钮一个网盘中的“maps\butterfly copy.jpg”贴图，接着指定给“不透明度”右侧按钮一个“网盘中的“maps\butterfly-mask.jpg”贴图，如图 11-28 所示。最后将该材质分别赋予蝴蝶两侧的翅膀。

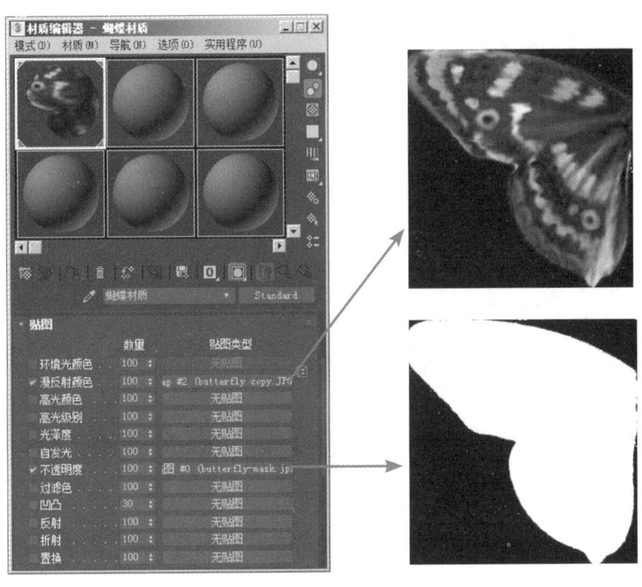

图 11-28　指定贴图

## 11.6　制作粒子发光效果

1）赋给粒子系统一个物体通道。方法：右键单击视图中的“喷射”粒子系统，从弹出的快捷菜单中选择“对象属性”命令，然后在弹出的对话框中将“对象 ID”设置为 1，如图 11-29 所示。

2）在视图中创建一个目标摄影机，然后选择透视图按键盘上的〈C〉键，将透视图切换为 Camera01 视图，接着调整摄影机到合适的角度，如图 11-30 所示。

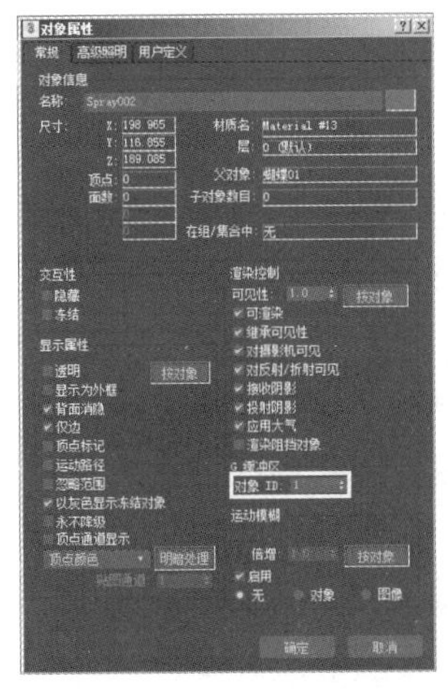

图 11-29　设置“对象 ID”为 1

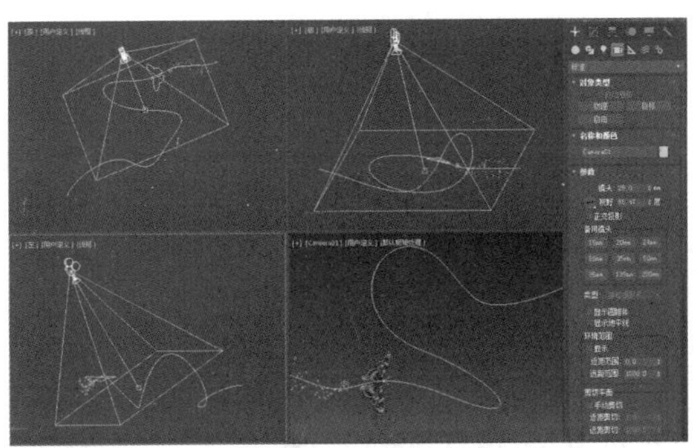

图 11-30　创建目标摄像机

3）执行菜单中的“渲染 | 视频后期处理”命令，从弹出的“视频后期处理”窗口中单击工具栏中的（添加场景事件）按钮，然后在弹出的对话框中选择“Camera 01”，如图 11-31 所示，单击“确定”按钮。接着单击工具栏中的（添加图像过滤事件）按钮，从弹出的对话框中选择“镜头效果光晕”特效，如图 11-32 所示，单击“确定”按钮，结果如图 11-33 所示。

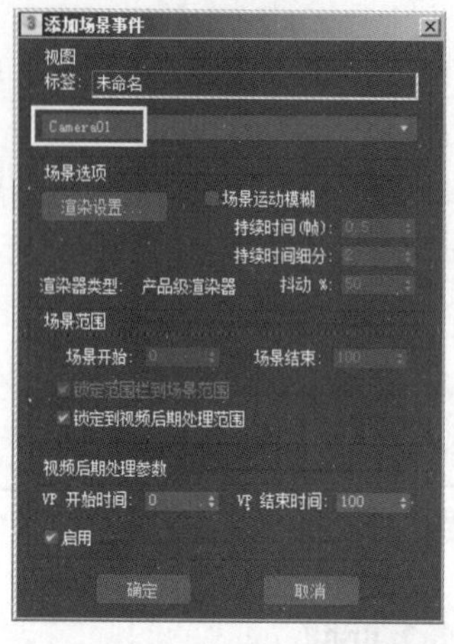


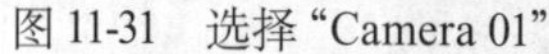
图 11-31　选择“Camera 01”

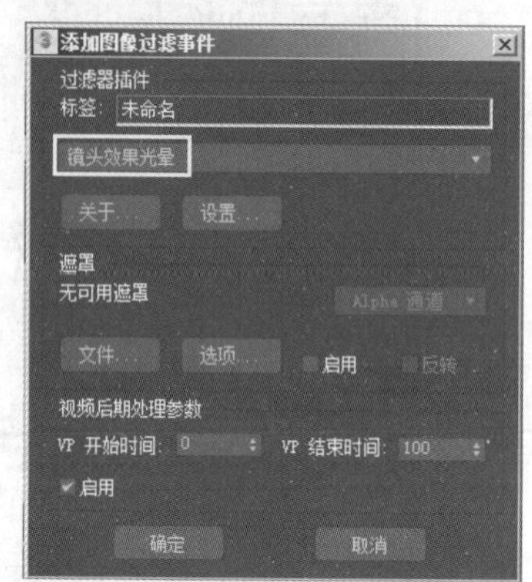


图 11-32　选择“镜头效果光晕”特效

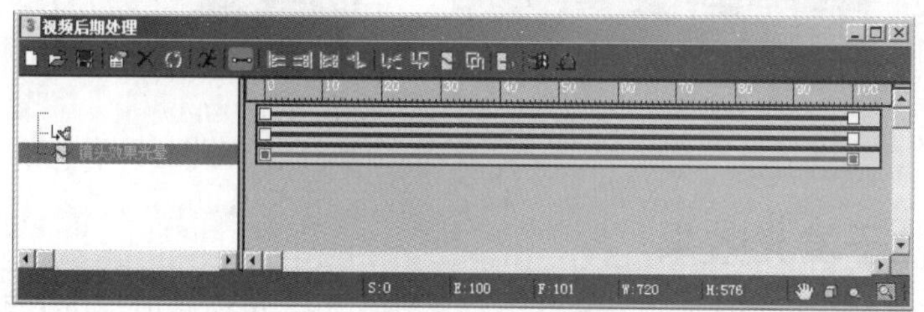


图 11-33　添加“镜头效果光晕”特效的效果

4）设置“镜头效果光晕”参数。方法：双击“视频后期处理”窗口右侧最下方的蓝线，重新进入图 11-32 所示的对话框，然后单击“设置”按钮，进入“镜头效果光晕”设置对话框。接着单击“预览”和“VP 队列”按钮，从而在窗口中进行预览。最后如图 11-34 所示设置参数，单击“确定”按钮。

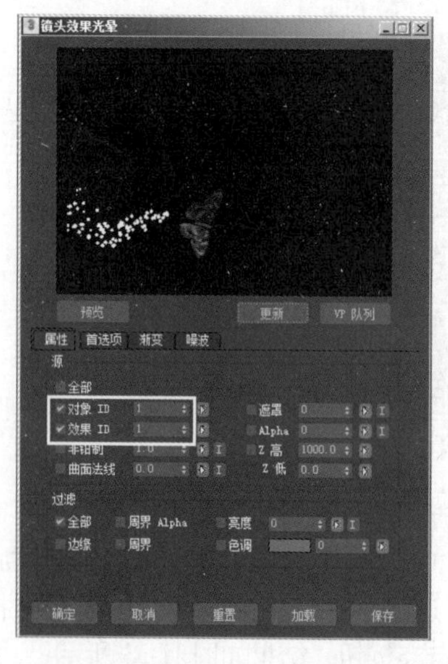


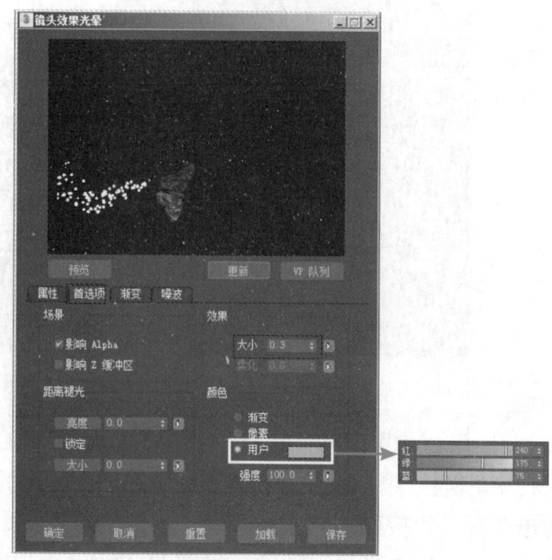


图 11-34　设置“镜头效果光晕”参数

## 11.7　添加背景和灯光效果

1) 执行菜单中的“渲染 | 环境”命令，在弹出的对话框中指定给“环境贴图”下的列表框中选择一张“素材及结果 \10.2  制作飞舞的蝴蝶效果 \3.jpg”贴图，如图 11-35 所示。

图 11-35　设置背景贴图

2) 单击工具栏中的按钮，进行渲染，结果如图 11-36 所示。

图 11-36　渲染效果

3) 此时蝴蝶的颜色发暗，和背景不匹配，下面通过添加灯光来解决这个问题。方法：在场景中添加 3 盏泛光灯，如图 11-37 所示。然后调整这 3 盏泛光灯的参数如图 11-38 所示。

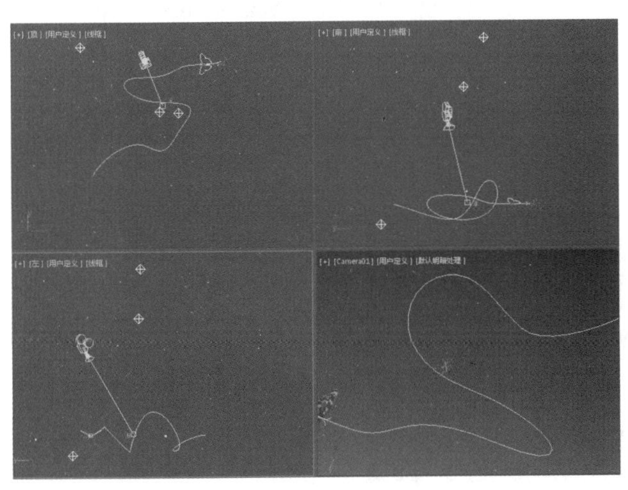

图 11-37　添加 3 盏泛光灯

图 11-38　设置泛光灯参数

4）单击工具栏中的按钮，进行渲染，结果如图 11-39 所示。有兴趣的读者可以在场景中添加另一只飞舞的蝴蝶，从而制作出比翼双飞的效果，如图 11-40 所示。

图 11-39　再次渲染效果

图 11-40　蝴蝶比翼双飞的效果

## 11.8　输出动画

1）在“视频后期处理”窗口中单击（添加图像输出事件）按钮，然后在弹出的图 11-41 所示的对话框中单击“文件”按钮。接着在弹出的对话框中设置保存文件的路径、“文件名”和“保存类型”参数，如图 11-42 所示，单击“保存”按钮，再在弹出的“Targa 图像控制”对话框中保持默认参数，如图 11-43 所示，单击“确定”按钮，回到“添加图像输出事件”对话框。最后单击“确定”按钮，此时“视频后期处理”窗口如图 11-44 所示。

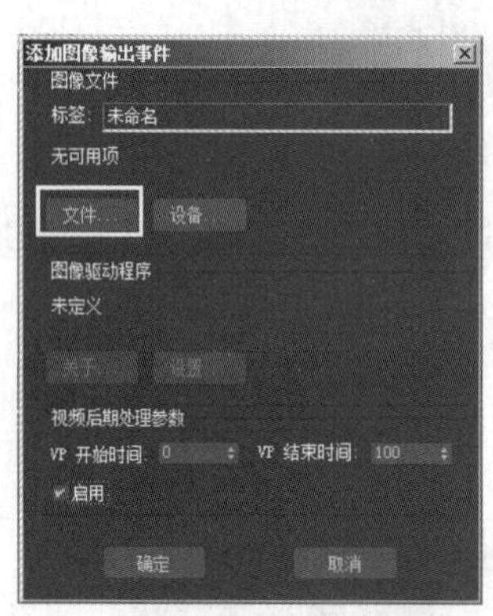


图 11-41　“添加图像输出事件”对话框

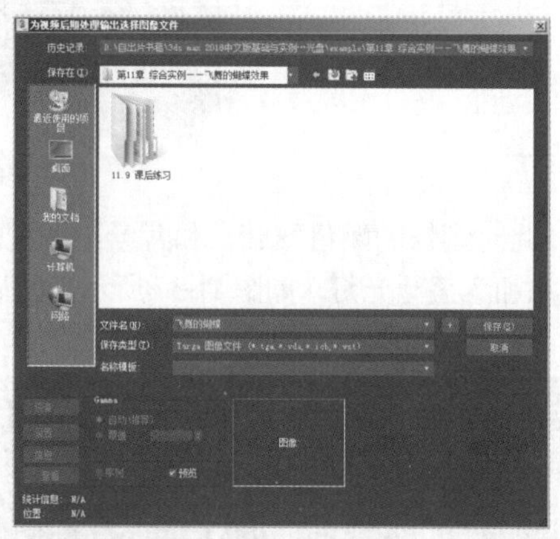


图 11-42　设置参数

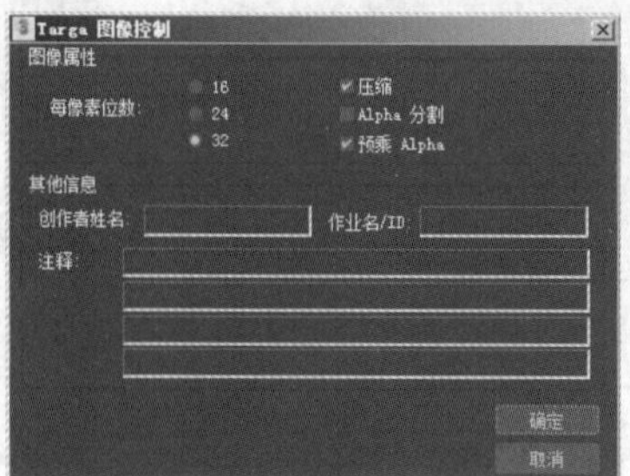


图 11-43　“Targa 图像控制”对话框

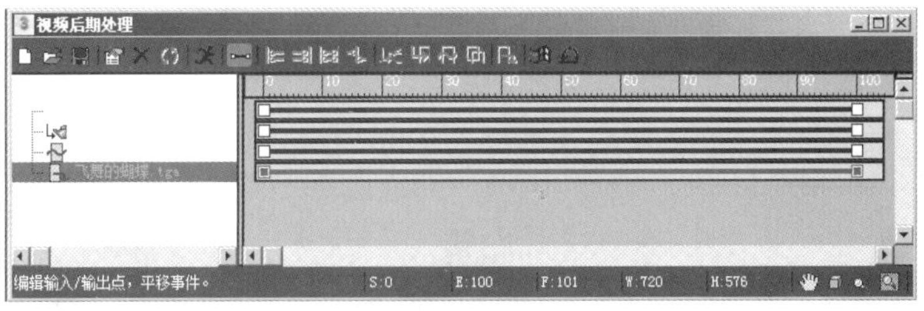


图 11-44　“视频后期处理”窗口

2）单击“视频后期处理”窗口中的（执行序列）按钮，然后在弹出的对话框中设置输出的帧数和尺寸，如图 11-45 所示，单击“渲染”按钮，即可将文件进行输出。

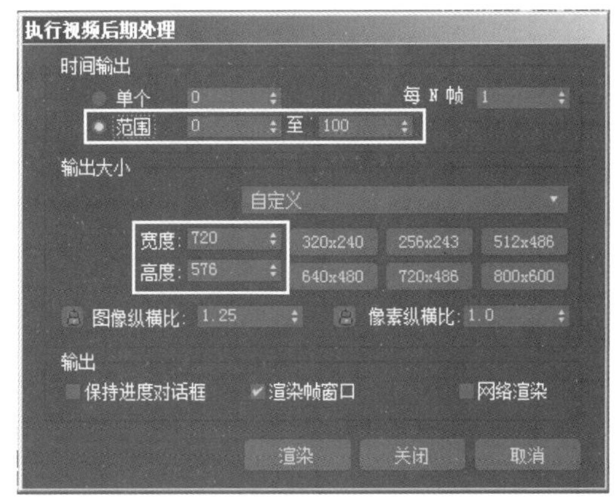


图 11-45　设置输出的帧数和尺寸

## 11.9　课后练习

（1）制作动态的放大镜，效果如图 11-46 所示。参数可参考网盘中的“example \ 第 11 章 综合实例——飞舞的蝴蝶效果 \11.9 课后练习 \ 练习 1\ 放大镜 .max”文件。

第 1 帧

第 40 帧

第 80 帧

图 11-46　放大镜效果

（2）制作地雷爆炸，效果如图 11-47 所示。参数可参考网盘中的“example \ 第 11 章 综合实例——飞舞的蝴蝶效果 \11.9 课后练习 \ 练习 2\ 地雷爆炸 .max”文件。

图 11-47　地雷爆炸效果